H. Grauert K. Fritzsche

Einführung in die Funktionentheorie mehrerer Veränderlicher

Mit 25 Abbildungen

Springer-Verlag
Berlin Heidelberg New York 1974

Hans Grauert Klaus Fritzsche
Mathematisches Institut der Universität Göttingen

AMS Subject Classification (1970): 32-01, 32 A 05, 32 A 07, 32 A 10, 32 A 20, 32 B 10, 32 C 10, 32 C 35, 32 D 05, 32 D 10, 32 E 10

ISBN 3-540-06672-1 Springer-Verlag Berlin Heidelberg New York
ISBN 0-387-06672-1 Springer-Verlag New York Heidelberg Berlin

 Library of Congress Catalog Card Number 74-416. Printed in Germany. Offsetdruck: Julius Beltz, Hemsbach/Bergstr.

Vorwort

Das vorliegende Buch ist aus einführenden Vorlesungen über Funktionentheorie mehrerer Veränderlicher entstanden. Seine Idee ist es, den Leser exemplarisch mit den wichtigsten Teilgebieten und Methoden dieser Theorie vertraut zu machen. Dazu gehören etwa die Probleme der holomorphen Fortsetzung, die algebraische Behandlung der Potenzreihen, die Garben- und die Cohomologietheorie und die reellen Methoden, die von den elliptischen partiellen Differentialgleichungen herrühren.

Im ersten Kapitel beginnen wir mit der Definition von holomorphen Funktionen mehrerer Veränderlicher, deren Darstellung durch das Cauchyintegral und deren Potenzreihenentwicklung auf Reinhardtschen Körpern. Es zeigt sich, daß es im Gegensatz zur Theorie einer Veränderlichen für $n \geqslant 2$ Gebiete G, $\hat{G} \subset \mathbb{C}^n$ mit $G \subset \hat{G}$ und $G \neq \hat{G}$ gibt, derart, daß jede in G holomorphe Funktion sich nach $\hat{G}$ holomorph fortsetzen läßt. Gebiete G, die kein solches $\hat{G}$ besitzen, heißen Holomorphiegebiete. Diese Holomorphiegebiete werden im zweiten Kapitel auf verschiedene Weise charakterisiert (Satz von Cartan - Thullen, Levisches Problem). Schließlich wird zu jedem Gebiet G die Holomorphiehülle $H(G)$ konstruiert. Das ist das größte (nicht notwendig schlichte) Gebiet über dem $\mathbb{C}^n$, in das hinein sich jede in G holomorphe Funktion holomorph fortsetzen läßt.

Das dritte Kapitel bringt die Weierstraßsche Formel und den Weierstraßschen Vorbereitungssatz mit Anwendungen auf den Ring der konvergenten Potenzreihen. Es wird gezeigt, daß dieser Ring faktoriell, noethersch und henselsch ist. Ferner deuten wir an, wie sich die gewonnenen algebraischen Sätze zur lokalen Untersuchung analytischer Mengen verwenden lassen. Zu tieferen Ergebnissen in diesem Zusammenhang kommt man, wenn man die Garbentheorie heranzieht. Sie wird im vierten Kapitel in ihren Grundzügen behandelt. Im fünften Kapitel führen wir die komplexen Mannigfaltigkeiten ein und geben viele Beispiele. Außerdem untersuchen wir die verschiedenen Abschlüsse des $\mathbb{C}^n$ und die Abänderungen komplexer Mannigfaltigkeiten durch Modifikationen.

Die Verbindung zwischen Garbentheorie und der Funktionentheorie auf komplexen Mannigfaltigkeiten stellt die Cohomologietheorie mit Werten in analytischen Garben her. Sie wird im sechsten Kapitel behandelt und dort auch angewendet, um die Hauptresultate für Holomorphiegebiete und Steinsche Mannigfaltigkeiten (etwa die Lösbarkeit der Cousinschen Probleme) auszudrücken.

Nachdem bereits am Ende des ersten Kapitels die reelle Differenzierbarkeit in komplexer Schreibweise, die Ableitungen nach z, $\bar{z}$ und die komplexen Funktionalmatrizen behandelt worden sind, ist das siebente Kapitel ganz der Analysis gewidmet. Wir definieren Tangentialvektoren, Differentialformen und die Operatoren d, d', d''. Die Sätze von Dolbeault und de Rham stellen die Verbindung zur Cohomologietheorie her.

Der dargestellte Stoff wird in allen Einzelheiten behandelt und durch viele Abbildungen illustriert. Zu Sätzen, deren Beweis den Rahmen des Buches sprengen würde, wird Literatur zitiert. Vorausgesetzt werden lediglich die Grundkenntnisse aus der Differential- und Integralrechnung und der Funktionentheorie einer Veränderlichen, sowie ein paar Dinge aus der Vektorrechnung, der Algebra und der allgemeinen Topologie. Das Buch hat deshalb einführenden Charakter und kann auch dem Nichtspezialisten dienen.

Göttingen, im Oktober 1973

H. Grauert

K. Fritzsche

Inhaltsverzeichnis

I. Holomorphe Funktionen

Vorbemerkungen

Sei $\mathbb{C}$ der Körper der komplexen Zahlen. Ist n eine natürliche Zahl, so nennen wir die Menge der geordneten n-Tupel komplexer Zahlen den n-dimensionalen komplexen Zahlenraum:

$$\mathbb{C}^n := \{\mathfrak{z} = (z_1, \dots, z_n) : z_\nu \in \mathbb{C} \text{ für } 1 \leqslant \nu \leqslant n\}$$

Jede Komponente eines Punktes $\mathfrak{z} \in \mathbb{C}^n$ läßt sich eindeutig in Realteil und Imaginärteil zerlegen: $z_\nu = x_\nu + iy_\nu$. Auf diese Weise erhält man eine umkehrbar eindeutige Zuordnung zwischen den Elementen $(z_1, \dots, z_n)$ des $\mathbb{C}^n$ und den Elementen $(x_1, \dots, x_n, y_1, \dots, y_n)$ des 2n-dimensionalen reellen Zahlenraums $\mathbb{R}^{2n}$.

Der $\mathbb{C}^n$ besitzt Vektorraum-Struktur: die Addition zweier Elemente des $\mathbb{C}^n$ und auch die Multiplikation eines Elementes des $\mathbb{C}^n$ mit einem (reellen oder komplexen) Skalar wird komponentenweise erklärt. Als komplexer Vektorraum ist der $\mathbb{C}^n$ n-dimensional, als reeller Vektorraum ist er 2n-dimensional. Es liegt nun nahe, den $\mathbb{R}$-Vektorraum-Isomorphismus zwischen dem $\mathbb{C}^n$ und dem $\mathbb{R}^{2n}$ zur Einführung einer Topologie auf dem $\mathbb{C}^n$ heranzuziehen:

Für $\mathfrak{z} = (z_1, \dots, z_n) = (x_1 + iy_1, \dots, x_n + iy_n) \in \mathbb{C}^n$ sei

$$\|\mathfrak{z}\| := \left(\sum_{k=1}^{n} z_k \overline{z}_k\right)^{1/2} = \left(\sum_{k=1}^{n} \left(x_k^2 + y_k^2\right)\right)^{1/2},$$

$$\|\mathfrak{z}\|^* := \max_{k=1,\dots,n} (|x_k|, |y_k|).$$

Durch $\mathfrak{z} \mapsto \|\mathfrak{z}\|$ und $\mathfrak{z} \mapsto \|\mathfrak{z}\|^*$ werden Normen auf dem $\mathbb{C}^n$ erklärt, die zugehörigen Metriken sind gegeben durch:

$$\operatorname{dist}(\mathfrak{z}_1, \mathfrak{z}_2) := \|\mathfrak{z}_1 - \mathfrak{z}_2\|,$$

$$\operatorname{dist}^*(\mathfrak{z}_1, \mathfrak{z}_2) := \|\mathfrak{z}_1 - \mathfrak{z}_2\|^*.$$

Man erhält in beiden Fällen eine Topologie auf dem $\mathbb{C}^n$, die mit der üblichen Topologie des $\mathbb{R}^{2n}$ übereinstimmt. Darüber hinaus wird durch $|\mathfrak{z}| := \max_{k=1,\dots,n} |z_k|$ und $\operatorname{dist}'(\mathfrak{z}_1,\mathfrak{z}_2) := |\mathfrak{z}_1 - \mathfrak{z}_2|$ eine weitere Metrik auf dem $\mathbb{C}^n$ definiert, die ebenfalls die übliche Topologie induziert.

Unter einem Bereich $B \subset \mathbb{C}^n$ verstehen wir eine (in der üblichen Topologie) offene Menge, unter einem Gebiet $G \subset \mathbb{C}^n$ einen zusammenhängenden Bereich. Dabei heißt ein Bereich $G \subset \mathbb{C}^n$ zusammenhängend, wenn eine der beiden folgenden äquivalenten Bedingungen erfüllt ist:

a) Zu je zwei Punkten $\mathfrak{z}_1, \mathfrak{z}_2 \in G$ gibt es eine stetige Abbildung $\varphi : [0,1] \to \mathbb{C}^n$ mit $\varphi(0) = \mathfrak{z}_1$, $\varphi(1) = \mathfrak{z}_2$ und $\varphi([0,1]) \subset G$.

b) Sind $B_1, B_2 \subset G$ offene Mengen mit $B_1 \cup B_2 = G$, $B_1 \cap B_2 = \emptyset$ und $B_1 \neq \emptyset$, so ist $B_2 = \emptyset$.

<u>Definition:</u> Sei $B \subset \mathbb{C}^n$ ein Bereich, $\mathfrak{z}_0 \in B$ ein Punkt. Die Menge $C_B(\mathfrak{z}_0) :=$ $:= \{\mathfrak{z} \in B : \mathfrak{z}$ ist mit $\mathfrak{z}_0$ durch einen Weg in B verbindbar$\}$ heißt Zusammenhangskomponente von $\mathfrak{z}_0$ in B.

<u>Bemerkung:</u> Sei $B \subset \mathbb{C}^n$ ein Bereich. Dann gilt:

a) Für jedes $\mathfrak{z} \in B$ sind $C_B(\mathfrak{z})$ und $B - C_B(\mathfrak{z})$ Bereiche.

b) Für jedes $\mathfrak{z} \in B$ ist $C_B(\mathfrak{z})$ zusammenhängend.

c) Aus $C_B(\mathfrak{z}_1) \cap C_B(\mathfrak{z}_2) \neq \emptyset$ folgt: $C_B(\mathfrak{z}_1) = C_B(\mathfrak{z}_2)$.

d) Es ist $B = \bigcup_{\mathfrak{z} \in B} C_B(\mathfrak{z})$

e) Ist G ein Gebiet mit $\mathfrak{z} \in G \subset B$, so folgt: $G \subset C_B(\mathfrak{z})$.

f) B besitzt höchstens abzählbar viele Zusammenhangskomponenten.

Der Beweis ist trivial.

Schließlich wird noch für $\mathfrak{z}_0 \in \mathbb{C}^n$ definiert:

$$U_\varepsilon(\mathfrak{z}_0) := \left\{\mathfrak{z} \in \mathbb{C}^n : \operatorname{dist}(\mathfrak{z},\mathfrak{z}_0) < \varepsilon\right\},$$

$$U^*_\varepsilon(\mathfrak{z}_0) := \left\{\mathfrak{z} \in \mathbb{C}^n : \operatorname{dist}^*(\mathfrak{z},\mathfrak{z}_0) < \varepsilon\right\},$$

$$U'_\varepsilon(\mathfrak{z}_0) := \left\{\mathfrak{z} \in \mathbb{C}^n : \operatorname{dist}'(\mathfrak{z},\mathfrak{z}_0) < \varepsilon\right\}.$$

§ 1. Potenzreihen

Sei M eine Teilmenge des $\mathbb{C}^n$. Eine Abbildung f von M nach $\mathbb{C}$ heißt komplexe Funktion auf M. Besonders einfache, auf dem ganzen $\mathbb{C}^n$ erklärte Funktionen sind die Polynome:

$$p(\mathfrak{z}) = \sum_{\nu_1,\dots,\nu_n=0}^{m_1,\dots,m_n} a_{\nu_1,\dots,\nu_n} z_1^{\nu_1}\cdot \dots \cdot z_n^{\nu_n}, \; a_{\nu_1,\dots,\nu_n} \in \mathbb{C}.$$

Um die Schreibweise zu vereinfachen, führen wir Multiindices ein:

ν_i, $1 \leqslant i \leqslant n$, seien nicht-negative ganze Zahlen, $\mathfrak{z} = (z_1,\dots,z_n)$ sei ein Punkt des $\mathbb{C}^n$. Dann definieren wir:

$$\nu := (\nu_1,\dots,\nu_n), \; |\nu| := \sum_{i=1}^{n} \nu_i, \; \mathfrak{z}^\nu := \prod_{i=1}^{n} z_i^{\nu_i}.$$

Damit erhält ein Polynom die Gestalt $p(\mathfrak{z}) = \sum\limits_{\nu=0}^{m} a_\nu \mathfrak{z}^\nu$.

Def. 1.1: Sei $\mathfrak{z}_0 \in \mathbb{C}^n$ ein Punkt, a_ν, $|\nu| \geqslant 0$, seien komplexe Zahlen. Dann heißt der Ausdruck

$$\sum_{\nu=0}^{\infty} a_\nu(\mathfrak{z} - \mathfrak{z}_0)^\nu \text{ formale Potenzreihe um } \mathfrak{z}_0 .$$

Ein solcher Ausdruck hat, wie der Name schon sagt, zunächst nur formale Bedeutung. Für festes $\mathfrak{z}$ braucht er keineswegs eine komplexe Zahl darzustellen. Es ist ja nicht klar, wie man zu summieren hat, denn die Multiindices können auf vielerlei Arten angeordnet werden. Wir müssen also einen geeigneten Konvergenzbegriff einführen.

Def. 1.2: Sei $\mathfrak{J} := \{ \nu = (\nu_1,\dots,\nu_n) : \nu_i \geqslant 0 \text{ für } 1 \leqslant i \leqslant n\}$, $\mathfrak{z}_1 \in \mathbb{C}^n$ fest gewählt. Man sagt, $\sum\limits_{\nu=0}^{\infty} a_\nu(\mathfrak{z}_1 - \mathfrak{z}_0)^\nu$ konvergiert gegen die komplexe Zahl c, wenn zu jedem $\varepsilon > 0$ eine endliche Menge $I_0 \subset \mathfrak{J}$ existiert, so daß für jede endliche Menge I mit $I_0 \subset I \subset \mathfrak{J}$ gilt:

$$\left| \sum_{\nu \in I} a_\nu(\mathfrak{z}_1 - \mathfrak{z}_0)^\nu - c \right| < \varepsilon .$$

Man schreibt dann: $\sum\limits_{\nu=0}^{\infty} a_\nu(\mathfrak{z}_1 - \mathfrak{z}_0)^\nu = c$.

Konvergenz in diesem Sinne ist gleichbedeutend mit absoluter Konvergenz.

Def. 1.3: Sei M eine Teilmenge des $\mathbb{C}^n$, $\mathfrak{z}_0 \in M$, f eine komplexe Funktion auf M. Man sagt, die Potenzreihe $\sum\limits_{\nu=0}^{\infty} a_\nu(\mathfrak{z} - \mathfrak{z}_0)^\nu$ konvergiert auf M gleichmäßig gegen $f(\mathfrak{z})$, wenn es zu jedem $\varepsilon > 0$ eine endliche Menge $I_0 \subset \mathfrak{J}$ gibt, so daß für jede endliche Menge I mit $I_0 \subset I \subset \mathfrak{J}$ und jedes $\mathfrak{z} \in M$ gilt:

$$\left| \sum_{\nu \in I} a_\nu (\mathfrak{z} - \mathfrak{z}_0)^\nu - f(\mathfrak{z}) \right| < \varepsilon .$$

$\sum\limits_{\nu=0}^{\infty} a_\nu (\mathfrak{z} - \mathfrak{z}_0)^\nu$ konvergiert im Innern des Bereiches B gleichmäßig, falls die Reihe in jeder kompakten Teilmenge von B gleichmäßig konvergiert.

Def. 1.4: Sei $B \subset \mathbb{C}^n$ ein Bereich, f eine komplexe Funktion auf B. f heißt holomorph in B, wenn es zu jedem $\mathfrak{z}_0 \in B$ eine Umgebung $U = U(\mathfrak{z}_0)$ in B und eine Potenzreihe $\sum\limits_{\nu=0}^{\infty} a_\nu (\mathfrak{z} - \mathfrak{z}_0)^\nu$ gibt, die auf U gegen $f(\mathfrak{z})$ konvergiert.

Es ist hier zu bemerken, daß keine gleichmäßige Konvergenz auf U gefordert wird. Die folgenden Betrachtungen werden zeigen, warum bereits die punktweise Konvergenz ausreicht.

Def. 1.5: Die Punktmenge $V = \left\{ r = (r_1, \dots, r_n) \in \mathbb{R}^n : r_\nu \geq 0 \text{ für } 1 \leq \nu \leq n \right\}$ wird als absoluter Raum bezeichnet. $\tau : \mathbb{C}^n \to V$ mit $\tau(\mathfrak{z}) := (|z_1|, \dots, |z_n|)$ heißt natürliche Projektion von $\mathbb{C}^n$ auf V.

V ist eine Teilmenge des $\mathbb{R}^n$ und kann als solche mit der vom $\mathbb{R}^n$ auf V induzierten Topologie ("Relativtopologie") versehen werden. Dann ist $\tau : \mathbb{C}^n \to V$ eine stetige surjektive Abbildung. Wenn $B \subset V$ offen ist, dann ist auch $\tau^{-1}(B) \subset \mathbb{C}^n$ offen.

Def. 1.6: Sei $r \in V_+ := \left\{ r = (r_1, \dots, r_n) \in \mathbb{R}^n : r_k > 0 \right\}$, $\mathfrak{z}_0 \in \mathbb{C}^n$. Dann heißt $P_r(\mathfrak{z}_0) := \left\{ \mathfrak{z} \in \mathbb{C}^n : |z_k - z_k^{(0)}| < r_k \text{ für } 1 \leq k \leq n \right\}$ der Polyzylinder um $\mathfrak{z}_0$ mit dem (Poly-)Radius r. $T = T(P) := \left\{ \mathfrak{z} \in \mathbb{C}^n : |z_k - z_k^{(0)}| = r_k \right\}$ heißt die Bestimmungsfläche von P.

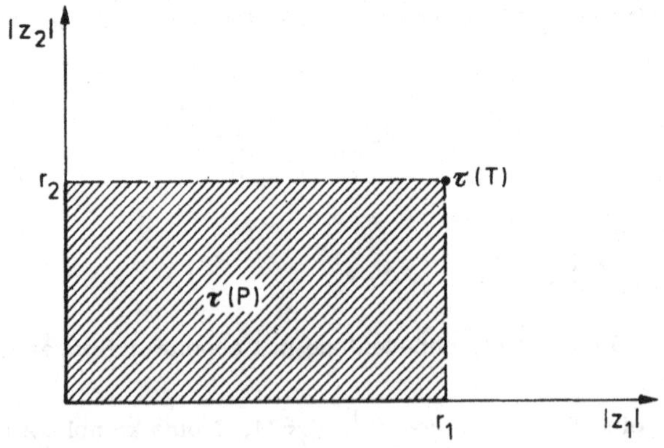

Fig. 1. Das Bild eines Polyzylinders im absoluten Raum.

$P = P_r(\mathfrak{z}_0)$ ist ein konvexes Gebiet im $\mathbb{C}^n$, die Bestimmungsfläche T ist eine Teilmenge des topologischen Randes ∂P von P. Für $n = 2$ und $\mathfrak{z}_0 = 0$ kann man sich die Situation gut veranschaulichen: V ist dann eine Viertelebene im $\mathbb{R}^2$, $\tau(P)$ ein offenes Rechteck und $\tau(T)$ ein Punkt auf dem Rand von $\tau(P)$.

Es ist $T = \left\{\mathfrak{z} \in \mathbb{C}^2 : |z_1| = r_1, |z_2| = r_2\right\} = \left\{\mathfrak{z} = \left(r_1 \cdot e^{i\vartheta_1}, r_2 \cdot e^{i\vartheta_2}\right) \in \mathbb{C}^2 : 0 \leq \vartheta_1 < 2\pi, 0 \leq \vartheta_2 < 2\pi\right\}$, also ein 2-dimensionaler Torus. Entsprechend erhält man im n-dimensionalen Fall einen n-dimensionalen Torus (= kartesisches Produkt von n Kreisen).

Ist $\mathfrak{z}_1 \in \mathring{\mathbb{C}}^n := \left\{\mathfrak{z} = (z_1, \ldots, z_n) \in \mathbb{C}^n : z_k \neq 0 \text{ für } 1 \leq k \leq n\right\}$, so ist $P_{\mathfrak{z}_1} := \left\{\mathfrak{z} \in \mathbb{C}^n : \right.$ $\left.: |z_k| < |z_k^{(1)}| =: r_k \text{ für } 1 \leq k \leq n\right\}$ ein Polyzylinder um 0 mit dem Radius $r = (r_1, \ldots, r_n)$.

<u>Satz 1.1:</u> Sei $\mathfrak{z}_1 \in \mathring{\mathbb{C}}^n$. Ist die Potenzreihe $\sum_{\nu=0}^{\infty} a_\nu \mathfrak{z}^\nu$ in $\mathfrak{z}_1$ konvergent, so konvergiert sie im Innern des Polyzylinders $P_{\mathfrak{z}_1}$ gleichmäßig.

<u>Beweis:</u> 1) Da die Reihe in $\mathfrak{z}_1$ konvergiert, ist die Menge $\left\{a_\nu \mathfrak{z}_1^\nu : |\nu| \geq 0\right\}$ beschränkt. $M \in \mathbb{R}$ sei so gewählt, daß für alle ν gilt: $|a_\nu \mathfrak{z}_1^\nu| < M$.

Mit $\mathfrak{z}_1 \in \mathring{\mathbb{C}}^n$ ist auch $q \cdot \mathfrak{z}_1 \in \mathring{\mathbb{C}}^n$ für $0 < q < 1$. Es sei $P^* := P_{q \cdot \mathfrak{z}_1}$. Für $\mathfrak{z} \in P^*$ ist $|\mathfrak{z}^\nu| = |z_1|^{\nu_1} \cdot \ldots \cdot |z_n|^{\nu_n} < |q \cdot z_1^{(1)}|^{\nu_1} \cdot \ldots \cdot |q \cdot z_n^{(1)}|^{\nu_n} = q^{\nu_1 + \ldots + \nu_n} \cdot |z_1^{(1)}|^{\nu_1} \cdot$ $\cdot \ldots \cdot |z_n^{(1)}|^{\nu_n} = q^{|\nu|} \cdot |\mathfrak{z}_1^\nu|$, d.h. $\sum_{\nu=0}^{\infty} |a_\nu| \cdot |\mathfrak{z}_1^\nu| \cdot q^{|\nu|}$ ist eine Majorante von $\sum_{\nu=0}^{\infty} a_\nu \mathfrak{z}^\nu$, also auch

$$M \cdot \sum_{\nu=0}^{\infty} q^{\nu_1 + \ldots + \nu_n} = M \cdot \left(\sum_{\nu_1=0}^{\infty} q^{\nu_1}\right) \cdot \ldots \cdot \left(\sum_{\nu_n=0}^{\infty} q^{\nu_n}\right) = M \cdot \left(\frac{1}{1-q}\right)^n .$$

Die Menge $\mathfrak{J}$ der Multiindizes ist abzählbar, es gibt also eine Bijektion $\Phi : \mathbb{N}_0 \to \mathfrak{J}$. Sei $b_n(\mathfrak{z}) := a_{\Phi(n)} \cdot \mathfrak{z}^{\Phi(n)}$. Dann ist $\sum_{n=0}^{\infty} b_n(\mathfrak{z})$ auf P^* absolut und gleichmäßig konvergent. Ist $\varepsilon > 0$ vorgegeben, so gibt es ein $n_0 \in \mathbb{N}$, so daß $\sum_{n=n_0+1}^{\infty} |b_n(\mathfrak{z})| < \varepsilon$ auf P^* ist. Sei $I_0 := \Phi(\{0, 1, 2, \ldots, n_0\})$. Ist I eine endliche Menge mit $I_0 \subset I \subset \mathfrak{J}$, so ist $\{0, 1, \ldots, n_0\} \subset$ $\subset \Phi^{-1}(I)$, also

$$\left|\sum_{n=0}^{\infty} b_n(\mathfrak{z}) - \sum_{\nu \in I} a_\nu \mathfrak{z}^\nu\right| = \left|\sum_{n=0}^{\infty} b_n(\mathfrak{z}) - \sum_{n \in \Phi^{-1}(I)} b_n(\mathfrak{z})\right| =$$

$$= \left|\sum_{n \notin \Phi^{-1}(I)} b_n(\mathfrak{z})\right| \leq \sum_{n=n_0+1}^{\infty} \left|b_n(\mathfrak{z})\right| < \varepsilon \quad \text{für } \mathfrak{z} \in P^* .$$

Das heißt aber, daß $\sum_{\nu=0}^{\infty} a_\nu \mathfrak{z}^\nu$ in P^* gleichmäßig konvergiert.

2) Sei $K \subset P_{\mathfrak{z}_1}$ kompakt. $\{P_{q\cdot\mathfrak{z}_1} : 0 < q < 1\}$ ist eine offene Überdeckung von $P_{\mathfrak{z}_1}$, insbesondere auch von K. Dann gibt es aber eine endliche Teilüberdeckung $\{P_{q_1\cdot\mathfrak{z}_1},\dots, P_{q_l\cdot\mathfrak{z}_1}\}$. Setzt man $q := \max(q_1,\dots,q_l)$, so ist $K \subset P_{q\cdot\mathfrak{z}_1}$, und $P_{q\cdot\mathfrak{z}_1}$ ist ein P^*, wie es in 1) betrachtet wurde. Also ist $\sum_{\nu=0}^{\infty} a_\nu \mathfrak{z}^\nu$ gleichmäßig konvergent auf K, und das war zu zeigen. ♦

Als nächstes wollen wir untersuchen, auf welchen Mengen Potenzreihen konvergieren. Um unnötige Schreibarbeit zu vermeiden, werden wir als Entwicklungspunkt $\mathfrak{z}_0 = 0$ wählen. Für den allgemeinen Fall gelten dann stets die entsprechenden Aussagen.

Def. 1.7: Ein Bereich $B \subset \mathbb{C}^n$ heißt Reinhardtscher Körper, falls gilt:
$\mathfrak{z}_1 \in B \Rightarrow T_{\mathfrak{z}_1} := \tau^{-1}\tau(\mathfrak{z}_1) \subset B$.

Bemerkungen: $T_{\mathfrak{z}_1}$ ist der Torus $\left\{\mathfrak{z} \in \mathbb{C}^n : |z_k| = |z_k^{(1)}|\right\}$. Die Bedingung von Def. 1.7 besagt, daß $\tau^{-1}\tau(B) = B$ ist, d.h., ein Reinhardtscher Körper B wird durch sein Bild $\tau(B)$ in der absoluten Ebene charakterisiert.

Satz 1.2: Ein Bereich $B \subset \mathbb{C}^n$ ist genau dann ein Reinhardtscher Körper, wenn es eine offene Menge $W \subset V$ mit $B = \tau^{-1}(W)$ gibt.

Beweis: 1) Sei $B = \tau^{-1}(W)$, $W \subset V$ offen. Für $\mathfrak{z} \in B$ ist dann $\tau(\mathfrak{z}) \in W$, also $\tau^{-1}\tau(\mathfrak{z}) \subset \tau^{-1}(W) = B$.

2) Sei B ein Reinhardtscher Körper. Dann ist $B = \tau^{-1}\tau(B)$, es genügt also zu zeigen, daß $\tau(B)$ offen in V ist. Wir nehmen an, $\tau(B)$ sei nicht offen. Dann gibt es einen Punkt $r_0 \in \tau(B)$, der kein innerer Punkt von $\tau(B)$, also ein Häufungspunkt von $V - \tau(B)$ ist.
Sei (r_j) eine Folge in $V - \tau(B)$, die gegen r_0 konvergiert. Es gibt Punkte $\mathfrak{z}_j \in \mathbb{C}^n$ mit $r_j = \tau(\mathfrak{z}_j)$, also $|z_p^{(j)}| = r_p^{(j)}$ für alle j und $1 \leq p \leq n$. Da (r_j) konvergent ist, gibt es ein $M \in \mathbb{R}$, so daß $|r_p^{(j)}| < M$ für alle j und p ist. Damit ist auch die Folge $(\mathfrak{z}_j)$ beschränkt, sie muß einen Häufungspunkt $\mathfrak{z}_0$ haben, und es muß außerdem eine Teilfolge $\left(\mathfrak{z}_{j_\nu}\right)$ mit $\lim_{\nu\to\infty} \mathfrak{z}_{j_\nu} = \mathfrak{z}_0$ geben. Da τ stetig ist, gilt: $\tau(\mathfrak{z}_0) = \lim_{\nu\to\infty} \tau\left(\mathfrak{z}_{j_\nu}\right) = \lim_{\nu\to\infty} r_{j_\nu} = r_0$.
Da B ein Reinhardtscher Körper ist, folgt: $\mathfrak{z}_0 \in \tau^{-1}(r_0) \subset \tau^{-1}\tau(B) = B$. B ist eine offene Umgebung von $\mathfrak{z}_0$, also müssen fast alle $\mathfrak{z}_{j_\nu}$ in B liegen, und dann müssen fast alle $r_{j_\nu} = \tau\left(\mathfrak{z}_{j_\nu}\right)$ in $\tau(B)$ liegen. Das ist ein Widerspruch, also ist $\tau(B)$ offen. ♦

Das Bild eines Reinhardtschen Körpers im absoluten Raum ist somit stets eine offene Menge (von beliebiger Gestalt), und das Urbild dieser Menge ist wieder die Ausgangsmenge.

Def. 1.8: Sei $G \subset \mathbb{C}^n$ ein Reinhardtscher Körper.

1) G heißt eigentlich, wenn gilt:

   a) G ist ein Gebiet

   b) $0 \in G$.

2) G heißt vollkommen, wenn gilt:

   $\mathfrak{z}_1 \in G \cap \mathring{\mathbb{C}}^n \Rightarrow P_{\mathfrak{z}_1} \subset G$.

Fig. 2 zeigt die Veranschaulichung im Falle n = 2 in der absoluten Ebene:

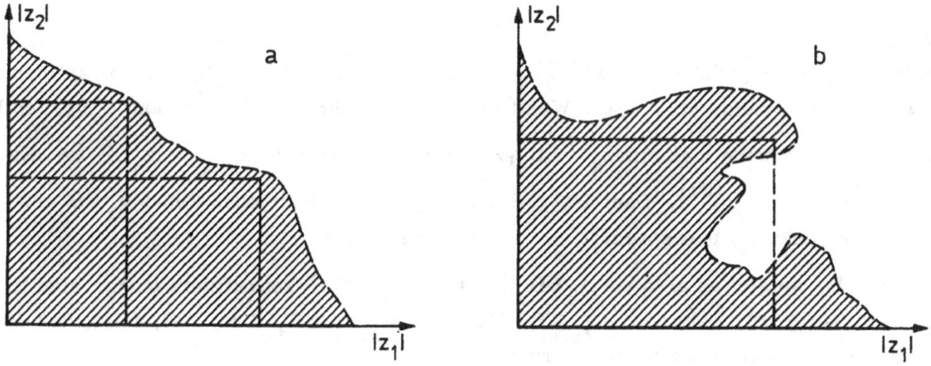

Fig. 2. a) Vollkommener Reinhardtscher Körper; b) Eigentlicher Reinhardtscher Körper.

Im Falle n = 1 sind die Reinhardtschen Körper gerade die Vereinigungen von offenen Kreisringen. Die Begriffe des eigentlichen Reinhardtschen Körpers und des vollkommenen Reinhardtschen Körpers fallen zusammen, es handelt sich um die offenen Kreisflächen.

Für $n > 1$ sind offensichtlich die Polyzylinder und die "Kugeln" $K = \{\mathfrak{z} : |z_1|^2 + \ldots + |z_n|^2 < R^2\}$ eigentliche und vollkommene Reinhardtsche Körper. Allgemein gilt:

Satz 1.3: Jeder vollkommene Reinhardtsche Körper ist eigentlich.

Beweis: Sei G ein vollkommener Reinhardtscher Körper. Es gibt einen Punkt $\mathfrak{z}_1 \in G \cap \mathring{\mathbb{C}}^n$, und nach Definition gilt dann: $0 \in P_{\mathfrak{z}_1} \subset G$. Es bleibt zu zeigen, daß G ein Gebiet ist:

a) Sei $\mathfrak{z}_1 \in G$ ein Punkt in allgemeiner Lage (d.h., $\mathfrak{z}_1 \in G \cap \mathring{\mathbb{C}}^n$). Dann verläuft die Verbindungsstrecke zwischen $\mathfrak{z}_1$ und 0 ganz in $P_{\mathfrak{z}_1}$ und damit in G.

b) $\mathfrak{z}_1$ liege auf einer der "Achsen". Da G offen ist, gibt es eine Umgebung $U_\varepsilon(\mathfrak{z}_1) \subset G$, und man kann einen Punkt $\mathfrak{z}_2 \in U_\varepsilon(\mathfrak{z}_1) \cap \mathring{\mathbb{C}}^n$ finden. Dann gibt es einen Weg in U_ε, der $\mathfrak{z}_1$ mit $\mathfrak{z}_2$ verbindet, und einen Weg in G, der $\mathfrak{z}_2$ mit 0 verbindet. Zusammen erhält man einen Weg in G, der $\mathfrak{z}_1$ mit 0 verbindet.

Aus a) und b) folgt sofort, daß G ein Gebiet ist. ◆

Sei $\mathfrak{P}(\mathfrak{z}) = \sum_{\nu=0}^{\infty} a_\nu \mathfrak{z}^\nu$ eine Potenzreihe um Null. Die Menge $M \subset \mathbb{C}^n$, auf der $\mathfrak{P}(\mathfrak{z})$ konvergiert, nennt man Konvergenzmenge von $\mathfrak{P}(\mathfrak{z})$. $\mathfrak{P}(\mathfrak{z})$ konvergiert dann stets in $\mathring{M}$ und divergiert außerhalb von $\overline{M}$.

$B(\mathfrak{P}(\mathfrak{z})) := \mathring{M}$ nennt man den Konvergenzbereich der Potenzreihe $\mathfrak{P}(\mathfrak{z})$.

<u>Satz 1.4:</u> Sei $\mathfrak{P}(\mathfrak{z}) = \sum_{\nu=0}^{\infty} a_\nu \mathfrak{z}^\nu$ eine formale Potenzreihe im $\mathbb{C}^n$. Dann ist ihr Konvergenzbereich $B = B(\mathfrak{P}(\mathfrak{z}))$ ein vollkommener Reinhardtscher Körper. Im Innern von B konvergiert $\mathfrak{P}(\mathfrak{z})$ gleichmäßig.

<u>Beweis:</u> 1) Sei $\mathfrak{z}_1 \in B$.
Dann ist $U'_\varepsilon(\mathfrak{z}_1) = \left\{\mathfrak{z} \in \mathbb{C}^n : |\mathfrak{z} - \mathfrak{z}_1| < \varepsilon\right\} = U_\varepsilon\left(z_1^{(1)}\right) \times \ldots \times U_\varepsilon\left(z_n^{(1)}\right)$ ein Polyzylinder um $\mathfrak{z}_1$ mit dem Radius $(\varepsilon, \ldots, \varepsilon)$. Wählt man ε hinreichend klein, so liegt $U'_\varepsilon(\mathfrak{z}_1)$ in B. Für $k = 1, \ldots, n$ kann man ein $z_k^{(2)} \in U_\varepsilon\left(z_k^{(1)}\right)$ finden, so daß $|z_k^{(2)}| > |z_k^{(1)}|$ ist. Es sei $\mathfrak{z}_2 := \left(z_1^{(2)}, \ldots, z_n^{(2)}\right)$. Dann ist $\mathfrak{z}_2 \in B$ und $\mathfrak{z}_1 \in P_{\mathfrak{z}_2}$. Für jeden Punkt $\mathfrak{z}_1 \in B$ sei ein solcher Punkt $\mathfrak{z}_2$ fest gewählt.

2) Ist $\mathfrak{z}_1 \in B$, so gibt es also ein $\mathfrak{z}_2 \in B$ mit $\mathfrak{z}_1 \in P_{\mathfrak{z}_2}$. $\mathfrak{P}(\mathfrak{z})$ konvergiert in $\mathfrak{z}_2$, also in $P_{\mathfrak{z}_2}$ (nach Satz 1.1). Daher ist $P_{\mathfrak{z}_2} \subset B$. Da $P_{\mathfrak{z}_1} \subset P_{\mathfrak{z}_2}$ und $T_{\mathfrak{z}_1} \subset P_{\mathfrak{z}_2}$ ist, folgt, daß B ein vollkommener Reinhardtscher Körper ist.

3) Es sei $P^*_{\mathfrak{z}_1} := P_{\mathfrak{z}_2}$, wenn $\mathfrak{z}_2$ zu $\mathfrak{z}_1$ wie unter 1) gewählt ist. Offensichtlich ist $B = \bigcup_{\mathfrak{z}_1 \in B} P^*_{\mathfrak{z}_1}$. Nun sei außerdem noch zu $\mathfrak{z}_2$ ein q mit $0 < q < 1$ gewählt, so daß $\mathfrak{z}_3 := \frac{1}{q}\mathfrak{z}_2$ noch in B liegt. Das ist möglich, und daher folgt: Für jedes $\mathfrak{z}_1 \in B$ ist $\mathfrak{P}(\mathfrak{z})$ in $P^*_{\mathfrak{z}_1}$ gleichmäßig konvergent. Ist $K \subset B$ kompakt, so wird K von endlich vielen Mengen $P^*_{\mathfrak{z}_1}$ überdeckt. Also konvergiert $\mathfrak{P}(\mathfrak{z})$ gleichmäßig auf K. ♦

Man kann sich jetzt fragen, ob jeder vollkommene Reinhardtsche Körper als Konvergenzbereich einer Potenzreihe vorkommt. Das ist nicht der Fall, es sind noch zusätzliche Eigenschaften nötig. Darauf wollen wir an dieser Stelle jedoch nicht näher eingehen.

Da jeder vollkommene Reinhardtsche Körper zusammenhängend ist, können wir fortan von "Konvergenzgebieten" einer Potenzreihe sprechen. Wir kommen nun noch einmal auf den Begriff der Holomorphie zurück:

Sei f eine holomorphe Funktion auf einem Bereich B, $\mathfrak{z}_0 \in B$ ein Punkt. In einer Umgebung U von $\mathfrak{z}_0$ möge die Potenzreihe $\sum_{\nu=0}^{\infty} a_\nu(\mathfrak{z} - \mathfrak{z}_0)^\nu$ gegen $f(\mathfrak{z})$ konvergieren. Dann gibt es ein $\mathfrak{z}_1 \in U$ mit $z_\nu^{(1)} \neq z_\nu^{(0)}$ für $1 \leq \nu \leq n$ und $P_{\tau(\mathfrak{z}_1 - \mathfrak{z}_0)}(\mathfrak{z}_0) \subset U$. Nun sei $0 < \varepsilon < \min_{\nu=1,\ldots,n} \left(|z_\nu^{(1)} - z_\nu^{(0)}|\right)$. Nach Satz 1.1 konvergiert die Reihe gleichmäßig auf $U'_\varepsilon(\mathfrak{z}_0)$.

Für jedes $\nu \in \mathfrak{J}$ kann man $a_\nu(\mathfrak{z} - \mathfrak{z}_0)^\nu$ als komplexwertige Funktion auf dem $\mathbb{R}^{2n}$ auffassen. Diese Funktion ist offensichtlich stetig in $\mathfrak{z}_0$, und daher ist auch die Grenzfunktion f stetig in $\mathfrak{z}_0$. Wir haben also:

Satz 1.5: Sei $B \subset \mathbb{C}^n$ ein Bereich, f eine holomorphe Funktion auf B. Dann ist f in B stetig.

§ 2. Komplex differenzierbare Funktionen

Def.2.1: Sei $B \subset \mathbb{C}^n$ ein Bereich, $f: B \to \mathbb{C}$ eine komplexe Funktion. f heißt in $\mathfrak{z}_0 \in B$ komplex differenzierbar, wenn es n komplexe Funktionen $\Delta_1, \dots, \Delta_n$ auf B gibt, die alle in $\mathfrak{z}_0$ stetig sind und die in B die Gleichung $f(\mathfrak{z}) = f(\mathfrak{z}_0) + \sum_{\nu=1}^{n} \left(z_\nu - z_\nu^{(0)}\right) \Delta_\nu(\mathfrak{z})$ erfüllen.

Die Differenzierbarkeit ist eine lokale Eigenschaft. Es genügt, wenn eine Umgebung $U = U(\mathfrak{z}_0) \subset B$ existiert, so daß $f|U$ in $\mathfrak{z}_0$ komplex differenzierbar ist. Bereits dann ist $f|B$ in $\mathfrak{z}_0$ komplex differenzierbar, denn man kann die Funktionen $\Delta_\nu(\mathfrak{z})$ außerhalb von U so fortsetzen, daß die verlangte Gleichung gilt. In $\mathfrak{z}_0$ gilt allerdings:

Satz 2.1: Sei $B \subset \mathbb{C}^n$ ein Bereich, $f: B \to \mathbb{C}$ sei in $\mathfrak{z}_0 \in B$ komplex differenzierbar. Dann sind die Werte der Funktionen $\Delta_1, \dots, \Delta_n$ im Punkte $\mathfrak{z}_0$ eindeutig bestimmt.

Beweis: $E_\nu := \left\{\mathfrak{z} \in \mathbb{C}^n : z_\lambda = z_\lambda^{(0)} \text{ für } \lambda \neq \nu\right\}$ ist eine komplex eindimensionale Ebene. Sei $B_\nu := \left\{\zeta \in \mathbb{C} : \left(z_1^{(0)}, \dots, z_{\nu-1}^{(0)}, \zeta, z_{\nu+1}^{(0)}, \dots, z_n^{(0)}\right) \in E_\nu \cap B\right\}$. Dann ist durch $f_\nu^*(z_\nu) := f\left(z_1^{(0)}, \dots, z_{\nu-1}^{(0)}, z_\nu, z_{\nu+1}^{(0)}, \dots, z_n^{(0)}\right)$ eine komplexe Funktion auf B_ν erklärt. Da f in $\mathfrak{z}_0$ differenzierbar ist, gilt auf B_ν:

$$\begin{aligned} f_\nu^*(z_\nu) &= f\left(z_1^{(0)}, \dots, z_{\nu-1}^{(0)}, z_\nu, z_{\nu+1}^{(0)}, \dots, z_n^{(0)}\right) = \\ &= f(\mathfrak{z}_0) + \left(z_\nu - z_\nu^{(0)}\right) \cdot \Delta_\nu\left(z_1^{(0)}, \dots, z_\nu, \dots, z_n^{(0)}\right) = \\ &= f_\nu^*\left(z_\nu^{(0)}\right) + \left(z_\nu - z_\nu^{(0)}\right) \cdot \Delta_\nu^*(z_\nu). \end{aligned}$$

Dabei ist $\Delta_\nu^*(z_\nu) := \Delta_\nu\left(z_1^{(0)}, \dots, z_{\nu-1}^{(0)}, z_\nu, z_{\nu+1}^{(0)}, \dots, z_n^{(0)}\right)$ stetig in $z_\nu^{(0)}$. Also ist $f_\nu^*(z_\nu)$ in $z_\nu^{(0)} \in \mathbb{C}$ komplex differenzierbar, und $\Delta_\nu^*\left(z_\nu^{(0)}\right) = \Delta_\nu(\mathfrak{z}_0)$ ist eindeutig bestimmt. Das gilt für jedes ν. ♦

Def. 2.2: Die komplexe Funktion f auf dem Bereich $B \subset \mathbb{C}^n$ sei in $\mathfrak{z}_0 \in B$ komplex differenzierbar. Ist $f(\mathfrak{z}) = f(\mathfrak{z}_0) + \sum_{\nu=1}^{n} \left(z_\nu - z_\nu^{(0)}\right) \Delta_\nu(\mathfrak{z})$, so nennt man $\Delta_\nu(\mathfrak{z}_0)$ die partielle Ableitung von f nach z_ν in $\mathfrak{z}_0$ und schreibt dafür: $\Delta_\nu(\mathfrak{z}_0) = \frac{\partial f}{\partial z_\nu}(\mathfrak{z}_0) = f_{z_\nu}(\mathfrak{z}_0) = f_{,\nu}(\mathfrak{z}_0)$.

Satz 2.2: Sei $B \subset \mathbb{C}^n$ ein Bereich und f in $\mathfrak{z}_0 \in B$ komplex differenzierbar. Dann ist f in $\mathfrak{z}_0$ stetig.

Beweis: Es ist $f(\mathfrak{z}) = f(\mathfrak{z}_0) + \sum_{\nu=1}^{n} \left(z_\nu - z_\nu^{(0)}\right) \Delta_\nu(\mathfrak{z})$, wobei die rechte Seite dieser Gleichung offensichtlich in $\mathfrak{z}_0$ stetig ist. ♦

Sei $B \subset \mathbb{C}^n$ ein Bereich. f heißt in B *komplex differenzierbar*, wenn f in jedem Punkt von B komplex differenzierbar ist.

Summe, Produkt und Quotient (bei nicht verschwindendem Nenner) von komplex differenzierbaren Funktionen sind wieder komplex differenzierbar. Der Beweis verläuft wie im Reellen, wir wollen ihn hier nicht ausführen.

Satz 2.3: Sei $B \subset \mathbb{C}^n$ ein Bereich, f in B holomorph. Dann ist f in B komplex differenzierbar.

Beweis: Sei $\mathfrak{z}_0 \in B$. Dann gibt es eine Umgebung $U = U(\mathfrak{z}_0)$ und eine Potenzreihe $\sum_{\nu=0}^{\infty} a_\nu(\mathfrak{z} - \mathfrak{z}_0)^\nu$, die in U gleichmäßig gegen $f(\mathfrak{z})$ konvergiert. O.B.d.A. sei $\mathfrak{z}_0 = 0$.

$$\text{Es ist } \sum_{\nu=0}^{\infty} a_\nu \mathfrak{z}^\nu = a_{0\ldots0} + z_1 \cdot \sum_{\nu_1 \geq 1} a_{\nu_1\ldots\nu_n} z_1^{\nu_1 - 1} \cdot z_2^{\nu_2} \ldots z_n^{\nu_n} +$$

$$+ z_2 \cdot \sum_{\nu_2 \geq 1} a_{0,\nu_2\ldots\nu_n} z_2^{\nu_2 - 1} \cdot z_3^{\nu_3} \ldots z_n^{\nu_n} + \ldots + z_n \cdot \sum_{\nu_n \geq 1} a_{0\ldots0,\nu_n} z_n^{\nu_n - 1}.$$

Diese Zerlegung hat zunächst nur formale Bedeutung. Man wähle nun einen Polyzylinder der Form

$P = U_\varepsilon(0) \times \ldots \times U_\varepsilon(0) \subset U(0)$ und einen Punkt $\mathfrak{z}_1 \in T = \left\{\mathfrak{z} \in \mathbb{C}^n : |z_k| = \varepsilon\right\}$.

Dann ist $P_{\mathfrak{z}_1} = P$ und $\mathfrak{z}_1 \in U$ (wenn ε hinreichend klein gewählt ist). $\sum_{\nu=0}^{\infty} a_\nu \mathfrak{z}_1^\nu$ konvergiert, also konvergiert auch $\sum_{\nu=0}^{\infty} |a_\nu \mathfrak{z}_1^\nu|$. Da $\mathfrak{z}_1 \in \mathring{\mathbb{C}}^n$ ist, ist $|z_k^{(1)}| \neq 0$ für alle k. Also konvergieren auch alle Teilreihen in der obigen Darstellung in $\mathfrak{z}_1$ absolut und damit gleichmäßig im Innern von $P_{\mathfrak{z}_1}$. Die Grenzfunktionen sind stetig, sie seien mit $\Delta_1, \ldots, \Delta_n$ bezeichnet. Da $f(\mathfrak{z}) = f(\mathfrak{z}_0) + z_1 \cdot \Delta_1(\mathfrak{z}) + \ldots + z_n \cdot \Delta_n(\mathfrak{z})$ ist, folgt, daß f in $\mathfrak{z}_0$ komplex differenzierbar ist. ♦

Aus dem vorliegenden Beweis ergeben sich auch die Werte der partiellen Ableitungen im Punkte $\mathfrak{z}_0$:

Sei $f(\mathfrak{z}) = \sum_{\nu_1,\ldots,\nu_n=0}^{\infty} a_{\nu_1\ldots\nu_n}\left(z_1 - z_1^{(0)}\right)^{\nu_1}\ldots\left(z_n - z_n^{(0)}\right)^{\nu_n}$, dann gilt:

$$f_{z_1}(\mathfrak{z}_0) = a_{1,0,\ldots,0},$$
$$\vdots$$
$$f_{z_n}(\mathfrak{z}_0) = a_{0,\ldots,0,1}.$$

§ 3. Das Cauchy-Integral

Wir wollen in diesem Paragraphen nach weiteren Möglichkeiten suchen, holomorphe Funktionen zu charakterisieren.

Sei $r = (r_1,\ldots,r_n)$ ein Punkt im absoluten Raum V mit $r_\nu \neq 0$ für alle ν. Dann ist $P = \left\{\mathfrak{z} \in \mathbb{C}^n : |z_\nu| < r_\nu \text{ für alle } \nu\right\}$ ein nichtentarteter Polyzylinder um den Nullpunkt, und $T = \{\mathfrak{z} \in \mathbb{C}^n : \tau(\mathfrak{z}) = r\}$ ist die zugehörige Bestimmungsfläche. Es wird sich herausstellen, daß die Werte einer beliebigen holomorphen Funktion auf P bereits durch ihre Werte auf T bestimmt sind.

Zunächst müssen wir den Begriff des komplexen Kurvenintegrals verallgemeinern. Sei $K = \{z \in \mathbb{C} : z = re^{i\vartheta}, r > 0 \text{ fest}, 0 \leq \vartheta \leq 2\pi\}$ ein Kreis in der komplexen Ebene, f eine stetige Funktion auf K. Dann definiert man bekanntlich $\int_K f(z)dz := \int_0^{2\pi} f(re^{i\vartheta}) \cdot rie^{i\vartheta}d\vartheta$.

Der Ausdruck auf der rechten Seite dieser Gleichung wird durch $\int_a^b \varphi(t)dt := \int_a^b \operatorname{Re}\varphi(t)dt + i \cdot \int_a^b \operatorname{Im}\varphi(t)dt$ auf reelle Integrale zurückgeführt.

Nun sei $f = f(\xi)$ stetig auf dem n-dimensionalen Torus $T = \{\xi \in \mathbb{C}^n : \tau(\xi) = r\}$. Dann ist auch $h : P \times T \to \mathbb{C}$ mit $h(\mathfrak{z}, \xi) := \frac{f(\xi)}{(\xi_1 - z_1)\ldots(\xi_n - z_n)}$ stetig. Man definiert:

$$F(\mathfrak{z}) := \left(\frac{1}{2\pi i}\right)^n \cdot \int_T h(\mathfrak{z}, \xi)d\xi_1\ldots d\xi_n :=$$

$$= \left(\frac{1}{2\pi i}\right)^n \cdot \int_{|\xi_1|=r_1} \frac{d\xi_1}{\xi_1 - z_1} \int_{|\xi_2|=r_2} \frac{d\xi_2}{\xi_2 - z_2} \cdots \int_{|\xi_n|=r_n} \frac{d\xi_n}{\xi_n - z_n} f(\xi_1,\ldots,\xi_n)$$

$$= \left(\frac{1}{2\pi}\right)^n \cdot \int_0^{2\pi}\int_0^{2\pi}\cdots\int_0^{2\pi} \frac{f\left(r_1e^{i\vartheta_1},\ldots,r_ne^{i\vartheta_n}\right)}{\left(r_1e^{i\vartheta_1} - z_1\right)\ldots\left(r_ne^{i\vartheta_n} - z_n\right)} r_1\ldots r_n e^{i(\vartheta_1+\ldots+\vartheta_n)}d\vartheta_1\ldots d\vartheta_n.$$

F ist für jedes $\mathfrak{z} \in P$ wohldefiniert und sogar stetig in P.

Def. 3.1: Sei P ein Polyzylinder, T der zu P gehörende n-dimensionale Torus. f sei eine stetige Funktion auf T. Dann heißt die durch

$$\mathrm{ch}(f)(\mathfrak{z}) := \left(\frac{1}{2\pi i}\right)^n \cdot \int_T \frac{f(\xi)\, d\xi}{(\xi_1 - z_1)\ldots(\xi_n - z_n)}$$

definierte stetige Funktion $\mathrm{ch}(f) : P \to \mathbb{C}$ das Cauchyintegral von f über T.

Satz 3.1: Sei $B \subset \mathbb{C}^n$ ein Bereich, P ein Polyzylinder mit $\overline{P} \subset B$ und T der zu P gehörende n-dimensionale Torus. Ist f in B komplex differenzierbar, so ist $f|P = \mathrm{ch}(f|T)$.

Beweis: Es handelt sich bei diesem Satz um eine Verallgemeinerung der aus der eindimensionalen komplexen Analysis bekannten Cauchyschen Integralformel.

Die Funktion f_n^* mit $f_n^*(z_n) := f(\xi_1, \ldots, \xi_{n-1}, z_n)$ ist bei festem $(\xi_1, \ldots, \xi_{n-1}) \in \mathbb{C}^{n-1}$ in $B_n := \{z_n \in \mathbb{C} : (\xi_1, \ldots, \xi_{n-1}, z_n) \in E_n \cap B\}$ komplex differenzierbar, wenn E_n die Ebene $\left\{\mathfrak{z} \in \mathbb{C}^n : z_\lambda = \xi_\lambda \text{ für } \lambda \neq n\right\}$ ist. Dann ist aber f_n^* in B_n auch holomorph. B_n ist ein Bereich in $\mathbb{C}$, $K_n := \{\xi_n \in \mathbb{C} : |\xi_n| = r_n\}$ ist in B_n enthalten, und die Cauchysche Integralformel für eine Veränderliche besagt dann:

$$f_n^*(z_n) = \frac{1}{2\pi i} \int_{|\xi_n| = r_n} \frac{f_n^*(\xi_n)}{\xi_n - z_n}\, d\xi_n .$$

Wir haben also: $f(\xi_1, \ldots, \xi_{n-1}, z_n) = \frac{1}{2\pi i} \int_{K_n} \frac{f(\xi_1, \ldots, \xi_n)}{\xi_n - z_n}\, d\xi_n$.

Genauso kann man bei der vorletzten Variablen verfahren:

$$f(\xi_1, \ldots, \xi_{n-2}, z_{n-1}, z_n) = \frac{1}{2\pi i} \int_{K_{n-1}} \frac{f(\xi_1, \ldots, \xi_{n-1}, z_n)}{\xi_{n-1} - z_{n-1}}\, d\xi_{n-1} =$$

$$= \frac{1}{2\pi i} \int_{K_{n-1}} \frac{d\xi_{n-1}}{\xi_{n-1} - z_{n-1}} \left[\frac{1}{2\pi i} \int_{K_n} \frac{f(\xi_1, \ldots, \xi_n)}{\xi_n - z_n}\, d\xi_n\right].$$

Auf diese Weise erreicht man nach n Schritten die Formel:

$$f(z_1, \ldots, z_n) = \frac{1}{2\pi i} \int_{K_1} \frac{d\xi_1}{\xi_1 - z_1} \left[\frac{1}{2\pi i} \cdot \int_{K_2} \cdot \frac{d\xi_2}{\xi_2 - z_2} \left[\ldots\right.\right.$$

$$\left.\left.\ldots \left[\frac{1}{2\pi i} \int_{K_n} \frac{f(\xi_1, \ldots, \xi_n)}{\xi_n - z_n}\, d\xi_n\right] \ldots\right]\right] = \mathrm{ch}(f|T)(\mathfrak{z}) .$$ ♦

Satz 3.2: $P \subset \mathbb{C}^n$ sei ein Polyzylinder, T der zugehörige Torus und h eine stetige Funktion auf T. Dann läßt sich $f := ch(h)$ in eine in ganz P konvergente Potenzreihe entwickeln.

Beweis: Zur Vereinfachung betrachten wir nur den Fall von zwei Veränderlichen. Sei $T = \left\{(\xi_1, \xi_2) \in \mathbb{C}^2 : |\xi_1| = r_1, |\xi_2| = r_2\right\}$, $\mathfrak{z} = (z_1, z_2) \in P$ fest. Dann ist $|z_1| < r_1$, $|z_2| < r_2$, also $q_j := \frac{|z_j|}{r_j} < 1$ für $j = 1,2$.

Daher ist $\sum_{\nu_j=0}^{\infty} q_j^{\nu_j}$ eine Majorante von $\sum_{\nu_j=0}^{\infty} \left(\frac{z_j}{\xi_j}\right)^{\nu_j}$ für $j = 1,2$, und $\frac{1}{(\xi_1 - z_1)(\xi_2 - z_2)} =$

$$= \frac{1}{\xi_1 \cdot \xi_2} \cdot \frac{1}{\left(1 - \frac{z_1}{\xi_1}\right)\left(1 - \frac{z_2}{\xi_2}\right)} = \frac{1}{\xi_1 \cdot \xi_2} \left(\sum_{\nu_1=0}^{\infty} \left(\frac{z_1}{\xi_1}\right)^{\nu_1} \cdot \sum_{\nu_2=0}^{\infty} \left(\frac{z_2}{\xi_2}\right)^{\nu_2} \right)$$ ist absolut und gleichmäßig konvergent für $(\xi_1, \xi_2) \in T$. Insbesondere sind beliebige Vertauschungen erlaubt, d.h., auch $\frac{1}{\xi_1 \xi_2} \cdot \sum_{\nu_1, \nu_2=0}^{\infty} \left(\frac{z_1}{\xi_1}\right)^{\nu_1} \cdot \left(\frac{z_2}{\xi_2}\right)^{\nu_2}$ konvergiert absolut und gleichmäßig auf T.

h ist stetig auf T, und T ist kompakt, also ist h auf T gleichmäßig beschränkt: $|h| \leq M$.

Für festes $(z_1, z_2) \in P$ konvergiert daher $\frac{h(\xi_1, \xi_2)}{(\xi_1 - z_1)(\xi_2 - z_2)} = \frac{1}{\xi_1 \xi_2} \cdot \sum_{\nu_1, \nu_2=0}^{\infty} h(\xi_1, \xi_2) \cdot \left(\frac{z_1}{\xi_1}\right)^{\nu_1} \left(\frac{z_2}{\xi_2}\right)^{\nu_2}$ absolut und gleichmäßig auf T, und man darf Summation und Integration vertauschen:

$$f(\mathfrak{z}) = \left(\frac{1}{2\pi i}\right)^2 \cdot \int_T \frac{h(\xi_1, \xi_2)}{(\xi_1 - z_1)(\xi_2 - z_2)} \, d\xi_1 \, d\xi_2 =$$

$$= \sum_{\nu_1, \nu_2=0}^{\infty} z_1^{\nu_1} z_2^{\nu_2} \cdot \left(\frac{1}{2\pi i}\right)^2 \cdot \int_T \frac{f(\xi_1, \xi_2)}{\xi_1^{\nu_1+1} \xi_2^{\nu_2+1}} \, d\xi_1 \, d\xi_2 = \sum_{\nu_1, \nu_2=0}^{\infty} a_{\nu_1 \nu_2} z_1^{\nu_1} z_2^{\nu_2} \text{ mit}$$

$$a_{\nu_1 \nu_2} := \left(\frac{1}{2\pi i}\right)^2 \cdot \int_T \frac{f(\xi_1, \xi_2)}{\xi_1^{\nu_1+1} \xi_2^{\nu_2+1}} \, d\xi_1 \, d\xi_2$$

Die Reihe konvergiert für jedes $\mathfrak{z} = (z_1, z_2) \in P$. ♦

Satz 3.3: Sei $B \subset \mathbb{C}^n$ ein Bereich, f in B komplex differenzierbar. Dann ist f in B holomorph.

Beweis: Sei $\mathfrak{z}_0 \in B$. Der Einfachheit halber nehmen wir an: $\mathfrak{z}_0 = 0$. Dann gibt es einen Polyzylinder P um $\mathfrak{z}_0$, so daß $\overline{P} \subset B$ ist. T sei die Bestimmungsfläche von P. Nach Satz 3.1 ist $f|P = ch(f|T)$. $f|T$ ist stetig, also gilt nach Satz 3.2: f ist in $\mathfrak{z}_0$ holomorph. ♦

Satz 3.4: Sei $B \subset \mathbb{C}^n$ ein Bereich, f in B holomorph und $\mathfrak{z}_0 \in B$ ein Punkt. Ist $P \subset B$ ein Polyzylinder um $\mathfrak{z}_0$ mit $\overline{P} \subset B$, so gibt es eine Potenzreihe $\mathfrak{P}(\mathfrak{z}) = \sum_{\nu=0}^{\infty} a_\nu (\mathfrak{z} - \mathfrak{z}_0)^\nu$, die auf ganz P gegen f konvergiert.

Beweis: Ist f in B holomorph, so ist $f|P = ch(f|T)$, wenn man mit T die Bestimmungsfläche von P bezeichnet. Nach Satz 3.2 läßt sich $f|P$ in eine in ganz P konvergente Potenzreihe entwickeln. ♦

Satz 3.5: Die Funktionenfolge (f_ν) möge auf dem Bereich B gleichmäßig gegen f konvergieren, alle f_ν seien in B holomorph. Dann ist auch f holomorph in B.

Beweis: Sei $\mathfrak{z}_0 \in B$. Wir nehmen wieder an: $\mathfrak{z}_0 = 0$. P sei ein Polyzylinder um $\mathfrak{z}_0$ mit $\overline{P} \subset B$. Es sei $\mathfrak{z} = (z_1, \ldots, z_n) \in P$.

$N(\xi) := (\xi_1 - z_1) \cdot \ldots \cdot (\xi_n - z_n)$ ist stetig und $\neq 0$ auf T, also ist auch $\frac{1}{N(\xi)}$ stetig auf T, und es gibt ein $M \in \mathbb{R}$, so daß $\left|\frac{1}{N(\xi)}\right| < M$ auf T ist. (f_ν) konvergiert gleichmäßig auf T gegen f: Zu jedem $\varepsilon > 0$ gibt es ein $\nu_0 = \nu_0(\varepsilon)$, so daß auf ganz T für $\nu \geqslant \nu_0$ gilt: $|f_\nu - f| < \frac{\varepsilon}{M}$. Dann ist aber $\left|\frac{f_\nu}{N} - \frac{f}{N}\right| = \left|\frac{1}{N}\right| \cdot |f_\nu - f| < \varepsilon$. Also konvergiert $\frac{f_\nu}{N}$ auf T gleichmäßig gegen $\frac{f}{N}$, und man darf Integration und Grenzwertbildung vertauschen:

$$f|P = \lim_{\nu\to\infty} (f_\nu|P) = \lim_{\nu\to\infty} ch(f_\nu|T) = ch\left(\lim_{\nu\to\infty} (f_\nu|T)\right) = ch(f|T).$$

f ist stetig auf T, da alle f_ν auf T stetig sind. Nach Satz 3.2 gilt deshalb: f ist im Nullpunkt holomorph. ♦

Satz 3.6: Sei $\mathfrak{P}(\mathfrak{z}) = \sum_{\nu=0}^{\infty} a_\nu \mathfrak{z}^\nu$ eine formale Potenzreihe und G das Konvergenzgebiet von $\mathfrak{P}(\mathfrak{z})$. Dann ist f mit $f(\mathfrak{z}) := \mathfrak{P}(\mathfrak{z})$ in G holomorph.

Beweis: Sei $\mathfrak{J}$ die Menge aller Multiindizes $\nu = (\nu_1, \ldots, \nu_n)$, $I_0 \subset \mathfrak{J}$ eine endliche Teilmenge. Dann ist offensichtlich das Polynom $\sum_{\nu \in I_0} a_\nu \mathfrak{z}^\nu$ auf dem ganzen $\mathbb{C}^n$ holomorph.

Sei $\mathfrak{z}_0 \in G$ ein Punkt, P ein Polyzylinder um $\mathfrak{z}_0$ mit $\overline{P} \subset G$. $\mathfrak{P}(\mathfrak{z})$ konvergiert auf P gleichmäßig gegen die Funktion $f(\mathfrak{z})$. Setzt man $\varepsilon_k := \frac{1}{k}$ für $k \in \mathbb{N}$, so gibt es jeweils eine endliche Menge $I_k \subset \mathfrak{J}$, so daß für jede endliche Menge I mit $I_k \subset I \subset \mathfrak{J}$ gilt:

$\left|\sum_{\nu \in I} a_\nu \mathfrak{z}^\nu - f(\mathfrak{z})\right| < \varepsilon_k$ auf ganz P. Insbesondere gilt für $f_k := \sum_{\nu \in I_k} a_\nu \mathfrak{z}^\nu$:

f_k ist holomorph, und für jedes $k \in \mathbb{N}$ ist $|f_k - f| < \frac{1}{k}$ auf ganz P. Also konvergiert (f_k) auf P gleichmäßig gegen f, und nach Satz 3.5 ist f holomorph in P, insbesondere in $\mathfrak{z}_0$. ♦

Satz 3.7: Sei f holomorph im Bereich B. Dann sind auch alle partiellen Ableitungen f_{z_μ}, $1 \leq \mu \leq n$, in B holomorph. Ist $P \subset B$ ein Polyzylinder um den Nullpunkt und

$$f(\mathfrak{z}) = \sum_{\nu=0}^{\infty} a_\nu \mathfrak{z}^\nu \text{ in } P, \text{ so ist } f_{z_\mu}(\mathfrak{z}) = \sum_{\nu=0}^{\infty} a_\nu \cdot \nu_\mu \cdot z_1^{\nu_1} \ldots z_\mu^{\nu_\mu - 1} \ldots z_n^{\nu_n} \text{ in } P.$$

Beweis: 1) Sei $P \subset B$, $\mathfrak{z}_1 \in P \cap \mathring{\mathbb{C}}^n$. Dann gibt es ein $M \in \mathbb{R}$, so daß $|a_\nu \mathfrak{z}_1^\nu| < M$ für alle ν ist, wenn $\sum_{\nu=0}^{\infty} a_\nu \mathfrak{z}^\nu$ die Potenzreihenentwicklung von f in P ist. Ist $0 < q < 1$ und $\mathfrak{z}_2 := q \cdot \mathfrak{z}_1$, so ist $\sum_{\nu=0}^{\infty} a_\nu \mathfrak{z}_2^\nu$ eine Minorante von $M \cdot \sum_{\nu=0}^{\infty} q^{|\nu|}$. Nun ist $\mathfrak{z}_2 = (z_1, \ldots, z_n)$ mit $|z_k| \neq 0$ für $k = 1, \ldots, n$. Daraus folgt

$$|a_\nu \cdot \nu_j \cdot z_1^{\nu_1} \ldots z_j^{\nu_j - 1} \ldots z_n^{\nu_n}| = \frac{\nu_j}{|z_j|} \cdot |a_\nu \mathfrak{z}_2^\nu| \leq \frac{\nu_j}{|z_j|} M \cdot q^{|\nu|}.$$

$$\text{Formal ist } \sum_{\nu=0}^{\infty} \nu_j \cdot q^{|\nu|} = \left(\sum_{\nu_1=0}^{\infty} q^{\nu_1} \right) \cdots \left(\sum_{\nu_j=0}^{\infty} \nu_j q^{\nu_j} \right) \cdots \left(\sum_{\nu_n=0}^{\infty} q^{\nu_n} \right).$$

Für $\mu \neq j$ ist $\sum_{\nu_\mu=0}^{\infty} q^{\nu_\mu}$ die geometrische Reihe, also konvergent. Für $\mu = j$ folgt die Konvergenz von $\sum_{\nu_j=0}^{\infty} \nu_j q^{\nu_j}$ aus dem Quotientenkriterium:

Es ist nämlich $\lim_{\nu_j \to \infty} \frac{(\nu_j+1) q^{\nu_j+1}}{\nu_j \cdot q^{\nu_j}} = q \cdot \lim_{\nu_j \to \infty} \frac{\nu_j + 1}{\nu_j} = q < 1$. Daher konvergiert die Reihe $\sum_{\nu=0}^{\infty} \frac{\nu_j}{|z_j|} \cdot M \cdot q^{|\nu|} = \frac{M}{|z_j|} \cdot \sum_{\nu=0}^{\infty} \nu_j \cdot q^{|\nu|}$, und nach dem Majorantenkriterium konvergiert dann auch die Reihe $\sum_{\nu=0}^{\infty} a_\nu \nu_j z_1^{\nu_1} \ldots z_j^{\nu_j - 1} \ldots z_n^{\nu_n}$ im Punkte $\mathfrak{z}_2$, also in $P_{\mathfrak{z}_2}$. Da P die Vereinigung aller $P_{\mathfrak{z}_2}$ ist, konvergiert die Reihe in P gegen eine holomorphe Funktion g_j.

2) Sei $f^*(\mathfrak{z}) := \int_0^{z_j} g_j(z_1, \ldots, z_{j-1}, \xi, z_{j+1}, \ldots, z_n) d\xi + f(z_1, \ldots, 0, \ldots, z_n)$.

Das Integral soll über die Verbindungsstrecke von 0 und z_j in der z_j-Ebene erstreckt werden. Damit ist f^* auf P definiert. Setzt man $h_\nu(\mathfrak{z}) := a_\nu \mathfrak{z}^\nu$, so ist $f(\mathfrak{z}) = \sum_{\nu=0}^{\infty} h_\nu(\mathfrak{z})$ und $g_j(\mathfrak{z}) = \sum_{\nu=0}^{\infty} (h_\nu)_{z_j}(\mathfrak{z})$. Der Integrationsweg ist eine kompakte Teilmenge von P und die Reihe konvergiert dort gleichmäßig. Man darf also Summation und Integration vertauschen und erhält:

$$f^*(\mathfrak{z}) = \sum_{\nu=0}^{\infty}\left(\int_0^{z_j}(h_\nu)_{z_j}(z_1,\dots,z_{j-1},\xi,z_{j+1},\dots,z_n)d\xi + h_\nu(z_1,\dots,0,\dots,z_n)\right)$$

$$= \sum_{\nu=0}^{\infty} h_\nu(\mathfrak{z})$$

$$= f(\mathfrak{z})$$

Daher ist $f_{z_j}(\mathfrak{z}) = f^*_{z_j}(\mathfrak{z}) = g_j(\mathfrak{z})$. ♦

Zum Schluß dieses Paragraphen wollen wir die bisherigen Ergebnisse zusammenfassen:

Satz 3.8: Sei $B \subset \mathbb{C}^n$ ein Bereich und f eine komplexe Funktion auf B. Folgende Aussagen über f sind äquivalent:

(a) f ist in B einmal komplex differenzierbar.

(b) f ist in B beliebig oft komplex differenzierbar.

(c) f ist in B holomorph. Zu jedem $\mathfrak{z}_0 \in B$ gibt es eine Umgebung U, so daß $f(\mathfrak{z}) = \sum_{\nu=0}^{\infty} a_\nu(\mathfrak{z} - \mathfrak{z}_0)^\nu$ in U gilt. Dabei sind die a_ν die "Koeffizienten der Taylorentwicklung":

$$a_{\nu_1\dots\nu_n} = \frac{1}{\nu_1!\dots\nu_n!}\cdot\frac{\partial^{\nu_1+\dots+\nu_n}f}{\partial z_1^{\nu_1}\dots\partial z_n^{\nu_n}}(\mathfrak{z}_0)$$

(d) Für jeden Polyzylinder P mit $\overline{P} \subset B$ gilt: $f|T$ ist stetig, und es ist $f|T = ch(f|T)$.

Beweis: Fast alle Aussagen wurden schon gezeigt. Wir müssen nur noch die Koeffizienten a_ν berechnen. Zur Vereinfachung sei $\mathfrak{z}_0 = 0$ und $n = 2$. Im Beweis zu Satz 3.2 hatte sich ergeben:

$$a_{\nu_1\nu_2} = \frac{1}{(2\pi i)^2}\int_T \frac{f(z_1,z_2)}{z_1^{\nu_1+1}\cdot z_2^{\nu_2+1}}\,dz_1\,dz_2 .$$

Aus der Cauchyschen Integralformel für eine Veränderliche folgt nun:

$$a_{\nu_1\nu_2} = \frac{1}{2\pi i}\int_{K_1}\frac{1}{z_1^{\nu_1+1}}\left[\frac{1}{2\pi i}\int_{K_2}\frac{f(z_1,z_2)}{z_2^{\nu_2+1}}\,dz_2\right]dz_1 =$$

$$= \frac{1}{\nu_2!}\frac{1}{2\pi i}\int_{K_1}\frac{\partial^{\nu_2}f}{\partial z_2^{\nu_2}}(z_1,0)\frac{dz_1}{z_1^{\nu_1+1}} = \frac{1}{\nu_1!\nu_2!}\cdot\frac{\partial^{\nu_1+\nu_2}f}{\partial z_1^{\nu_1}\partial z_2^{\nu_2}}(0,0).$$ ♦

§ 4. Identitätssätze

Im Gegensatz zur Theorie der Funktionen einer komplexen Veränderlichen gilt im $\mathbb{C}^n$ nicht der Satz: "Sei G ein Gebiet. $M \subset G$ habe einen Häufungspunkt in G, f_1, f_2 seien holomorph auf G und es gelte $f_1 = f_2$ auf M. Dann ist $f_1 = f_2$ in G."

Schon für n = 2 kann man ein Gegenbeispiel angeben: Sei $G := \mathbb{C}^2$, $M := \{(z_1, z_2) \in G : z_2 = 0\}$, $f_1(z_1, z_2) := z_2 \cdot g(z_1, z_2)$, $f_2(z_1, z_2) := z_2 \cdot h(z_1, z_2)$ mit (auf ganz $\mathbb{C}^2$) holomorphen Funktionen g und h. Dann ist $f_1|M = f_2|M$, aber $f_1 \neq f_2$ für $g \neq h$.

Satz 4.1: (Identitätssatz für holomorphe Funktionen): Sei $G \subset \mathbb{C}^n$ ein Gebiet und f_1, f_2 holomorph in G. $B \subset G$ sei ein nicht leerer Bereich, und es gelte $f_1|B = f_2|B$. Dann ist $f_1|G = f_2|G$.

Beweis: Sei B_0 der offene Kern der Menge $\{\mathfrak{z} \in G : f_1(\mathfrak{z}) = f_2(\mathfrak{z})\}$ und $W_0 := G - B_0$. Wegen $B \subset B_0$ ist $B_0 \neq \emptyset$. Es genügt zu zeigen, daß W_0 offen ist, dann folgt "$B_0 = G$", da G ein Gebiet ist. Angenommen, W_0 enthält einen Punkt $\mathfrak{z}_0$, der nicht innerer Punkt ist, dann gilt für jeden Polyzylinder P um $\mathfrak{z}_0$ mit $\overline{P} \subset G$: $P \cap B_0 \neq \emptyset$. Sei $r \in \mathbb{R}$ und $P := \left\{\mathfrak{z} : |z_j - z_j^0| < r\right\} = \{\mathfrak{z} : \operatorname{dist}'(\mathfrak{z}, \mathfrak{z}_0) < r\}$ ein solcher Polyzylinder. Sei $P' :=$ $:= \left\{\mathfrak{z} : \operatorname{dist}'(\mathfrak{z}, \mathfrak{z}_0) < \frac{r}{2}\right\} \subset P$.

Dann ist auch $P' \cap B_0 \neq \emptyset$. Man wähle einen beliebigen Punkt $\mathfrak{z}_1 \in P' \cap B_0$ und setze $P^* := \left\{\mathfrak{z} : \operatorname{dist}'(\mathfrak{z}, \mathfrak{z}_1) < \frac{r}{2}\right\}$. Offensichtlich ist $\mathfrak{z}_0 \in P^*$ und $P^* \subset P$ (Dreiecksungleichung). Also ist $\overline{P^*} \subset \overline{P} \subset G$.

$$f_1(\mathfrak{z}) = \sum_{\nu=0}^{\infty} a_\nu (\mathfrak{z} - \mathfrak{z}_1)^\nu \text{ und } f_2(\mathfrak{z}) = \sum_{\nu=0}^{\infty} b_\nu (\mathfrak{z} - \mathfrak{z}_1)^\nu$$

seien die Taylor-Entwicklungen von f_1 bzw. f_2 in P^*.

Da f_1 und f_2 in der Nähe von $\mathfrak{z}_1 \in B_0$ übereinstimmen, muß $a_\nu = b_\nu$ für alle ν sein. (Die Koeffizienten sind durch die Funktion eindeutig bestimmt, vgl. Satz 3.8.) Also ist $f_1|P^* = f_2|P^*$ und damit $P^* \subset B_0$. Es folgt, daß $\mathfrak{z}_0 \in B_0$ ist, und das ist ein Widerspruch. ◆

Satz 4.2: (Identitätssatz für Potenzreihen): $G \subset \mathbb{C}^n$ sei ein Gebiet mit $0 \in G$, $\sum_{\nu=0}^{\infty} a_\nu \mathfrak{z}^\nu$, $\sum_{\nu=0}^{\infty} b_\nu \mathfrak{z}^\nu$ seien zwei in G konvergente Potenzreihen. Es gebe ein $\varepsilon > 0$, so daß $\sum_{\nu=0}^{\infty} a_\nu \mathfrak{z}^\nu = \sum_{\nu=0}^{\infty} b_\nu \mathfrak{z}^\nu$ in $U_\varepsilon(0) \subset G$ gilt.

Dann ist $a_\nu = b_\nu$ für alle ν.

Beweis: Sei $f(\mathfrak{z}) := \sum_{\nu=0}^{\infty} a_\nu \mathfrak{z}^\nu$, $g(\mathfrak{z}) := \sum_{\nu=0}^{\infty} b_\nu \mathfrak{z}^\nu$ für $\mathfrak{z} \in G$. Nach Satz 3.6 sind f und g holomorph in G, und Differenzieren ergibt:

$$\nu_1! \ldots \nu_n! \cdot a_\nu = \frac{\partial^{\nu_1+\ldots+\nu_n} f}{\partial z_1^{\nu_1} \ldots \partial z_n^{\nu_n}}(0) = \frac{\partial^{\nu_1+\ldots+\nu_n} g}{\partial z_1^{\nu_1} \ldots \partial z_n^{\nu_n}}(0) = \nu_1! \ldots \nu_n! \cdot b_\nu,$$

also $a_\nu = b_\nu$. ◆

§ 5. Entwicklung in Reinhardtschen Körpern

In diesem Paragraphen wollen wir etwas eingehender die Eigenschaften gewisser Gebiete im $\mathbb{C}^n$ studieren.

Es seien r'_ν, r''_ν reelle Zahlen mit $0 < r'_\nu < r''_\nu$ für $1 \leq \nu \leq n$. $\mathfrak{r} = (r_1, \ldots, r_n) \in V$ sei so gewählt, daß $r'_\nu < r_\nu < r''_\nu$ für alle ν gilt. Dann ist $T_\mathfrak{r} := \{\mathfrak{z} : |z_\nu| = r_\nu$ für alle $\nu\}$ ein n-dimensionaler Torus. Wir definieren:

$H := \{\mathfrak{z} : r'_\nu < |z_\nu| < r''_\nu$ für alle $\nu\}$
$P := \{\mathfrak{z} : |z_\nu| < r'_\nu$ für alle $\nu\}$
H und P sind offensichtlich Reinhardtsche Körper.

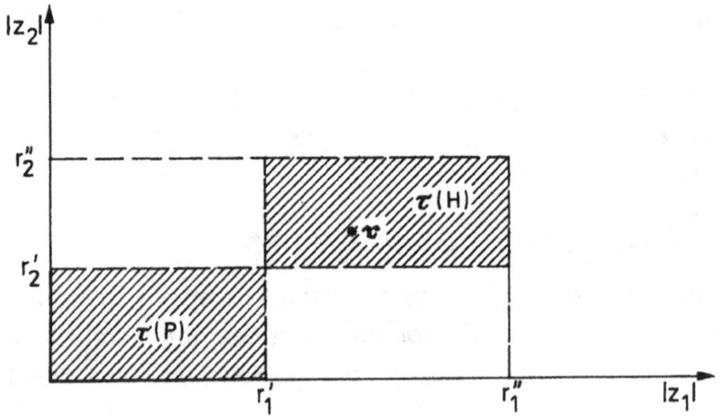

Fig. 3: Zur Entwicklung in Reinhardtschen Körpern.

Sei f eine in H holomorphe Funktion. Dann ist $ch(f|T_\mathfrak{r})$ für alle $\mathfrak{r} \in \tau(H)$ eine in $P_\mathfrak{r} = \{\mathfrak{z} : |z_\nu| < r_\nu$ für alle $\nu\}$ (und damit erst recht in P) holomorphe Funktion.

Behauptung: $g : P \times \tau(H) \to \mathbb{C}$ mit $g(\mathfrak{z}, \mathfrak{r}) := ch(f|T_\mathfrak{r})(\mathfrak{z})$ ist unabhängig von $\mathfrak{r}$.

Beweis: Es ist $\operatorname{ch}(f|T_r)(\mathfrak{z}) =$

$$= \left(\frac{1}{2\pi i}\right)^n \cdot \int\limits_{|\xi_n|=r_n} \frac{d\xi_n}{\xi_n - z_n} \int\limits_{|\xi_{n-1}|=r_{n-1}} \frac{d\xi_{n-1}}{\xi_{n-1} - z_{n-1}} \cdots \int\limits_{|\xi_1|=r_1} \frac{d\xi_1}{\xi_1 - z_1} f(\xi_1, \ldots, \xi_n) .$$

Für jedes j mit $1 \leqslant j \leqslant n$ gilt:

$|z_j| < r_j = |\xi_j|$, also $z_j \neq \xi_j$. Damit ist der Integrand holomorph im Kreisring $\{z_j : r_j' < |z_j| < r_j''\}$, und nach der Cauchyschen Integralformel für eine Veränderliche folgt:

Ist $r = (r_1, \ldots, r_n) \in \tau(H)$ und $r^* = (r_1^*, \ldots, r_n^*) \in \tau(H)$, so ist

$$\int\limits_{|\xi_j|=r_j} \frac{f(\xi_1, \ldots, \xi_n)}{\xi_j - z_j} d\xi_j = \int\limits_{|\xi_j|=r_j^*} \frac{f(\xi_1, \ldots, \xi_n)}{\xi_j - z_j} d\xi_j$$

Das ergibt die Behauptung. ♦

Satz 5.1: Sei $G \subset \mathbb{C}^n$ ein Gebiet und $E := \left\{\mathfrak{z} = (z_1, \ldots, z_n) \in \mathbb{C}^n \text{ mit } z_1 = 0\right\}$. Dann ist die Menge $G' := G - E$ ebenfalls ein Gebiet im $\mathbb{C}^n$.

Beweis: 1) E ist abgeschlossen, also ist $\mathbb{C}^n - E$ offen, und damit ist auch $G' = G \cap (\mathbb{C}^n - E)$ offen. Außerdem enthält E keine inneren Punkte.

2) Wir schreiben die Punkte $\mathfrak{z} \in \mathbb{C}^n$ in der Form $\mathfrak{z} = (z_1, \mathfrak{z}^*)$ mit $\mathfrak{z}^* \in \mathbb{C}^{n-1}$. Sei nun $\mathfrak{z}_0 = \left(z_1^{(0)}, \mathfrak{z}^{*(0)}\right) \in G$, $U_\varepsilon'(\mathfrak{z}_0) = U_\varepsilon\left(z_1^{(0)}\right) \times U_\varepsilon'(\mathfrak{z}^{*(0)})$ eine ε-Umgebung von $\mathfrak{z}_0$. Wir zeigen, daß $U_\varepsilon' - E$ noch zusammenhängend ist:

$\mathfrak{z}_1 = \left(z_1^{(1)}, \mathfrak{z}^{*(1)}\right)$ und $\mathfrak{z}_2 = \left(z_1^{(2)}, \mathfrak{z}^{*(2)}\right)$ seien zwei beliebige Punkte aus $U_\varepsilon' - E$. Dann definieren wir: $\mathfrak{z}_3 := \left(z_1^{(2)}, \mathfrak{z}^{*(1)}\right)$. Offenbar ist $\mathfrak{z}_3 \in U_\varepsilon' - E$.

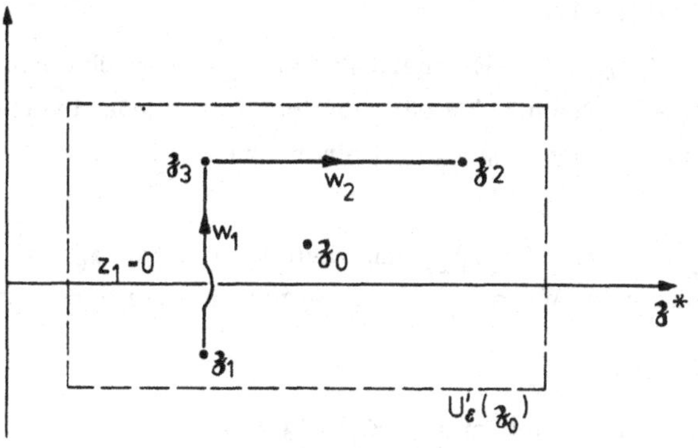

Fig. 4: Zum Beweis von Satz 5.1.

$U_\varepsilon\left(z_1^{(0)}\right)$ ist eine offene Kreisscheibe in der z_1-Ebene, $U_\varepsilon\left(z_1^{(0)}\right) - \{0\}$ ist noch immer zusammenhängend. Daher gibt es einen Weg φ, der $z_1^{(1)}$ mit $z_1^{(2)}$ verbindet und dabei ganz in $U_\varepsilon\left(z_1^{(0)}\right) - \{0\}$ verläuft, und natürlich gibt es auch einen Weg ψ, der $\mathfrak{z}^{*(1)}$ mit $\mathfrak{z}^{*(2)}$ verbindet und dabei ganz in $U'_\varepsilon(\mathfrak{z}^{*(0)})$ verläuft.

Wir definieren nun Wege w_1, w_2 durch $w_1(t) := (\varphi(t), \mathfrak{z}^{*(1)})$, $w_2(t) := \left(z_1^{(2)}, \psi(t)\right)$.

w_1 verbindet dann $\mathfrak{z}_1$ mit $\mathfrak{z}_3$, w_2 verbindet $\mathfrak{z}_3$ mit $\mathfrak{z}_2$, und die Zusammensetzung verbindet $\mathfrak{z}_1$ mit $\mathfrak{z}_2$ in $U'_\varepsilon - E$. Also ist $U'_\varepsilon - E$ zusammenhängend.

3) Seien $\mathfrak{z}', \mathfrak{z}'' \in G - E$ und φ ein beliebiger Weg, der $\mathfrak{z}'$ und $\mathfrak{z}''$ in G verbindet. Da die Spur $\varphi(I)$ kompakt ist, kann man sie durch endlich viele Polyzylinder $U_1, \dots, U_l$ überdecken, so daß $U_\lambda \subset G$ für $\lambda = 1, \dots, l$ ist.

<u>Behauptung</u>: Es gibt ein $\delta > 0$, so daß für alle $t', t'' \in I$ mit $|t' - t''| < \delta$ gilt: $\varphi(t'), \varphi(t'')$ liegen im gleichen Polyzylinder U_k.

<u>Beweis dazu</u>: Es gebe Folgen $(t'_j), (t''_j) \in I$ mit $|t'_j - t''_j| \to 0$, so daß $\varphi(t'_j), \varphi(t''_j)$ nicht im gleichen Polyzylinder U_k liegen. Zu (t'_j) und (t''_j) gibt es konvergente Teilfolgen $\left(t'_{j_\nu}\right)$, $\left(t''_{j_\mu}\right)$. Es sei $t_0 := \lim_{\nu\to\infty} t'_{j_\nu} = \lim_{\mu\to\infty} t''_{j_\mu}$. Ist $\varphi(t_0) \in U_k$, so gibt es eine offene Umgebung $V = V(t_0) \subset I$ mit $\varphi(V) \subset U_k$, und dann gilt für fast alle $\nu \in \mathbb{N}$: $t'_{j_\nu} \in V$ und $t''_{j_\nu} \in V$, also $\varphi\left(t'_{j_\nu}\right) \in U_k$ und $\varphi\left(t''_{j_\nu}\right) \in U_k$. Das ist ein Widerspruch, und der Hilfssatz ist damit bewiesen.

Sei nun δ entsprechend gewählt und $0 = t_0 < t_1 < \dots < t_k = 1$ eine Zerlegung von I mit $t_j - t_{j-1} < \delta$ für $j = 1, \dots, k$. Es sei $\mathfrak{z}_j := \varphi(t_j)$, und V_j sei der Polyzylinder, der $\mathfrak{z}_j$, $\mathfrak{z}_{j-1}$ enthält (es kann $V_{j_1} = V_{j_2}$ für $j_1 \neq j_2$ sein). Nach Konstruktion liegt $\mathfrak{z}_{j-1}$ in $V_j \cap V_{j-1}$, also ist $V_j \cap V_{j-1}$ stets eine nicht-leere offene Menge, d.h., es ist $V_j \cap V_{j-1} - E \neq \emptyset$ für $j = 1, \dots, k$.

Man verbinde nun $\mathfrak{z}' = \mathfrak{z}_0 \in V_1 - E$ innerhalb von $V_1 - E$ durch einen Weg φ_1 mit einem Punkt $\mathfrak{z}_1^* \in V_1 \cap V_2 - E$. Nach 2) ist das möglich. Anschließend verbinde man $\mathfrak{z}_1^*$ innerhalb von $V_2 - E$ durch einen Weg φ_2 mit einem Punkt $\mathfrak{z}_2^* \in V_2 \cap V_3 - E$, und so fahre man fort.

Schließlich sei φ_k ein Weg, der $\mathfrak{z}_{k-1}^*$ innerhalb $V_k - E$ mit $\mathfrak{z}_k = \mathfrak{z}'' \in V_k - E$ verbindet. Die Zusammensetzung der Wege $\varphi_1, \dots, \varphi_k$ ergibt eine Verbindung zwischen $\mathfrak{z}'$ und $\mathfrak{z}''$ in $G - E$. ◆

<u>Satz 5.2:</u> Sei G ein Gebiet im $\mathbb{C}^n$, $E_0 := \left\{\mathfrak{z} = (z_1, \dots, z_n) \in \mathbb{C}^n : z_\nu = 0 \text{ für mindestens ein } \nu\right\}$. Dann ist auch $G_0 := G - E_0$ ein Gebiet.

Beweis: Für jedes μ mit $1 \leq \mu \leq n$ ist $G_\mu := G - E_\mu$ zusammenhängend, wenn $E_\mu := \left\{ \mathfrak{z} = (z_1, \dots, z_n) \in \mathbb{C}^n : z_\mu = 0 \right\}$ ist. Das folgt durch einfache Umnumerierung der Koordinaten aus Satz 5.1.

Offenbar ist $E_0 = \bigcup_{\mu=1}^{n} E_\mu$, also $G_0 = (((G - E_1) - E_2) \dots) - E_n$. Ein trivialer Induktionsbeweis ergibt jetzt die Behauptung. ♦

Satz 5.3: Sei $G \subset \mathbb{C}^n$ ein eigentlicher Reinhardtscher Körper, f holomorph in G, $\mathfrak{z}_0 \in G \cap \mathring{\mathbb{C}}^n$.

Dann stimmt $ch(f|T_{\mathfrak{z}_0})$ in der Nähe des Nullpunktes mit f überein.

Beweis: Es ist $G_0 := \tau(G \cap \mathring{\mathbb{C}}^n) \subset \{ r \in V : r_j \neq 0 \text{ für } j = 1, \dots, n \}$.

1) G_0 ist ein Gebiet:

a) $G \cap \mathring{\mathbb{C}}^n$ ist ein Reinhardtscher Körper, also ist $G_0 = \tau(G \cap \mathring{\mathbb{C}}^n)$ offen, nach Satz 1.2.

b) Sind r_1, r_2 Punkte aus G_0, so gibt es Punkte $\mathfrak{z}_p \in G \cap \mathring{\mathbb{C}}^n$ mit $\tau(\mathfrak{z}_p) = r_p$ für $p = 1,2$. Wie oben gezeigt wurde, ist $G \cap \mathring{\mathbb{C}}^n$ ein Gebiet, es gibt also einen Weg φ, der $\mathfrak{z}_1$ mit $\mathfrak{z}_2$ in $G \cap \mathbb{C}^n$ verbindet. $\tau \circ \varphi$ ist dann ein Weg in G_0, der r_1 mit r_2 verbindet.

2) Sei $B := \{ r \in G_0 : ch(f|T) \text{ stimmt in der Nähe von } 0 \text{ mit } f \text{ überein} \}$.

a) B ist offen: Ist $r_0 \in B \subset G_0$, so gibt es eine Umgebung $U'_\varepsilon(r_0) \subset G_0$, die von der Gestalt der Menge $\tau(H)$ aus den Betrachtungen zu Anfang dieses Paragraphen ist. Sei $P = P(0)$ der entsprechende Polyzylinder. Dann ist $ch(f|T_r)(\mathfrak{z}) = ch(f|T_{r_0})(\mathfrak{z})$ für $\mathfrak{z} \in P$ und $r \in U'_\varepsilon(r_0)$. Außerdem ist $g(\mathfrak{z}) := ch(f|T_{r_0})(\mathfrak{z})$ eine holomorphe Funktion auf P, die wegen $r_0 \in B$ in der Nähe von 0 mit f übereinstimmt. Also ist $U'_\varepsilon(r_0) \subset B$.

b) $W := G_0 - B$ ist offen: Der Beweis wird wie bei a) geführt.

c) $B \neq \emptyset$: Es gibt einen Polyzylinder $P_{\mathfrak{z}_0}$ um 0 mit $\overline{P}_{\mathfrak{z}_0} \subset G$. Dann ist $f|P_{\mathfrak{z}_0} = ch(f|T_{\mathfrak{z}_0})$, und $r_0 := \left(|z_1^{(0)}|, \dots, |z_n^{(0)}| \right)$ liegt in B.

1) und 2) ergibt: $B = G_0$. ♦

Satz 5.4: Sei $G \subset \mathbb{C}^n$ ein eigentlicher Reinhardtscher Körper, f holomorph in G. Dann gibt es eine in G konvergente Potenzreihe $\mathfrak{P}(\mathfrak{z}) = \sum_{\nu=0}^{\infty} a_\nu \mathfrak{z}^\nu$ mit $f(\mathfrak{z}) = \mathfrak{P}(\mathfrak{z})$ für $\mathfrak{z} \in G$.

Beweis: Ist $\mathfrak{z}_0 \in G$, so gibt es ein $\mathfrak{z}_1 \in G$ mit $|z_j^{(0)}| < |z_j^{(1)}|$ für $j = 1, \dots, n$, also $\mathfrak{z}_0 \in P_{\mathfrak{z}_1}$. Sei $ch(f|T_{\mathfrak{z}_1})(\mathfrak{z}) = \sum_{\nu=0}^{\infty} a_\nu \mathfrak{z}^\nu$ für $\mathfrak{z} \in P_{\mathfrak{z}_1}$. Die Koeffizienten a_ν sind die Taylor-Koeffizienten von f im Nullpunkt, sie hängen also nicht von $\mathfrak{z}_1$ ab. Da $\mathfrak{z}_0$ beliebig war, folgt: Die Taylorreihe von f um 0 konvergiert in ganz G. Sie definiert dort eine holomorphe Funktion g, die in der Nähe von 0 mit f übereinstimmt. Nach dem Identitätssatz ist $f = g$ auf G. ♦

Def. 5.1: Ist $G \subset \mathbb{C}^n$ ein eigentlicher Reinhardtscher Körper, so heißt $\hat{G} := \bigcup_{\mathfrak{z} \in G \cap \mathring{\mathbb{C}}^n} P_{\mathfrak{z}}$ die vollkommene Hülle von G.

Bemerkungen: 1) $\hat{G}$ ist offen.

2) $G \subset \hat{G}$: Ist $\mathfrak{z}_0 \in G$, so gibt es ein $\mathfrak{z}_1 \in G \cap \mathring{\mathbb{C}}^n$ mit $\mathfrak{z}_0 \in P_{\mathfrak{z}_1} \subset \hat{G}$.

3) $\hat{G}$ ist ein Reinhardtscher Körper: Sei $\mathfrak{z}_0 \in \hat{G}$, $\mathfrak{z}_1 \in G \cap \mathring{\mathbb{C}}^n$ mit $\mathfrak{z}_0 \in P_{\mathfrak{z}_1}$. Dann ist $T_{\mathfrak{z}_0} \subset P_{\mathfrak{z}_1} \subset \hat{G}$.

4) $\hat{G}$ ist vollkommen: Sei $\mathfrak{z}_0 \in \hat{G} \cap \mathring{\mathbb{C}}^n$, $\mathfrak{z}_1 \in G \cap \mathring{\mathbb{C}}^n$ mit $\mathfrak{z}_0 \in P_{\mathfrak{z}_1}$. Dann ist $P_{\mathfrak{z}_0} \subset P_{\mathfrak{z}_1} \subset \hat{G}$.

5) $\hat{G}$ ist minimal mit den Eigenschaften 1) bis 4):
Sei $G \subset G_1$, G_1 ein vollkommener Reinhardtscher Körper. Ist $\mathfrak{z} \in G \cap \mathring{\mathbb{C}}^n$, so ist $P_{\mathfrak{z}} \subset G_1$. Also ist $\hat{G} \subset G_1$.

$\hat{G}$ ist der kleinste vollkommene Körper, der G umfaßt, und es gilt der folgende wichtige Satz:

Satz 5.5: Sei G ein eigentlicher Reinhardtscher Körper, f holomorph in G. Dann existiert genau eine holomorphe Funktion F in $\hat{G}$ mit $F|G = f$.

Beweis: Nach Satz 5.4 kann man in G schreiben:

$$f(\mathfrak{z}) = \sum_{\nu=0}^{\infty} a_\nu \mathfrak{z}^\nu$$

Die Reihe konvergiert noch auf $\hat{G}$, und zwar gegen eine holomorphe Funktion F. Offensichtlich gilt: $F|G = f$. Die Eindeutigkeit der Fortsetzung folgt aus dem Identitätssatz. ♦

Für $n \geq 2$ kann man im $\mathbb{C}^n$ die Mengen G und $\hat{G}$ so wählen, daß $\hat{G} \neq G$ ist. Darin besteht ein wesentlicher Unterschied zur Theorie der Funktionen einer komplexen Veränderlichen, wo es zu jedem Gebiet G eine auf G holomorphe Funktion gibt, die in kein echtes Obergebiet fortsetzbar ist.

Zum Schluß dieses Paragraphen wollen wir noch für $n = 2$ ein wichtiges Beispiel für ein solches Mengenpaar $(\hat{G}, G)$ mit $\hat{G} \neq G$ angeben:

Sei $P := \{\mathfrak{z} \in \mathbb{C}^2 : |\mathfrak{z}| < 1\}$ der Einheitspolyzylinder um den Nullpunkt und $D := \left\{\mathfrak{z} \in \mathbb{C}^2 : q_1 \leq |z_1| < 1,\ |z_2| \leq q\right\}$ mit $0 < q_1 < 1$ und $0 < q < 1$. Dann ist $H := P - D$ ein eigentlicher Reinhardtscher Körper, und es ist $\hat{H} = \bigcup_{\mathfrak{z} \in H_0} P_{\mathfrak{z}} = P$.

Das Mengenpaar (P, H) heißt euklidische Hartogsfigur. Ihr Bild im absoluten Raum zeigt Fig. 5.

Der Grund dafür, daß hier ein Unterschied zwischen den Theorien einer und mehrerer Veränderlicher auftritt, ist, daß eine solche Hartogsfigur in $\mathbb{C}$ nicht existiert. Wir bemerkten bereits, daß Reinhardtsche Körper in $\mathbb{C}$ offene Kreisflächen und Kreisringflächen sind. Also ist ein eigentlicher Reinhardtscher Körper in $\mathbb{C}$ eine offene Kreis-

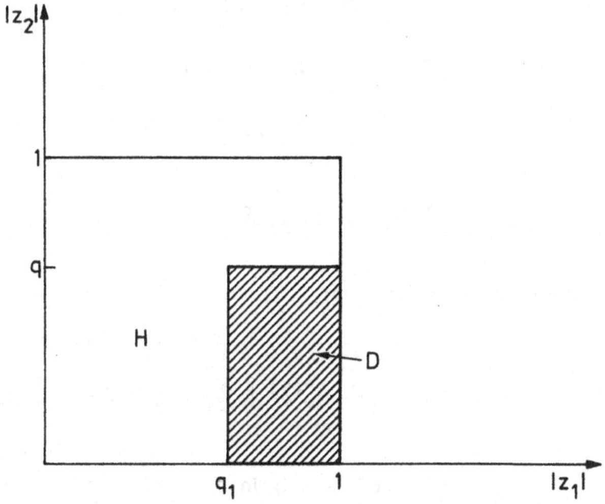

Fig.5: Euklidische Hartogsfigur im $\mathbb{C}^2$.

scheibe. Diese stellt aber zugleich schon einen vollkommenen Reinhardtschen Körper dar. Also ist $\hat{G}$ keine echte Obermenge von G.

§ 6. Reelle und komplexe Differenzierbarkeit

Sei $M \subset \mathbb{C}^n$ eine Menge, f eine komplexe Funktion auf M. In jedem Punkt $\mathfrak{z}_0 \in M$ gibt es eine eindeutige Darstellung $f(\mathfrak{z}_0) = \operatorname{Re} f(\mathfrak{z}_0) + i \operatorname{Im} f(\mathfrak{z}_0)$. Deshalb kann man durch

$$g(\mathfrak{x},\mathfrak{y}) := \operatorname{Re} f(\mathfrak{z})$$
$$h(\mathfrak{x},\mathfrak{y}) := \operatorname{Im} f(\mathfrak{z})$$

reelle Funktionen g und h auf M erklären, wenn $\mathfrak{z} = \mathfrak{x} + i\mathfrak{y}$ ist. Man schreibt dann:

$$f = g + ih.$$

Def.6.1: Sei $B \subset \mathbb{C}^n$ ein Bereich, $f = g + ih$ eine komplexe Funktion auf B, $\mathfrak{z}_0 \in B$ ein Punkt. f heißt in $\mathfrak{z}_0$ reell differenzierbar, wenn g und h in $\mathfrak{z}_0$ total (reell) differenzierbar sind.

Was bedeutet die reelle Differenzierbarkeit? Sind g und h differenzierbar, so ist

$$(1)\quad \begin{aligned} g(\mathfrak{x},\mathfrak{y}) &= g(\mathfrak{x}_0,\mathfrak{y}_0) + \sum_{\nu=1}^{n} \left(x_\nu - x_\nu^{(0)}\right) \alpha_\nu^*(\mathfrak{x},\mathfrak{y}) + \sum_{\nu=1}^{n} \left(y_\nu - y_\nu^{(0)}\right) \alpha_\nu^{**}(\mathfrak{x},\mathfrak{y}), \\ h(\mathfrak{x},\mathfrak{y}) &= h(\mathfrak{x}_0,\mathfrak{y}_0) + \sum_{\nu=1}^{n} \left(x_\nu - x_\nu^{(0)}\right) \beta_\nu^*(\mathfrak{x},\mathfrak{y}) + \sum_{\nu=1}^{n} \left(y_\nu - y_\nu^{(0)}\right) \beta_\nu^{**}(\mathfrak{x},\mathfrak{y}), \end{aligned}$$

wobei α_ν^*, α_ν^{**}, β_ν^*, β_ν^{**} reelle Funktionen auf B sind, die in $(\mathfrak{x}_0, \mathfrak{y}_0)$ stetig sind und für die gilt:

$$\alpha_\nu^* (\mathfrak{x}_0, \mathfrak{y}_0) = g_{x_\nu}(\mathfrak{x}_0, \mathfrak{y}_0)$$

$$\alpha_\nu^{**}(\mathfrak{x}_0, \mathfrak{y}_0) = g_{y_\nu}(\mathfrak{x}_0, \mathfrak{y}_0)$$

$$\beta_\nu^* (\mathfrak{x}_0, \mathfrak{y}_0) = h_{x_\nu}(\mathfrak{x}_0, \mathfrak{y}_0)$$

$$\beta_\nu^{**}(\mathfrak{x}_0, \mathfrak{y}_0) = h_{y_\nu}(\mathfrak{x}_0, \mathfrak{y}_0)$$

Wir fassen die Gleichungen zusammen:

$$(2) \qquad f(\mathfrak{z}) = f(\mathfrak{z}_0) + \sum_{\nu=1}^{n} \left(x_\nu - x_\nu^{(0)}\right) \Delta_\nu^*(\mathfrak{z}) + \sum_{\nu=1}^{n} \left(y_\nu - y_\nu^{(0)}\right) \Delta_\nu^{**}(\mathfrak{z}),$$

wobei $\Delta_\nu^* = \alpha_\nu^* + i\beta_\nu^*$ und $\Delta_\nu^{**} = \alpha_\nu^{**} + i\beta_\nu^{**}$ stetig in $\mathfrak{z}_0$ sind, und wobei gilt:

$$\Delta_\nu^* (\mathfrak{z}_0) = g_{x_\nu}(\mathfrak{z}_0) + i h_{x_\nu}(\mathfrak{z}_0) =: f_{x_\nu}(\mathfrak{z}_0)$$

$$\Delta_\nu^{**}(\mathfrak{z}_0) = g_{y_\nu}(\mathfrak{z}_0) + i h_{y_\nu}(\mathfrak{z}_0) =: f_{y_\nu}(\mathfrak{z}_0).$$

<u>Satz 6.1:</u> Sei $B \subset \mathbb{C}^n$ ein Bereich, $\mathfrak{z}_0 \in B$, f komplexe Funktion auf B. f ist genau dann in $\mathfrak{z}_0$ reell differenzierbar, wenn es Funktionen Δ_ν', Δ_ν'' in B gibt, die in $\mathfrak{z}_0$ stetig sind und die in B die folgende Gleichung erfüllen:

$$(3) \qquad f(\mathfrak{z}) = f(\mathfrak{z}_0) + \sum_{\nu=1}^{n} \left(z_\nu - z_\nu^{(0)}\right) \Delta_\nu'(\mathfrak{z}) + \sum_{\nu=1}^{n} \left(\overline{z}_\nu - \overline{z}_\nu^{(0)}\right) \Delta_\nu''(\mathfrak{z}).$$

<u>Beweis:</u> 1) Sei f in $\mathfrak{z}_0$ reell differenzierbar. Wir verwenden die Gleichungen

$$x_\nu - x_\nu^{(0)} = \frac{1}{2}\left[\left(z_\nu - z_\nu^{(0)}\right) + \left(\overline{z}_\nu - \overline{z}_\nu^{(0)}\right)\right]$$

und

$$y_\nu - y_\nu^{(0)} = \frac{1}{2i}\left[\left(z_\nu - z_\nu^{(0)}\right) - \left(\overline{z}_\nu - \overline{z}_\nu^{(0)}\right)\right].$$

Damit ist

$$f(\mathfrak{z}) = f(\mathfrak{z}_0) + \sum_{\nu=1}^{n} \left(z_\nu - z_\nu^{(0)}\right) \frac{\Delta_\nu^*(\mathfrak{z}) - i\Delta_\nu^{**}(\mathfrak{z})}{2} + \sum_{\nu=1}^{n} \left(\overline{z}_\nu - \overline{z}_\nu^{(0)}\right) \frac{\Delta_\nu^*(\mathfrak{z}) + i\Delta_\nu^{**}(\mathfrak{z})}{2}.$$

Definiert man $\Delta'_\nu := \frac{\Delta^*_\nu - i\,\Delta^{**}_\nu}{2}$ und $\Delta''_\nu := \frac{\Delta^*_\nu + i\,\Delta^{**}_\nu}{2}$, so ist das Kriterium (3) erfüllt.

2) Es sei nun $f(\mathfrak{z}) = f(\mathfrak{z}_0) + \sum_{\nu=1}^{n} \left(z_\nu - z_\nu^{(0)}\right) \Delta'_\nu(\mathfrak{z}) + \sum_{\nu=1}^{n} \left(\overline{z}_\nu - \overline{z}_\nu^{(0)}\right) \Delta''_\nu(\mathfrak{z})$, Δ'_ν, Δ''_ν in $\mathfrak{z}_0$ stetig.

Die Gleichungen $\Delta'_\nu = \frac{\Delta^*_\nu - i\,\Delta^{**}_\nu}{2}$, $\Delta''_\nu = \frac{\Delta^*_\nu + i\,\Delta^{**}_\nu}{2}$ lauten in Matrizenschreibweise:

$$\begin{pmatrix} \Delta'_\nu \\ \Delta''_\nu \end{pmatrix} = \frac{1}{2} \cdot \begin{pmatrix} 1 & -i \\ 1 & i \end{pmatrix} \circ \begin{pmatrix} \Delta^*_\nu \\ \Delta^{**}_\nu \end{pmatrix}$$

Sei $A := \begin{pmatrix} 1 & -i \\ 1 & i \end{pmatrix}$. Es ist $\det A = 2i \neq 0$. Das bedeutet, daß die Gleichungen nach Δ^*_ν und Δ^{**}_ν aufgelöst werden können. Die so gewonnenen Funktionen Δ^*_ν, Δ^{**}_ν erfüllen die Gleichung (2). Durch Zerlegung in Real- und Imaginärteil folgt (1). Da die Werte der Funktionen α^*_ν, α^{**}_ν, β^*_ν, β^{**}_ν im Punkte $\mathfrak{z}_0$ eindeutig festgelegt sind, muß das gleiche für die Funktionen Δ'_ν, Δ''_ν gelten. ♦

Wir schreiben jetzt:

$$f_{z_\nu}(\mathfrak{z}_0) := \Delta'_\nu(\mathfrak{z}_0) = \frac{1}{2}\left[f_{x_\nu}(\mathfrak{z}_0) - i f_{y_\nu}(\mathfrak{z}_0)\right],$$

$$f_{\overline{z}_\nu}(\mathfrak{z}_0) := \Delta''_\nu(\mathfrak{z}_0) = \frac{1}{2}\left[f_{x_\nu}(\mathfrak{z}_0) + i f_{y_\nu}(\mathfrak{z}_0)\right].$$

<u>Satz 6.2:</u> Sei $B \subset \mathbb{C}^n$ ein Bereich, $\mathfrak{z}_0 \in B$, f komplexe Funktion auf B. f ist genau dann in $\mathfrak{z}_0$ komplex differenzierbar, wenn f in $\mathfrak{z}_0$ reell differenzierbar ist, und wenn $f_{\overline{z}_\nu}(\mathfrak{z}_0) = 0$ für $1 \leq \nu \leq n$ ist. (Das bedeutet, daß die Cauchy-Riemannschen Differentialgleichungen erfüllt sein müssen:

$$\begin{aligned} g_{x_\nu} &= h_{y_\nu} \\ h_{x_\nu} &= -g_{y_\nu} \end{aligned} \qquad \text{für } 1 \leq \nu \leq n.)$$

<u>Beweis:</u> 1) Sei $f(\mathfrak{z}) = f(\mathfrak{z}_0) + \sum_{\nu=1}^{n} \left(z_\nu - z_\nu^{(0)}\right) \Delta_\nu(\mathfrak{z})$, $\Delta_\nu(\mathfrak{z})$ stetig in $\mathfrak{z}_0$. Dann ist $f(\mathfrak{z}) = f(\mathfrak{z}_0) + \sum_{\nu=1}^{n} \left(z_\nu - z_\nu^{(0)}\right) \Delta'_\nu(\mathfrak{z}) + \sum_{\nu=1}^{n} \left(\overline{z}_\nu - \overline{z}_\nu^{(0)}\right) \Delta''_\nu(\mathfrak{z})$ mit $\Delta'_\nu(\mathfrak{z}) = \Delta_\nu(\mathfrak{z})$ und $\Delta''_\nu(\mathfrak{z}) \equiv 0$, also $f_{\overline{z}_\nu}(\mathfrak{z}_0) = 0$ für $1 \leq \nu \leq n$.

2) Sei f reell differenzierbar und $f_{\overline{z}_\nu}(\mathfrak{z}_0) = 0$ für $1 \leq \nu \leq n$. Es ist $f(\mathfrak{z}) = f(\mathfrak{z}_0) + \sum_{\nu=1}^{n} \left(z_\nu - z_\nu^{(0)}\right) \Delta'_\nu(\mathfrak{z}) + \sum_{\nu=1}^{n} \left(\overline{z}_\nu - \overline{z}_\nu^{(0)}\right) \Delta''_\nu(\mathfrak{z})$ mit $\Delta''_\nu(\mathfrak{z}_0) = 0$ für $\nu = 1, \ldots, n$.

Wir definieren

$$\alpha_\nu(\mathfrak{z}) := \begin{cases} 0 & \text{falls } z_\nu = z_\nu^{(0)} \\ \dfrac{\overline{z}_\nu - \overline{z}_\nu^{(0)}}{z_\nu - z_\nu^{(0)}} \cdot \Delta''_\nu(\mathfrak{z}) & \text{sonst.} \end{cases}$$

Da $\dfrac{\overline{z}_\nu - \overline{z}_\nu^{(0)}}{z_\nu - z_\nu^{(0)}}$ außerhalb von $z_\nu^{(0)}$ beschränkt ist und $\lim\limits_{\mathfrak{z}\to\mathfrak{z}_0} \Delta''_\nu(\mathfrak{z}) = 0$ gilt, folgt: α_ν ist stetig in $\mathfrak{z}_0$.

Dann ist aber $f(\mathfrak{z}) = f(\mathfrak{z}_0) + \sum\limits_{\nu=1}^{n} \left(z_\nu - z_\nu^{(0)}\right) \Delta'_\nu(\mathfrak{z}) + \sum\limits_{\nu=1}^{n} \left(\overline{z}_\nu - \overline{z}_\nu^{(0)}\right) \Delta''_\nu(\mathfrak{z}) = f(\mathfrak{z}_0) +$
$+ \sum\limits_{\nu=1}^{n} \left(z_\nu - z_\nu^{(0)}\right)(\Delta'_\nu + \alpha_\nu)(\mathfrak{z})$.

Also ist f in $\mathfrak{z}_0$ komplex differenzierbar. ♦

Wir erwähnen noch einige Formeln für die Differentiation:

1) Ist f in $\mathfrak{z}_0$ reell differenzierbar, so gilt in $\mathfrak{z}_0$:

a) $\overline{f_{z_\mu}} = (\overline{f})_{\overline{z}_\mu}$ für $1 \leqslant \mu \leqslant n$.

b) $\overline{f_{\overline{z}_\mu}} = (\overline{f})_{z_\mu}$ für $1 \leqslant \mu \leqslant n$.

2) Sei f in einer Umgebung von $\mathfrak{z}_0$ zweimal reell differenzierbar. Dann gilt in $\mathfrak{z}_0$:

$$\left.\begin{array}{ll} \text{a)} & f_{z_\nu z_\mu} = f_{z_\mu z_\nu} \\ \text{b)} & f_{z_\nu \overline{z}_\mu} = f_{\overline{z}_\mu z_\nu} \\ \text{c)} & f_{\overline{z}_\nu \overline{z}_\mu} = f_{\overline{z}_\mu \overline{z}_\nu} \end{array}\right\} \text{ für alle } \nu \text{ und } \mu$$

<u>Satz 6.3:</u> (Kettenregel): B_1, B_2 seien Bereiche im $\mathbb{C}^n$ bzw. $\mathbb{C}^m$. $g = (g_1, \ldots, g_m) : B_1 \to \mathbb{C}^m$ sei eine Abbildung mit $g(B_1) \subset B_2$. Es sei $\mathfrak{z}_0 \in B_1$, $\mathfrak{w}_0 := g(\mathfrak{z}_0)$ und f eine komplexe Funktion über B_2. Wenn alle g_μ, $1 \leqslant \mu \leqslant m$, in $\mathfrak{z}_0$ reell differenzierbar sind und f in $\mathfrak{w}_0$ reell differenzierbar ist, dann ist auch $f \circ g$ in $\mathfrak{z}_0$ reell differenzierbar, und es gilt:

$$(f \circ g)_{z_\nu}(\mathfrak{z}_0) = \sum_{\mu=1}^{m} \left(f_{w_\mu}(\mathfrak{w}_0)\right) \cdot \left((g_\mu)_{z_\nu}(\mathfrak{z}_0)\right) + \sum_{\mu=1}^{m} \left(f_{\overline{w}_\mu}(\mathfrak{w}_0)\right) \cdot \left((\overline{g}_\mu)_{z_\nu}(\mathfrak{z}_0)\right),$$

$$(f \circ g)_{\overline{z}_\nu}(\mathfrak{z}_0) = \sum_{\mu=1}^{m} \left(f_{w_\mu}(\mathfrak{w}_0)\right) \cdot \left((g_\mu)_{\overline{z}_\nu}(\mathfrak{z}_0)\right) + \sum_{\mu=1}^{m} \left(f_{\overline{w}_\mu}(\mathfrak{w}_0)\right) \cdot \left((\overline{g}_\mu)_{\overline{z}_\nu}(\mathfrak{z}_0)\right).$$

Der Beweis erfolgt wie im Reellen durch Einsetzen der Definitionen.

Es sei nun $B \subset \mathbf{C}^n$ ein Bereich, $f = (f_1, \ldots, f_n) : B \to \mathbf{C}^n$ eine reell differenzierbare Abbildung. Dann können wir die komplexe Funktionalmatrix von f definieren:

$$J_f := \left(\begin{array}{c|c} \left(f_{\nu, z_\mu}\right)_{\substack{\nu = 1,\ldots,n \\ \mu = 1,\ldots,n}} & \left(f_{\nu, \overline{z}_\mu}\right)_{\substack{\nu = 1,\ldots,n \\ \mu = 1,\ldots,n}} \\ \hline \left(\overline{f}_{\nu, z_\mu}\right)_{\substack{\nu = 1,\ldots,n \\ \mu = 1,\ldots,n}} & \left(\overline{f}_{\nu, \overline{z}_\mu}\right)_{\substack{\nu = 1,\ldots,n \\ \mu = 1,\ldots,n}} \end{array} \right)$$

Wir behaupten, daß $\Delta_f := \det J_f$ mit der üblichen Funktionaldeterminante übereinstimmt, wie sie aus dem Reellen bekannt ist. Zum Beweis ist eine Reihe von Umformungen nötig:

Es gilt:

$$f_{\nu, z_\mu} = \frac{1}{2}\left(f_{\nu, x_\mu} - i f_{\nu, y_\mu}\right),$$

$$f_{\nu, \overline{z}_\mu} = \frac{1}{2}\left(f_{\nu, x_\mu} + i f_{\nu, y_\mu}\right).$$

Addiert man jeweils die $(n+\mu)$-te Spalte zur μ-ten Spalte, so erhält man:

$$\Delta_f = \det \left(\begin{array}{c|c} \left(f_{\nu, x_\mu}\right) & \left(\frac{1}{2}\left(f_{\nu, x_\mu} + i f_{\nu, y_\mu}\right)\right) \\ \hline \left(\overline{f}_{\nu, x_\mu}\right) & \left(\frac{1}{2}\left(\overline{f}_{\nu, x_\mu} + i \overline{f}_{\nu, y_\mu}\right)\right) \end{array} \right), \text{ also}$$

$$\Delta_f = 2^{-n} \det \left(\begin{array}{c|c} \left(f_{\nu, x_\mu}\right) & \left(f_{\nu, x_\mu} + i f_{\nu, y_\mu}\right) \\ \hline \left(\overline{f}_{\nu, x_\mu}\right) & \left(\overline{f}_{\nu, x_\mu} + i \overline{f}_{\nu, y_\mu}\right) \end{array} \right).$$

Subtrahiert man nun die μ-te Spalte von der $(n+\mu)$-ten Spalte, so erhält man:

$$\Delta_f = 2^{-n} \det \left(\begin{array}{c|c} \left(f_{\nu, x_\mu}\right) & \left(i f_{\nu, y_\mu}\right) \\ \hline \left(\overline{f}_{\nu, x_\mu}\right) & \left(i \overline{f}_{\nu, y_\mu}\right) \end{array} \right), \text{ also}$$

$$\Delta_f = 2^{-n} i^n \det \left(\begin{array}{c|c} \left(f_{\nu, x_\mu}\right) & \left(f_{\nu, y_\mu}\right) \\ \hline \left(\overline{f}_{\nu, x_\mu}\right) & \left(\overline{f}_{\nu, y_\mu}\right) \end{array} \right).$$

Nun ist $f_\nu = g_\nu + i h_\nu$,

$$f_{\nu,x_\mu} = g_{\nu,x_\mu} + i h_{\nu,x_\mu}, \quad \overline{f}_{\nu,x_\mu} = g_{\nu,x_\mu} - i h_{\nu,x_\mu},$$
$$f_{\nu,y_\mu} = g_{\nu,y_\mu} + i h_{\nu,y_\mu}, \quad \overline{f}_{\nu,y_\mu} = g_{\nu,y_\mu} - i h_{\nu,y_\mu}.$$

Addiert man die $(n+\nu)$-te Zeile zur ν-ten Zeile, so erhält man:

$$\Delta_f = 2^{-n} i^n \det \left(\begin{array}{c|c} \left(2g_{\nu,x_\mu}\right) & \left(2g_{\nu,y_\mu}\right) \\ \hline \left(g_{\nu,x_\mu} - i h_{\nu,x_\mu}\right) & \left(g_{\nu,y_\mu} - i h_{\nu,y_\mu}\right) \end{array} \right) =$$

$$= i^n \det \left(\begin{array}{c|c} \left(g_{\nu,x_\mu}\right) & \left(g_{\nu,y_\mu}\right) \\ \hline \left(g_{\nu,x_\mu} - i h_{\nu,x_\mu}\right) & \left(g_{\nu,y_\mu} - i h_{\nu,y_\mu}\right) \end{array} \right).$$

Subtraktion der ν-ten Zeile von der $(n+\nu)$-ten Zeile ergibt:

$$\Delta_f = i^n \det \left(\begin{array}{c|c} \left(g_{\nu,x_\mu}\right) & \left(g_{\nu,y_\mu}\right) \\ \hline \left(-i h_{\nu,x_\mu}\right) & \left(-i h_{\nu,y_\mu}\right) \end{array} \right) = \det \left(\begin{array}{c|c} \left(g_{\nu,x_\mu}\right) & \left(g_{\nu,y_\mu}\right) \\ \hline \left(h_{\nu,x_\mu}\right) & \left(h_{\nu,y_\mu}\right) \end{array} \right).$$

Das ist aber gerade die Funktionaldeterminante $\det J_F$ der reellen Abbildung $F = (g_1, \dots, g_n, h_1, \dots, h_n)$. ♦

§ 7. Holomorphe Abbildungen

Def.7.1: Sei $B \subset \mathbb{C}^n$ ein Bereich; $g_1, \dots, g_m$ seien komplexe Funktionen über B. $g = (g_1, \dots, g_m) : B \to \mathbb{C}^m$ heißt eine holomorphe Abbildung, wenn alle Komponentenfunktionen g_μ in B holomorph sind.

Satz 7.1: Seien $B_1 \subset \mathbb{C}^n$, $B_2 \subset \mathbb{C}^m$ Bereiche, $g = (g_1, \dots, g_m) : B_1 \to B_2$ eine Abbildung. g ist genau dann holomorph, wenn für jede holomorphe Funktion f auf B_2 gilt: $f \circ g$ ist eine holomorphe Funktion auf B_1.

Beweis: 1) Sei g eine holomorphe Abbildung. Dann sind alle Komponentenfunktionen g_μ holomorph, d.h. es ist $(g_\mu)_{\bar{z}_\nu} = 0$ für alle ν und μ. Ist f holomorph, so ist $f_{\bar{w}_\mu} = 0$ für alle μ, es ist $f \circ g$ reell differenzierbar, und aus der Kettenregel folgt:

$$(f \circ g)_{\bar{z}_\nu} = \sum_{\mu=1}^{m} f_{w_\mu} \cdot (g_\mu)_{\bar{z}_\nu} + \sum_{\mu=1}^{m} f_{\bar{w}_\mu} \cdot (\bar{g}_\mu)_{\bar{z}_\nu} = 0 \text{ für } \nu = 1,\dots,n.$$

2) Ist umgekehrt das Kriterium erfüllt, so setze man $f(\mathfrak{w}) \equiv w_\mu$. Dann ist $f \circ g(\mathfrak{z}) \equiv$ $\equiv g_\mu(\mathfrak{z})$. ♦

Aus diesem Satz folgt: Ist $g: B_1 \to B_2$ eine holomorphe Abbildung und $f: B_2 \to \mathbb{C}^l$ eine holomorphe Abbildung, dann ist auch $f \circ g: B_1 \to \mathbb{C}^l$ eine holomorphe Abbildung.

Def.7.2: Sei $B \subset \mathbb{C}^n$ ein Bereich, $g = (g_1,\dots,g_m)$ eine holomorphe Abbildung von B in den $\mathbb{C}^m$. Als holomorphe Funktionalmatrix von g bezeichnet man dann die Matrix

$$\mathfrak{M}_g := \left(\left(g_{\mu, z_\nu} \right) \begin{matrix} \mu = 1,\dots,m \\ \nu = 1,\dots,n \end{matrix} \right).$$

Satz 7.2: Sei $\mathfrak{z}_0 \in B$, $\mathfrak{w}_0 = g(\mathfrak{z}_0)$, f und g wie oben. Dann ist

$$\mathfrak{M}_{f \circ g}(\mathfrak{z}_0) = \mathfrak{M}_f(\mathfrak{w}_0) \circ \mathfrak{M}_g(\mathfrak{z}_0).$$

Beweis: $(\mathfrak{M}_{f\circ g})_{\nu\mu} = (f_\nu \circ g)_{z_\mu} = \sum_{\lambda=1}^{m} f_{\nu, w_\lambda} \cdot g_{\lambda, z_\mu} = (\mathfrak{M}_f \circ \mathfrak{M}_g)_{\nu\mu}$. ♦

Def.7.3: Sei $B \subset \mathbb{C}^n$ ein Bereich, $g = (g_1,\dots,g_n): B \to \mathbb{C}^n$ eine holomorphe Abbildung. $M_g := \det \mathfrak{M}_g$ heißt dann die holomorphe Funktionaldeterminante von g.

Aus Satz 7.2 folgt:

Satz 7.3: Die Bezeichnungen seien wie oben, und es sei $m = n = 1$. Dann ist $M_{f\circ g} = M_f \cdot M_g$.

Wie sieht nun die komplexe Funktionaldeterminante einer holomorphen Abbildung aus?

Es ist

$$\Delta_g = \det \begin{pmatrix} \left(g_{\nu, z_\mu}\right) & \left(g_{\nu, \bar{z}_\mu}\right) \\ \left(\bar{g}_{\nu, z_\mu}\right) & \left(\bar{g}_{\nu, \bar{z}_\mu}\right) \end{pmatrix} = \det \begin{pmatrix} \left(g_{\nu, z_\mu}\right) & 0 \\ 0 & \left(\overline{g_{\nu, z_\mu}}\right) \end{pmatrix} = \det\left(\left(g_{\nu, z_\mu}\right)\right) \cdot \det\left(\left(\overline{g_{\nu, z_\mu}}\right)\right) =$$

$$= \det\left(\left(g_{\nu, z_\mu}\right)\right) \cdot \overline{\det\left(\left(g_{\nu, z_\mu}\right)\right)} = \left|\det\left(\left(g_{\nu, z_\mu}\right)\right)\right|^2 = |M_g|^2 \text{ reell und } \geq 0.$$

Das bedeutet, daß holomorphe Abbildungen orientierungstreu sind.

Def. 7.4: B_1, B_2 seien Bereiche im $\mathbb{C}^n$, $g : B_1 \to B_2$ eine Abbildung. g heißt biholomorph (bzw. umkehrbar holomorph), wenn gilt:

a) g ist bijektiv

b) g und g^{-1} sind holomorph.

Satz 7.4: Sei $B \subset \mathbb{C}^n$ ein Bereich, $g : B \to \mathbb{C}^n$ eine holomorphe Abbildung. Ferner sei $\mathfrak{z}_0 \in B$ und $\mathfrak{w}_0 = g(\mathfrak{z}_0)$. Es gibt genau dann offene Umgebungen $U = U(\mathfrak{z}_0) \subset B$ und $V = V(\mathfrak{w}_0) \subset \mathbb{C}^n$, so daß $g : U \to V$ biholomorph ist, wenn $M_g(\mathfrak{z}_0) \neq 0$ ist.

Beweis: 1) Es gebe offene Umgebungen U, V, so daß $g : U \to V$ biholomorph ist. Dann ist $1 = M_{id_U}(\mathfrak{z}_0) = M_{g^{-1}}(\mathfrak{w}_0) \cdot M_g(\mathfrak{z}_0)$, also $M_g(\mathfrak{z}_0) \neq 0$.

2) g ist beliebig oft reell differenzierbar, und die Funktionaldeterminante M_g ist stetig. Ist $M_g(\mathfrak{z}_0) \neq 0$, so gibt es eine offene Umgebung $W = W(\mathfrak{z}_0) \subset B$ mit $(M_g | W) \neq 0$. Also ist auch $\Delta_g | W \neq 0$. Damit ist g in $\mathfrak{z}_0$ regulär (im reellen Sinne):

Es gibt offene Umgebungen $U = U(\mathfrak{z}_0) \subset W$, $V = V(\mathfrak{w}_0)$, so daß $g : U \to V$ bijektiv und $g^{-1} = (\check{g}_1, \dots, \check{g}_n)$ stetig differenzierbar ist.

Es ist $g \circ g^{-1} | V = id_V$, also eine holomorphe Abbildung. Daraus folgt:

$$0 = \left(g_\nu \circ g^{-1}\right)_{\overline{w}_\mu} = \sum_{\lambda=1}^{n} g_{\nu, z_\lambda} \cdot \check{g}_{\lambda, \overline{w}_\mu} + \sum_{\lambda=1}^{n} g_{\nu, \overline{z}_\lambda} \cdot \overline{\check{g}}_{\lambda, \overline{w}_\mu} = \sum_{\lambda=1}^{n} g_{\nu, z_\lambda} \cdot \check{g}_{\lambda, \overline{w}_\mu} .$$

Wir erhalten also für jedes μ, $1 \leq \mu \leq n$, ein lineares Gleichungssystem:

$$0 = \mathfrak{M}_g \circ \begin{pmatrix} \check{g}_{1, \overline{w}_\mu} \\ \vdots \\ \check{g}_{n, \overline{w}_\mu} \end{pmatrix}$$

Wegen $\det \mathfrak{M}_g \neq 0$ gibt es nur die triviale Lösung:

$\check{g}_{\lambda, \overline{w}_\mu} = 0$ für alle λ und alle μ. Das gilt in ganz V. Also sind die Cauchy-Riemannschen Differentialgleichungen erfüllt, g^{-1} ist in V holomorph. ◆

Satz 7.5: Sei $B \subset \mathbb{C}^n$ ein Bereich, $g = (g_1, \dots, g_n)$ in B holomorph und eineindeutig. Dann ist $M_g \neq 0$ in ganz B.

Dieser Satz gilt im Reellen keineswegs: z.B. ist $y = x^3$ eineindeutig, aber die Ableitung $y' = 3x^2$ verschwindet im Nullpunkt.

Den Beweis von Satz 7.5 werden wir hier nicht durchführen. (Man findet ihn z.B. in R. Narasimhan Several Complex Variables, Chicago Lect. in Math. 1971, chapt. 5, Th. 5)

Satz 7.6: Sei $B_1 \subset \mathbb{C}^n$ ein Bereich, $g : B_1 \to \mathbb{C}^n$ eineindeutig und holomorph. Dann ist auch $B_2 := g(B_1)$ ein Bereich, und $g^{-1} : B_2 \to B_1$ ist holomorph.

Beweis: 1) Sei $\mathfrak{w}_0 \in B_2$. Dann gibt es ein $\mathfrak{z}_0 \in B_1$ mit $g(\mathfrak{z}_0) = \mathfrak{w}_0$. Nach Satz 7.5 ist $M_g \neq 0$ auf B_1, es gibt also offene Umgebungen $U(\mathfrak{z}_0) \subset B_1$, $V(\mathfrak{w}_0) \subset \mathbb{C}^n$, so daß $g : U \to V$ biholomorph ist. Dann ist aber $V = g(U) \subset g(B_1) = B_2$, d.h., $\mathfrak{w}_0$ ist innerer Punkt.

2) Nach 1) gibt es zu jedem $\mathfrak{w}_0 \in B_2$ eine offene Umgebung $V(\mathfrak{w}_0) \subset B_2$, so daß $g^{-1}|V$ holomorph ist. ♦

II. Holomorphiegebiete

§ 1. Der Kontinuitätssatz

In diesem und den folgenden Paragraphen wollen wir die Probleme der analytischen Fortsetzbarkeit holomorpher Funktionen systematisch behandeln.

Sei $P = \{\mathfrak{z} \in \mathbb{C}^n : |\mathfrak{z}| < 1\}$ der Einheitspolyzylinder, $q_1, \dots, q_n$ mit $0 < q_\nu < 1$ für $1 \leq \nu \leq n$ seien reelle Zahlen. Dann definieren wir für $2 \leq \mu \leq n$:

$$D_\mu := \{\mathfrak{z} \in P : |z_1| \leq q_1 \text{ und } q_\mu \leq |z_\mu| < 1\}, \quad D := \bigcup_{\mu=2}^{n} D_\mu \text{ und } H := P - D = \bigcap_{\mu=2}^{n} (P - D_\mu).$$

Dann ist $H = \{\mathfrak{z} \in P : |z_1| > q_1 \text{ oder } |z_\mu| < q_\mu \text{ für } 2 \leq \mu \leq n\} = \{\mathfrak{z} \in P : q_1 < |z_1|\} \cup$
$\cup \{\mathfrak{z} \in P : |z_\mu| < q_\mu \text{ für } 2 \leq \mu \leq n\}$.

(P,H) heißt "euklidische Hartogsfigur im $\mathbb{C}^n$".

H ist ein eigentlicher Reinhardtscher Körper, $\hat{H} = P$ seine vollkommene Hülle.

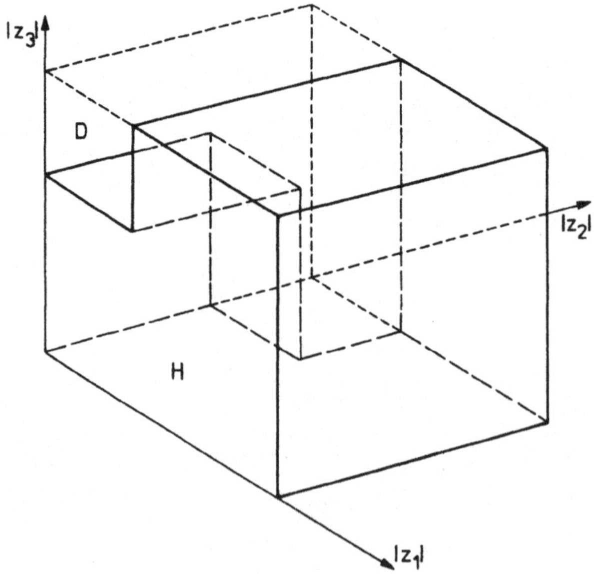

Fig.6: Euklidische Hartogsfigur im $\mathbb{C}^3$.

Def. 1.1: (P,H) sei eine euklidische Hartogsfigur im $\mathbb{C}^n$, $g = (g_1, \dots, g_n): P \to \mathbb{C}^n$ sei eine biholomorphe Abbildung, es sei $\tilde{P} := g(P)$, $\tilde{H} := g(H)$. Dann heißt $(\tilde{P}, \tilde{H})$ eine allgemeine Hartogsfigur.

Wir wollen versuchen, eine anschauliche Vorstellung von diesen Begriffen zu bekommen. Für $n = 3$ sieht die euklidische Hartogsfigur im absoluten Raum wie in Fig. 6 aus.

Im $\mathbb{C}^n$ werden wir künftig die folgende symbolische Darstellung benutzen. (In Wirklichkeit ist die Situation natürlich viel komplizierter.)

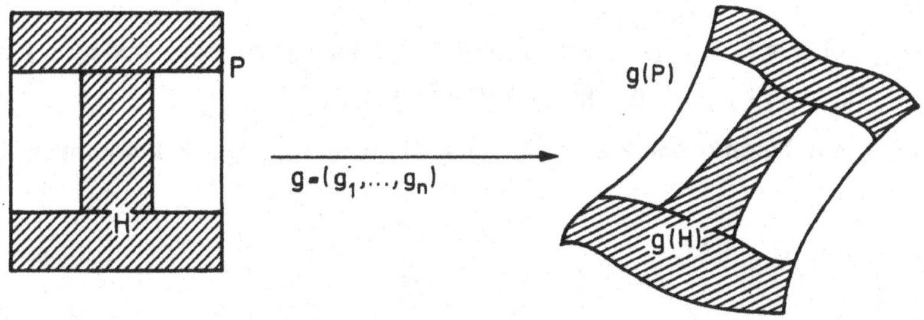

Fig. 7: Symbolische Darstellung einer allgemeinen Hartogsfigur.

Satz 1.1: Sei $(\tilde{P}, \tilde{H})$ eine allgemeine Hartogsfigur im $\mathbb{C}^n$, f holomorph in $\tilde{H}$. Dann existiert genau eine holomorphe Funktion F auf $\tilde{P}$ mit $F|\tilde{H} = f$.

Beweis: Sei $(\tilde{P}, \tilde{H}) = (g(P), g(H))$, $g: P \to \mathbb{C}^n$ biholomorph. Dann ist $f \circ g$ in H holomorph, und nach Satz 5.5 aus Kap. I gibt es genau eine holomorphe Funktion F^* auf P mit $F^*|H = f \circ g$. Sei $F := F^* \circ g^{-1}$. F ist holomorph in $\tilde{P}$, es ist $F|\tilde{H} = f$, und die Eindeutigkeit der Fortsetzung folgt aus der Eindeutigkeit von F^*. ♦

Satz 1.2: (Kontinuitätssatz): Sei $B \subset \mathbb{C}^n$ ein Bereich, $(\tilde{P}, \tilde{H})$ eine allgemeine Hartogsfigur mit $\tilde{H} \subset B$, f eine holomorphe Funktion in B. Ist $\tilde{P} \cap B$ zusammenhängend, so läßt sich f auf eindeutige Weise nach $B \cup \tilde{P}$ fortsetzen.

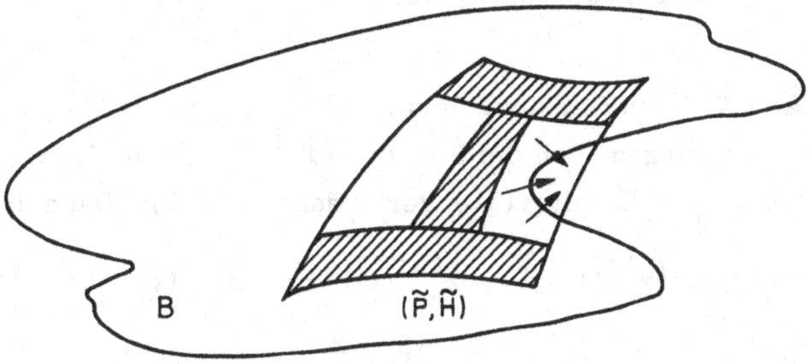

Fig. 8: Illustration zum Kontinuitätssatz.

Beweis: $f_1 := f|\tilde{H}$ ist holomorph in $\tilde{H}$. Also existiert (genau) eine holomorphe Funktion f_2 in $\tilde{P}$ mit $f_2|\tilde{H} = f_1$.

Sei $F(\mathfrak{z}) := \begin{cases} f(\mathfrak{z}) & \text{für } \mathfrak{z} \in B \\ f_2(\mathfrak{z}) & \text{für } \mathfrak{z} \in \tilde{P}. \end{cases}$

Da $B \cap \tilde{P}$ ein Gebiet und $f|\tilde{H} = f_2|\tilde{H}$ ist, folgt mit Hilfe des Identitätssatzes, daß F eine wohldefinierte holomorphe Funktion auf $B \cup \tilde{P}$ ist. Offensichtlich ist $F|B = f$. Die Eindeutigkeit der Fortsetzung ist eine weitere Folgerung aus dem Identitätssatz. ♦

Der Kontinuitätssatz ist grundlegend für alle weiteren Betrachtungen.

Satz 1.3: Sei $n \geq 2$, $P = \{\mathfrak{z} : |\mathfrak{z}| < 1\}$ der Einheitspolyzylinder, $0 \leq r_\nu^0 < 1$ für $\nu = 1, \dots, n$, $\overline{P}_{r_0} := \left\{\mathfrak{z} : |z_\nu| \leq r_\nu^0 \text{ für alle } \nu\right\}$ und $G := P - \overline{P}_{r_0}$.
Dann läßt sich jede holomorphe Funktion f auf G eindeutig nach P holomorph fortsetzen.

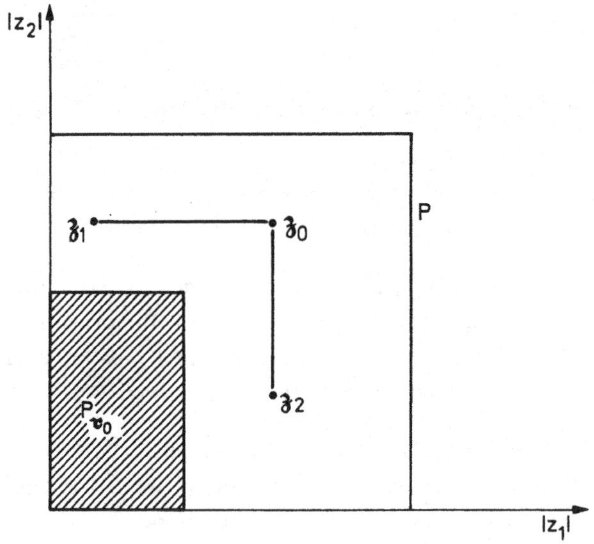

Fig.9: Zum Beweis von Satz 1.3.

Beweis: 1) Offenbar ist G ein Bereich. Sind in G Punkte $\mathfrak{z}_\lambda = \left(z_1^{(\lambda)}, \dots, z_n^{(\lambda)}\right)$, $\lambda = 1,2$, vorgegeben, so liegen auch die Punkte $\tau(\mathfrak{z}_1), \tau(\mathfrak{z}_2)$ in G. Man kann nun $\mathfrak{z}_\lambda$ jeweils auf dem Torus $T_{\mathfrak{z}_\lambda} \subset G$ mit $\tau(\mathfrak{z}_\lambda)$ verbinden ($\lambda = 1,2$). Dann definiert man $\varphi_\lambda : I \to \mathbb{C}^n$ durch $\varphi_\lambda(t) := \left(z_1^{(\lambda)}(t), \dots, z_n^{(\lambda)}(t)\right)$ mit $z_\nu^{(\lambda)}(t) := |z_\nu^{(\lambda)}| + t \times \left(\max\left(|z_\nu^{(1)}|, |z_\nu^{(2)}|\right) - |z_\nu^{(\lambda)}|\right)$ für $\lambda = 1,2$, $\nu = 1, \dots, n$.

Offensichtlich ist $|z_\nu^{(\lambda)}(t)| \geq |z_\nu^{(\lambda)}| > r_\nu^0$ für $\nu = 1, \dots, n$, also $\varphi_\lambda(t) \in G$ für $t \in I$ und $\lambda = 1,2$.

Sei $\varphi(t) := \begin{cases} \varphi_1(2t) & \text{für } 0 \leq t \leq \frac{1}{2} \\ \varphi_2(2-2t) & \phantom{\text{für }} \frac{1}{2} \leq t \leq 1. \end{cases}$

φ verbindet $\tau(\mathfrak{z}_1)$ mit $\tau(\mathfrak{z}_2)$.
Damit ist gezeigt, daß G ein Gebiet ist.

2) Für $\nu = 1,\dots,n$ sei $E_{(\nu)} := \{z_\nu \in \mathbb{C} : |z_\nu| < 1\}$. Man wähle ein $z_n^0 \in \mathbb{C}$ mit $r_n^0 < |z_n^0| < 1$ und setze

$$T(z_n) := \frac{z_n - z_n^0}{\overline{z}_n^0 z_n - 1}, \quad g(z_1,\dots,z_n) := (z_1,\dots,z_{n-1}, T(z_n)).$$

$g : P \to P$ ist eine biholomorphe Abbildung mit $g\left(0,\dots,0,z_n^0\right) = 0$. Ist $U = U\left(z_n^0\right) \subset \subset \left\{z_n \in \mathbb{C} : r_n^0 < |z_n| < 1\right\}$ eine offene Umgebung, so ist $E_{(1)} \times \dots \times E_{(n-1)} \times U \subset G$, also $E_{(1)} \times \dots \times E_{(n-1)} \times T(U) \subset g(G)$.

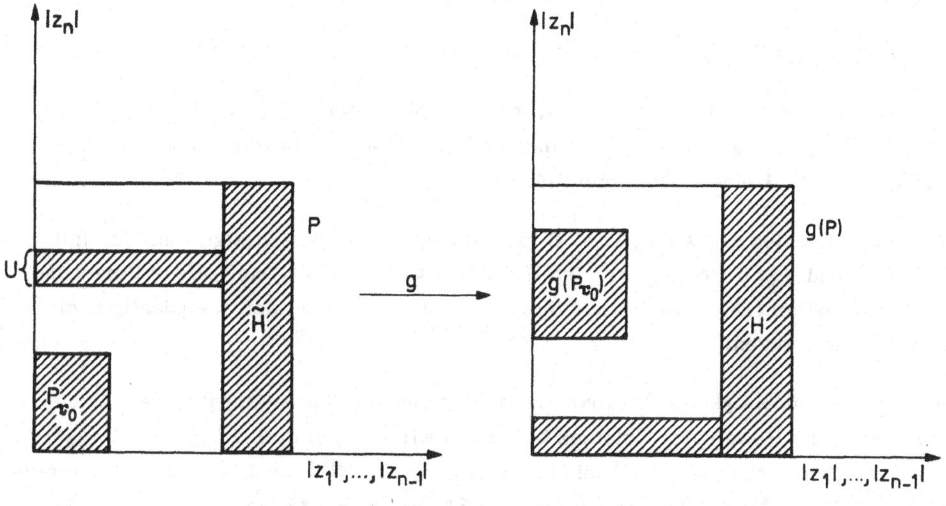

Fig. 10: Zum Beweis von Satz 1.3.

Man wähle reelle Zahlen $q_1,\dots,q_n$ mit $r_\nu^0 < q_\nu < 1$ für $\nu = 1,\dots,n-1$ und $\{w_n : |w_n| < q_n\} \subset T(U)$. Dann ist $H := \{\mathfrak{w} \in P : q_1 < |w_1|\} \cup \{\mathfrak{w} \in P : |w_\mu| < q_\mu$ für $\mu = 2,\dots,n\}$ enthalten in $g(G)$, und (P,H) ist eine euklidische Hartogsfigur. $(\widetilde{P},\widetilde{H})$ mit $\widetilde{P} := g^{-1}(P) = P$ und $\widetilde{H} := g^{-1}(H)$ ist eine allgemeine Hartogsfigur mit $\widetilde{H} \subset G$. Außerdem ist $\widetilde{P} \cap G = G$ zusammenhängend. Aus dem Kontinuitätssatz folgt jetzt die Behauptung. ♦

Der vorliegende Satz ist ein Spezialfall des sogenannten "Kugelsatzes":

Sei $n \geqslant 2$, $G \subset \mathbb{C}^n$ ein Gebiet, $K \subset G$ eine kompakte Teilmenge, $G - K$ zusammenhängend. Dann läßt sich jede in $G - K$ holomorphe Funktion eindeutig nach G holomorph fortsetzen.

Der Beweis des Kugelsatzes ist wesentlich komplizierter als die Beweise der vorangegangenen Sätze. Ein wichtiges Hilfsmittel ist die Integralformel von Bochner-Martinelli, die eine Verallgemeinerung der Cauchyschen Integralformel auf Gebiete mit stückweise glattem Rand darstellt.

Satz 1.4: Sei $n \geqslant 2$, $B \subset \mathbb{C}^n$ ein Bereich und $\mathfrak{z}_0 \in B$. f sei holomorph in $B' := B - \{\mathfrak{z}_0\}$. Dann läßt sich f eindeutig nach B holomorph fortsetzen. (Für $n \geqslant 2$ gibt es keine isolierten Singularitäten.)

Beweis: O.B.d.A. kann man annehmen, daß $\mathfrak{z}_0 = 0$ ist. Sei P ein Polyzylinder um $\mathfrak{z}_0$ mit $P \subset B$, $P' := P - \{\mathfrak{z}_0\}$. Dann liegt die Situation von Satz 1.3 vor, d.h. es gibt eine holomorphe Funktion F' in P mit $F'|P' = f|P'$.

$$\text{Sei } F(\mathfrak{z}) := \begin{cases} F'(\mathfrak{z}) & \text{für } \mathfrak{z} \in P \\ f(\mathfrak{z}) & \phantom{\text{für }} \mathfrak{z} \in B' \end{cases} .$$

F ist die holomorphe Fortsetzung von f nach B. ♦

Def.1.2: Sei $G \subset \mathbb{C}^{n-1}$ ein Gebiet, $g : G \to \mathbb{C}$ eine stetige Funktion. Dann heißt $\mathfrak{F} := \{\mathfrak{z} \in \mathbb{C} \times G : z_1 = g(z_2, \dots, z_n)\}$ eine reell $(2n-2)$-dimensionale Fläche. Ist g holomorph, so heißt $\mathfrak{F}$ eine analytische Fläche.

Satz 1.5: Seien $G \subset \mathbb{C}^{n-1}$, $G_1 \subset \mathbb{C}$ Gebiete, $g : G \to \mathbb{C}$ eine stetige Funktion mit $g(G) \subset G_1$ und $\mathfrak{z}_0 \in \mathfrak{F} = \text{Graph}(g)$. Ist $U = U(\mathfrak{z}_0) \subset \hat{G} := G_1 \times G$ eine offene Umgebung und f eine holomorphe Funktion auf $S := (\hat{G} - \mathfrak{F}) \cup U$, so läßt sich f eindeutig nach $\hat{G}$ holomorph fortsetzen.

Beweis: Die Eindeutigkeit der Fortsetzung folgt aus dem Identitätssatz, weil $\hat{G}$ ein Gebiet ist. Zum Beweis der Existenz behandeln wir nur den Fall $G = \{\mathfrak{z}^* \in \mathbb{C}^{n-1} : |\mathfrak{z}^*| < 1\}$, $G_1 = E_{(1)}$ (dann ist $\hat{G} = P$ der Einheitspolyzylinder im $\mathbb{C}^n$), und außerdem sei vorausgesetzt, daß $|g(\mathfrak{z}^*)| < q < 1$ für ein festes $q \in \mathbb{R}$ und alle $\mathfrak{z}^* \in G$ ist.

Wir führen den Beweis in zwei Schritten:

1) $S = (\hat{G} - \mathfrak{F}) \cup U$ ist zusammenhängend:

a) Seien $\mathfrak{z}_1, \mathfrak{z}_2$ Punkte aus $\hat{G} - \mathfrak{F}$. Dann definiert man:

$$\mathfrak{z}_1^* := \left(\frac{1+q}{2}, z_2^{(1)}, \dots, z_n^{(1)}\right), \quad \mathfrak{z}_2^* := \left(\frac{1+q}{2}, z_2^{(2)}, \dots, z_n^{(2)}\right).$$

$\mathfrak{z}_\lambda$ und $\mathfrak{z}_\lambda^*$ liegen in der punktierten Kreisscheibe $\left(E_{(1)} - \left\{g\left(z_2^{(\lambda)}, \dots, z_n^{(\lambda)}\right)\right\}\right) \times \left\{\left(z_2^{(\lambda)}, \dots, z_n^{(\lambda)}\right)\right\}$, können also durch einen Weg verbunden werden, der $\mathfrak{F}$ nicht trifft. Die Verbindungsstrecke von $\mathfrak{z}_1^*$ und $\mathfrak{z}_2^*$ verläuft ebenfalls in $\hat{G} - \mathfrak{F}$, man kann also $\mathfrak{z}_1$ und $\mathfrak{z}_2$ durch einen Weg in $\hat{G} - \mathfrak{F}$ verbinden.

b) Ist $\mathfrak{z}_1 \in U$, $\mathfrak{z}_2 \in \hat{G} - \mathfrak{F}$, so sei U_1 die Zusammenhangskomponente von $\mathfrak{z}_1$ in U. Da $U_1 - \mathfrak{F}$ nicht leer ist, kann man $\mathfrak{z}_1$ in U_1 mit einem Punkt $\mathfrak{z}_1^* \in U_1 - \mathfrak{F}$ verbinden. $\mathfrak{z}_1^*$ liegt dann insbesondere in $\hat{G} - \mathfrak{F}$, und man kann ihn nach Fall a) mit $\mathfrak{z}_2$ verbinden. Gilt $\mathfrak{z}_1, \mathfrak{z}_2 \in U$, so lassen sich beide Punkte mit einem $\mathfrak{z}_0 \in \hat{G} - \mathfrak{F}$, also auch untereinander verbinden.

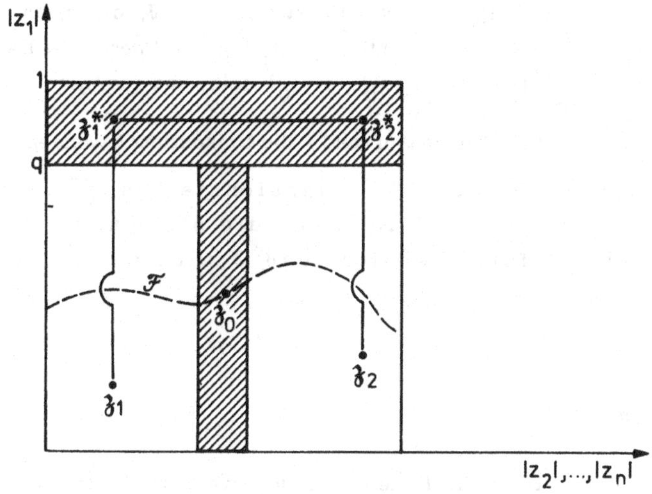

Fig.11: Zum Beweis von Satz 1.5.

2) $\pi : \mathbb{C} \times \mathbb{C}^{n-1} \to \mathbb{C}^{n-1}$ sei die Projektion auf die 2. Komponente. Dann ist $\pi|\mathfrak{F} : \mathfrak{F} \to G$ eine topologische Abbildung mit $(\pi|\mathfrak{F})^{-1} = g$, und $\pi(\mathfrak{F} \cap U)$ ist eine offene Umgebung V von $\mathfrak{z}_0^* := \pi(\mathfrak{z}_0)$.

Sei $h(z_1, \dots, z_n) := (\mathrm{id}_{G_1}(z_1), h_2^*(z_2), \dots, h_n^*(z_n))$ mit

$$h_\nu^*(z_\nu) := \frac{z_\nu - z_\nu^0}{\overline{z}_\nu^0 z_\nu - 1} \quad \text{für } \nu = 2, \dots, n .$$

$h : P \to P$ ist eine biholomorphe Abbildung mit $h(0) = (0, \mathfrak{z}_0^*)$. Man setze $q_1 := q$ und wähle q_ν mit $0 < q_\nu < 1$ für $\nu = 2, \dots, n$ so, daß $h(\{(w_1, \dots, w_n) \in P : |w_\nu| < q_\nu$ für $\nu = 2, \dots, n\}) \subset E_{(1)} \times V$ ist.

Sei $H := \{\mathfrak{w} \in P : |w_\nu| < q_\nu$ für $\nu = 2, \dots, n\} \cup \{\mathfrak{w} \in P : q_1 < |w_1|\}$. Dann ist (P, H) eine euklidische Hartogsfigur und $(P, \tilde{H})$ mit $\tilde{H} := h(H)$ eine allgemeine Hartogsfigur. Offensichtlich ist $\tilde{H} \subset (E_{(1)} \times V) \cup \{\mathfrak{z} \in P : q_1 < |z_1|\} \subset S$, und nach 1) ist $P \cap S = S$ zusammenhängend. Die Behauptung folgt jetzt aus dem Kontinuitätssatz. ◆

Bemerkung: Ist g holomorph, also $\mathfrak{F}$ eine analytische Fläche, so gibt es eine holomorphe Funktion f auf $\hat{G} - \mathfrak{F}$, die sich nicht über $\mathfrak{F}$ hinweg holomorph fortsetzen läßt. Man setze etwa

$$f(z_1, \mathfrak{z}^*) := \frac{1}{z_1 - g(\mathfrak{z}^*)} .$$

Beweis: Angenommen, es gäbe einen Punkt $\mathfrak{z}_0 \in \mathfrak{F}$ und eine offene Umgebung $U = U(\mathfrak{z}_0) \subset \hat{G}$, so daß f eine auf $(\hat{G} - \mathfrak{F}) \cup U$ definierte holomorphe Fortsetzung F besäße. Dann gäbe es eine Folge $(\mathfrak{z}_j)$ von Punkten aus $\hat{G} - \mathfrak{F}$, die gegen $\mathfrak{z}_0$ konvergierte, und für $\mathfrak{z}_j \to \mathfrak{z}_0$ strebte offensichtlich $|f(\mathfrak{z}_j)|$ gegen Unendlich. Da F in $\mathfrak{z}_0$ stetig ist, müßte aber $\lim_{j\to\infty} f(\mathfrak{z}_j) = \lim_{j\to\infty} F(\mathfrak{z}_j) = F(\mathfrak{z}_0)$ sein, und das wäre ein Widerspruch.

Man kann - wenn auch mit größerem Aufwand - die Umkehrung beweisen:

Ist $\mathfrak{F} \subset \hat{G}$ eine reell $(2n-2)$-dimensionale Fläche und gibt es eine holomorphe Funktion f in $\hat{G} - \mathfrak{F}$, die nicht nach $\hat{G}$ holomorph fortsetzbar ist, so folgt bereits, daß $\mathfrak{F}$ eine analytische Fläche ist.

§ 2. Pseudokonvexität

Def. 2.1: Sei $B \subset \mathbb{C}^n$ ein Bereich. B heißt pseudokonvex, wenn gilt: Ist (P, H) eine allgemeine Hartogsfigur mit $H \subset B$, so liegt sogar ganz P in B.

Def. 2.2: Sei $B \subset \mathbb{C}^n$ ein Bereich, f holomorph in B, $\mathfrak{z}_0 \in \partial B$ ein Punkt. f heißt in $\mathfrak{z}_0$ voll singulär, wenn es eine Umgebung $V = V(\mathfrak{z}_0)$ gibt, so daß zu jeder zusammenhängenden offenen Umgebung $U = U(\mathfrak{z}_0)$ mit $U \subset V$ keine holomorphe Funktion F existiert, die in einem nicht-leeren offenen Teil von $U \cap B$ mit f übereinstimmt.

Def. 2.3: Sei $B \subset \mathbb{C}^n$ ein nicht-leerer Bereich. B heißt Holomorphiebereich, wenn es eine in B holomorphe Funktion f gibt, so daß f in jedem Punkt $\mathfrak{z}_0 \in \partial B$ voll singulär ist. Ist B außerdem zusammenhängend, so heißt B ein Holomorphiegebiet.

Beispiele: 1) Da der $\mathbb{C}^n$ keinen Rand besitzt, ist für ihn die Bedingung von Def. 2.3 trivial erfüllt. Der $\mathbb{C}^n$ ist also ein Holomorphiegebiet.

2) Der Einheitskreis $E_{(1)} \subset \mathbb{C}$ ist ein Holomorphiegebiet, wie in der eindimensionalen Theorie gezeigt wird.

3) Der Dizylinder $E_{(1)} \times E_{(1)}$ ist ein Holomorphiegebiet: Ist $f: E_{(1)} \to \mathbb{C}$ eine holomorphe Funktion, die auf $\partial E_{(1)}$ voll singulär wird, so ist $g: E_{(1)} \times E_{(1)} \to \mathbb{C}$ mit $g(z_1, z_2) := f(z_1) + f(z_2)$ eine holomorphe Funktion, die auf $\partial(E_{(1)} \times E_{(1)})$ voll singulär wird.

4) Sei (P,H) eine euklidische Hartogsfigur, $\mathfrak{z}_0 \in \partial H \cap P$. Es gibt zu jeder holomorphen Funktion f in H eine holomorphe Funktion F in P mit $F|H = f$. Ist V eine beliebige offene Umgebung von $\mathfrak{z}_0$, die noch ganz in P enthalten ist und U die Zusammenhangskomponente von $\mathfrak{z}_0$ in V, so ist $F|V$ holomorph, $U \cap H \neq \emptyset$ und $F|U \cap H = f|U \cap H$. Also ist H kein Holomorphiebereich.

<u>Satz 2.1:</u> Sei $B \subset \mathbb{C}^n$ ein Bereich, $G \subset \mathbb{C}^n$ ein Gebiet mit $B \cap G \neq \emptyset$ und $(\mathbb{C}^n - B) \cap G \neq \emptyset$. Dann gilt für jede Zusammenhangskomponente Q von $B \cap G$:

$$G \cap \partial Q \cap \partial B \neq \emptyset .$$

<u>Beweis:</u> Es ist $G = Q \cup (G - Q)$. Q ist offen und nicht leer, und wegen $(\mathbb{C}^n - B) \cap G \neq \emptyset$ ist auch $G - Q$ nicht leer. Da G ein Gebiet ist, kann es keine Zerlegung von G in zwei nicht leere offene Teile geben, d.h., $G - Q$ ist nicht offen. Sei $\mathfrak{z}_1 \in G - Q$ kein innerer Punkt. Dann gilt für jede beliebige Umgebung $U(\mathfrak{z}_1) \subset G : U \cap Q \neq \emptyset$. Also liegt $\mathfrak{z}_1$ in ∂Q. Ist $\mathfrak{z}_1 \in B$, so gibt es eine zusammenhängende offene Umgebung $V(\mathfrak{z}_1) \subset B \cap G$ (ebenfalls mit $V \cap Q \neq \emptyset$). Dann ist aber $Q \cup V$ eine offene zusammenhängende Menge in $B \cap G$, die echt größer als Q ist. Das ist ein Widerspruch, da Q eine Zusammenhangskomponente ist. Also liegt $\mathfrak{z}_1$ nicht in B.
Daraus folgt: $\mathfrak{z}_1 \in \partial Q \cap \partial B \cap G$. ♦

<u>Satz 2.2:</u> Sei G ein Holomorphiegebiet. Dann ist G pseudokonvex.

<u>Beweis:</u> Wir machen die Annahme, G sei nicht pseudokonvex. Dann gibt es eine Hartogsfigur (P,H) mit $H \subset G$, aber $P \cap G \neq P$. Wir wählen ein $\mathfrak{z}_0$ beliebig aus H und setzen $Q := C_{P \cap G}(\mathfrak{z}_0)$. Da H in $P \cap G$ liegt und zusammenhängend ist, folgt: $H \subset Q$. Außerdem ist $Q \subsetneqq P$.

Es ist $P \cap G \neq \emptyset$, $(\mathbb{C}^n - G) \cap P \neq \emptyset$, nach Satz 2.1 gibt es also einen Punkt $\mathfrak{z}_1 \in \partial Q \cap \partial G \cap P$.

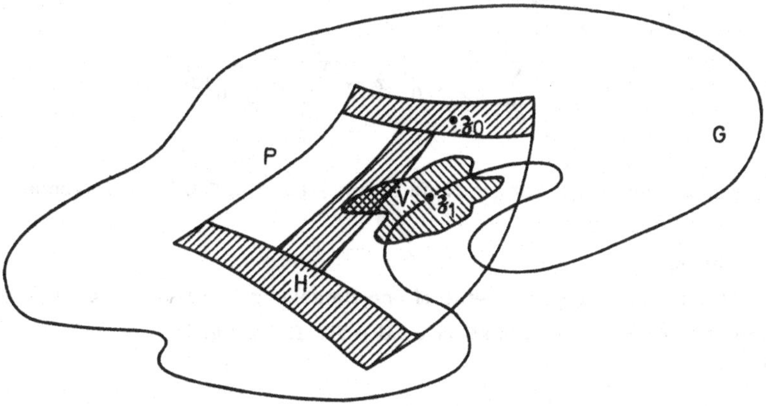

Fig.12: Zum Beweis von Satz 2.2.

Sei f eine beliebige holomorphe Funktion in G. Dann ist auch $f|Q$ holomorph, und nach dem Kontinuitätssatz gibt es eine holomorphe Funktion F in $P \cup Q = P$ mit $F|Q = f|Q$. Ist nun $V = V(\mathfrak{z}_1) \subset P$ eine offene zusammenhängende Teilmenge, so ist $F|V$ holomorph, $Q \cap V$ offen und nicht leer und $F|Q \cap V = f|Q \cap V$. Also ist G kein Holomorphiegebiet. Damit folgt aber auch umgekehrt: Ist G ein Holomorphiegebiet, so ist G pseudokonvex. ♦

Im Jahre 1910 wurde die Umkehrung des obigen Satzes in speziellen Fällen von E.E. Levi bewiesen. Die sogenannte "Levische Vermutung", daß diese Umkehrung ohne Zusatzvoraussetzung richtig ist, konnte aber erst 1942 für $n = 2$ von Oka und 1954 für $n > 2$ ebenfalls von Oka und gleichzeitig von Norguet und Bremermann bewiesen werden.

Der Beweis ist sehr tiefliegend und soll hier nicht ausgeführt werden (vgl. etwa [7]).

Zum Schluß dieses Paragraphen soll angedeutet werden, welcher Zusammenhang zwischen der Pseudokonvexität eines Gebietes G und der Krümmung des Randes von G besteht:

Sei $B \subset \mathbb{C}^n$ ein Bereich, $\mathfrak{z}_0 \in B$ und $\varphi : B \to \mathbb{R}$ eine zweimal stetig differenzierbare Funktion. Man kann B als Teilmenge des $\mathbb{R}^{2n}$ auffassen und den reellen Tangentialraum $T_{\mathfrak{z}_0}$ bzw. den Raum $T^*_{\mathfrak{z}_0}$ der Pfaffschen Formen betrachten (vgl. [21], [22]). Das totale Differential von φ im Punkte $\mathfrak{z}_0$ ist die Linearform

$$(d\varphi)_{\mathfrak{z}_0} = \sum_{\nu=1}^{n} \varphi_{x_\nu}(\mathfrak{z}_0)dx_\nu + \sum_{\nu=1}^{n} \varphi_{y_\nu}(\mathfrak{z}_0)dy_\nu \in T^*_{\mathfrak{z}_0} .$$

Ist $f = g + ih$ eine komplexwertige differenzierbare Funktion, so setzt man $df := dg + i\,dh$. Man erhält dann insbesondere $dz_\nu = dx_\nu + i dy_\nu$, $d\overline{z}_\nu = dx_\nu - i\,dy_\nu$ und kann daher das Differential $(d\varphi)_{\mathfrak{z}_0}$ auch in folgender Form schreiben:

$$(d\varphi)_{\mathfrak{z}_0} = \sum_{\nu=1}^{n} \varphi_{z_\nu}(\mathfrak{z}_0)dz_\nu + \sum_{\nu=1}^{n} \varphi_{\overline{z}_\nu}(\mathfrak{z}_0)d\overline{z}_\nu$$

Def.2.4: Ein Gebiet mit glattem Rand ist ein Gebiet $G \subset \mathbb{C}^n$ mit folgenden Eigenschaften:

1) G ist beschränkt
2) Zu jedem Punkt $\mathfrak{z}_0 \in \partial G$ gibt es eine offene Umgebung $U = U(\mathfrak{z}_0) \subset \mathbb{C}^n$ und eine zweimal stetig differenzierbare Funktion $\varphi : U \to \mathbb{R}$, für die gilt:
   a) $U \cap G = \{\mathfrak{z} \in U : \varphi(\mathfrak{z}) < 0\}$
   b) $(d\varphi)_{\mathfrak{z}} \neq 0$ für alle $\mathfrak{z} \in U$

Bemerkungen: Unter den Voraussetzungen von Def. 2.4 folgt aus dem Satz über implizite Funktionen:

1) $\partial G \cap U = \{\mathfrak{z} \in U : \varphi(\mathfrak{z}) = 0\}$

2) Es gibt (eventuell erst nach Verkleinerung von U) einen C^2-Diffeomorphismus $\Phi : U \to B$, wobei $B \subset \mathbb{C}^n$ ein Bereich ist, so daß $\Phi(U \cap G) = \{\mathfrak{z} \in B : x_1 < 0\}$ und $\Phi(U \cap \partial G) = \{\mathfrak{z} \in B : x_1 = 0\}$ ist.

Man sagt auch, $(G, \partial G)$ ist eine d i f f e r e n z i e r b a r e M a n n i g f a l t i g k e i t m i t R a n d .

Satz 2.3: Sei $G \subset \mathbb{C}^n$ ein Gebiet mit glattem Rand, U eine offene Menge mit $U \cap \partial G \neq \emptyset$. φ, ψ seien zwei Funktionen auf U, die den Bedingungen von Def. 2.4 genügen. Dann gibt es eine eindeutig bestimmte positive differenzierbare Funktion h auf U, so daß $\varphi = h \cdot \psi$ ist.

Beweis: Wir brauchen nur zu zeigen, daß es zu jedem $\mathfrak{z}_0 \in U \cap \partial G$ eine Umgebung $V(\mathfrak{z}_0) \subset U$ und in V genau eine differenzierbare Funktion h mit $\varphi|V = h \cdot (\psi|V)$ gibt. Es sei also $\mathfrak{z}_0 \in U \cap \partial G$ und $W(\mathfrak{z}_0) \subset U$ so gewählt, daß es einen C^2-Diffeomorphismus $\Phi : W \to B \subset \mathbb{C}^n$ mit $\Phi(W \cap G) = \{\mathfrak{z} \in B : x_1 < 0\}$, $\Phi(W \cap \partial G) = \{\mathfrak{z} \in B : x_1 = 0\}$ gibt.

Dann sind die Funktionen $\tilde{\varphi} := \varphi \circ \Phi^{-1}$, $\tilde{\psi} := \psi \circ \Phi^{-1}$ in B zweimal stetig differenzierbar. O.B.d.A. kann man annehmen, daß $\Phi(\mathfrak{z}_0) = 0$ und B konvex ist (in dem Sinne, daß zu je zwei Punkten aus B stets die ganze Verbindungsstrecke in B liegt). Man definiert:

$$h_1(x_1, \ldots, x_n, y_1, \ldots, y_n) := \int_0^1 \frac{\partial \tilde{\varphi}}{\partial x_1}(tx_1, x_2, \ldots, y_n)\,dt\,,$$

$$h_2(x_1, \ldots, x_n, y_1, \ldots, y_n) := \int_0^1 \frac{\partial \tilde{\psi}}{\partial x_1}(tx_1, x_2, \ldots, y_n)\,dt\,.$$

Dann ist $\tilde{\varphi} = h_1 \cdot x_1$ und $\tilde{\psi} = h_2 \cdot x_1$.

Da $(d\varphi)_{\mathfrak{z}_0} \neq 0$ und $(d\psi)_{\mathfrak{z}_0} \neq 0$ ist, haben $\frac{\partial \tilde{\varphi}}{\partial x_1}, \frac{\partial \tilde{\psi}}{\partial x_1}$ in der Nähe von $0 \in B$ keine Nullstelle, und das gleiche gilt für h_1, h_2. Man setze $h := \left(\frac{h_1}{h_2}\right) \circ \Phi$ in einer Umgebung von $\mathfrak{z}_0$. Dann ist dort

$$h(\mathfrak{z}) \cdot \psi(\mathfrak{z}) = (h \circ \Phi^{-1})(\Phi(\mathfrak{z})) \cdot (\psi \circ \Phi^{-1})(\Phi(\mathfrak{z})) = \left(\frac{h_1}{h_2}\right)(\Phi(\mathfrak{z})) \cdot \tilde{\psi}(\Phi(\mathfrak{z})) =$$
$$= (h_1 \cdot x_1)(\Phi(\mathfrak{z})) = \tilde{\varphi}(\Phi(\mathfrak{z})) = \varphi(\mathfrak{z})\,.$$

h ist stetig differenzierbar und hat in der Nähe von $\mathfrak{z}_0$ keine Nullstelle. Also muß $h > 0$ gelten. h ist auch eindeutig bestimmt, denn außerhalb von ∂G gilt: $h = \frac{\varphi}{\psi}$. ♦

Def. 2.5: Sei $B \subset \mathbb{C}^n$ ein Bereich, $\varphi : B \to \mathbb{R}$ zweimal stetig differenzierbar, $\mathfrak{z}_0 \in B$. Dann heißt die quadratische Form $L_{\varphi,\mathfrak{z}_0}$ mit $L_{\varphi,\mathfrak{z}_0}(\mathfrak{w}) := \sum_{i,j=1}^{n} \varphi_{z_i \overline{z}_j}(\mathfrak{z}_0) w_i \overline{w}_j$ die Levi-Form von φ in $\mathfrak{z}_0$. φ erfüllt in $\mathfrak{z}_0$ die Levi-Bedingung, wenn gilt: Ist $\mathfrak{w} \in \mathbb{C}^n$ und $\sum_{i=1}^{n} \varphi_{z_i}(\mathfrak{z}_0) w_i = 0$, so ist $L_{\varphi,\mathfrak{z}_0}(\mathfrak{w}) \geq 0$.

Satz 2.4: Sei $G \subset \mathbb{C}^n$ ein Gebiet mit glattem Rand, $\mathfrak{z}_0 \in \partial G$ und $U = U(\mathfrak{z}_0)$ eine offene Umgebung. φ, ψ seien zwei Funktionen auf U, die den Bedingungen von Def. 2.4 genügen. Erfüllt φ in $\mathfrak{z}_0$ die Levi-Bedingung, so gilt das gleiche für ψ.

Beweis: Man kann auf U eine positive stetig differenzierbare Funktion h mit $\psi = h \cdot \varphi$ finden. Sei nun $\mathfrak{w} \in \mathbb{C}^n$ und $\sum_{i=1}^{n} \psi_{z_i}(\mathfrak{z}_0) w_i = 0$. Dann gilt in $\mathfrak{z}_0$:

$$0 = \sum_{i=1}^{n} (h \cdot \varphi_{z_i} + \varphi \cdot h_{z_i}) w_i = h \cdot \sum_{i=1}^{n} \varphi_{z_i} w_i \text{ (wegen } \varphi|\partial G = 0\text{), also } \sum_{i=1}^{n} \varphi_{z_i} w_i = 0 .$$

Es folgt:

$$L_{\psi}(\mathfrak{w}) = \sum_{i,j=1}^{n} \psi_{z_i \overline{z}_j} w_i \overline{w}_j = \sum_{i,j=1}^{n} (h_{z_i} \varphi_{\overline{z}_j} + \varphi_{z_i \overline{z}_j} h + \varphi_{z_i} h_{\overline{z}_j}) w_i \overline{w}_j =$$

$$= h \cdot L_{\varphi}(\mathfrak{w}) + \sum_{i=1}^{n} \left(\sum_{j=1}^{n} \overline{\varphi_{z_j} w_j} \right) h_{z_i} w_i + \sum_{j=1}^{n} \left(\sum_{i=1}^{n} \varphi_{z_i} w_i \right) h_{\overline{z}_j} \overline{w}_j ,$$

wobei die beiden letzten Terme verschwinden, wie oben gezeigt wurde. Da h positiv ist, folgt die Behauptung. ♦

Def. 2.6: Für ein Gebiet $G \subset \mathbb{C}^n$ mit glattem Rand ist in einem Punkt $\mathfrak{z}_0 \in \partial G$ die Levi-Bedingung erfüllt, falls es eine offene Umgebung $U = U(\mathfrak{z}_0)$ und eine Funktion φ auf U mit den in Def. 2.4 geforderten Eigenschaften gibt, so daß φ in $\mathfrak{z}_0$ die Levi-Bedingung erfüllt.

Satz 2.5: Sei $G \subset \mathbb{C}^n$ ein Gebiet mit glattem Rand. Dann gilt: G ist genau dann pseudokonvex, wenn für jeden Randpunkt von G die Levi-Bedingung erfüllt ist.

Ein Beweis dieses Satzes soll hier nicht erbracht werden.

§ 3. Holomorphiekonvexität

Wir wollen untersuchen, ob ein Zusammenhang zwischen der Pseudokonvexität und der üblichen Konvexität von Mengen besteht. Dazu stellen wir zunächst einige Betrachtungen über konvexe Gebiete im $\mathbb{R}^2$ an.

Sei L die Menge der linearen Abbildungen $l : \mathbb{R}^2 \to \mathbb{R}$ mit $l(\mathfrak{r}) = ax_1 + bx_2 + c$, $a, b, c \in \mathbb{R}$.

Eine Gerade g im $\mathbb{R}^2$ ist die Menge der Punkte $\mathfrak{r} = \mathfrak{r}_0 + t\mathfrak{v}$ mit $t \in \mathbb{R}$ und gewissen fest gewählten Vektoren $\mathfrak{r}_0, \mathfrak{v} \in \mathbb{R}^2$, $\mathfrak{v} \neq 0$:

$$g = \left\{\mathfrak{r} \in \mathbb{R}^2 : \mathfrak{r} = \mathfrak{r}_0 + t\mathfrak{v}, t \in \mathbb{R}\right\}.$$

Sei nun $l \in L$ mit $l(\mathfrak{r}) = ax_1 + bx_2 + c$ und $(a,b) \neq (0,0)$. Für $b \neq 0$ sei $\mathfrak{r}_0 := \left(0, -\frac{c}{b}\right)$, $\mathfrak{v} := \left(1, -\frac{a}{b}\right)$, für $b = 0$ und $a \neq 0$ sei $\mathfrak{r}_0 := \left(-\frac{c}{a}, 0\right)$, $\mathfrak{v} := (0,1)$. Dann ist $\left\{\mathfrak{r} \in \mathbb{R}^2 : l(\mathfrak{r}) = 0\right\} = \left\{\mathfrak{r} \in \mathbb{R}^2 : \mathfrak{r} = \mathfrak{r}_0 + t\mathfrak{v}, t \in \mathbb{R}\right\} = g$.

Wir haben also zwei verschiedene Möglichkeiten, eine Gerade zu beschreiben. Von Fall zu Fall können wir entscheiden, welche Art der Beschreibung für unsere Zwecke besser geeignet ist.

Sei $g = \left\{\mathfrak{r} \in \mathbb{R}^2 : \mathfrak{r} = \mathfrak{r}_0 + t\mathfrak{v}, t \in \mathbb{R}\right\}$ eine Gerade. Mit g^+ bezeichnen wir die Halbgerade $\left\{\mathfrak{r} \in \mathbb{R}^2 : \mathfrak{r} = \mathfrak{r}_0 + t\mathfrak{v}, t \geqslant 0\right\}$, mit g^- die andere Hälfte: $\left\{\mathfrak{r} \in \mathbb{R}^2 : \mathfrak{r} = \mathfrak{r}_0 + t\mathfrak{v}, t \leqslant 0\right\}$. Wird g durch die lineare Abbildung l dargestellt, so definieren wir:

$$H_g^+ := \{\mathfrak{r} \in \mathbb{R}^2 : l(\mathfrak{r}) > 0\}, \quad H_g^- := \{\mathfrak{r} \in \mathbb{R}^2 : l(\mathfrak{r}) < 0\}.$$

Das sind die beiden durch g bestimmten Halbebenen.

Im folgenden verwenden wir die Redeweise: Eine Menge K liegt relativ kompakt in einer Menge B (in Zeichen: $K \subset\subset B$), wenn $\overline{K}$ kompakt und in B enthalten ist.

Def. 3.1: Sei $M \subset \mathbb{R}^2$ eine Teilmenge. M heißt (elementar-)konvex, wenn zu jedem Punkt $\mathfrak{r} \in \mathbb{R}^2 - M$ eine Gerade g mit $\mathfrak{r} \in g$ und $M \subset H_g^-$ existiert.

Bemerkung: Der Durchschnitt konvexer Mengen ist wieder konvex.

Def. 3.2: Sei $M \subset \mathbb{R}^2$ eine beliebige Teilmenge. Dann heißt $\hat{M}_e := \{\mathfrak{r} \in \mathbb{R}^2 : l(\mathfrak{r}) \leqslant \sup l(M)$ für alle $l \in L\}$ die (elementar-)konvexe Hülle von M.

Satz 3.1: (Die Eigenschaften der elementar-konvexen Hülle): Sei $M \subset \mathbb{R}^2$ eine beliebige Teilmenge. Dann gilt:

(1) $M \subset \hat{M}_e$

(2) $\hat{M}_e$ ist abgeschlossen und elementar-konvex.

(3) $\hat{\hat{M}}_e = \hat{M}_e$

(4) Sei $M_1 \subset M_2 \subset \mathbb{R}^2$. Dann ist $(\hat{M}_1)_e \subset (\hat{M}_2)_e$.

(5) Ist M abgeschlossen und elementar-konvex, so ist $M = \hat{M}_e$.

(6) Ist M beschränkt, so ist auch $\hat{M}_e$ beschränkt.

Beweis: 1) Sei $\mathfrak{r} \in M$. Dann gilt für jedes $l \in L$: $l(\mathfrak{r}) \leq \sup l(M)$. Also liegt $\mathfrak{r}$ in $\hat{M}_e$.

2) Sei $\mathfrak{r}_0 \notin \hat{M}_e$. Dann gibt es ein $l \in L$ mit $l(\mathfrak{r}_0) > \sup l(M)$. Da l stetig ist, gilt noch in einer ganzen Umgebung von $\mathfrak{r}_0$: $l(\mathfrak{r}) > \sup l(M)$. Also ist $\hat{M}_e$ abgeschlossen.
l^* mit $l^*(\mathfrak{r}) := l(\mathfrak{r}) - l(\mathfrak{r}_0)$ ist ein Element aus L, und es gilt: $l^*(\mathfrak{r}_0) = 0$, $\sup l^*(\hat{M}_e) =$
$= \sup l^*(M) = \sup l(M) - l(\mathfrak{r}_0) < \sup l(M) - \sup l(M) = 0$. Also ist $g = \{\mathfrak{r} \in \mathbb{R}^2 : l^*(\mathfrak{r}) = 0\}$ eine Gerade mit $\mathfrak{r}_0 \in g$ und $\hat{M}_e \subset H_g^-$.

3) Es gilt nach 1): $\hat{M}_e \subset \hat{\hat{M}}_e$.
Für $\mathfrak{r} \in \hat{\hat{M}}_e$ ist aber $l(\mathfrak{r}) \leq \sup l(\hat{M}_e) \leq \sup l(M)$ für jedes $l \in L$. Also gilt auch: $\hat{\hat{M}}_e \subset \hat{M}_e$.

4) Es ist $\sup l(M_1) \leq \sup l(M_2)$ für alle $l \in L$, also $(\hat{M}_1)_e \subset (\hat{M}_2)_e$.

5) Sei $\mathfrak{r}_0 \notin M$. Da M abgeschlossen ist, gibt es ein $\mathfrak{r}_1 \in M$ mit minimalem Abstand von $\mathfrak{r}_0$. Ist $\mathfrak{r}_2$ der Mittelpunkt der Verbindungsstrecke von $\mathfrak{r}_0$ und $\mathfrak{r}_1$, so ist $\mathfrak{r}_2 \notin M$, und es gibt ein $l \in L$ mit $l(\mathfrak{r}_2) = 0$, $l|M < 0$. Damit ist $\sup l(M) \leq 0$, aber $l(\mathfrak{r}_0) > 0$. Also ist $\mathfrak{r}_0 \notin \hat{M}_e$, und es folgt: $\hat{M}_e \subset M$.

6) Ist M beschränkt, so gibt es ein abgeschlossenes Rechteck Q mit $M \subset Q$. Zu jedem $\mathfrak{r} \in \mathbb{R}^2 - Q$ gibt es eine Gerade g durch $\mathfrak{r}$ mit $Q \subset H_g^-$, also ein $l \in L$ mit $l(\mathfrak{r}) = 0$ und $\sup l(M) \leq \sup l(Q) < 0$. Das heißt: $\mathbb{R}^2 - Q \subset \mathbb{R}^2 - \hat{M}_e$, also $\hat{M}_e \subset Q$. ♦

Bemerkung: $\hat{M}_e$ ist die kleinste abgeschlossene, elementar-konvexe Menge, die M umfaßt.
(Ist $M \subset K$, K abgeschlossen und elementar-konvex, so folgt: $\hat{M}_e \subset \hat{K}_e = K$.)

Satz 3.2: Sei $B \subset \mathbb{R}^2$ eine offene Teilmenge. B ist genau dann elementar-konvex, wenn gilt: Ist $K \subset\subset B$, so ist auch $\hat{K}_e \subset\subset B$.

Beweis: 1) Sei B konvex. $K \subset\subset B$ heißt, daß $\overline{K}$ kompakt ist und in B liegt. Also ist K und damit auch $\hat{K}_e$ beschränkt. Da $\hat{K}_e$ abgeschlossen ist, folgt: $\hat{K}_e$ ist kompakt. Es bleibt noch zu zeigen, daß $\hat{K}_e$ in B liegt.

Wir nehmen an, es gibt ein $\mathfrak{r}_0 \in \hat{K}_e - B$. Da B konvex ist, existiert ein $l \in L$ mit $l(\mathfrak{r}_0) = 0$ und $l(\mathfrak{r}) < 0$ für $\mathfrak{r} \in B$. l nimmt auf $\overline{K}$ das Supremum an, also gilt sogar: $l(\mathfrak{r}_0) > \sup l(\overline{K}) \geq \sup l(K)$. Das ist aber ein Widerspruch dazu, daß $\mathfrak{r}_0$ in $\hat{K}_e$ liegt. Daher ist $\hat{K}_e - B = \emptyset$.

2) Sei nun das Kriterium erfüllt, $\mathfrak{r}_0$ liege nicht in B. Wir zeigen zunächst, daß für jede Gerade g, die $\mathfrak{r}_0$ enthält, entweder $g^+ \cap B = \emptyset$ oder $g^- \cap B = \emptyset$ ist. Daraus folgern wir anschließend, daß es eine Gerade g_0 durch $\mathfrak{r}_0$ gibt, die B überhaupt nicht schneidet. Und zwar erhält man g_0, indem man eine vorgegebene Gerade g so lange um $\mathfrak{r}_0$ dreht, bis der gewünschte Effekt auftritt.

a) Angenommen, es gibt eine Gerade $g = \left\{\mathfrak{r} \in \mathbb{R}^2 : \mathfrak{r} = \mathfrak{r}_0 + t\mathfrak{w},\ t \in \mathbb{R}\right\}$ mit $g^+ \cap B \neq \emptyset$ und $g^- \cap B \neq \emptyset$.

Dann sei $\mathfrak{r}_1 = \mathfrak{r}_0 + t_1\mathfrak{b} \in g^+ \cap B$ und $\mathfrak{r}_2 = \mathfrak{r}_0 + t_2\mathfrak{b} \in g^- \cap B$. Die Verbindungsstrecke S zwischen $\mathfrak{r}_1$ und $\mathfrak{r}_2$ ist gegeben durch

$$S = \{\mathfrak{r} = \mathfrak{r}_1 + t(\mathfrak{r}_2 - \mathfrak{r}_1) : t \in [0,1]\} =$$

$$= \{\mathfrak{r} = t^*\mathfrak{r}_1 + t^{**}\mathfrak{r}_2 \text{ mit } t^*, t^{**} \geq 0,\ t^* + t^{**} = 1\}.$$

Sei jetzt $t_0^* := \frac{-t_2}{t_1 - t_2}$ und $t_0^{**} := 1 - t_0^* = \frac{t_1}{t_1 - t_2}$. Dann ist $\mathfrak{r}_0^* := t_0^*\mathfrak{r}_1 + t_0^{**}\mathfrak{r}_2 \in S$, und es gilt: $\mathfrak{r}_0 = \mathfrak{r}_0^*$.

Sei $l \in L$ beliebig vorgegeben. Wir wollen zeigen, daß $l(\mathfrak{r}_0) \leq m = \max(l(\mathfrak{r}_1), l(\mathfrak{r}_2))$ ist. Dabei können wir uns offenbar auf homogene Funktionen l beschränken:

$$l(\mathfrak{r}) = ax_1 + bx_2 .$$

Es ist $l(\mathfrak{r}_0) = l(t_0^*\mathfrak{r}_1 + t_0^{**}\mathfrak{r}_2) = t_0^* l(\mathfrak{r}_1) + t_0^{**} l(\mathfrak{r}_2) \leq (t_0^* + t_0^{**})m = m$.

Nun sei $K := \{\mathfrak{r}_1, \mathfrak{r}_2\}$. Dann ist $K \subset\subset B$ und auf Grund des Kriteriums $\hat{K}_e \subset\subset B$. Wegen $l(\mathfrak{r}_0) \leq \max(l(\mathfrak{r}_1), l(\mathfrak{r}_2)) = \sup l(K)$ für jedes $l \in L$ folgt: $\mathfrak{r}_0 \in \hat{K}_e$. Das bedeutet: $\mathfrak{r}_0 \in B$, und das ist ein Widerspruch.

b) Es sei nun ein solches g gegeben. Falls $g^+ \cap B = \emptyset$ und $g^- \cap B = \emptyset$ ist, sind wir fertig. Also nehmen wir etwa an: $g^+ \cap B \neq \emptyset$. Dann sei ϑ_0 der Winkel zwischen g und der x_1-Achse, $\vartheta_1 := \sup\left\{\vartheta : \vartheta_0 \leq \vartheta \leq \vartheta_0 + \pi,\ g_\vartheta^+ \cap B \neq \emptyset\right\}$, wobei mit g_ϑ die Gerade bezeichnet sei, die mit der x_1-Achse den Winkel ϑ einschließt.

<u>1. Fall:</u> $g_{\vartheta_1}^+ \cap B \neq \emptyset$. Dann ist $\vartheta_1 < \vartheta_0 + \pi$.

Ist $\mathfrak{r}_1 \in g_{\vartheta_1}^+ \cap B$, so gibt es ein $\varepsilon > 0$, so daß $U_\varepsilon(\mathfrak{r}_1)$ noch in B liegt.
Man kann nun ein ϑ_2 mit $\vartheta_1 < \vartheta_2 < \vartheta_0 + \pi$ finden, so daß $g_{\vartheta_2}^+$ noch $U_\varepsilon(\mathfrak{r}_1)$ und mithin B schneidet. Das ist ein Widerspruch zur Definition von ϑ_1, dieser Fall kann nicht eintreten.

<u>2. Fall:</u> $g_{\vartheta_1}^- \cap B \neq \emptyset$.
Diesen Fall führt man genauso wie oben zum Widerspruch.

c) H^+ und H^- seien die zu g_{ϑ_1} gehörenden Halbebenen. Aus b) ergibt sich: $B \subset H^+ \cup H^-$. Nach a) muß aber B genau auf <u>einer</u> Seite von g_{ϑ_1} liegen. Wählt man die Orientierung von g_{ϑ_1} geeignet, so kann man erreichen, daß B in H^- liegt. ♦

Man kann das Kriterium von Satz 3.1 natürlich auch zur Definition der Konvexität heranziehen.

Wir kommen nun zum Begriff der Holomorphiekonvexität, indem wir die linearen Funktionen durch holomorphe Funktionen ersetzen.

Def. 3.3: Sei $B \subset \mathbb{C}^n$ ein Bereich, $K \subset B$ eine Teilmenge. Dann heißt $\hat{K}_B := \{\mathfrak{z} \in B : |f(\mathfrak{z})| \leqslant \sup|f(K)|$ für jede holomorphe Funktion f in $B\}$ die holomorph-konvexe Hülle von K in B. Wenn keine Mißverständnisse zu befürchten sind, schreiben wir $\hat{K}$ statt $\hat{K}_B$.

Satz 3.3: (Die Eigenschaften der holomorph-konvexen Hülle): Sei $B \subset \mathbb{C}^n$ ein Bereich, $K \subset B$ eine Teilmenge. Dann gilt:

1) $K \subset \hat{K}$
2) $\hat{K}$ ist abgeschlossen in B.
3) $\hat{\hat{K}} = \hat{K}$
4) Sei $K_1 \subset K_2 \subset B$. Dann ist $\hat{K}_1 \subset \hat{K}_2$.
5) Ist K beschränkt, so ist auch $\hat{K}$ beschränkt.

Beweis: 1) Für $\mathfrak{z} \in K$ ist $|f(\mathfrak{z})| \leqslant \sup|f(K)|$ stets erfüllt.

2) Sei $\mathfrak{z} \in B - \hat{K}$. Dann gibt es eine holomorphe Funktion f in B mit $|f(\mathfrak{z})| > \sup|f(K)|$. Da $|f|$ stetig ist, gilt diese Ungleichung sogar auf einer ganzen Umgebung $U(\mathfrak{z}) \subset B$, die somit in $B - \hat{K}$ enthalten ist. Also ist $B - \hat{K}$ offen.

3) Es ist $\sup|f(K)| = \sup|f(\hat{K})|$.

4) Die Aussage ist trivial.

5) Ist K beschränkt, so gibt es ein $R > 0$, so daß K in der Menge $\{\mathfrak{z} = (z_1, \ldots, z_n) :$ $: |z_\nu| \leqslant R\}$ enthalten ist. Die Koordinatenfunktionen $f_\nu(\mathfrak{z}) \equiv z_\nu$ sind holomorph in B, es gilt also für $\mathfrak{z} \in \hat{K}$: $|z_\nu| = |f_\nu(\mathfrak{z})| \leqslant \sup|f_\nu(K)| \leqslant R$. Damit ist auch $\hat{K}$ beschränkt. ♦

Def. 3.4: Sei $B \subset \mathbb{C}^n$ ein Bereich. B heißt holomorph-konvex, wenn gilt: Ist $K \subset\subset B$, so ist auch $\hat{K} \subset\subset B$.

Bemerkung: In $\mathbb{C}$ ist jedes Gebiet G holomorph-konvex.

Beweis: Sei $K \subset\subset G$. Dann ist K beschränkt, also auch $\hat{K}$. Daher ist $\overline{\hat{K}}$ kompakt, und es bleibt nur zu zeigen, daß $\overline{\hat{K}} \subset G$ ist. Wenn es einen Punkt $z_0 \in \overline{\hat{K}} - G$ gibt, so liegt z_0 in $\partial\hat{K} \cap \partial G$. Dann ist aber $f(z) = \dfrac{1}{z - z_0}$ holomorph in G.

Sei nun (z_ν) eine Folge in $\hat{K}$ mit $\lim_{\nu\to\infty} z_\nu = z_0$. Es ist $|f(z_\nu)| \leqslant \sup|f(K)| \leqslant \sup|f(\overline{K})|$, nach der Definition von $\hat{K}$, und das ist ein Widerspruch zu der Tatsache, daß $\{|f(z_\nu)| : \nu \in \mathbb{N}\}$ unbeschränkt ist. ♦

Im $\mathbb{C}^n$ ist bei weitem nicht jedes Gebiet holomorph-konvex. Es gilt aber:

Satz 3.4: Sei $B \subset \mathbb{C}^n$ ein Bereich. Wenn B elementar-konvex ist, dann ist B auch holomorph-konvex.

Beweis: Wir müssen zunächst erklären, wann ein Bereich im $\mathbb{C}^n$ elementar-konvex ist:

Sei $l : \mathbb{C}^n \to \mathbb{R}$ eine homogen-lineare Abbildung der Gestalt

$$l(\mathfrak{z}) = \sum_{\nu=1}^{n} a_\nu x_\nu + \sum_{\nu=1}^{n} b_\nu y_\nu = \sum_{\nu=1}^{n} \alpha_\nu z_\nu + \sum_{\nu=1}^{n} \beta_\nu \overline{z}_\nu .$$

Da $\overline{l(\mathfrak{z})} = l(\mathfrak{z})$ sein soll, folgt: $\beta_\nu = \overline{\alpha_\nu}$, also

$$l(\mathfrak{z}) = \sum_{\nu=1}^{n} \alpha_\nu z_\nu + \sum_{\nu=1}^{n} \overline{\alpha}_\nu \overline{z}_\nu = 2 \cdot \mathrm{Re}\left(\sum_{\nu=1}^{n} \alpha_\nu z_\nu\right).$$

B heißt nun elementar-konvex, wenn mit $K \subset\subset B$ stets $\hat{K}_e \subset\subset B$ gilt, wobei man definiert:

$\hat{K}_e := \{\mathfrak{z} \in \mathbb{C}^n : l(\mathfrak{z}) \leqslant \sup l(K)$ für alle homogen-linearen Abbildungen $l\}$.

$\hat{K}_e$ hat die Eigenschaften, die in Satz 3.1 angegeben wurden.

Es sei nun $K \subset\subset B$. Dann gilt: $\hat{K}_e \subset\subset B$.

Sei $\mathfrak{z}_0 \in B - \hat{K}_e$. Dann gibt es eine homogen-lineare Abbildung l mit $l(\mathfrak{z}) = 2 \cdot \mathrm{Re} \sum_{\nu=1}^{n} \alpha_\nu z_\nu$ und $l(\mathfrak{z}_0) > \sup l(K)$.

Nun definieren wir auf B eine holomorphe Funktion f durch $f(\mathfrak{z}) := \exp\left(2 \cdot \sum_{\nu=1}^{n} \alpha_\nu z_\nu\right)$. Es gilt:

$$|f(\mathfrak{z})| = \exp\left(2 \cdot \mathrm{Re}\left(\sum_{\nu=1}^{n} \alpha_\nu z_\nu\right)\right) = \exp \circ l(\mathfrak{z}), \text{ also } |f(\mathfrak{z}_0)| =$$

$$= \exp \circ l(\mathfrak{z}_0) > \sup((\exp \circ l)(K)) = \sup |f(K)|.$$

Daher ist $\mathfrak{z}_0 \in B - \hat{K}_B$, und wir haben gezeigt: $\hat{K}_B \subset \hat{K}_e \subset\subset B$, mithin $\hat{K}_B \subset\subset B$. ♦

Im allgemeinen ist die Holomorphiekonvexität eine viel schwächere Eigenschaft als die elementare Konvexität.

§ 4. Der Satz von Thullen

Sei $M \subset \mathbb{C}^n$ eine beliebige nicht leere Teilmenge.

Ist $\mathfrak{z}_0 \in \mathbb{C}^n - M$ ein Punkt, so ist $\mathrm{dist}'(\mathfrak{z}_0, M) := \inf_{\mathfrak{z} \in M} |\mathfrak{z} - \mathfrak{z}_0|$ eine nicht-negative reelle Zahl. Ist $K \subset \mathbb{C}^n - M$ eine kompakte Menge und M abgeschlossen, so ist $\mathrm{dist}'(K, M) := \inf_{\mathfrak{z} \in K} \mathrm{dist}'(\mathfrak{z}, M)$ eine positive Zahl.

<u>Def. 4.1:</u> Sei $B \subset \mathbb{C}^n$ ein Bereich, $\varepsilon > 0$. Dann erklärt man die Menge B_ε durch $B_\varepsilon := \{\mathfrak{z} \in B : \mathrm{dist}'(\mathfrak{z}, \mathbb{C}^n - B) \geqslant \varepsilon\}$.

Bemerkungen: 1) $\{\mathfrak{z}\}$ ist kompakt, $\mathbb{C}^n - B$ ist abgeschlossen, also ist $\text{dist}'(\mathfrak{z}, \mathbb{C}^n - B) > 0$ für $\mathfrak{z} \in B$.

2) Ist $\mathfrak{z} \in B$, so ist $\mathfrak{z} \in B_\varepsilon$ für $\varepsilon := \text{dist}'(\mathfrak{z}, \mathbb{C}^n - B)$. Also gilt: $B = \bigcup_{\varepsilon > 0} B_\varepsilon$.

3) $\varepsilon_1 \leqslant \varepsilon_2 \Rightarrow B_{\varepsilon_1} \supset B_{\varepsilon_2}$.

Satz 4.1: B_ε ist abgeschlossen.

Beweis: Sei $\mathfrak{z}_0 \in \mathbb{C}^n - B_\varepsilon$.
Wir definieren: $\delta := \text{dist}'\left(\mathfrak{z}_0, \mathbb{C}^n - B\right)$. Es ist $\varepsilon > \delta \geqslant 0$, also $\varepsilon - \delta > 0$.

Sei $U := U'_{\varepsilon-\delta}(\mathfrak{z}_0) = \{\mathfrak{z} : |\mathfrak{z} - \mathfrak{z}_0| < \varepsilon - \delta\}$.

Für $\mathfrak{z} \in U$ gilt: $\text{dist}'(\mathfrak{z}, \mathbb{C}^n - B) \leqslant \text{dist}'(\mathfrak{z}, \mathfrak{z}_0) + \text{dist}'\left(\mathfrak{z}_0, \mathbb{C}^n - B\right) < \varepsilon - \delta + \delta = \varepsilon$. Also liegt U noch in $\mathbb{C}^n - B_\varepsilon$, d.h. $\mathbb{C}^n - B_\varepsilon$ ist offen.

Wir benötigen noch die folgende Redeweise:

Sei $M \subset \mathbb{C}^n$ eine beliebige nicht leere Menge. Eine Funktion f heißt holomorph in M wenn f in einer offenen Menge $U = U(M)$ mit $U \supset M$ definiert und holomorph ist.

Satz 4.2: Sei B ein Bereich, f holomorph in $\overline{B}$, $|f(\overline{B})| \leqslant M$ und $\varepsilon > 0$, sowie $\mathfrak{z}_0 \in B_\varepsilon$ ein Punkt. In einer Umgebung $U = U(\mathfrak{z}_0) \subset B$ habe f die Potenzreihenentwicklung $f(\mathfrak{z}) = \sum_{\nu=0}^{\infty} a_\nu (\mathfrak{z} - \mathfrak{z}_0)^\nu$. Dann gilt für alle ν:

$$|a_\nu| \leqslant \frac{M}{\varepsilon^{|\nu|}}$$

Beweis: Sei $P := \left\{\mathfrak{z} \in \mathbb{C}^n : \text{dist}'(\mathfrak{z}, \mathfrak{z}_0) < \varepsilon\right\}$.

Für $\mathfrak{z} \in P$ ist dann $\text{dist}'(\mathfrak{z}, \mathbb{C}^n - B) \geqslant \text{dist}'\left(\mathfrak{z}_0, \mathbb{C}^n - B\right) - \text{dist}'(\mathfrak{z}, \mathfrak{z}_0) > \varepsilon - \varepsilon = 0$. Also liegt P in B, d.h. $\overline{P} \subset \overline{B} \subset V(\overline{B})$, wobei V eine offene Umgebung von $\overline{B}$ und f auf V definiert und holomorph ist. Es gilt:

$$|a_{\nu_1, \dots, \nu_n}| = \left| \frac{1}{(2\pi i)^n} \int_T \frac{f(\xi_1, \dots, \xi_n)\, d\xi_1 \dots d\xi_n}{\left(\xi_1 - z_1^{(0)}\right)^{\nu_1+1} \dots \left(\xi_n - z_n^{(0)}\right)^{\nu_n+1}} \right|$$

wobei T der n-dimensionale Torus $T := \left\{(\xi_1, \dots, \xi_n) : \xi_\nu = z_\nu^{(0)} + \varepsilon e^{i\vartheta_\nu}, 0 \leqslant \vartheta_\nu \leqslant 2\pi\right\}$ ist.
Wegen $d\xi_\nu = \varepsilon \cdot e^{i\vartheta_\nu} \cdot i d\vartheta_\nu = i\left(\xi_\nu - z_\nu^{(0)}\right) d\vartheta_\nu$ gilt also:

$$|a_\nu| = \frac{1}{(2\pi)^n} \left| \int_0^{2\pi} \frac{d\vartheta_1}{\left(\xi_1 - z_1^{(0)}\right)^{\nu_1}} \int_0^{2\pi} \dots \int_0^{2\pi} \frac{d\vartheta_n}{\left(\xi_n - z_n^{(0)}\right)^{\nu_n}} \cdot f(\xi_1, \dots, \xi_n) \right| \leqslant$$

$$\leqslant \frac{1}{(2\pi)^n} \int_0^{2\pi} \frac{d\vartheta_1}{|\xi_1 - z_1^{(0)}|^{\nu_1}} \int_0^{2\pi} \dots \int_0^{2\pi} \frac{d\vartheta_n}{|\xi_n - z_n^{(0)}|^{\nu_n}} |f(\xi_1, \dots, \xi_n)| \leqslant$$

$$\leqslant \frac{1}{(2\pi)^n} \cdot (2\pi)^n \frac{M}{\varepsilon^{\nu_1 + \dots + \nu_n}} = \frac{M}{\varepsilon^{|\nu|}}. \qquad \blacklozenge$$

Satz 4.3: Sei $B \subset \mathbb{C}^n$ ein Bereich, f holomorph in B, $\varepsilon > 0$ und $K \subset B_\varepsilon$ kompakt. Dann gibt es zu jedem δ mit $0 < \delta < \varepsilon$ ein $M > 0$, so daß

$$\sup_{\mathfrak{z} \in K} |a_\nu(\mathfrak{z})| \leqslant \frac{M}{\delta^{|\nu|}}$$

ist. (Dabei bezeichnet $a_\nu(\mathfrak{z}_0)$ den Koeffizienten a_ν aus der Potenzreihenentwicklung $f(\mathfrak{z}) = \sum_{\nu=0}^{\infty} a_\nu (\mathfrak{z} - \mathfrak{z}_0)^\nu$.)

Beweis: 1) Man setze $B^* := \overset{\circ}{\widehat{(B_{\varepsilon-\delta})}}$.
Behauptung: K liegt in $(B^*)_\delta$, d.h., für $\mathfrak{z}_0 \in K$ ist $\operatorname{dist}'\left(\mathfrak{z}_0, \mathbb{C}^n - B^*\right) \geqslant \delta$. Angenommen, es gibt ein $\mathfrak{z}_1 \in \mathbb{C}^n - B^*$ und ein δ' mit $0 < \delta' < \delta$, so daß $\operatorname{dist}'(\mathfrak{z}_0, \mathfrak{z}_1) < \delta'$ ist. Da $\mathfrak{z}_1$ nicht in B^* liegt, ist $\mathfrak{z}_1$ kein innerer Punkt von $B_{\varepsilon-\delta}$. Es liegen also in beliebiger Nähe von $\mathfrak{z}_1$ noch Punkte von $\mathbb{C}^n - B_{\varepsilon-\delta}$. Sei nun $\varepsilon' > 0$ vorgegeben. Dann gibt es ein $\mathfrak{z}_2 \in \mathbb{C}^n - B_{\varepsilon-\delta}$, so daß $\operatorname{dist}'(\mathfrak{z}_1, \mathfrak{z}_2) < \varepsilon'$ ist. Da $\operatorname{dist}'\left(\mathfrak{z}_2, \mathbb{C}^n - B\right) < \varepsilon - \delta$ ist, folgt: Es gibt ein $\mathfrak{z}_3 \in \mathbb{C}^n - B$, sodaß $\operatorname{dist}'(\mathfrak{z}_2, \mathfrak{z}_3) < \varepsilon - \delta$ ist. Also gilt: $\operatorname{dist}'(\mathfrak{z}_0, \mathfrak{z}_3) \leqslant \operatorname{dist}'(\mathfrak{z}_0, \mathfrak{z}_1) + \operatorname{dist}'(\mathfrak{z}_1, \mathfrak{z}_2) + \operatorname{dist}'(\mathfrak{z}_2, \mathfrak{z}_3) < \delta' + \varepsilon' + \varepsilon - \delta$. Das gilt für jedes $\varepsilon' > 0$. Wir haben also:

$$\operatorname{dist}'\left(\mathfrak{z}_0, \mathbb{C}^n - B\right) \leqslant (\delta' - \delta) + \varepsilon < \varepsilon .$$

Also liegt $\mathfrak{z}_0$ nicht in B_ε im Widerspruch zur Voraussetzung. Daraus folgt: K liegt in $(B^*)_\delta$.
2) K ist beschränkt, es gibt also einen Polyzylinder $P = P(0)$ mit $K \subset P$. Man kann P so wählen, daß $\operatorname{dist}'(K, \mathbb{C}^n - P) > \delta$ ist. Sei dann $B' := P \cap B^*$. B' ist offen und nicht leer.

Wir wollen Satz 4.2 auf den Bereich B' anwenden. Offensichtlich ist $\overline{B'}$ kompakt. Außerdem gilt: $\overline{B'} \subset \overline{P} \cap \overline{B^*} \subset \overline{P} \cap B_{\varepsilon-\delta} \subset B$. Also ist f holomorph in $\overline{B'}$ und dort durch eine Konstante M beschränkt.

Wegen $\operatorname{dist}'(K, \mathbb{C}^n - P) > \delta$ und $K \subset (B^*)_\delta$ ist $K \subset B'_\delta$. Also gilt:
$|a_\nu(\mathfrak{z}_0)| \leqslant \dfrac{\sup |(f|B')|}{\delta^{|\nu|}} \leqslant \dfrac{M}{\delta^{|\nu|}}$ für jeden Punkt $\mathfrak{z}_0 \in K$, d.h. insbesondere:
$\sup_{\mathfrak{z} \in K} |a_\nu(\mathfrak{z})| \leqslant \dfrac{M}{\delta^{|\nu|}}$. ♦

Satz 4.4 (Satz von Cartan-Thullen): Ist $B \subset \mathbb{C}^n$ ein Holomorphiebereich, so ist B holomorph-konvex.

Beweis: Sei $K \subset\subset B$. Zu zeigen ist: $\hat{K} \subset\subset B$. Sei $\varepsilon := \operatorname{dist}'(K, \mathbb{C}^n - B) \geqslant \operatorname{dist}'(\overline{K}, \mathbb{C}^n - B) > 0$. Offenbar liegt K in B_ε.
1) Wir behaupten, daß sogar die holomorph-konvexe Hülle $\hat{K}$ in B_ε liegt. Angenommen, das wäre nicht der Fall. Dann gibt es ein $\mathfrak{z}_0 \in \hat{K} - B_\varepsilon$. Da B ein Holomorphiebereich

ist, gibt es eine holomorphe Funktion f in B, die in jedem Punkt $\mathfrak{z} \in \partial B$ voll singulär wird. f hat in einer Umgebung $U = U(\mathfrak{z}_0) \subset B$ die Entwicklung

$$f(\mathfrak{z}) = \sum_{\nu=0}^{\infty} a_\nu (\mathfrak{z} - \mathfrak{z}_0)^\nu .$$

$a_\nu(\mathfrak{z}) = \frac{1}{\nu_1! \ldots \nu_n!} \cdot \frac{\partial^{|\nu|} f(\mathfrak{z})}{\partial z_1^{\nu_1} \ldots \partial z_n^{\nu_n}}$ ist holomorph in B nach dem Satz über partielle Ableitungen, und es gilt: $a_\nu(\mathfrak{z}_0) = a_\nu$.

Wegen $\mathfrak{z}_0 \in \hat{K}$ ist $|a_\nu(\mathfrak{z}_0)| \leq \sup_{\mathfrak{z} \in K} |a_\nu(\mathfrak{z})|$, und nach Satz 4.3 gibt es zu jedem δ mit $0 < \delta < \varepsilon$ ein $M > 0$ mit

$$\sup_{\mathfrak{z} \in K} |a_\nu(\mathfrak{z})| \leq \frac{M}{\delta^{|\nu|}} .$$

Also ist $\Sigma := M \cdot \sum_{\nu=0}^{\infty} \left(\frac{|z_1 - z_1^{(0)}|}{\delta} \right)^{\nu_1} \ldots \left(\frac{|z_n - z_n^{(0)}|}{\delta} \right)^{\nu_n}$ eine Majorante von $\sum_{\nu=0}^{\infty} |a_\nu (\mathfrak{z} - \mathfrak{z}_0)^\nu|$.

Es sei nun $P_\delta(\mathfrak{z}_0)$ der Polyzylinder um $\mathfrak{z}_0$ mit dem Radius δ. Für $\mathfrak{z} \in P_\delta(\mathfrak{z}_0)$ ist Σ eine geometrische Reihe, also konvergent. Daher konvergiert $\sum_{\nu=0}^{\infty} a_\nu (\mathfrak{z} - \mathfrak{z}_0)^\nu$ im Innern von $P_\delta(\mathfrak{z}_0)$.

Sei $P_\varepsilon := \left\{ \mathfrak{z} : |z_\nu - z_\nu^{(0)}| < \varepsilon \right\}$.

Die Mengen P_δ mit $0 < \delta < \varepsilon$ schöpfen P_ε aus, also ist $\sum_{\nu=0}^{\infty} a_\nu (\mathfrak{z} - \mathfrak{z}_0)^\nu$ in P_ε konvergent, etwa gegen die holomorphe Funktion $\hat{f}$. In der Nähe von $\mathfrak{z}_0$ ist $f = \hat{f}$.

Ist $Q := C_{P_\varepsilon \cap B}(\mathfrak{z}_0)$ die Zusammenhangskomponente von $\mathfrak{z}_0$ in $P_\varepsilon \cap B$, so gilt $f = \hat{f}$ in Q. Es gibt einen Punkt $\mathfrak{z}_1 \in P_\varepsilon \cap \partial Q \cap \partial B$. Ist $U = U(\mathfrak{z}_1) \subset P_\varepsilon$ eine offene zusammenhängende Umgebung, so ist $\hat{f}$ holomorph in U, $U \cap Q$ offen in $U \cap B$ und $f|U \cap Q = \hat{f}|U \cap Q$. Das ist ein Widerspruch, denn f sollte in $\mathfrak{z}_1$ voll singulär sein. Also gilt: $\hat{K} \subset B_\varepsilon$.

2) Da $\mathbb{C}^n - \hat{K} = (B - \hat{K}) \cup \left(\mathbb{C}^n - B_\varepsilon\right)$ offen ist, folgt: $\hat{K}$ ist abgeschlossen. Da $\overline{K}$ kompakt ist, ist K beschränkt, und nach Satz 3.3 ist dann auch $\hat{K}$ beschränkt. Somit ist $\hat{K}$ kompakt, und wir haben alles bewiesen. ◆

Im nächsten Paragraphen werden wir zeigen, daß auch die Umkehrung dieses Satzes gilt.

§ 5. Holomorph-konvexe Gebiete

Satz 5.1: Sei $B \subset \mathbb{C}^n$ ein Bereich. Dann gibt es eine Folge von Teilmengen $K_\nu \subset B$ mit den Eigenschaften:

(1) K_ν ist kompakt für alle $\nu \in \mathbb{N}$.

(2) $\bigcup_{\nu=1}^{\infty} K_\nu = B$.

(3) $K_\nu \subset \mathring{K}_{\nu+1}$ für alle $\nu \in \mathbb{N}$.

Beweis: Es liegt auf der Hand, wie die K_ν zu wählen sind:
Ist $\overline{P}_\nu := \{\mathfrak{z} : |z_\lambda| \leqslant \nu$ für alle $\lambda\}$, so definiert man: $K_\nu := \overline{P}_\nu \cap B_{1/\nu}$. Offenbar gilt: K_ν ist kompakt und liegt in B.
Sei $\mathfrak{z} \in B$. Dann ist $\varepsilon := \operatorname{dist}'(\mathfrak{z}, \mathbb{C}^n - B) > 0$, und es gibt ein $\nu_0 \in \mathbb{N}$ mit $\mathfrak{z} \in \overline{P}_{\nu_0}$. Sei $\nu \geqslant \max\left(\nu_0, \frac{1}{\varepsilon}\right)$. Dann ist $\mathfrak{z} \in \overline{P}_\nu \cap B_{1/\nu} = K_\nu$. Also ist $B = \bigcup_{\nu=1}^{\infty} K_\nu$. Sei $\mathfrak{z}_0 \in B_{1/\nu}$. Dann ist $\operatorname{dist}'\left(\mathfrak{z}_0, \mathbb{C}^n - B\right) \geqslant \frac{1}{\nu} > \frac{1}{\nu+1}$, und $U = U(\mathfrak{z}_0) := \left\{\mathfrak{z} \in \mathbb{C}^n : \operatorname{dist}'(\mathfrak{z}, \mathfrak{z}_0) < \frac{1}{\nu} - \frac{1}{\nu+1}\right\}$ ist eine offene Umgebung von $\mathfrak{z}_0$. Für $\mathfrak{z} \in U$ ist aber $\operatorname{dist}'(\mathfrak{z}, \mathbb{C}^n - B) \geqslant \operatorname{dist}'\left(\mathfrak{z}_0, \mathbb{C}^n - B\right) - \operatorname{dist}'(\mathfrak{z}, \mathfrak{z}_0) > \frac{1}{\nu} - \left(\frac{1}{\nu} - \frac{1}{\nu+1}\right) = \frac{1}{\nu+1}$. Also liegt U in $B_{1/\nu+1}$. Damit ist $\mathfrak{z}_0$ innerer Punkt von $B_{1/\nu+1}$, es gilt: $B_{1/\nu} \subset \mathring{B}_{1/\nu+1}$. Wegen $\overline{P}_\nu \subset \mathring{\overline{P}}_{\nu+1}$ folgt: $K_\nu \subset \mathring{K}_{\nu+1}$. ♦

Bemerkung: Es gilt sogar:

$$B = \bigcup_{\nu=1}^{\infty} \mathring{K}_\nu, \text{ denn es ist } B = \bigcup_{\nu=1}^{\infty} K_\nu = \bigcup_{\nu=2}^{\infty} K_{\nu-1} \subset \bigcup_{\nu=2}^{\infty} \mathring{K}_\nu \subset B.$$

Wir werden im Rest dieses Paragraphen jede Folge von kompakten Teilmengen eines Bereiches B, die den Bedingungen von Satz 5.1 genügt, als "normale Ausschöpfung von B" bezeichnen. Außerdem definieren wir: $M_1 := K_1$ und $M_\nu := K_\nu - K_{\nu-1}$ für $\nu \geqslant 2$. Es gilt dann:

1) $M_\nu \cap M_\mu = \emptyset$ für $\nu \neq \mu$; 2) $\bigcup_{\nu=1}^{\infty} M_\nu = B$; 3) $\bigcup_{\nu=1}^{\mu} M_\nu = K_\mu$.

Satz 5.2: Sei $B \subset \mathbb{C}^n$ ein Bereich und (K_ν) eine normale Ausschöpfung von B. Dann existiert eine streng monoton wachsende Teilfolge (λ_μ) der natürlichen Zahlen und eine Folge $(\mathfrak{z}_\mu)$ von Punkten aus B, so daß gilt:

1) $\mathfrak{z}_\mu \in M_{\lambda_\mu}$

2) Ist $G \subset \mathbb{C}^n$ ein Gebiet, $G \cap B \neq \emptyset$, $G \cap (\mathbb{C}^n - B) \neq \emptyset$ und G_1 eine Zusammenhangskomponente von $G \cap B$, so enthält G_1 unendlich viele Punkte der Folge $(\mathfrak{z}_\mu)_{\mu \in \mathbb{N}}$.

Beweis: 1) Ein Punkt $\mathfrak{z} = (z_1, \ldots, z_n) \in \mathbb{C}^n$ heißt rational, wenn gilt:

$$z_\nu = x_\nu + iy_\nu \text{ mit } x_\nu, y_\nu \in \mathbb{Q} \text{ für alle } \nu .$$

Die Menge der $U_\varepsilon(\mathfrak{z})$ mit rationalen $\mathfrak{z} \in \mathbb{C}^n$ und $\varepsilon \in \mathbb{Q}$ bildet eine abzählbare Basis der Topologie des $\mathbb{C}^n$; wir bezeichnen diese Basis mit $\mathfrak{W} = \{W_\varkappa : \varkappa \in \mathbb{N}\}$.

Nun sei $\mathfrak{V} := \left\{W_\varkappa \in \mathfrak{W} : W_\varkappa \cap B \neq \emptyset \text{ und } W_\varkappa \cap (\mathbb{C}^n - B) \neq \emptyset\right\}$. Ist $W_\varkappa \in \mathfrak{V}$, so besitzt $W_\varkappa \cap B$ abzählbar viele Zusammenhangskomponenten, denn jede enthält ja mindestens einen rationalen Punkt.

Sei $\mathfrak{B} := \{B_\mu :$ Es gibt ein $\varkappa \in \mathbb{N}$, so daß $W_\varkappa \in \mathfrak{V}$ und B_μ Zusammenhangskomponente von $W_\varkappa \cap B$ ist$\}$.

$\mathfrak{B}$ ist nun ein abzählbares System $\{B_\mu : \mu \in \mathbb{N}\}$ von zusammenhängenden Mengen, und zu jedem $\mu \in \mathbb{N}$ gibt es ein $\varkappa = \varkappa(\mu)$, so daß $B_\mu \subset W_\varkappa \cap B$ ist.

2) Die Folgen (λ_μ) und $(\mathfrak{z}_\mu)$ werden nun induktiv konstruiert: $\mathfrak{z}_1$ sei beliebig aus B_1. Es ist $B_1 \subset W_{\varkappa(1)} \cap B \subset B$ und $B = \bigcup_{\nu=1}^{\infty} K_\nu$. Also gibt es ein $\nu(1) \in \mathbb{N}$, so daß $\mathfrak{z}_1$ in $K_{\nu(1)}$ liegt. Da das System der M_ν eine Zerlegung von B bildet, gibt es ein $\lambda(1) \leqslant \nu(1)$ so daß $\mathfrak{z}_1 \in M_{\lambda(1)}$ ist.

Es sei nun $\mathfrak{z}_1, \ldots, \mathfrak{z}_{\mu-1}$ schon konstruiert, mit der Eigenschaft, daß $\mathfrak{z}_\iota \in K_{\nu(\iota)} \cap B_\iota$ ist, und $\lambda(\iota)$ sei jeweils so gewählt, daß $\mathfrak{z}_\iota \in M_{\lambda(\iota)}$ ist, $\iota = 1, \ldots, \mu-1$. Dann wählt man $\mathfrak{z}_\mu \in B_\mu - K_{\nu(\mu-1)}$ beliebig. Das ist möglich, denn es gibt einen Punkt $\mathfrak{z}^*_\mu \in W_{\varkappa(\mu)} \cap \cap \partial B \cap \partial B_\mu$. $\mathbb{C}^n - K_{\nu(\mu-1)}$ ist eine offene Umgebung von $\mathfrak{z}^*_\mu$ und enthält Punkte von B_μ. Diese Punkte liegen dann natürlich in $B_\mu - K_{\nu(\mu-1)}$.

Jetzt gibt es ein $\nu(\mu) \in \mathbb{N}$ mit $\mathfrak{z}_\mu \in K_{\nu(\mu)}$, also $\mathfrak{z}_\mu \in K_{\nu(\mu)} \cap B_\mu$, und es gibt genau ein $\lambda(\mu) \leqslant \nu(\mu)$ mit $\mathfrak{z}_\mu \in M_{\lambda(\mu)}$.

3) Wäre $\lambda(\mu) \leqslant \nu(\mu-1)$, so wäre $\mathfrak{z}_\mu \in M_{\lambda(\mu)} \subset K_{\nu(\mu-1)}$ im Widerspruch zur Konstruktion. Also ist $\nu(\mu-1) < \lambda(\mu) \leqslant \nu(\mu)$, die Folgen $\nu(\mu)$ und $\lambda(\mu)$ wachsen streng monoton.

4) Sei nun $G \subset \mathbb{C}^n$ ein Gebiet, $G \cap B \neq \emptyset$, $G \cap (\mathbb{C}^n - B) \neq \emptyset$ und G_1 eine Zusammenhangskomponente von $G \cap B$. Wir nehmen an, nur endlich viele $\mathfrak{z}_\mu$ liegen in G_1, etwa $\mathfrak{z}_1, \ldots, \mathfrak{z}_m$. Dann sei

$$G^* := G - \{\mathfrak{z}_1, \ldots, \mathfrak{z}_m\},$$

$$G^*_1 := G_1 - \{\mathfrak{z}_1, \ldots, \mathfrak{z}_m\}.$$

G^* und G^*_1 sind wieder Gebiete, und es gilt: $G^*_1 \subset G^* \cap B$. Sei $\mathfrak{z}_1 \in G^*_1$, $\mathfrak{z} \in G^* \cap B$, $\mathfrak{z}_1$ und $\mathfrak{z}$ seien durch einen Weg in $G^* \cap B$ miteinander verbindbar. Dann ist das auch in

$G \cap B$ möglich, und $\mathfrak{z}$ gehört zu $G_1 \cap G^* = G_1^*$. Daraus folgt: G_1^* ist sogar Zusammenhangskomponente von $G^* \cap B$.

Sei nun $\mathfrak{z}_0 \in G^* \cap \partial G_1^* \cap \partial B$. Dann gibt es ein $\varkappa \in \mathbb{N}$, so daß $W_\varkappa \in \mathfrak{W}$ und $\mathfrak{z}_0 \in W_\varkappa$ ist, und daß sogar gilt: $W_\varkappa \cap B \subset G^* \cap B$. Außerdem muß $W_\varkappa \cap B$ Punkte aus G_1^* enthalten.

Sei nun $\mathfrak{z}_1 \in W_\varkappa \cap B \cap G_1^*$ und $B^* := C_{W_\varkappa \cap B}(\mathfrak{z}_1)$. Wegen $G_1^* = C_{G^* \cap B}(\mathfrak{z}_1)$ folgt: $B^* \subset G_1^*$. B^* ist ein Element von $\mathfrak{B}$, enthält also ein $\mathfrak{z}_\mu$. Das ist ein Widerspruch, die Annahme war falsch. Damit ist alles gezeigt. ◆

Satz 5.2 soll jetzt angewandt werden:

Satz 5.3: Sei $B \subset \mathbb{C}^n$ ein Bereich und (K_ν) eine normale Ausschöpfung von B. Zusätzlich sei vorausgesetzt, daß für jedes $\nu \in \mathbb{N}$ gilt: $K_\nu = \hat{K}_\nu$.

Sodann sei (λ_μ) eine streng monoton wachsende Folge von natürlichen Zahlen und $(\mathfrak{z}_\mu)$ eine Punktfolge mit $\mathfrak{z}_\mu \in M_{\lambda_\mu}$.

Es gibt dann eine holomorphe Funktion f in B, so daß $|f(\mathfrak{z}_\mu)|$ unbeschränkt ist.

Beweis: Wir stellen f als Grenzfunktion einer unendlichen Reihe $f = \sum_{\mu=1}^{\infty} f_\mu$ dar; die Summanden f_μ definieren wir durch vollständige Induktion:

1) Es sei $f_1 := 1$.
Nun seien $f_1, \dots, f_{\mu-1}$ schon konstruiert. Da $\mathfrak{z}_\mu$ nicht in $K_{\lambda(\mu)-1} = \hat{K}_{\lambda(\mu)-1}$ liegt, gibt es eine holomorphe Funktion g in B, so daß $|g(\mathfrak{z}_\mu)| > q$, wenn $q := \sup|(g|K_{\lambda(\mu)-1})|$ ist. Durch Normierung kann man erreichen, daß $g(\mathfrak{z}_\mu) = 1$ ist. Daraus folgt: $q < 1$.

Nun sei $a_\mu := \sum_{\nu=1}^{\mu-1} f_\nu(\mathfrak{z}_\mu)$ und m so gewählt, daß $q^m < \frac{1}{\mu + |a_\mu|} \cdot 2^{-\mu}$ ist. Das ist möglich, da q^m gegen Null strebt. Wir setzen $f_\mu := (\mu + |a_\mu|) \cdot g^m$. Dann gilt: f_μ ist in B holomorph, $f_\mu(\mathfrak{z}_\mu) = \mu + |a_\mu|$ und $\sup|(f_\mu|K_{\lambda(\mu)-1})| < 2^{-\mu}$.

2) Wir behaupten, $\sum_{\mu=1}^{\infty} f_\mu$ konvergiert im Innern von B gleichmäßig. Sei $K \subset B$ kompakt. Es gibt ein $\nu_0 \in \mathbb{N}$, so daß $K \subset \mathring{K}_{\nu_0 - 1}$ ist. Nun sei $\mu_0 \in \mathbb{N}$ so gewählt, daß $\lambda(\mu_0) \geq \nu_0$ ist. Für $\mu \geq \mu_0$ gilt dann: $K_{\lambda(\mu)} \supset K_{\nu_0}$, d.h. $K_{\lambda(\mu)-1} \supset K_{\nu_0 - 1}$. Nach Konstruktion ist $\sup|(f_\mu|K_{\lambda(\mu)-1})| < 2^{-\mu}$, also insbesondere $\sup|(f_\mu|K)| < 2^{-\mu}$. Deshalb ist $\sum_{\mu=1}^{\infty} 2^{-\mu}$ in K eine Majorante von $\sum_{\mu=1}^{\infty} f_\mu$, die Reihe konvergiert in K gleichmäßig. $f = \sum_{\mu=1}^{\infty} f_\mu$ ist daher in B holomorph.

3) Es ist $|f(\mathfrak{z}_\mu)| = |\sum_{\nu=1}^{\infty} f_\nu(\mathfrak{z}_\mu)| \geq |f_\mu(\mathfrak{z}_\mu)| - |\sum_{\nu=1}^{\mu-1} f_\nu(\mathfrak{z}_\mu)| - \sum_{\nu=\mu+1}^{\infty} |f_\nu(\mathfrak{z}_\mu)| \geq \mu + |a_\mu| -$
$- |a_\mu| - \sum_{\nu=\mu+1}^{\infty} |f_\nu(\mathfrak{z}_\mu)|$.

Wegen $\mathfrak{z}_\mu \in K_{\lambda(\mu)} \subset K_{\lambda(\nu)-1}$ für $\nu \geqslant \mu + 1$ erhält man:

$$|f(\mathfrak{z}_\mu)| \geqslant \mu - \sum_{\nu=\mu+1}^{\infty} 2^{-\nu} \geqslant \mu - 1 .$$

Daraus folgt: $|f(\mathfrak{z}_\mu)| \to \infty$ für $\mu \to \infty$. ♦

Satz 5.4: Sei $B \subset \mathbb{C}^n$ ein Bereich. Ist B holomorph-konvex, so gibt es eine normale Ausschöpfung (K_ν) von B mit der Eigenschaft, daß für jedes $\nu \in \mathbb{N}$ gilt: $K_\nu = \hat{K}_\nu$.

Beweis: Es sei (K_ν) irgendeine normale Ausschöpfung von B. Dann gilt für alle ν: $K_\nu \subset\subset B$, und da B holomorph-konvex ist, folgt: $\hat{K}_\nu \subset\subset B$. $\hat{K}_\nu$ ist also eine kompakte Teilmenge von B. Wir konstruieren nun eine Teilfolge der $\hat{K}_\nu$:

Sei $K_1^* := \hat{K}_1$.

Es seien $K_1^*, \ldots, K_{\nu-1}^*$ schon konstruiert ($K_{\nu-1}^*$ kompakt und $\hat{K}_{\nu-1}^* = K_{\nu-1}^*$). Dann gibt es ein $\lambda(\nu) \in \mathbb{N}$, so daß $K_{\nu-1}^* \subset \mathring{K}_{\lambda(\nu)}$ ist. Es sei $K_\nu^* := \hat{K}_{\lambda(\nu)}$. Offensichtlich sind die K_ν^* kompakte Teilmengen von B mit $\hat{K}_\nu^* = K_\nu^*$. Außerdem ist $\bigcup_{\nu=1}^{\infty} K_\nu^* = \bigcup_{\nu=1}^{\infty} \hat{K}_{\lambda(\nu)} \supset$ $\supset \bigcup_{\nu=1}^{\infty} K_{\lambda(\nu)} = B$ und $K_\nu^* \subset \mathring{K}_{\lambda(\nu+1)} \subset \mathring{K}_{\nu+1}^*$. ♦

Wir kommen nun zum Hauptsatz dieses Paragraphen:

Satz 5.5: Sei $B \subset \mathbb{C}^n$ ein Bereich. Dann gilt: Ist B holomorph-konvex, so ist B ein Holomorphiebereich.

Beweis: Nach den vorhergehenden Sätzen gibt es eine normale Ausschöpfung (K_ν) von B mit $K_\nu = \hat{K}_\nu$ für alle ν, und daher Folgen (λ_μ) und $(\mathfrak{z}_\mu)$ im Sinne von Satz 5.2 und eine in B holomorphe Funktion f mit $|f(\mathfrak{z}_\mu)| \to \infty$ für $\mu \to \infty$.

Wir zeigen nun, daß f in jedem Randpunkt von B voll singulär wird. Es sei angenommen, es gibt einen Punkt $\mathfrak{z}_0 \in \partial B$, in dem f nicht voll singulär wird, d.h., es gibt eine offene (zusammenhängende) Umgebung $U = U(\mathfrak{z}_0)$ und eine holomorphe Funktion $\hat{f}$ in U, so daß $f = \hat{f}$ in der Nähe irgendeines Punktes $\mathfrak{z}_1 \in U \cap B$ ist.

Nun sei $U_1 := C_{U \cap B}(\mathfrak{z}_1)$ die Zusammenhangskomponente von $\mathfrak{z}_1$ in $U \cap B$. Es existiert ein Punkt $\mathfrak{z}_2 \in U \cap \partial U_1 \cap \partial B$. Sei $V = V(\mathfrak{z}_2)$ eine offene zusammenhängende Umgebung von $\mathfrak{z}_2$, mit $V \subset\subset U$.

$V \cap U_1$ enthält einen Punkt $\mathfrak{z}_3$. Es sei $V_1 := C_{V \cap B}(\mathfrak{z}_3)$. Ist $\mathfrak{z} \in V_1$, so läßt sich $\mathfrak{z}$ in $V \cap B \subset U \cap B$ mit $\mathfrak{z}_3$ verbinden, und $\mathfrak{z}_3$ liegt in U_1, läßt sich also in $U \cap B$ mit $\mathfrak{z}_1$ verbinden. Somit gilt: $V_1 \subset U_1$.

Wegen "$f = \hat{f}$ in der Nähe von $\mathfrak{z}_1$" folgt: $f = \hat{f}$ in U_1, und daher auch $f = \hat{f}$ in V_1. Andererseits liegen in V_1 aber unendlich viele Punkte der Folge $(\mathfrak{z}_\mu)$. Das heißt, $\hat{f}$ ist in V_1 unbeschränkt. Das führt zum Widerspruch, denn $\hat{f}$ ist in U holomorph, $\overline{V}$ ist kompakt und es gilt daher:

$$\sup|(\hat{f}|V_1)| \leqslant \sup|(\hat{f}|V)| \leqslant \sup|(\hat{f}|\overline{V})| < \infty .$$

Also ist f in ∂B voll singulär. ◆

Def. 5.1: Sei $M \subset \mathbb{C}^n$ eine beliebige Teilmenge. $D \subset M$ heißt diskret in M, wenn D in M keinen Häufungspunkt besitzt.

Satz 5.6: Sei $B \subset \mathbb{C}^n$ ein Bereich. B ist genau dann holomorph-konvex, wenn es zu jeder unendlichen Menge D, die in B diskret ist, eine holomorphe Funktion f in B gibt, so daß $|f|$ auf D unbeschränkt ist.
(Auf diese Weise kann man den Begriff der Holomorphie-Konvexität einfacher definieren. Der Satz gilt ganz allgemein, auch auf komplexen Mannigfaltigkeiten und komplexen Räumen.)

Beweis: 1) Sei B holomorph-konvex, $D \subset B$ unendlich und diskret. Außerdem sei (K_ν) eine normale Ausschöpfung von B mit $K_\nu = \hat{K}_\nu$. Es ist dann $K_\nu \cap D$ endlich für jedes $\nu \in \mathbb{N}$.
Wir konstruieren durch vollständige Induktion eine Folge $(\mathfrak{z}_\mu)$ von Punkten aus D:

Es sei $\mathfrak{z}_1 \in D$ beliebig vorgegeben, $\nu(1) \in \mathbb{N}$ minimal mit der Eigenschaft, daß $\mathfrak{z}_1$ in $K_{\nu(1)}$ liegt.

Seien nun die Punkte $\mathfrak{z}_1, \dots, \mathfrak{z}_{\mu-1}$ schon konstruiert. Dann wählen wir $\mathfrak{z}_\mu \in D - K_{\nu(\mu-1)}$, wobei $\nu(\mu-1)$ die kleinste Zahl mit der Eigenschaft sein soll, daß $\mathfrak{z}_{\mu-1}$ in $K_{\nu(\mu-1)}$ liegt. Das ist möglich, denn da $K_\nu \cap D$ endlich ist, enthält $D - K_\nu$ unendlich viele Punkte.

Auf diese Weise ist $\nu(\mu)$ eine streng monoton wachsende Folge von natürlichen Zahlen, und $\mathfrak{z}_\mu$ liegt in $M_{\nu(\mu)}$.

Nach Satz 5.3 gibt es dann eine holomorphe Funktion f in B, so daß $|f(\mathfrak{z}_\mu)|$ unbeschränkt ist. Also ist $|f|$ auf D unbeschränkt.

2) Es sei jetzt das Kriterium erfüllt. Wir nehmen an, B wäre nicht holomorph-konvex, d.h. es gibt ein $K \subset\subset B$, so daß $\hat{K}$ nicht relativ kompakt in B liegt. Dann konstruieren wir eine geeignete Menge D:

Es sei (K_ν) eine normale Ausschöpfung von B. Offenbar ist $\hat{K} - K_\nu \neq \emptyset$ für alle ν, sonst wäre $\hat{K} \subset\subset B$. Wir definieren D durch vollständige Induktion als Punktfolge. Es sei $\mathfrak{z}_1 \in \hat{K}$ beliebig und $\nu(1)$ minimal, so daß $\mathfrak{z}_1 \in K_{\nu(1)}$ ist. Sodann seien $\mathfrak{z}_1, \dots, \mathfrak{z}_{\mu-1}$ schon konstruiert, und für $1 \leqslant \lambda \leqslant \mu-1$ sei $\nu(\lambda)$ jeweils die kleinste Zahl, so daß $\mathfrak{z}_\lambda \in K_{\nu(\lambda)}$ ist. Dann wählen wir $\mathfrak{z}_\mu$ beliebig aus $\hat{K} - K_{\nu(\mu-1)}$. Damit ist $\nu(\lambda)$ streng monoton wachsend und $\mathfrak{z}_\mu \in K_{\nu(\mu)}$.

D sei die Menge der Punkte $\mathfrak{z}_\mu$, $\mu \in \mathbb{N}$.
Ist $\mathfrak{z}_0 \in B$, so gibt es ein $\mu \in \mathbb{N}$, so daß $\mathfrak{z}_0$ in $K_\mu \subset \mathring{K}_{\mu+1} \subset \mathring{K}_{\nu(\mu+1)}$ liegt. $\mathring{K}_{\nu(\mu+1)}$ ist eine offene Umgebung von $\mathfrak{z}_0$, die nur die Punkte $\mathfrak{z}_1, \dots, \mathfrak{z}_{\mu+1}$ enthält. Also ist $\mathfrak{z}_0$ kein Häufungspunkt von D. Die Menge D liegt diskret in B. Nach Voraussetzung gibt es eine holomorphe Funktion f in B, die auf D unbeschränkt ist. Dann gibt es aber ein $\mu \in \mathbb{N}$, so daß $|f(\mathfrak{z}_\mu)| > \sup |f(K)|$ ist. Das bedeutet, daß $\mathfrak{z}_\mu$ nicht in $\hat{K}$ liegt, im Widerspruch zur Konstruktion. Also ist B holomorph-konvex. ♦

§ 6. Beispiele

Satz 6.1: $B \subset \mathbb{C}$ sei ein Bereich. Dann ist B ein Holomorphiebereich. (Es gibt also zu jedem Bereich B in $\mathbb{C}$ eine in B holomorphe Funktion, die sich in keinen echten Oberbereich von B analytisch fortsetzen läßt.)

Beweis: Wie bereits in §3 gezeigt, ist in $\mathbb{C}$ jeder Bereich holomorph-konvex. Nach Satz 5.4 folgt: B ist ein Holomorphiebereich. ♦

Im $\mathbb{C}^n$ haben wir den folgenden Satz:

Satz 6.2: Sei $B \subset \mathbb{C}^n$ ein Bereich. Dann sind die folgenden Aussagen äquivalent:

(1) B ist pseudokonvex.
(2) B ist ein Holomorphiebereich.
(3) B ist holomorph-konvex.
(4) Zu jeder unendlichen, in B diskreten Menge D existiert eine holomorphe Funktion f in B, so daß f auf D unbeschränkt ist.

Beweis: Es wurden bereits alle Aussagen in den vorangegangenen Paragraphen bewiesen (abgesehen von der Lösung des "Levischen Problems": wenn B pseudokonvex ist, dann ist B ein Holomorphiebereich). ♦

Satz 6.3: Ist $G \subset \mathbb{C}^n$ ein elementarkonvexes Gebiet, so ist G ein Holomorphiegebiet.
Ein weiteres Beispiel sind die n-fachen kartesischen Produkte von Bereichen.

Satz 6.4: Seien $V_1, \dots, V_n \subset \mathbb{C}$ Bereiche. Dann ist $V := V_1 \times \dots \times V_n \subset \mathbb{C}^n$ ein Holomorphiebereich.

Beweis: Sei $D \subset V$ eine diskrete unendliche Menge und $(\mathfrak{z}_\mu)$ eine Folge von verschiedenen Punkten von D mit $\mathfrak{z}_\mu = \left(z_1^{(\mu)}, \dots, z_n^{(\mu)}\right)$. Besitzt die Folge $\left(z_1^{(\mu)}\right)$ in V_1 einen Häufungspunkt $z_1^{(0)}$, so gibt es eine Teilfolge $\left(z_1^{(\mu_1(\nu))}\right)$, die gegen $z_1^{(0)}$ konvergiert. Besitzt die Folge $\left(z_2^{(\mu_1(\nu))}\right)$ in V_2 einen Häufungspunkt $z_2^{(0)}$, so gibt es eine Teilfolge

$\left(z_2^{(\mu_2(\nu))}\right)$, die gegen $z_2^{(0)}$ konvergiert. Wenn man auf diese Weise bis zur n-ten Komponente kommt (wenn es also schließlich eine Teilfolge $\left(z_n^{(\mu_n(\nu))}\right)$ gibt, die gegen einen Punkt $z_n^{(0)} \in V_n$ konvergiert), dann konvergiert die Folge $(\mathfrak{z}_{\mu_n(\nu)})$ gegen $\mathfrak{z}_0 := \left(z_1^{(0)}, \dots, z_n^{(0)}\right) \in V$, und das darf nicht sein, da D in V diskret ist.

Also gibt es ein $q \in \{1, \dots, n\}$ und eine Teilfolge $\mathfrak{z}_{\mu_\nu} = \left(z_1^{(\mu_\nu)}, \dots, z_n^{(\mu_\nu)}\right)$ der Folge $(\mathfrak{z}_\mu)$, so daß die Folge $\left(z_q^{(\mu_\nu)}\right)$ in V_q keinen Häufungspunkt besitzt.

Nach Satz 6.1 und Satz 6.2 gibt es eine holomorphe Funktion f in V_q, für die $f\left(z_q^{(\mu_\nu)}\right)$ unbeschränkt ist. Dann ist aber g mit $g(z_1, \dots, z_n) := f(z_q)$ eine holomorphe Funktion auf V, die auf D unbeschränkt ist. Also ist V holomorph-konvex. ♦

Def. 6.1: Seien $B \subset \mathbb{C}^n$ und $V_1, \dots, V_k \subset \mathbb{C}$ Bereiche, $f_1, \dots, f_k$ holomorphe Funktionen in B und $U \subset B$ eine offene Teilmenge.
Die Menge $P = \{\mathfrak{z} \in U : f_j(\mathfrak{z}) \in V_j$ für $j = 1, \dots, k\}$ heißt ein analytisches Polyeder in B, falls gilt: $P \subset\subset U$.
Ist außerdem $V_1 = \dots = V_k = \{z \in \mathbb{C} : |z| < 1\}$, so spricht man von einem speziellen analytischen Polyeder in B.

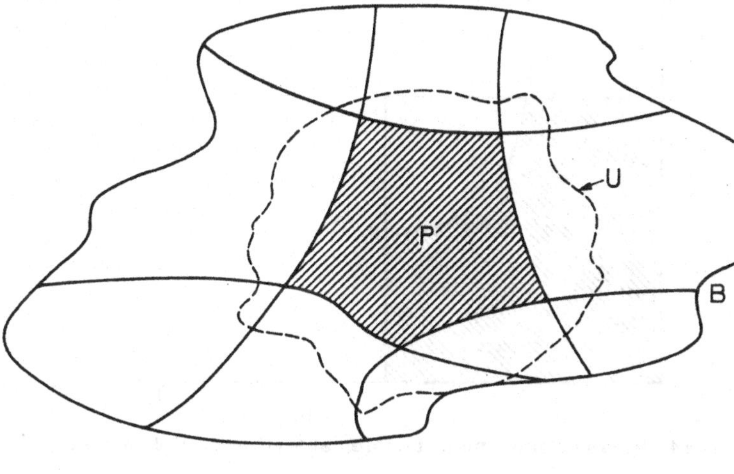

Fig. 13: Analytisches Polyeder in B.

Satz 6.5: Sei $B \subset \mathbb{C}^n$ ein Bereich. Dann ist jedes analytische Polyeder in B ein Holomorphiebereich.

Beweis: $U, V_1, \dots, V_k, f_1, \dots, f_k$ und P seien wie in Def. 6.1 gegeben. Dann ist $F := (f_1|U, \dots, f_k|U) : U \to \mathbb{C}^k$ eine holomorphe Abbildung und $P = F^{-1}(V_1 \times \dots \times V_k)$.

$V := V_1 \times \ldots \times V_k$ ist nach Satz 6.4 ein Holomorphiebereich. Sei $D \subset P$ eine unendliche diskrete Menge. Es genügt zu zeigen, daß $F(D) \subset V$ unendlich und diskret ist. Dann gibt es nämlich eine holomorphe Funktion f in V, die auf $F(D)$ unbeschränkt ist, und die Funktion $g := f \circ F$ erfüllt die entsprechenden Bedingungen in P.

Sei nun $(\mathfrak{z}_j)$ eine Teilfolge von paarweise verschiedenen Punkten von D. $F(\mathfrak{z}_j)$ habe in V einen Häufungspunkt $\mathfrak{w}_0$. Dann gibt es eine Teilfolge $F\left(\mathfrak{z}_{j_\nu}\right)$, die gegen $\mathfrak{w}_0$ konvergiert. Die Punkte $\mathfrak{z}_{j_\nu}$ liegen in P, und nach Voraussetzung ist $\overline{P}$ kompakt. $\left(\mathfrak{z}_{j_\nu}\right)$ hat daher in $\overline{P}$ einen Häufungspunkt $\mathfrak{z}_1$. Also gibt es eine Teilfolge $\left(\mathfrak{z}_{j_{\nu(\mu)}}\right)$, die gegen $\mathfrak{z}_1 \in \overline{P} \subset U$ konvergiert. $F\left(\mathfrak{z}_{j_{\nu(\mu)}}\right)$ konvergiert dann gegen $F(\mathfrak{z}_1)$, gleichzeitig aber gegen $\mathfrak{w}_0$, d.h., $F(\mathfrak{z}_1) = \mathfrak{w}_0$ liegt in V. Das bedeutet, daß $\mathfrak{z}_1$ in $F^{-1}(V) = P$ liegt, und das ist ein Widerspruch zu der Voraussetzung, daß D in P diskret liegt. Daraus folgt, daß $F(\mathfrak{z}_j)$ in V keinen Häufungspunkt hat, und es ist alles bewiesen. ♦

Beispiel: Sei $q < 1$ eine positive reelle Zahl und

$$P := \left\{\mathfrak{z} \in \mathbb{C}^2 : |z_1| < 1,\ |z_2| < 1,\ |z_1 \cdot z_2| < q\right\}.$$

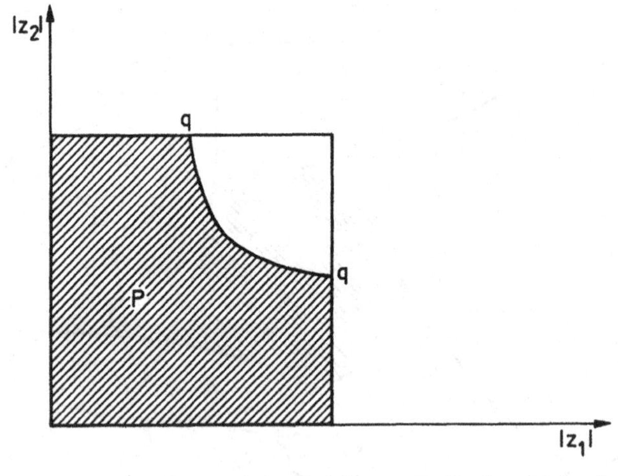

Fig. 14: Beispiel eines nichttrivialen analytischen Polyeders.

P ist offenbar ein analytisches Polyeder, aber weder ein elementar-konvexer Bereich, noch ein kartesisches Produkt von Bereichen. Die analytischen Polyeder bereichern also unseren Vorrat an Beispielen von Holomorphiebereichen.

Wir werden zeigen, daß jeder Holomorphiebereich schon "fast" ein analytisches Polyeder ist:

Satz 6.6: Jeder Holomorphiebereich $B \subset \mathbb{C}^n$ läßt sich in folgendem Sinne durch spezielle analytische Polyeder ausschöpfen: Es gibt eine Folge (P_j) von speziellen analytischen Polyedern in B mit $P_j \subset\subset P_{j+1}$ und $\bigcup_{j=1}^{\infty} P_j = B$.

Beweis: 1) Sei (K_j) eine normale Ausschöpfung von B mit $K_j = \hat{K}_j$. Ist $\mathfrak{z} \in \partial K_{j+1}$ ein beliebiger Punkt, so liegt $\mathfrak{z}$ nicht in $K_j \subset \mathring{K}_{j+1}$, also auch nicht in $\hat{K}_j$. Es gibt daher eine holomorphe Funktion f in B, für die $q := \sup|f(K_j)| < |f(\mathfrak{z})|$ ist. Durch Multiplikation mit einer geeigneten Konstanten kann man erreichen, daß $q < 1 < |f(\mathfrak{z})|$ ist, und dann gibt es eine ganze Umgebung $U = U(\mathfrak{z})$, so daß $|(f|U)| > 1$ ist.

Da der Rand ∂K_{j+1} kompakt ist, kann man endlich viele offene Mengen $U\left(\mathfrak{z}_1^{(j)}\right)$, $\ldots, U\left(\mathfrak{z}_{k_j}^{(j)}\right)$ und dazu passende holomorphe Funktionen $f_1^{(j)}, \ldots, f_{k_j}^{(j)}$ in B finden, so daß $\partial K_{j+1} \subset \bigcup_{p=1}^{k_j} U\left(\mathfrak{z}_p^{(j)}\right)$ und $\left|\left(f_p^{(j)} \middle| U\left(\mathfrak{z}_p^{(j)}\right)\right)\right| > 1$ ist. Es sei dann $P_j := \left\{\mathfrak{z} \in \mathring{K}_{j+1} : |f_p^{(j)}(\mathfrak{z})| < 1 \text{ für } p = 1, \ldots, k_j\right\}$.

2) Offensichtlich ist $K_j \subset P_j \subset \mathring{K}_{j+1}$. Darüber hinaus gilt aber: $M := K_{j+1} - \bigcup_{p=1}^{k_j} U\left(\mathfrak{z}_p^{(j)}\right) = K_{j+1} \cap \left(\mathbb{C}^n - \bigcup_{p=1}^{k_j} U\left(\mathfrak{z}_p^{(j)}\right)\right)$ ist eine kompakte Menge mit $P_j \subset M \subset \mathring{K}_{j+1}$, also $\overline{P}_j \subset \overline{M} = M \subset \mathring{K}_{j+1}$, d.h. $P_j \subset\subset K_{j+1}$. Damit ist P_j ein spezielles analytisches Polyeder in B. Daß die Folge (P_j) den Bereich B ausschöpft, folgt trivial aus der Beziehung "$K_j \subset P_j \subset\subset \mathring{K}_{j+1}$". ♦

In der Theorie der Steinschen Mannigfaltigkeiten kann man auch die Umkehrung dieses Satzes beweisen.

§ 7. Riemannsche Gebiete über dem $\mathbb{C}^n$

Ist G ein Gebiet im $\mathbb{C}^n$, so kann man sich fragen, ob es eine größte Menge M mit $G \subset M$ gibt, in die hinein sich jede auf G holomorphe Funktion (holomorph) fortsetzen läßt. Es zeigt sich, daß man sich nicht auf Teilmengen des $\mathbb{C}^n$ beschränken kann. Es ist daher notwendig, Gebiete über dem $\mathbb{C}^n$ zu betrachten:

Def. 7.1: Unter einem (Riemannschen) Gebiet über dem $\mathbb{C}^n$ versteht man ein Paar (G, π) mit folgenden Eigenschaften:

1) G ist ein zusammenhängender topologischer Raum.
2) Zu je zwei Punkten $x_1, x_2 \in G$ mit $x_1 \neq x_2$ gibt es offene Umgebungen $U_1 = U_1(x_1) \subset G$, $U_2 = U_2(x_2) \subset G$ mit $U_1 \cap U_2 = \emptyset$ (d.h. G ist ein Hausdorff-Raum).

3) $\pi : G \to \mathbb{C}^n$ ist eine lokal-topologische Abbildung (d.h.: Ist $x \in G$ und $\mathfrak{z} := \pi(x)$ der "Grundpunkt von x", so gibt es offene Umgebungen $U = U(x) \subset G$ und $V = V(\mathfrak{z}) \subset \mathbb{C}^n$, so daß $\pi|U : U \to V$ topologisch ist).

Bemerkungen: a) Die Abbildung π ist insbesondere stetig.

b) G ist wegzusammenhängend:

Sei etwa $x_0 \in G$, $Z := \{x \in G : x$ läßt sich in G mit x_0 verbinden$\}$.

1) $x_0 \in Z$, also $Z \neq \emptyset$

2) Z ist offen, da G lokal homöomorph zum $\mathbb{C}^n$ und deshalb lokal wegzusammenhängend ist.

3) Z ist abgeschlossen: Ist $x_1 \in \partial Z$, so gibt es eine zum $\mathbb{C}^n$ homöomorphe Umgebung $U(x_1) \subset G$ mit $U \cap Z \neq \emptyset$.

Dann kann man x_1 in U mit einem Punkt $x_2 \in U \cap Z$ verbinden, und x_2 kann man nach Definition von Z mit x_0 verbinden. Also gehört auch x_1 noch zu Z.

Aus den Aussagen 1)2)3) folgt, daß $Z = G$ ist. ♦

c) Sind (G_ν, π_ν) Gebiete über dem $\mathbb{C}^n$ für $\nu = 1, \dots, l$, und sind $x_\nu \in G_\nu$ Punkte mit $\pi_\nu(x_\nu) = \mathfrak{z}_0$ für $\nu = 1, \dots, l$, so gibt es offene Umgebungen $U_\nu(x_\nu) \subset G_\nu$ und eine zusammenhängende offene Umgebung $V(\mathfrak{z}_0) \subset \mathbb{C}^n$, so daß für $\nu = 1, \dots, l$ gilt: $\pi_\nu | U_\nu : U_\nu \to V$ ist topologisch.

Beweis: Man wähle Umgebungen $\tilde{U}_\nu(x_\nu) \subset G_\nu$, $\tilde{V}_\nu(\mathfrak{z}_0) \subset \mathbb{C}^n$, so daß $\pi_\nu | \tilde{U}_\nu : \tilde{U}_\nu \to \tilde{V}_\nu$ topologisch ist. Dann sei V die Zusammenhangskomponente von $\mathfrak{z}_0$ in $\tilde{V} := \bigcap_{\nu=1}^{l} \tilde{V}_\nu$, $U_\nu := (\pi_\nu | \tilde{U}_\nu)^{-1}(V)$ für $\nu = 1, \dots, l$. ♦

Beispiele: 1) Gebiete im $\mathbb{C}^n$: Sei $G \subset \mathbb{C}^n$ ein Gebiet, $\pi := \mathrm{id}_G$ die natürliche Inklusion. Offensichtlich ist (G, π) ein Gebiet über dem $\mathbb{C}^n$ im Sinne von Definition 7.1.

2) Die Riemannsche Fläche von $\sqrt{z}$: $G := \{(w,z) \in \mathbb{C}^2 : w^2 = z,\ z \neq 0\}$ sei mit der vom $\mathbb{C}^2$ induzierten Relativtopologie versehen. G ist ein Hausdorffraum. Die durch $t \mapsto (t, t^2)$ definierte Abbildung $\varphi : \mathbb{C} - \{0\} \to G$ ist bijektiv und stetig. G ist also auch zusammenhängend.

Sei nun $\hat{\pi} : \mathbb{C}^2 \to \mathbb{C}$ definiert durch $\hat{\pi}(w,z) := z$. Dann ist $\pi := \hat{\pi}|G : G \to \mathbb{C}$ stetig. Ist $(w_0, z_0) \in G$ ein beliebiger Punkt, so ist $z_0 \neq 0$, und man kann eine einfach zusammenhängende Umgebung $V(z_0) \subset \mathbb{C} - \{0\}$ finden. Aus der Theorie einer Veränderlichen ist bekannt, daß es in V eine holomorphe Funktion f mit $f^2(z) \equiv z$ und $f(z_0) = w_0$ gibt. Man bezeichnet f mit $\sqrt{z}$. $\pi^{-1}(V)$ läßt sich als Vereinigung der disjunkten offenen Mengen $U_+ := U = \{(f(z), z) : z \in V\}$ und $U_- := \{(-f(z), z) : z \in V\}$ schreiben. Es sei $\hat{f}(z) := (f(z), z)$. Dann ist $(\pi|U)^{-1} = \hat{f}$, d.h. $\pi|U$ ist topologisch. Also ist (G, π) ein Gebiet über $\mathbb{C}$, die sogenannte "Riemannsche Fläche von $\sqrt{z}$".

G läßt sich folgendermaßen anschaulich gewinnen: Man überlagere $\mathbb{C}$ durch zwei weitere Exemplare von $\mathbb{C}$, schneide diese beiden "Blätter" längs der positiven reellen

Achse auf und verhefte sie kreuzweise miteinander (was im $\mathbb{R}^3$ ohne Selbstdurchdringung nicht möglich, abstrakt aber vollziehbar ist).

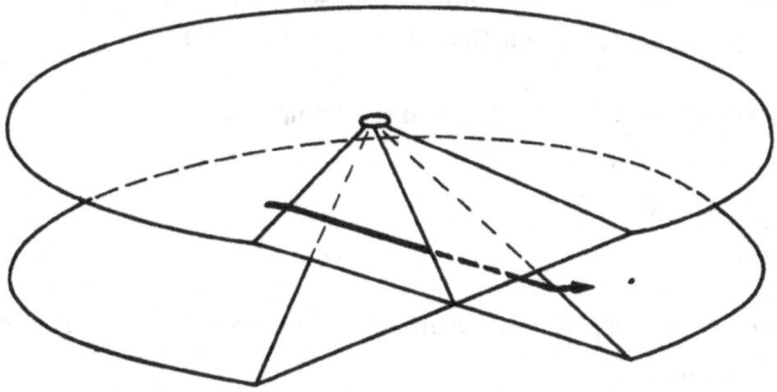

Fig. 15: Die Riemannsche Fläche von $\sqrt{z}$.

Als nächstes betrachten wir Riemannsche Gebiete mit einem ausgezeichneten Punkt:

Def. 7.2: Sei $\mathfrak{z}_0 \in \mathbb{C}^n$ fest gewählt. Dann versteht man unter einem (Riemannschen) Gebiet über dem $\mathbb{C}^n$ mit Aufpunkt ein Tripel $\mathfrak{G} = (G, \pi, x_0)$, für das gilt:
1) (G, π) ist ein Gebiet über dem $\mathbb{C}^n$.
2) $\pi(x_0) = \mathfrak{z}_0$
Den Punkt x_0 nennt man den Aufpunkt.

Def. 7.3: Seien $\mathfrak{G}_j = (G_j, \pi_j, x_j)$ Gebiete mit Aufpunkt über dem $\mathbb{C}^n$, für $j = 1, 2$. Man sagt, es ist $\mathfrak{G}_1 < \mathfrak{G}_2$ ("$\mathfrak{G}_1$ enthalten in $\mathfrak{G}_2$"), wenn es eine stetige Abbildung $\varphi : G_1 \to G_2$ mit folgenden Eigenschaften gibt:
1) $\pi_1 = \pi_2 \circ \varphi$ ("φ ist grundpunkt-treu")
2) $\varphi(x_1) = x_2$.

Satz 7.1: (Eindeutigkeit der Liftung): Sei $\mathfrak{G} = (G, \pi, x_0)$ ein Gebiet über dem $\mathbb{C}^n$ mit Aufpunkt, Y ein zusammenhängender topologischer Raum und $y_0 \in Y$ ein Punkt. Sind $\psi_1, \psi_2 : Y \to G$ stetige Abbildungen mit $\psi_1(y_0) = \psi_2(y_0) = x_0$ und $\pi \circ \psi_1 = \pi \circ \psi_2$, so ist $\psi_1 = \psi_2$.

Beweis: Es sei $M := \{y \in Y : \psi_1(y) = \psi_2(y)\}$. Nach Voraussetzung ist $y_0 \in M$, also $M \neq \emptyset$. Da G ein Hausdorff-Raum ist, folgt sofort, daß M abgeschlossen ist. Sei nun $y_1 \in M$ beliebig vorgegeben, $x_1 := \psi_1(y_1) = \psi_2(y_1)$ und $\mathfrak{z}_1 := \pi(x_1)$. Es gibt offene Umgebungen $U(x_1)$, $V(\mathfrak{z}_1)$, so daß $\pi|U : U \to V$ topologisch ist, und es gibt offene Umgebungen $Q_1(y_1)$, $Q_2(y_1)$ mit $\psi_\lambda(Q_\lambda) \subset U$ für $\lambda = 1, 2$. Sei $Q := Q_1 \cap Q_2$. Dann ist $\psi_1|Q = (\pi|U)^{-1} \circ \pi \circ \psi_1|Q = (\pi|U)^{-1} \circ \pi \circ \psi_2|Q = \psi_2|Q$, also $Q \subset M$. Damit ist M auch offen, und da Y zusammenhängend ist, folgt, daß $M = Y$ ist. ♦

Satz 7.2: Seien $\mathfrak{G}_j = (G_j, \pi_j, x_j)$ Gebiete mit Aufpunkt über dem $\mathbb{C}^n$ für $j = 1,2$. Dann gibt es höchstens eine stetige grundpunkttreue Abbildung $\varphi : G_1 \to G_2$ mit $\varphi(x_1) = x_2$.

Beweis: Wenn es zwei stetige Abbildungen $\varphi, \psi : G_1 \to G_2$ mit $\pi_2 \circ \varphi = \pi_1 = \pi_2 \circ \psi$ und $\varphi(x_1) = \psi(x_1) = x_2$ gibt, so folgt aus Satz 7.1: $\varphi = \psi$. ♦

Satz 7.3: Die Relation "<" ist eine Halbordnung, d.h.:

1) $\mathfrak{G} < \mathfrak{G}$

2) $\mathfrak{G}_1 < \mathfrak{G}_2$ und $\mathfrak{G}_2 < \mathfrak{G}_3 \Rightarrow \mathfrak{G}_1 < \mathfrak{G}_3$

Der Beweis ist trivial.

Def.7.4: Zwei Gebiete $\mathfrak{G}_1, \mathfrak{G}_2$ mit Aufpunkt über dem $\mathbb{C}^n$ heißen isomorph (in Zeichen: $\mathfrak{G}_1 \simeq \mathfrak{G}_2$), falls gilt:
$\mathfrak{G}_1 < \mathfrak{G}_2$ und $\mathfrak{G}_2 < \mathfrak{G}_1$.

Satz 7.4: Zwei Gebiete $\mathfrak{G}_j = (G_j, \pi_j, x_j)$, $j = 1,2$, sind genau dann isomorph, wenn es eine topologische grundpunkttreue Abbildung $\varphi : G_1 \to G_2$ mit $\varphi(x_1) = x_2$ gibt.

Beweis: $\mathfrak{G}_1 \simeq \mathfrak{G}_2$ bedeutet: Es gibt stetige grundpunkttreue Abbildungen $\varphi_1 : G_1 \to G_2$ mit $\varphi_1(x_1) = x_2$ und $\varphi_2 : G_2 \to G_1$ mit $\varphi_2(x_2) = x_1$. Dann ist $\varphi_2 \circ \varphi_1 : G_1 \to G_1$ stetig, es ist $\pi_1 \circ (\varphi_2 \circ \varphi_1) = (\pi_1 \circ \varphi_2) \circ \varphi_1 = \pi_2 \circ \varphi_1 = \pi_1$ und $\varphi_2 \circ \varphi_1(x_1) = \varphi_2(x_2) = x_1$. Aus dem Eindeutigkeitssatz (Satz 7.2) folgt: $\varphi_2 \circ \varphi_1 = \mathrm{id}_{G_1}$. Analog zeigt man: $\varphi_1 \circ \varphi_2 = \mathrm{id}_{G_2}$. Damit ist φ_1 bijektiv und $(\varphi_1)^{-1} = \varphi_2$. Man setze also $\varphi := \varphi_1$. Um die umgekehrte Richtung zu beweisen, setze man $\varphi_1 := \varphi$ und $\varphi_2 := \varphi^{-1}$. ♦

Def.7.5: Ein Gebiet $\mathfrak{G} = (G, \pi, x_0)$ über dem $\mathbb{C}^n$ mit Aufpunkt heißt schlicht, falls gilt:

1) $G \subset \mathbb{C}^n$

2) $\pi = \mathrm{id}_G$ ist die natürliche Inklusion. (Insbesondere ist dann $x_0 = \mathfrak{z}_0$.)

Satz 7.5: Für schlichte Gebiete $\mathfrak{G}_1, \mathfrak{G}_2$ gilt: $\mathfrak{G}_1 < \mathfrak{G}_2 \Leftrightarrow G_1 \subset G_2$.
Der Beweis ist trivial.

Beispiel: Sei $\mathfrak{G}_1 := (G, \pi, x_0)$ die Riemannsche Fläche von $\sqrt{z}$ mit dem Aufpunkt $x_0 := (1,1)$, $\mathfrak{G}_2 := (\mathbb{C}, \mathrm{id}_{\mathbb{C}}, 1)$. Dann ist $\varphi := \pi : G \to \mathbb{C}$ eine stetige Abbildung mit $\mathrm{id}_{\mathbb{C}} \circ \varphi = \pi$ und $\varphi(x_0) = 1$. Also gilt: $\mathfrak{G}_1 < \mathfrak{G}_2$.

Als nächstes betrachten wir Systeme von Gebieten über dem $\mathbb{C}^n$: Sei I eine Menge, $(\mathfrak{G}_\iota)_{\iota \in I}$ eine Familie von Gebieten über dem $\mathbb{C}^n$ mit Aufpunkt.
Ist $\iota \in I$, $\mathfrak{G}_\iota = (G_\iota, \pi_\iota, x_\iota)$, so ist $\pi_\iota(x_\iota) = \mathfrak{z}_0$. $X := \dot{\bigcup}_{\iota \in I} G_\iota = \bigcup_{\iota \in I} (G_\iota \times \{\iota\})$ sei die disjunkte Vereinigung der Räume G_ι. Sei K eine weitere Menge, $(N_\varkappa)_{\varkappa \in K}$ eine Familie von Mengen. Für jedes $\varkappa \in K$ sei $\mathfrak{X}_\varkappa := \left\{ X^{(\varkappa)}_{\nu_\varkappa} : \nu_\varkappa \in N_\varkappa \right\}$ eine Zerlegung von X (d.h.:

1) $X^{(\varkappa)}_{\nu_\varkappa} \subset X$

2) $\bigcup\limits_{\nu_\varkappa} X^{(\varkappa)}_{\nu_\varkappa} = X$

3) Für $\nu_\varkappa \neq \mu_\varkappa$ ist $X^{(\varkappa)}_{\nu_\varkappa} \cap X^{(\varkappa)}_{\mu_\varkappa} = \emptyset$).

Sei $\mathfrak{X} := (\mathfrak{X}_\varkappa)_{\varkappa\in K}$ die Familie dieser Zerlegungen. Wir zeigen, daß es eine Zerlegung $\mathfrak{X}^*$ von X gibt, die feiner als jedes $\mathfrak{X}_\varkappa$ mit $\varkappa \in K$ ist. (D.h., es gibt eine Zerlegung $\mathfrak{X}^* = \{X_\nu : \nu \in N\}$ von X, für die gilt: Ist $\nu \in N$, $\varkappa \in K$, so gibt es ein $\nu_\varkappa \in N_\varkappa$ mit $X_\nu \subset X^{(\varkappa)}_{\nu_\varkappa}$.)

Sei $N := \prod\limits_{\varkappa\in K} N_\varkappa$ und $X_\nu := \bigcap\limits_{\varkappa\in K} X^{(\varkappa)}_{\nu_\varkappa}$ für $\nu = (\nu_\varkappa)_{\varkappa\in K} \in N$, $\mathfrak{X}^* := \{X_\nu : \nu \in N\}$. Dann ist $X_\nu \subset X$ für jedes $\nu \in N$, und es gilt:

$$\bigcup_{\nu\in N} X_\nu = \bigcup_{\nu\in\prod\limits_{\varkappa\in K} N_\varkappa} \left(\bigcap_{\varkappa\in K} X^{(\varkappa)}_{\nu_\varkappa}\right) = \bigcap_{\varkappa\in K}\left(\bigcup_{\nu_\varkappa\in N_\varkappa} X^{(\varkappa)}_{\nu_\varkappa}\right) = \bigcap_{\varkappa\in K} X = X$$

und

$$X_\nu \cap X_\mu = \left(\bigcap_{\varkappa\in K} X^{(\varkappa)}_{\nu_\varkappa}\right) \cap \left(\bigcap_{\varkappa\in K} X^{(\varkappa)}_{\mu_\varkappa}\right) = \bigcap_{\varkappa\in K}\left(X^{(\varkappa)}_{\nu_\varkappa} \cap X^{(\varkappa)}_{\mu_\varkappa}\right) = \emptyset,$$

falls $\nu_\varkappa \neq \mu_\varkappa$ für ein $\varkappa \in K$ ist. Also ist $\mathfrak{X}^*$ eine Zerlegung, und offensichtlich gilt für festes ν und $\varkappa$: $X_\nu = \bigcap\limits_{\varkappa\in K} X^{(\varkappa)}_{\nu_\varkappa} \subset X^{(\varkappa)}_{\nu_\varkappa}$, d.h. $\mathfrak{X}^*$ ist feiner als jede Zerlegung $\mathfrak{X}_\varkappa$, $\varkappa \in K$.

<u>Definition:</u> Wir sagen, eine Äquivalenzrelation $\sim$ auf X hat die Eigenschaft (P), wenn für alle $\iota_1, \iota_2 \in I$ gilt:

1) $(x_{\iota_1}, \iota_1) \sim (x_{\iota_2}, \iota_2)$

2) Sind $\psi : [0,1] \to G_{\iota_1}$, $\varphi : [0,1] \to G_{\iota_2}$ Wege (= stetige Abbildungen) mit $(\psi(0), \iota_1) \sim (\varphi(0), \iota_2)$ und $\pi_{\iota_1} \circ \psi = \pi_{\iota_2} \circ \varphi$, so ist $(\psi(1), \iota_1) \sim (\varphi(1), \iota_2)$.

<u>Beispiel:</u> Es sei etwa $(y, \iota_1) \sim (y', \iota_2)$, falls $\pi_{\iota_1}(y) = \pi_{\iota_2}(y')$ ist. Offensichtlich ist $\sim$ eine Äquivalenzrelation auf X, und $\sim$ hat die Eigenschaft (P).

Es sei jetzt K die Menge aller Äquivalenzrelationen auf X, welche die Eigenschaft (P) besitzen. Für $\varkappa \in K$ sei $\mathfrak{X}_\varkappa$ die zur Äquivalenzrelation $\varkappa$ gehörende Zerlegung von X, also die Menge der Äquivalenzklassen.
Zu dem Zerlegungssystem $\mathfrak{X} = \{\mathfrak{X}_\varkappa : \varkappa \in K\}$ kann man wie oben die Verfeinerung $\mathfrak{X}^* = \{X_\nu : \nu \in N\}$ konstruieren.

<u>Hilfssatz 1:</u> Die durch $\mathfrak{X}^*$ auf X definierte Äquivalenzrelation $\sim$ besitzt die Eigenschaft (P). Ferner enthalten die Äquivalenzklassen X_ν jeweils nur Punkte über dem gleichen Grundpunkt $\mathfrak{z}_\nu \in \mathbb{C}^n$.

Beweis: Die Äquivalenzrelation $\varkappa \in K$ werde auch mit "$\underset{\varkappa}{\sim}$" bezeichnet. Dann ist $(x_{\iota_1}, \iota_1) \underset{\varkappa}{\sim} (x_{\iota_2}, \iota_2)$ für jedes $\varkappa \in K$, $\iota_1, \iota_2 \in I$, also gibt es für jedes $\varkappa \in K$ ein $\nu_\varkappa \in N_\varkappa$, so daß $(x_{\iota_1}, \iota_1), (x_{\iota_2}, \iota_2)$ gleichzeitig in der Menge $X^{(\varkappa)}_{\nu_\varkappa}$ liegen. Dann liegen die Punkte aber auch in der Menge $\bigcap_{\varkappa \in K} X^{(\varkappa)}_{\nu_\varkappa} = X_\nu$ für $\nu = (\nu_\varkappa)_{\varkappa \in K} \in \prod_{\varkappa \in K} N_\varkappa$, d.h., es ist $(x_{\iota_1}, \iota_1) \sim (x_{\iota_2}, \iota_2)$. Entsprechend zeigt man, daß die zweite Forderung von (P) erfüllt ist. $\mathfrak{X}^*$ ist also die feinste Zerlegung von X, die eine Äquivalenzrelation mit (P) definiert. Liegen zwei Punkte $(x, \iota_1), (x', \iota_2)$ in $X_\nu = \bigcap_{\varkappa \in K} X^{(\varkappa)}_{\nu_\varkappa}$, so ist $(x, \iota_1) \underset{\varkappa}{\sim} (x', \iota_2)$ für jedes $\varkappa \in K$, insbesondere auch für die im Beispiel angegebene Äquivalenzrelation. Dann ist aber $\pi_{\iota_1}(x) = \pi_{\iota_2}(x')$. Der durch X_ν eindeutig bestimmte Grundpunkt werde mit $\mathfrak{z}_\nu$ bezeichnet. ◆

Definition: Sei $\mathfrak{X}^* = (X_\nu)_{\nu \in N}$ die feinste Zerlegung von X, die auf X eine Äquivalenzrelation mit (P) definiert. Dann sei $\tilde{G} := \{X_\nu : \nu \in N\}$, die Abbildung $\tilde{\pi} : \tilde{G} \to \mathbb{C}^n$ sei definiert durch $\tilde{\pi}(X_\nu) := \mathfrak{z}_\nu$. Ferner sei $\tilde{x}_0 = X_{\nu_0}$ die Äquivalenzklasse, die alle Aufpunkte (x_ι, ι), $\iota \in I$, enthält.

Im folgenden soll gezeigt werden, daß $\tilde{\mathfrak{G}} = (\tilde{G}, \tilde{\pi}, \tilde{x}_0)$ derart mit einer Topologie versehen werden kann, daß $\tilde{\mathfrak{G}}$ ein Riemannsches Gebiet und $\mathfrak{G}_\iota < \mathfrak{G}$ für alle $\iota \in I$ ist.

Definition: Für $\iota \in I$ sei eine Abbildung $\varphi_\iota : G_\iota \to \tilde{G}$ folgendermaßen definiert: Ist $y \in G_\iota$, so sei $\varphi_\iota(y) = X_{\nu(\iota)} \in \tilde{G}$ diejenige Äquivalenzklasse, die y enthält. Offensichtlich ist $\tilde{\pi} \circ \varphi_\iota(y) = \pi_\iota(y)$ und $\varphi_\iota(x_\iota) = \tilde{x}_0$.

Es genügt also, $(\tilde{G}, \tilde{\pi}, \tilde{x}_0)$ so mit einer Hausdorfftopologie zu versehen, daß alle Abbildungen φ_ι stetig sind.

Hilfssatz 2: Seien $(y_1, \iota_1), (y_2, \iota_2) \in X$ äquivalent, $\mathfrak{z}_1 \in \mathbb{C}^n$ der gemeinsame Grundpunkt, $V = V(\mathfrak{z}_1) \subset \mathbb{C}^n$ eine zusammenhängende offene Umgebung und $U_i = U_i(y_i) \subset G_{\iota_i}$ offene Umgebungen, so daß $\pi_{\iota_i} | U_i : U_i \to V$ topologisch ist (für i = 1,2). Dann ist $\left((\pi_{\iota_1}|U_1)^{-1}(\mathfrak{z}), \iota_1\right) \sim \left((\pi_{\iota_2}|U_2)^{-1}(\mathfrak{z}), \iota_2\right)$ für jedes $\mathfrak{z} \in V$.

Beweis: Sei φ ein Weg in V, der $\mathfrak{z}_1$ mit $\mathfrak{z}$ verbindet. Dann sind $\psi_1 := (\pi_{\iota_1}|U_{\iota_1})^{-1} \circ \varphi$ und $\psi_2 := (\pi_{\iota_2}|U_{\iota_2})^{-1} \circ \varphi$ Wege in U_1 bzw. U_2, die y_1 mit $(\pi_{\iota_1}|U_{\iota_1})^{-1}(\mathfrak{z})$ bzw. y_2 mit $(\pi_{\iota_2}|U_{\iota_2})^{-1}(\mathfrak{z})$ verbinden. Die Anfangspunkte sind äquivalent, also sind es auch die Endpunkte. ◆

Hilfssatz 3: Für alle $\iota_1, \iota_2 \in I$ gilt: Ist $M \subset G_{\iota_1}$ offen, so ist $\varphi^{-1}_{\iota_2}(\varphi_{\iota_1}(M)) \subset G_{\iota_2}$ offen.

Beweis: Es ist $\varphi^{-1}_{\iota_2}(\varphi_{\iota_1}(M)) = \{x \in G_{\iota_2} :$ Es gibt ein $y \in M$ mit $\varphi_{\iota_1}(y) = \varphi_{\iota_2}(x)\} =$
$= \{x \in G_{\iota_2} :$ Es gibt ein $y \in M$ mit $(y, \iota_1) \sim (x, \iota_2)\}$.

Sei $x \in \varphi_{\iota_2}^{-1}(\varphi_{\iota_1}(M))$ vorgegeben, $y \in M$ mit $(y, \iota_1) \sim (x, \iota_2)$ und $\mathfrak{z} := \pi_{\iota_1}(y) = \pi_{\iota_2}(x)$. Es gibt offene Umgebungen $U_1 = U_1(y)$, $U_2 = U_2(x)$ und eine zusammenhängende offene Umgebung $V = V(\mathfrak{z})$, so daß $\pi_{\iota_1}|U_1 : U_1 \to V$, $\pi_{\iota_2}|U_2 : U_2 \to V$ topologische Abbildungen sind. Sei $\varphi := (\pi_{\iota_2}|U_2)^{-1} \circ (\pi_{\iota_1}|U_1) : U_1 \to U_2$. Nach Hilfssatz 2 folgt für $y' \in U_1$:

$$(\varphi(y'), \iota_2) \sim (y', \iota_1)$$

M ist offen, also auch $U_1' := M \cap U_1$ und $U_2' := \varphi(U_1') \subset U_2$. Es ist aber $x \in U_2' \subset \subset \varphi_{\iota_2}^{-1}(\varphi_{\iota_1}(M))$. Damit ist x innerer Punkt, und das war zu zeigen. ♦

<u>Hilfssatz 4:</u> Seien $M_{\iota_1} \subset G_{\iota_1}$, $M_{\iota_2} \subset G_{\iota_2}$ beliebige Teilmengen. Dann ist $\varphi_{\iota_1}(M_{\iota_1}) \cap \varphi_{\iota_2}(M_{\iota_2}) = \varphi_{\iota_2}\left(M_{\iota_2} \cap \varphi_{\iota_2}^{-1}(\varphi_{\iota_1}(M_{\iota_1}))\right)$.

<u>Beweis:</u> 1) Sei $y \in \varphi_{\iota_1}(M_{\iota_1}) \cap \varphi_{\iota_2}(M_{\iota_2})$. Dann gibt es Punkte $y_1 \in M_{\iota_1}$, $y_2 \in M_{\iota_2}$ mit $\varphi_{\iota_1}(y_1) = \varphi_{\iota_2}(y_2) = y$. Offensichtlich ist $y_2 \in \varphi_{\iota_2}^{-1}(\varphi_{\iota_1}(M_{\iota_1})) \cap M_{\iota_2}$.

2) Sei $y \in \varphi_{\iota_2}\left(M_{\iota_2} \cap \varphi_{\iota_2}^{-1}(\varphi_{\iota_1}(M_{\iota_1}))\right)$. Dann gibt es einen Punkt $y_2 \in M_{\iota_2} \cap \varphi_{\iota_2}^{-1}(\varphi_{\iota_1}(M_{\iota_1}))$ mit $\varphi_{\iota_2}(y_2) = y$, und weiter gibt es auch einen Punkt $y_1 \in M_{\iota_1}$ mit $\varphi_{\iota_2}(y_2) = \varphi_{\iota_1}(y_1)$. Also ist $y \in \varphi_{\iota_1}(M_{\iota_1}) \cap \varphi_{\iota_2}(M_{\iota_2})$. ♦

Jetzt können wir auf $\widetilde{G}$ eine Topologie einführen:

Sei $\mathfrak{T}' := \{A \subset \widetilde{G} :$ Es gibt ein $\iota \in I$, $M_\iota \subset G_\iota$ offen, s.d. $\varphi_\iota(M_\iota) = A\} \cup \{\widetilde{G}\}$. Dann gilt:

1) $\emptyset = \varphi_\iota(\emptyset)$ für jedes $\iota \in I$, also $\emptyset \in \mathfrak{T}'$
2) $\widetilde{G} \in \mathfrak{T}'$ nach Definition
3) $A_1, A_2 \in \mathfrak{T}' \Rightarrow A_1 \cap A_2 \in \mathfrak{T}'$, nach Hilfssatz 4 und Hilfssatz 3.

$\mathfrak{T}'$ erfüllt damit die Axiome der Basis einer Topologie. Sei $\mathfrak{T}$ die zugehörige Topologie auf $\widetilde{G}$, d.h., die Menge der beliebigen Vereinigungen von Elementen von $\mathfrak{T}'$.

<u>Satz 7.6:</u> Sei $\{\mathfrak{G}_\iota = (G_\iota, \pi_\iota, x_\iota) : \iota \in I\}$ eine Familie von Gebieten über dem $\mathbb{C}^n$ mit Aufpunkt, $X = \dot{\bigcup}_{\iota \in I} G_\iota$ die disjunkte Vereinigung der Räume G_ι. $\mathfrak{Z}^* = (X_\nu)_{\nu \in N}$ sei die feinste Zerlegung von X, die auf X eine Äquivalenzrelation mit der Eigenschaft (P) definiert. Sei $\widetilde{G} := \{X_\nu : \nu \in N\}$ die Menge der Klassen von $\mathfrak{Z}^*$. Der Punkt $\widetilde{x}_0 \in \widetilde{G}$ und die Abbildungen $\widetilde{\pi} : \widetilde{G} \to \mathbb{C}^n$, $\varphi_\iota : G_\iota \to \widetilde{G}$ seien wie oben definiert, und $\widetilde{G}$ sei mit der oben angegebenen Topologie versehen. Dann gilt:

1) $\widetilde{\mathfrak{G}} = (\widetilde{G}, \widetilde{\pi}, \widetilde{x}_0)$ ist ein Gebiet über dem $\mathbb{C}^n$ mit Aufpunkt.
2) Für jedes $\iota \in I$ ist $\mathfrak{G}_\iota < \widetilde{\mathfrak{G}}$.
3) Ist $\mathfrak{G}^* = (G^*, \pi^*, x_0^*)$ ein Gebiet über dem $\mathbb{C}^n$ und $\mathfrak{G}_\iota < \mathfrak{G}^*$ für alle $\iota \in I$, so ist auch $\widetilde{\mathfrak{G}} < \mathfrak{G}^*$.

($\widetilde{\mathfrak{G}}$ ist das kleinste Riemannsche Gebiet über dem $\mathbb{C}^n$, das alle Gebiete $\mathfrak{G}_\iota$ umfaßt.)

Beweis: 1a) $\tilde{G}$ ist ein topologischer Raum, und es ist $\tilde{\pi}(\tilde{x}_0) = \mathfrak{z}_0 = \pi_\iota(x_\iota)$.

b) $\tilde{G}$ ist zusammenhängend:

Ist $y \in \tilde{G}$, so gibt es ein $\iota \in I$ und ein $y_\iota \in G_\iota$, so daß $y = \varphi_\iota(y_\iota)$ ist. Sei ψ ein Weg in G_ι, der y_ι mit x_ι verbindet. Dann ist $\varphi_\iota \circ \psi : [0,1] \to \tilde{G}$ eine Abbildung mit $\varphi_\iota \circ \psi(0) = y$, $\varphi_\iota \circ \psi(1) = \tilde{x}_0$. φ_ι (und damit auch $\varphi_\iota \circ \psi$) ist aber stetig: Ist nämlich $M \subset \tilde{G}$ offen, so ist $M = \bigcup_{\iota \in I} \varphi_\iota(M_\iota)$, $M_\iota \subset G_\iota$ offen (eventuell leer) für jedes ι.

Daraus folgt: Für $\iota_0 \in I$ ist $\varphi_{\iota_0}^{-1}(M) = \bigcup_{\iota \in I} \varphi_{\iota_0}^{-1}(\varphi_\iota(M))$ offen in G_{ι_0}. Man kann also in $\tilde{G}$ jeden Punkt durch einen Weg mit dem Aufpunkt verbinden.

c) $\tilde{G}$ ist ein Hausdorff-Raum: Seien $y_1, y_2 \in \tilde{G}$ mit $y_1 \neq y_2$.

1. Fall: $\tilde{\pi}(y_1) := \mathfrak{z}_1 \neq \mathfrak{z}_2 =: \tilde{\pi}(y_2)$. Dann gibt es offene Umgebungen $V(\mathfrak{z}_1), V'(\mathfrak{z}_2)$ mit $V \cap V' = \emptyset$, und es ist $\tilde{\pi}^{-1}(V) \cap \tilde{\pi}^{-1}(V') = \emptyset$. Es genügt daher zu zeigen, daß $\tilde{\pi}$ stetig ist: Sei $V \subset \mathbb{C}^n$ offen, $M := \tilde{\pi}^{-1}(V)$, $\iota \in I$. Dann ist $\varphi_\iota^{-1}(M) = (\tilde{\pi} \circ \varphi_\iota)^{-1}(V) = \pi_\iota^{-1}(V)$ offen in G_ι, also $M = \bigcup_{\iota \in I} \varphi_\iota \varphi_\iota^{-1}(M)$ offen in $\tilde{G}$.

2. Fall: Sei $\mathfrak{z} := \tilde{\pi}(y_1) = \tilde{\pi}(y_2)$.

Dann gibt es Elemente $\hat{y}_1 \in G_{\iota_1}$, $\hat{y}_2 \in G_{\iota_2}$ mit $\varphi_{\iota_1}(\hat{y}_1) = y_1$ und $\varphi_{\iota_2}(\hat{y}_2) = y_2$. Weiter kann man offene Umgebungen $U_1(\hat{y}_1) \subset G_{\iota_1}$, $U_2(\hat{y}_2) \subset G_{\iota_2}$ und eine zusammenhängende offene Umgebung $V(\mathfrak{z}) \subset \mathbb{C}^n$ finden, so daß $\pi_{\iota_1}|U_1 : U_1 \to V$ und $\pi_{\iota_2}|U_2 : U_2 \to V$ topologische Abbildungen sind. Die Punkte $(\hat{y}_1, \iota_1)$, $(\hat{y}_2, \iota_2)$ sind nicht äquivalent. Nach Hilfssatz 2 muß dann $\varphi_{\iota_1}(U_1) \cap \varphi_{\iota_2}(U_2) = \emptyset$ sein, und wir haben disjunkte Umgebungen gefunden.

d) $\tilde{\pi}$ ist lokal-topologisch:

Sei $y \in \tilde{G}$, $\iota \in I$, $y_\iota \in G_\iota$ so, daß $\varphi_\iota(y_\iota) = y$ ist.

Sei $\mathfrak{z} := \tilde{\pi}(y) = \pi_\iota(y_\iota)$.

Dann gibt es offene Umgebungen $U_\iota(y_\iota)$ und $V(\mathfrak{z})$, so daß $\pi_\iota|U_\iota : U_\iota \to V$ topologisch ist. $U := \varphi_\iota(U_\iota)$ ist eine offene Umgebung von y, $\tilde{\pi}|U : U \to V$ ist stetig und surjektiv. Aus der Gleichung $(\tilde{\pi}|U) \circ (\varphi_\iota|U_\iota) = \pi_\iota|U_\iota$ folgt, daß $\tilde{\pi}|U$ auch injektiv und $(\tilde{\pi}|U)^{-1}$ stetig ist.

2) Die Abbildungen $\varphi_\iota : G_\iota \to \tilde{G}$ sind grundpunkttreu und nach 1b) auch stetig. Also ist $\mathfrak{G}_\iota < \tilde{\mathfrak{G}}$.

3) Ist $\mathfrak{G}^*$ gegeben, so gibt es stetige grundpunkt-treue Abbildungen $\varphi_\iota^* : G_\iota \to G^*$.

Durch "$(y, \iota_1) \sim (y', \iota_2)$ genau dann, wenn $\varphi_{\iota_1}^*(y) = \varphi_{\iota_2}^*(y')$" wird auf X eine Äquivalenzrelation erklärt, die wegen der Eindeutigkeit der Liftung auch die Eigenschaft (P) besitzt: Sind nämlich $\psi : [0,1] \to G_{\iota_1}$, $\varphi : [0,1] \to G_{\iota_2}$ zwei Wege mit $(\psi(0), \iota_1) \sim (\varphi(0), \iota_2)$ und $\pi_{\iota_1} \circ \psi = \pi_{\iota_2} \circ \varphi$, so ist $\varphi_{\iota_1}^* \circ \psi(0) = \varphi_{\iota_2}^* \circ \varphi(0)$ und (wegen $\pi^* \circ \varphi_\iota^* = \pi_\iota$) auch $\pi^* \circ (\varphi_{\iota_1}^* \circ \psi) = \pi^* \circ (\varphi_{\iota_2}^* \circ \varphi)$, also $\varphi_{\iota_1}^* \circ \psi = \varphi_{\iota_2}^* \circ \varphi$, nach Satz 7.1.

Insbesondere folgt, daß $(\psi(1), \iota_1) \sim (\varphi(1), \iota_2)$ ist. Das bedeutet aber, daß durch $\varphi \circ \varphi_\iota = \varphi_\iota^*$ eine Abbildung $\varphi : \tilde{G} \to G^*$ definiert wird. φ ist stetig und grundpunkttreu. ♦

Def. 7.6: Das in Satz 7.6 beschriebene Gebiet $\widetilde{\mathfrak{G}}$ nennen wir die Vereinigung der Gebiete $\mathfrak{G}_\iota$, $\iota \in I$, und schreiben dafür:

$$\widetilde{\mathfrak{G}} = \bigcup_{\iota \in I} \mathfrak{G}_\iota .$$

Spezialfälle:

1) Aus $\mathfrak{G}_1 < \mathfrak{G}$ und $\mathfrak{G}_2 < \mathfrak{G}$ folgt $\mathfrak{G}_1 \cup \mathfrak{G}_2 < \mathfrak{G}$
2) Aus $\mathfrak{G}_1 < \mathfrak{G}_2$ folgt $\mathfrak{G}_1 \cup \mathfrak{G}_2 \simeq \mathfrak{G}_2$
3) $\mathfrak{G} \cup \mathfrak{G} \simeq \mathfrak{G}$
4) $\mathfrak{G}_1 \cup \mathfrak{G}_2 \simeq \mathfrak{G}_2 \cup \mathfrak{G}_1$
5) $\mathfrak{G}_1 \cup (\mathfrak{G}_2 \cup \mathfrak{G}_3) \simeq (\mathfrak{G}_1 \cup \mathfrak{G}_2) \cup \mathfrak{G}_3$

Beispiel: $\mathfrak{G}_1 = (G_1, \pi_1, x_1)$ sei die Riemannsche Fläche von $w = \sqrt{z}$, mit $x_1 = (1,1)$ als Aufpunkt und mit der kanonischen Projektion $\pi_1 : (w,z) \mapsto z$. $\mathfrak{G}_2 = (G_2, \pi_2, x_2)$ sei gegeben durch $G_2 := \left\{ z \in \mathbb{C} : \frac{1}{2} < |z| < 2 \right\}$, $x_2 := \pi_1(x_1) = 1$ und $\pi_2 := \mathrm{id}_{G_2}$.
Dann ist $\mathfrak{G}_1 \cup \mathfrak{G}_2 = (\widetilde{G}, \widetilde{\pi}, \widetilde{x}_0)$, wobei $\widetilde{G} = (G_1 \dot{\cup} G_2)/\sim$ die Menge aller Äquivalenzklassen $[(x,\iota)]$, $\iota \in \{1,2\}$, bezüglich der "feinsten" Äquivalenzrelation mit der Eigenschaft (P) ist.

1) Sei $y \in \pi_1^{-1}(G_2) \subset G_1$. Man kann y in $\pi_1^{-1}(G_2)$ durch einen Weg ψ mit dem Aufpunkt x_1 verbinden.

Der Weg $\pi_1 \circ \psi$ verbindet dann $\pi_1(y)$ in G_2 mit x_2. Nun ist aber $(x_1, 1) \sim (x_2, 2)$, also auch $(y,1) \sim (\pi_1(y), 2)$. Da die Äquivalenzklassen andererseits nur Punkte über dem gleichen Grundpunkt enthalten, folgt, daß über den Punkten von G_2 stets genau eine Äquivalenzklasse liegt.

2) Sei $z \in \mathbb{C} - \{0\}$ beliebig. Die Gerade durch z und 0 enthält einen Streckenzug $\varphi : [0,1] \to \mathbb{C} - \{0\}$, der einen Punkt $z^* \in G_2$ mit z verbindet. Es gibt dann zwei Wege ψ_1, ψ_2 in G_1 mit $\pi_1 \circ \psi_1 = \pi_1 \circ \psi_2 = \varphi$ und $(\psi_1(0), 1) \sim (\psi_2(0), 1) \sim (z^*, 2)$. Daraus folgt, daß auch die Punkte $(\psi_1(1), 2)$, $(\psi_2(1), 2)$ über z äquivalent sind.

Aus 1) und 2) ergibt sich:

$$\mathfrak{G}_1 \cup \mathfrak{G}_2 = (\mathbb{C} - \{0\}, \mathrm{id}_{\mathbb{C} - \{0\}}, 1) .$$

§ 8. Holomorphiehüllen

Def. 8.1: Sei (G, π) ein Gebiet über dem $\mathbb{C}^n$, $f : G \to \mathbb{C}$ eine Funktion. f heißt in $x_0 \in G$ holomorph, falls es offene Umgebungen $U = U(x_0)$ und $V = V(\pi(x_0))$ gibt, so daß

$\pi|U : U \to V$ topologisch und $f \circ (\pi|U)^{-1} : V \to \mathbb{C}$ holomorph ist. f heißt holomorph auf G, falls f in jedem Punkt $x_0 \in G$ holomorph ist.

<u>Bemerkungen:</u> 1) Die Holomorphie in einem Punkte hängt nicht von der gewählten Umgebung ab.

2) Bei schlichten Gebieten stimmt der neue Holomorphiebegriff mit dem bisherigen überein.

3) Ist f auf G holomorph, so ist f stetig.

<u>Hilfssatz 1:</u> $(G_1, \pi_1, y_1), \ldots, (G_l, \pi_l, y_l)$, (G, π, y) seien Gebiete mit Aufpunkt über dem $\mathbb{C}^n$, und es sei $\mathfrak{z} = \pi(y)$. Sind $\varphi_i : G \to G_i$ stetige grundpunkttreue Abbildungen mit $\varphi_i(y) = y_i$ für $i = 1, \ldots, l$, so gibt es offene Umgebungen $U = U(y)$, $V = V(\mathfrak{z})$ und $U_i = U_i(y_i)$, so daß für jedes i in dem folgenden kommutativen Diagramm alle vorkommenden Abbildungen topologisch sind:

$$\begin{array}{ccc} U & \xrightarrow{\varphi_i|U} & U_i \\ & {\scriptstyle \pi|U} \searrow \quad \swarrow {\scriptstyle \pi_i|U_i} & \\ & V & \end{array}$$

<u>Beweis:</u> Man kann offene Umgebungen $\hat{U}(y)$, $\hat{V}(\mathfrak{z})$ und $\hat{U}_i(y_i)$ finden, so daß die Abbildungen $\pi|\hat{U} : \hat{U} \to \hat{V}$ und $\pi_i|\hat{U}_i : \hat{U}_i \to \hat{V}$ topologisch sind. Da φ_i stetig ist, gibt es eine offene Umgebung $U(y) \subset \hat{U}(y)$ mit $\varphi_i(U) \subset \hat{U}_i$.
Setzt man $V(\mathfrak{z}) := \pi(U)$ und $U_i := \varphi_i(U)$, so erhält man das gewünschte Resultat. ♦

<u>Def.8.2:</u> $\mathfrak{G}_i = (G_i, \pi_i, x_i)$, $i = 1,2$, seien Gebiete mit Aufpunkt, und es gelte $\mathfrak{G}_1 < \mathfrak{G}_2$ vermöge einer stetigen Abbildung $\varphi : G_1 \to G_2$.

Ist f eine komplexwertige Funktion auf G_2, so definiert man:

$$f|G_1 := f \circ \varphi .$$

<u>Satz 8.1:</u> Unter den Voraussetzungen von Def.8.2 gilt: Ist f holomorph auf G_2, so ist $f|G_1$ holomorph auf G_1.

<u>Beweis:</u> Sei $y_1 \in G_1$ beliebig, $y_2 := \varphi(y_1) \in G_2$ und $\mathfrak{z}_1 := \pi_1(y_1) = \pi_2(y_2)$. Nach Hilfssatz 1 erhält man ein kommutatives Diagramm von topologischen Abbildungen:

$$\begin{array}{ccc} U_1 & \xrightarrow{\varphi|U_1} & U_2 \\ & {\scriptstyle \pi_1|U_1} \searrow \quad \swarrow {\scriptstyle \pi_2|U_2} & \\ & V & \end{array}$$

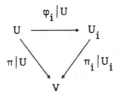

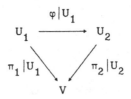

(mit Umgebungen $U_1 = U_1(y_1)$, $U_2 = U_2(y_2)$ und $V = V(\mathfrak{z}_1)$).

Dann ist aber $(f|G_1) \circ (\pi_1|U_1)^{-1} = f \circ \left(\varphi \circ (\pi_1|U_1)^{-1}\right) = f \circ (\pi_2|U_2)^{-1}$. ♦

f heißt holomorphe Fortsetzung von $f|G_1$ nach G_2.

Def.8.3: 1) Sei (G,π) ein Gebiet über dem $\mathbb{C}^n$. Ist $x \in G$ ein Punkt und f eine in der Nähe von x definierte holomorphe Funktion, so heißt das Paar (f,x) eine lokale holomorphe Funktion in x.

2) Seien $(G_1,\pi_1),(G_2,\pi_2)$ Gebiete über dem $\mathbb{C}^n$. $y_1 \in G_1$ und $y_2 \in G_2$ Punkte mit $\pi_1(y_1) = \pi_2(y_2) =: \mathfrak{z}$. Zwei lokale Funktionen $(f_1,y_1),(f_2,y_2)$ heißen äquivalent (in Zeichen: $(f_1)_{y_1} = (f_2)_{y_2}$), falls es offene Umgebungen $U_1(y_1)$, $U_2(y_2)$, $V(\mathfrak{z})$ und topologische Abbildungen $\pi_1|U_1 : U_1 \to V$, $\pi_2|U_2 : U_2 \to V$ mit $f_1 \circ (\pi_1|U)^{-1} = f_2 \circ (\pi_2|U_2)^{-1}$ gibt.

Bemerkung: Ist $(f_1)_{y_1} = (f_2)_{y_2}$, so ist offensichtlich $f_1(y_1) = f_2(y_2)$. Ist insbesondere $G_1 = G_2$, $\pi_1 = \pi_2$ und $y_1 = y_2$, so folgt, daß f_1 und f_2 auf einer offenen Umgebung von $y_1 = y_2$ übereinstimmen.

Satz 8.2: $(G_1,\pi_1),(G_2,\pi_2)$ seien Gebiete über dem $\mathbb{C}^n$, $\psi_\lambda : [0,1] \to G_\lambda$ Wege mit $\pi_1 \circ \psi_1 = \pi_2 \circ \psi_2$. Außerdem sei f_λ holomorph auf G_λ für $\lambda = 1,2$. Ist $(f_1)_{\psi_1(0)} = (f_2)_{\psi_2(0)}$, so ist auch $(f_1)_{\psi_1(1)} = (f_2)_{\psi_2(1)}$.

Beweis: 1) $x_1 \in G_1$, $x_2 \in G_2$ seien Punkte mit $\pi_1(x_1) = \pi_2(x_2) = \mathfrak{z}_0$. Dann gibt es offene Umgebungen $U_1(x_1), U_2(x_2)$ und eine offene zusammenhängende Umgebung $V(\mathfrak{z}_0)$, so daß die Abbildungen $\pi_\lambda|U_\lambda : U_\lambda \to V$ topologisch sind.

Wenn es Punkte $x_1' \in U_1$, $x_2' \in U_2$ mit $\pi_1(x_1') = \pi_2(x_2') = \mathfrak{z}$ und $(f_1)_{x_1'} = (f_2)_{x_2'}$ gibt, so ist $f_1 \circ (\pi_1|U_1)^{-1} = f_2 \circ (\pi_2|U_2)^{-1}$ in der Nähe von $\mathfrak{z} \in V$, nach dem Identitätssatz also in ganz V. Daraus folgt: Ist $(f_1)_{x_1} = (f_2)_{x_2}$, so ist $(f_1)_{x_1'} = (f_2)_{x_2'}$ für alle $x_1' \in U_1$, $x_2' \in U_2$ mit $\pi_1(x_1') = \pi_2(x_2')$.
Ist $(f_1)_{x_1} \neq (f_2)_{x_2}$, so ist $(f_1)_{x_1'} \neq (f_2)_{x_2'}$ für alle $x_1' \in U_1$, $x_2' \in U_2$ mit $\pi_1(x_1') = \pi_2(x_2')$.

2) Sei $W := \{t \in [0,1] : (f_1)_{\psi_1(t)} = (f_2)_{\psi_2(t)}\}$

a) Nach Voraussetzung ist $W \neq \emptyset$, denn 0 liegt in W.

b) Ist $t_1 \in W$, so setze man $x_\lambda := \psi_\lambda(t_1)$. Nach 1) gibt es offene Umgebungen $U_1(x_1)$, $U_2(x_2)$, so daß $(f_1)_{x_1'} = (f_2)_{x_2'}$ für alle $x_1' \in U_1$, $x_2' \in U_2$ mit $\pi_1(x_1') = \pi_2(x_2')$ ist. Da die Abbildungen ψ_λ stetig sind, gibt es aber eine Umgebung $Q(t_1) \subset [0,1]$ mit $\psi_\lambda(Q) \subset U_\lambda$ für $\lambda = 1,2$. Also ist $(f_1)_{\psi(t)} = (f_2)_{\psi(t)}$ für $t \in Q$. Das bedeutet, daß W offen ist.

c) Völlig analog zeigt man, daß $[0,1] - W$ offen in $[0,1]$ ist. Da $[0,1]$ zusammenhängend ist, folgt: $W = [0,1]$. ♦

Satz 8.3: Es seien $\mathfrak{G}_\lambda = (G_\lambda, \pi_\lambda, x_\lambda)$ Gebiete über dem $\mathbb{C}^n$ mit $\pi_\lambda(x_\lambda) = \mathfrak{z}_0$, $\lambda = 1,2$, und es gelte:

$\mathfrak{G}_1 < \mathfrak{G}_2$.

f sei eine holomorphe Funktion auf G_1, F eine holomorphe Fortsetzung von f nach G_2. Dann ist F durch f bereits eindeutig bestimmt.

Beweis: Es seien F_1, F_2 holomorphe Fortsetzungen von f nach G_2. Nach Hilfssatz 1 gibt es Umgebungen $U_\lambda(x_\lambda)$, so daß die Beschränkung der kanonischen Abbildung $\varphi : G_1 \to G_2$ auf U_1 die Menge U_1 topologisch auf U_2 abbildet. Für $\nu = 1,2$ gilt $F_\nu \circ \varphi | U_1 = f | U_1$, mithin $F_1 | U_2 = F_2 | U_2$, also $(F_1)_{x_2} = (F_2)_{x_2}$.
Da jeder Punkt $x \in G_2$ mit x_2 verbindbar ist, folgt nach Satz 8.2 die Gleichung $F_1 = F_2$. ♦

Für $j = 1, \ldots, n$ sei $pr_j : \mathbb{C}^n \to \mathbb{C}$ die Projektion auf die j-te Komponente. Ist (G, π) ein Gebiet über dem $\mathbb{C}^n$, so ist $z_j := pr_j \circ \pi$ eine holomorphe Funktion auf G. Die Menge A(G) aller holomorphen Funktionen auf G enthält also nicht nur die konstanten Funktionen.

Def. 8.4: Sei $\mathfrak{G} = (G, \pi, x_0)$ ein Gebiet über dem $\mathbb{C}^n$ mit Aufpunkt, $\mathfrak{F}$ eine nicht-leere Menge von holomorphen Funktionen auf G. Sei $\{\mathfrak{G}_\iota, \iota \in I\}$ das System aller Gebiete über dem $\mathbb{C}^n$ mit folgenden Eigenschaften:

1) $\mathfrak{G} < \mathfrak{G}_\iota$ für alle $\iota \in I$.
2) Ist $f \in \mathfrak{F}$, so gibt es zu jedem $\iota \in I$ ein $F_\iota \in A(G_\iota)$ mit $F_\iota | G = f$.

Dann heißt $H_{\mathfrak{F}}(\mathfrak{G}) := \bigcup_{\iota \in I} \mathfrak{G}_\iota$ die Holomorphiehülle von $\mathfrak{G}$ bezüglich $\mathfrak{F}$. Ist $\mathfrak{F} = A(G)$, so heißt $H(\mathfrak{G}) := H_{A(G)}(\mathfrak{G})$ die absolute Holomorphiehülle von $\mathfrak{G}$.
Ist $\mathfrak{F} = \{f\}$, so heißt $H_f(\mathfrak{G}) := H_{\{f\}}(\mathfrak{G})$ das Holomorphiegebiet von f.

Satz 8.4: Sei $\mathfrak{G} = (G, \pi, x_0)$ ein Gebiet über dem $\mathbb{C}^n$, $\mathfrak{F}$ eine nicht-leere Menge von holomorphen Funktionen auf G und $H_{\mathfrak{F}}(\mathfrak{G}) = (\hat{G}, \hat{\pi}, \hat{x})$ die Holomorphiehülle von $\mathfrak{G}$ bezüglich $\mathfrak{F}$. Dann ist $\mathfrak{G} < H_{\mathfrak{F}}(\mathfrak{G})$, und zu jeder Funktion $f \in \mathfrak{F}$ gibt es genau eine Funktion $F \in A(\hat{G})$ mit $F | G = f$.
Ist $\mathfrak{G}_1 = (G_1, \pi_1, x_1)$ ein Gebiet über dem $\mathbb{C}^n$ mit $\mathfrak{G} < \mathfrak{G}_1$ und der Eigenschaft, daß sich jede Funktion $f \in \mathfrak{F}$ nach G_1 holomorph fortsetzen läßt, so ist $\mathfrak{G}_1 < H_{\mathfrak{F}}(\mathfrak{G})$.

Beweis: 1) Sei "$\sim$" die feinste Äquivalenzrelation auf $X := \dot{\bigcup}_{\iota \in I} G_\iota$ mit der Eigenschaft (P). Dann ist $\hat{G}$ die Menge der Äquivalenzklassen von X bezüglich $\sim$. Wir definieren nun auf X eine weitere Äquivalenzrelation, und zwar sei $(y, \iota_1) \simeq (y', \iota_2)$, falls gilt:

a) $\pi_{\iota_1}(y) = \pi_{\iota_2}(y')$.
b) Ist $f \in \mathfrak{F}$ und sind $f_1 \in A(G_{\iota_1})$, $f_2 \in A(G_{\iota_2})$ holomorphe Fortsetzungen von f, so ist $(f_1)_y = (f_2)_{y'}$.

"$\simeq$" ist in der Tat eine Äquivalenzrelation. Darüber hinaus hat "$\simeq$" aber auch die Eigenschaft (P):

a) Für jedes $\iota \in I$ gibt es eine stetige grundpunkttreue Abbildung $\varphi_\iota : G \to G_\iota$ mit $\varphi_\iota(x_0) = x_\iota$. Man kann offene Umgebungen $U(x_0)$, $U_1(x_{\iota_1})$, $U_2(x_{\iota_2})$ und $V(\pi(x_0))$ finden, so daß in den beiden folgenden kommutativen Diagrammen alle Abbildungen topologisch sind:

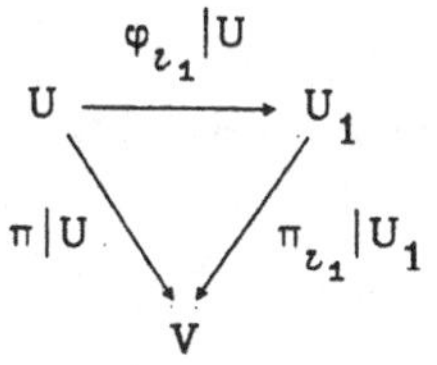

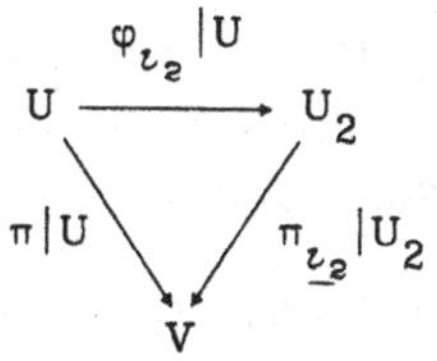

Dann ist $f_2 \circ (\pi_{\iota_2}|U_2)^{-1} = f_2 \circ \varphi_{\iota_2} \circ (\pi|U)^{-1} = f \circ (\pi|U)^{-1} = f_1 \circ \varphi_{\iota_1} \circ (\pi|U)^{-1} =$
$= f_1 \circ (\pi_{\iota_1}|U_1)^{-1}$, d.h., die Aufpunkte sind äquivalent.

b) Sind $\psi_\lambda : [0,1] \to G_{\iota_\lambda}$ Wege mit $(\psi_1(0), \iota_1) \simeq (\psi_2(0), \iota_2)$ und $\pi_{\iota_1} \circ \psi_1 = \pi_{\iota_2} \circ \psi_2$, so bedeutet das, daß $(f_1)_{\psi_1(0)} = (f_2)_{\psi_2(0)}$ ist. Dann folgt aus Satz 8.2:
$(f_1)_{\psi_1(1)} = (f_2)_{\psi_2(1)}$, also $(\psi_1(1), \iota_1) \simeq (\psi_2(1), \iota_2)$.
Da "$\sim$" die feinste Zerlegung mit der Eigenschaft (P) ist, gilt:
Ist $(y, \iota_1) \sim (y, \iota_2)$, so ist $(y, \iota_1) \simeq (y, \iota_2)$.

2) Für alle $\iota \in I$ ist $\mathfrak{G} < \mathfrak{G}_\iota < \bigcup_{\iota \in I} \mathfrak{G}_\iota = H_{\mathfrak{F}}(\mathfrak{G})$. $\hat{\varphi}_\iota : G_\iota \to \hat{G}$ und $\hat{\varphi} : G \to \hat{G}$ mit $\hat{\varphi} = \hat{\varphi}_\iota \circ \varphi_\iota$ seien die kanonischen Abbildungen.

Sei $f \in \mathfrak{F}$ vorgegeben.
Zu $\hat{y} \in \hat{G}$ gibt es ein $\iota \in I$ und ein $y_\iota \in G_\iota$ mit $\hat{\varphi}_\iota(y_\iota) = \hat{y}$. Sei $F_\iota \in A(G_\iota)$ eine holomorphe Fortsetzung von f. Man setze dann $F(\hat{y}) := F_\iota(y_\iota)$. Ist $\varkappa \in I$, $y_\varkappa \in G_\varkappa$ und $\hat{\varphi}_\varkappa(y_\varkappa) = \hat{y}$, sowie $F_\varkappa \in A(G_\varkappa)$ ebenfalls eine holomorphe Fortsetzung von f, so ist $(y_\iota, \iota) \sim (y_\varkappa, \varkappa)$, also auch $(y_\iota, \iota) \simeq (y_\varkappa, \varkappa)$, also $(F_\iota)_{y_\iota} = (F_\varkappa)_{y_\varkappa}$. Daraus folgt: $F_\iota(y_\iota) = F_\varkappa(y_\varkappa)$,
F ist wohldefiniert! Außerdem ist $F \circ \hat{\varphi} = F \circ \hat{\varphi}_\iota \circ \varphi_\iota = F_\iota \circ \varphi_\iota = f$, d.h., F ist eine Fortsetzung von f. Es bleibt zu zeigen, daß F holomorph ist:

Sei $\hat{y} \in \hat{G}$. $\hat{y} = \hat{\varphi}_\iota(y_\iota)$ und $\mathfrak{z} = \hat{\pi}(\hat{y})$. Dann gibt es offene Umgebungen $U_1(y_\iota)$, $U_2(\hat{y})$, $V(\mathfrak{z})$ und ein kommutatives Diagramm von topologischen Abbildungen:

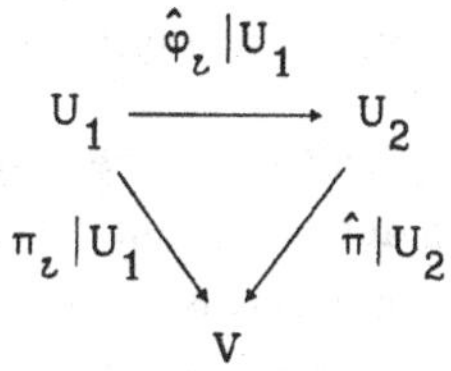

Es folgt: $F \circ (\hat{\pi}|U_2)^{-1} = F \circ \hat{\varphi}_\iota \circ (\pi_\iota|U_1)^{-1} = F_\iota \circ (\pi_\iota|U_1)^{-1}$, und das ist eine holomorphe Funktion.

3) Die "Maximalität" von $H_{\mathfrak{F}}(\mathfrak{G})$ folgt sofort aus der Konstruktion. ♦

Die Holomorphiehülle $H_{\mathfrak{F}}(\mathfrak{G})$ ist also das größte Gebiet, in das hinein sich sämtliche Funktionen $f \in \mathfrak{F}$ holomorph fortsetzen lassen.

Satz 8.5: $\mathfrak{G}_\lambda = (G_\lambda, \pi_\lambda, x_\lambda)$, $\lambda = 1,2$, seien Gebiete über dem $\mathbf{C}^n$ mit $\mathfrak{G}_1 \cup \mathfrak{G}_2 = (\widetilde{G}, \widetilde{\pi}, \widetilde{x})$, $f_1 : G_1 \to \mathbf{C}$, $f_2 : G_2 \to \mathbf{C}$ seien holomorphe Funktionen. Wenn es ein Gebiet $\mathfrak{G} = (G, \pi, x_0)$ mit $\mathfrak{G} < \mathfrak{G}_\lambda$ für $\lambda = 1,2$ und $f_1|G = f_2|G$ gibt, dann existiert auf $\widetilde{G}$ eine holomorphe Funktion $\widetilde{f}$ mit $\widetilde{f}|G_\lambda = f_\lambda$ für $\lambda = 1,2$.

Beweis: Sei $f := f_1|G = f_2|G$, $\mathfrak{F} := \{f\}$.
Dann ist f_1 holomorphe Fortsetzung von f auf G_1 und f_2 holomorphe Fortsetzung von f auf G_2. Nach Satz 8.4 gilt also: $\mathfrak{G}_1 < H_{\mathfrak{F}}(\mathfrak{G})$ und $\mathfrak{G}_2 < H_{\mathfrak{F}}(\mathfrak{G})$. Nach Satz 7.6 muß dann aber $\mathfrak{G}_1 \cup \mathfrak{G}_2 < H_{\mathfrak{F}}(\mathfrak{G})$ gelten. Sei $\hat{f}$ die holomorphe Fortsetzung von f nach $H_{\mathfrak{F}}(\mathfrak{G})$ und $\widetilde{f} := \hat{f}|\widetilde{G}$. Für $\lambda = 1,2$ ist $\widetilde{f}|G = (\hat{f}|\widetilde{G})|G = \hat{f}|G = f = f_\lambda|G$, also $\widetilde{f}|G_\lambda = f_\lambda$. ♦

Es sei nun $P \subset \mathbf{C}^n$ der Einheitspolyzylinder, (P, H) eine euklidische Hartogsfigur, $\Phi : P \to B \subset \mathbf{C}^n$ eine biholomorphe Abbildung. $(B, \Phi(H))$ ist dann eine allgemeine Hartogsfigur.

Da P und H zusammenhängende Hausdorff-Räume sind und Φ insbesondere lokal-topologisch ist, folgt:
$\mathfrak{P} = (P, \Phi, 0)$ und $\mathfrak{H} = (H, \Phi, 0)$ sind Gebiete über dem $\mathbf{C}^n$ mit Aufpunkt, und es gilt: $\mathfrak{H} < \mathfrak{P}$. Wir bezeichnen jetzt auch das Paar $(\mathfrak{P}, \mathfrak{H})$ als allgemeine Hartogsfigur.

Satz 8.6: Sei (G, π) ein Gebiet über dem $\mathbf{C}^n$, $(\mathfrak{P}, \mathfrak{H})$ eine allgemeine Hartogsfigur und $x_0 \in G$ ein Punkt, so daß gilt: $\mathfrak{H} < \mathfrak{G} := (G, \pi, x_0)$.
Dann läßt sich jede Funktion $f \in A(G)$ holomorph nach $\mathfrak{G} \cup \mathfrak{P}$ fortsetzen.

Beweis: $f|H$ besitzt eine holomorphe Fortsetzung $F \in A(P)$. Sei $\mathfrak{G}_1 := \mathfrak{G}$, $\mathfrak{G}_2 := \mathfrak{P}$, $f_1 := f$, $f_2 := F$. Wegen $\mathfrak{H} < \mathfrak{G}_1$, $\mathfrak{H} < \mathfrak{G}_2$ und $f_1|H = f_2|H$ folgt aus Satz 8.5 die Behauptung. ♦

Def.8.5: Ein Gebiet (G, π) über dem $\mathbf{C}^n$ heißt pseudokonvex, falls gilt: Ist $(\mathfrak{P}, \mathfrak{H})$ eine allgemeine Hartogsfigur und $x_0 \in G$ ein Punkt mit $\mathfrak{H} < \mathfrak{G} := (G, \pi, x_0)$, so ist $\mathfrak{G} \cup \mathfrak{P} \simeq \mathfrak{G}$.

Def.8.6: Ein Gebiet $\mathfrak{G} = (G, \pi, x_0)$ heißt ein Holomorphiegebiet, falls es ein $f \in A(G)$ mit $H_f(\mathfrak{G}) \simeq \mathfrak{G}$ gibt.
Im schlichten Fall stimmen diese Definitionen mit den alten überein.

Satz 8.6: (1) Ist $\mathfrak{G} = (G, \pi, x_0)$ ein Gebiet über dem $\mathbf{C}^n$ und $\mathfrak{F}$ eine nicht-leere Menge von holomorphen Funktionen auf G, so ist $H_{\mathfrak{F}}(\mathfrak{G})$ ein pseudokonvexes Gebiet.
(2) Jedes Holomorphiegebiet ist pseudokonvex.

Der Beweis ist trivial.

Analog zur Definition bei schlichten Gebieten kann man die Definition der Holomorphie-Konvexität aussprechen, und dann gilt:

Satz 8.7 (Theorem von Oka, 1953): Ist $\mathfrak{G}$ pseudokonvex, so ist $\mathfrak{G}$ holomorph-konvex und ein Holomorphiegebiet.
Der Beweis ist langwierig.

Der Begriff der Holomorphiehülle hat zunächst nur theoretische Bedeutung. Man kann allerdings ein Verfahren angeben, wie man durch Anheften von Hartogsfiguren konstruktiv die Holomorphiehülle gewinnen kann, und es ist denkbar, daß sich dieses Verfahren mit Hilfe einer Rechenmaschine ausführen läßt. Methoden, die schneller zum Ziel führen, hat man bisher nur in wenigen Spezialfällen gefunden, etwa im Zusammenhang mit dem Edge-of-the-Wedge-Theorem, das in der Quantenfeldtheorie zum Beweis des PCT-Theorems dient ("Unter geeigneten Voraussetzungen ist das Produkt PCT aus Raumspiegelung P, Zeitumkehr T und Ladungskonjugation C eine Symmetrie im Sinne der Feldtheorie").

III. Der Weierstraßsche Vorbereitungssatz

§ 1. Potenzreihenalgebren

In diesem Kapitel wollen wir uns eingehender als bisher mit Potenzreihen im $\mathbb{C}^n$ befassen. Ziel unserer Bemühungen wird es sein, eine Art Divisionsalgorithmus für Potenzreihen zu finden, durch den die Untersuchung der Nullstellen von holomorphen Funktionen erleichtert wird.

Es sei $\mathbb{N}_0 := \mathbb{N} \cup \{0\}$, $\mathbb{N}_0^n := \{(\nu_1, \dots, \nu_n) : \nu_i \in \mathbb{N}_0\}$.
Mit $\mathbb{C}\{\mathfrak{z}\}$ bezeichnen wir den Integritätsring der formalen Potenzreihen um Null in den Unbestimmten $z_1, \dots, z_n$ mit Koeffizienten aus $\mathbb{C}$. $\mathbb{R}_+^n$ sei die Menge der n-Tupel positiver reeller Zahlen.
Ein Element $f \in \mathbb{C}\{\mathfrak{z}\}$ kann man in der Form $f = \sum_{\nu=0}^{\infty} a_\nu \mathfrak{z}^\nu$ schreiben.

Def. 1.1: Ist $t = (t_1, \dots, t_n) \in \mathbb{R}_+^n$ und $f = \sum_{\nu=0}^{\infty} a_\nu \mathfrak{z}^\nu \in \mathbb{C}\{\mathfrak{z}\}$, so versteht man unter der Norm von f bezüglich t die "Zahl" $\|f\|_t := \sum_{\nu=0}^{\infty} |a_\nu| t^\nu \in \mathbb{R}_+ \cup \{0\} \cup \{\infty\}$.

Auf $\mathbb{R}_+^n$ kann man eine Halbordnung "$\leq$" einführen, indem man definiert:
$(t_1, \dots, t_n) \leq (t_1^*, \dots, t_n^*)$ genau dann, wenn $t_i \leq t_i^*$ für $i = 1, \dots, n$.
Die Norm von f bezüglich t ist dann monoton in t:
Ist $t \leq t^*$, so ist $\|f\|_t \leq \|f\|_{t^*}$.

Def. 1.2: Eine formale Potenzreihe $f \in \mathbb{C}\{\mathfrak{z}\}$ heißt konvergent, wenn $f(\mathfrak{z}) = \sum_{\nu=0}^{\infty} a_\nu \mathfrak{z}^\nu$ in einem Polyzylinder um 0 konvergiert. (Die Definition dieser Konvergenz wurde in Kap. I gegeben.) Den Ring der konvergenten Potenzreihen bezeichnen wir mit H_n.

Satz 1.1: $f \in \mathbb{C}\{\mathfrak{z}\}$ ist genau dann konvergent, wenn es ein $t \in \mathbb{R}_+^n$ mit $\|f\|_t < \infty$ gibt.

Beweis: 1) Sei $f(\mathfrak{z}) = \sum_{\nu=0}^{\infty} a_\nu \mathfrak{z}^\nu$ im Polyzylinder P konvergent. Dann gibt es ein $t \in \mathbb{R}_+^n$ mit $P_t \subset P$, also $\|f\|_t < \infty$.

2) Ist $\|f\|_t = \sum_{\nu=0}^{\infty} |a_\nu| t^\nu$ konvergent, so heißt das, daß $f(\mathfrak{z})$ im Punkte t konvergiert, und dann konvergiert f sogar in ganz P_t. ◆

Def. 1.3: Ist $t \in \mathbb{R}_+^n$, so setzt man
$B_t := \{f \in \mathbb{C}\{\mathfrak{z}\} : \|f\|_t < \infty\}$.

Def. 1.4: Eine Menge B heißt eine komplexe Banach-Algebra, wenn gilt:

1) Es gibt Verknüpfungen $+: B \times B \to B$, $\cdot: \mathbb{C} \times B \to B$ und $\circ: B \times B \to B$, so daß gilt:
   a) $(B, +, \cdot)$ ist ein $\mathbb{C}$-Vektorraum.
   b) $(B, +, \circ)$ ist ein kommutativer Ring mit 1.
   c) Für $f, g \in B$ und $c \in \mathbb{C}$ ist stets $c \cdot (f \circ g) = (c \cdot f) \circ g = f \circ (c \cdot g)$.
2) Jedem $f \in B$ ist eine Zahl $\|f\| \in \mathbb{R}_+ \cup \{0\}$ mit den Eigenschaften einer Norm zugeordnet:
   a) $\|c \cdot f\| = |c| \cdot \|f\|$ für $c \in \mathbb{C}$, $f \in B$.
   b) $\|f + g\| \leq \|f\| + \|g\|$ für $f, g \in B$.
   c) $\|f\| = 0 \Leftrightarrow f = 0$.
3) Es ist $\|f \circ g\| \leq \|f\| \cdot \|g\|$ für $f, g \in B$.
4) B ist als normierter $\mathbb{C}$-Vektorraum vollständig, d.h., jede Cauchyfolge (f_ν) von Elementen aus B konvergiert gegen ein Element f aus B.

Satz 1.2: Für jedes $t \in \mathbb{R}_+^n$ ist B_t eine komplexe Banachalgebra.

Beweis: Offensichtlich ist $\mathbb{C}\{\mathfrak{z}\}$ eine $\mathbb{C}$-Algebra. Um zu zeigen, daß B_t eine $\mathbb{C}$-Algebra ist, genügt es also zu zeigen, daß B_t abgeschlossen bezüglich der Verknüpfungen ist:

$$c \cdot \sum_{\nu=0}^{\infty} a_\nu \mathfrak{z}^\nu = \sum_{\nu=0}^{\infty} (c \cdot a_\nu) \mathfrak{z}^\nu,$$

$$\sum_{\nu=0}^{\infty} a_\nu \mathfrak{z}^\nu + \sum_{\nu=0}^{\infty} b_\nu \mathfrak{z}^\nu = \sum_{\nu=0}^{\infty} (a_\nu + b_\nu) \mathfrak{z}^\nu,$$

$$\left(\sum_{\nu=0}^{\infty} a_\nu \mathfrak{z}^\nu\right) \circ \left(\sum_{\mu=0}^{\infty} b_\mu \mathfrak{z}^\mu\right) = \sum_{\lambda=0}^{\infty} \left(\sum_{\nu+\mu=\lambda} a_\nu b_\mu\right) \mathfrak{z}^\lambda.$$

Man rechnet unmittelbar aus, daß $\|\ldots\|_t$ eine Norm mit den Eigenschaften 2) und 3) ist.
Ist nun $c \in \mathbb{C}$, $f \in B_t$, so ist $c \cdot f \in B_t$ wegen 2a). Sind f und g aus B_t, so ist $f + g \in B_t$ wegen 2b) und $f \circ g \in B_t$ wegen 3).
Daß die 1 in B_t liegt, ist klar. Es bleibt nur noch die Vollständigkeit zu zeigen:

Sei (f_λ) eine Cauchyfolge in B_t mit $f_\lambda(\mathfrak{z}) = \sum_{\nu=0}^{\infty} a_\nu^{(\lambda)} \mathfrak{z}^\nu$.

Es gibt dann zu jedem $\varepsilon > 0$ ein $n = n(\varepsilon) \in \mathbb{N}$, so daß für alle $\lambda, \mu \geq n$ gilt: $\sum_{\nu=0}^{\infty} |a_\nu^{(\lambda)} - a_\nu^{(\mu)}| t^\nu = \|f_\lambda - f_\mu\|_t < \varepsilon$. Wegen $t^\nu \neq 0$ folgt daraus:

$$|a_\nu^{(\lambda)} - a_\nu^{(\mu)}| < \frac{\varepsilon}{t^\nu} \text{ für jedes } \nu \in \mathbb{N}^n .$$

Für festes ν ist also $\left(a_\nu^{(\lambda)}\right)$ eine Cauchyfolge in $\mathbb{C}$, die gegen eine komplexe Zahl a_ν konvergiert.

Sei $f(\mathfrak{z}) := \sum_{\nu=0}^{\infty} a_\nu \mathfrak{z}^\nu$.

Sei $\delta > 0$ vorgegeben. Es gibt dann ein $n = n(\delta)$, so daß $\sum_{\nu=0}^{\infty} |a_\nu^{(\lambda)} - a_\nu^{(\lambda+\mu)}| t^\nu < \frac{\delta}{2}$ für $\lambda \geq n$ und $\mu \in \mathbb{N}$ ist. Sei $I \subset \mathbb{N}_0^n$ eine beliebige endliche Menge. Es gibt zu $\lambda \geq n$ stets ein $\mu \in \mathbb{N}$, so daß $\sum_{\nu \in I} |a_\nu^{(\lambda+\mu)} - a_\nu| t^\nu < \frac{\delta}{2}$ ist, und das hat zur Folge, daß $\sum_{\nu \in I} |a_\nu^{(\lambda)} - a_\nu| t^\nu \leq$ $\leq \sum_{\nu \in I} |a_\nu^{(\lambda)} - a_\nu^{(\lambda+\mu)}| t^\nu + \sum_{\nu \in I} |a_\nu^{(\lambda+\mu)} - a_\nu| t^\nu < \delta$ für $\lambda \geq n$ ist. Insbesondere ist dann $\|f_\lambda - f\|_t = \sum_{\nu=0}^{\infty} |a_\nu^{(\lambda)} - a_\nu| t^\nu \leq \delta$. Das bedeutet, daß (f_λ) gegen f konvergiert. Wegen $\|f\|_t \leq \|f - f_\lambda\|_t + \|f_\lambda\|_t$ folgt außerdem, daß f in B_t liegt. ♦

Für das folgende benötigen wir noch einige Bezeichnungen:
Ist $\nu = (\nu_1, \ldots, \nu_n) \in \mathbb{N}_0^n$, so setzt man $\nu' := (\nu_2, \ldots, \nu_n)$,
ist $t = (t_1, \ldots, t_n) \in \mathbb{R}_+^n$, so setzt man $t' := (t_2, \ldots, t_n)$,
ist $\mathfrak{z} = (z_1, \ldots, z_n) \in \mathbb{C}^n$, so setzt man $\mathfrak{z}' := (z_2, \ldots, z_n)$.
Dann ist $\nu = (\nu_1, \nu'), t = (t_1, t'), \mathfrak{z} = (z_1, \mathfrak{z}')$, und man kann ein Element $f \in \mathbb{C}\{\mathfrak{z}\}$ in folgender Form schreiben:

$$f(\mathfrak{z}) = \sum_{\lambda=0}^{\infty} f_\lambda(\mathfrak{z}') z_1^\lambda \text{ mit } f_\lambda(\mathfrak{z}') = \sum_{\nu'=0}^{\infty} a_{\lambda,\nu'} (\mathfrak{z}')^{\nu'}$$

Man nennt diese Darstellung die Entwicklung von f nach z_1. Es gelten die folgenden Aussagen:

1) $f = \sum_{\lambda=0}^{\infty} f_\lambda z_1^\lambda$ liegt genau dann in B_t, wenn jedes f_λ in $B_t' = B_t \cap \mathbb{C}\{\mathfrak{z}'\}$ liegt und $\sum_{\lambda=0}^{\infty} \|f_\lambda\|_{t'} \cdot t_1^\lambda < \infty$ ist.

2) Für $s \in \mathbb{N}_0$ ist $\|z_1^s \cdot f\|_t = t_1^s \cdot \|f\|_t$.

3) Ist $f = \sum_{\nu=0}^{\infty} a_\nu \mathfrak{z}^\nu$ konvergent und $a_{0\ldots0} = 0$, so gibt es zu jedem $\varepsilon > 0$ ein $t \in \mathbb{R}_+^n$ mit $\|f\|_t < \varepsilon$.

Beweis: 1) Es ist $\|f\|_t = \sum_{\nu=0}^{\infty} |a_\nu| t^\nu = \sum_{\lambda=0}^{\infty} \left(\sum_{\nu'=0}^{\infty} |a_{\lambda,\nu'}| (t')^{\nu'} \right) t_1^\lambda = \sum_{\lambda=0}^{\infty} \|f_\lambda\|_{t'} t_1^\lambda$.

2) Es ist $\|z_1^s \cdot f\|_t = \|\sum_{\lambda=0}^{\infty} f_\lambda z_1^{\lambda+s}\|_t = \sum_{\lambda=0}^{\infty} \|f_\lambda\|_{t'} t_1^{\lambda+s} = t_1^s \cdot \sum_{\lambda=0}^{\infty} \|f_\lambda\|_{t'} \cdot t_1^\lambda = t_1^s \cdot \|f\|_t$.

3) Setzt man $f_i := \sum_{\nu_i > 0} a_{0\ldots 0, \nu_i \nu_{i+1} \ldots \nu_n} z_i^{\nu_i - 1} z_{i+1}^{\nu_{i+1}} \ldots z_n^{\nu_n}$, so ist $z_1 \cdot f_1 + \ldots + z_n \cdot f_n = f$ und $\|f\|_t = t_1 \cdot \|f_1\|_t + \ldots + t_n \cdot \|f_n\|_t$. Ist f konvergent, so gibt es ein $t_0 \in \mathbb{R}_+^n$ mit $\|f\|_{t_0} < \infty$, und für $t \leqslant t_0$ gilt:

$\|f\|_t = \sum_{i=1}^{n} t_i \|f_i\|_t \leqslant \sum_{i=1}^{n} t_i \|f_i\|_{t_0} \leqslant \max(t_1, \ldots, t_n) \cdot \sum_{i=1}^{n} \|f_i\|_{t_0}$. Dieser Ausdruck wird beliebig klein. ◆

§ 2. Die Weierstraßsche Formel

Es sei ein Element $t \in \mathbb{R}_+^n$ fest gewählt. Wenn keine Verwechslungen möglich sind, werden wir B an Stelle von B_t, B' an Stelle von B_t' und $\|f\|$ an Stelle von $\|f\|_t$ schreiben.

Satz 2.1: (Weierstraßsche Formel) Es sei $g = \sum_{\lambda=0}^{\infty} g_\lambda z_1^\lambda \in B$, es gebe ein $s \in \mathbb{N}_0$, für das g_s eine Einheit in B' ist, und es gebe ein ε mit $0 < \varepsilon < 1$, so daß $\|z_1^s - g \cdot g_s^{-1}\| < \varepsilon \cdot t_1^s$ ist. Dann gibt es zu jedem $f \in B$ genau ein $q \in B$ und ein $r \in B'[z_1]$ mit $\operatorname{grad}(r) < s$, so daß gilt:

$$f = q \cdot g + r \qquad (\text{"Division mit Rest"})$$

Ferner erhält man folgende Abschätzungen:

(1) $\|g_s \cdot q\| \leqslant t_1^{-1} \cdot \|f\| \cdot \frac{1}{1-\varepsilon}$

(2) $\|r\| \leqslant \|f\| \cdot \frac{1}{1-\varepsilon}$

Beweis: Sei $h := -\left(z_1^s - g \cdot g_s^{-1}\right)$.
Dann ist $\|h\| < \varepsilon \cdot t_1^s$ und $g \cdot g_s^{-1} = z_1^s + h$.

Wir geben nun ein $f \in B$ beliebig vor und konstruieren induktiv Folgen (f_λ), (q_λ) und (r_λ):

Es sei $f_0 := f$.
Sodann nehmen wir an, $f_0, \ldots, f_\lambda$ seien schon konstruiert. Es gibt eine Darstellung $f_\lambda = \sum_{\varkappa=0}^{\infty} f_{\lambda,\varkappa} z_1^\varkappa$, und wir definieren:

$$q_\lambda := \sum_{\varkappa=s}^{\infty} f_{\lambda,\varkappa} z_1^{\varkappa-s}, \quad r_\lambda := \sum_{\varkappa=0}^{s-1} f_{\lambda,\varkappa} z_1^\varkappa \text{ und } f_{\lambda+1} := \left(z_1^s - g \cdot g_s^{-1}\right) q_\lambda .$$

Dann ist $f_\lambda = z_1^s \cdot q_\lambda + r_\lambda$ und $f_{\lambda+1} = -h \cdot q_\lambda = f_\lambda - r_\lambda - gg_s^{-1} \cdot q_\lambda$.

Offenbar gelten die folgenden Abschätzungen:

$$\|r_\lambda\| \leq \|f_\lambda\|,$$

$$\|q_\lambda\| \leq t_1^{-s} \|f_\lambda\|,$$

$$\|f_{\lambda+1}\| \leq \|h\| \cdot \|q_\lambda\| < \varepsilon \cdot \|f_\lambda\|, \text{ also } \|f_\lambda\| < \varepsilon^\lambda \cdot \|f\|.$$

Sei $q := \sum_{\lambda=0}^{\infty} g_s^{-1} \cdot q_\lambda$ und $r := \sum_{\lambda=0}^{\infty} r_\lambda$.

Es ist $\|g_s^{-1} q_\lambda\| < \varepsilon^\lambda t_1^{-s} \|g_s^{-1}\| \cdot \|f\|$ und $\|r_\lambda\| < \varepsilon^\lambda \|f\|$.

Das bedeutet nach dem Majorantenkriterium, daß die Reihen konvergieren. Da jedes r_λ ein Polynom mit $\operatorname{grad}(r_\lambda) \leq s-1$ ist, folgt, daß auch r ein Polynom mit $\operatorname{grad}(r) \leq s-1$ ist.

Da auch die Reihe $\sum_{\lambda=0}^{\infty} f_\lambda$ konvergiert, gilt:

$$f = f_0 = \sum_{\lambda=0}^{\infty} f_\lambda - \sum_{\lambda=0}^{\infty} f_{\lambda+1} = \sum_{\lambda=0}^{\infty} (f_\lambda - f_{\lambda+1}) = \sum_{\lambda=0}^{\infty} \left(r_\lambda + gg_s^{-1} q_\lambda\right) =$$

$$= g \cdot \sum_{\lambda=0}^{\infty} g_s^{-1} \cdot q_\lambda + \sum_{\lambda=0}^{\infty} r_\lambda = g \cdot q + r.$$

Die Abschätzungen folgen jetzt ganz leicht:

(1) $$\|g_s q\| = \|\sum_{\lambda=0}^{\infty} q_\lambda\| \leq \sum_{\lambda=0}^{\infty} \|q_\lambda\| \leq t_1^{-s} \|f\| \cdot \sum_{\lambda=0}^{\infty} \varepsilon^\lambda = t_1^{-s} \cdot \|f\| \cdot \frac{1}{1-\varepsilon}.$$

(2) $$\|r\| \leq \sum_{\lambda=0}^{\infty} \|r_\lambda\| \leq \|f\| \cdot \sum_{\lambda=0}^{\infty} \varepsilon^\lambda = \|f\| \cdot \frac{1}{1-\varepsilon}.$$

Es bleibt noch die Eindeutigkeit zu zeigen:

Es gebe zwei Darstellungen der verlangten Art:

$$f = q_1 g + r_1 = q_2 g + r_2.$$

Dann ist $0 = (q_1 - q_2) \cdot g + (r_1 - r_2)$. Aus der Darstellung $g = g_s(z_1^s + h)$ mit $\|h\| < \varepsilon \cdot t_1^s$ erhält man: $0 = (q_1 - q_2)g_s z_1^s + (q_1 - q_2)g_s h + (r_1 - r_2)$ und $\|(q_1 - q_2)g_s z_1^s\| \leq \|(q_1 - q_2)g_s z_1^s + (r_1 - r_2)\| = \|(q_1 - q_2)g_s \cdot h\| \leq \varepsilon \cdot t_1^s \cdot \|(q_1 - q_2)g_s\| = \varepsilon \cdot \|(q_1 - q_2)g_s z_1^s\|$.

Wegen $\varepsilon < 1$ muß $(q_1 - q_2)g_s z_1^s = 0$ sein, also $q_1 = q_2$ und $r_1 = r_2$. ♦

Zusatz: Sind die Voraussetzungen von Satz 2.1 gegeben und ist außerdem $f \in B'[z_1]$, $g \in B'[z_1]$ und $\operatorname{grad}(g) = s$, so ist auch $q \in B'[z_1]$ und $\operatorname{grad}(q) = \max(-1, \operatorname{grad}(f) - s)$ (sofern man $\operatorname{grad}(0) := -1$ setzt).

Beweis: Sei $d := \operatorname{grad}(f)$.
Für $d < s$ hat man die Zerlegung $f = 0 \cdot g + f$, es sei also $d \geqslant s$. Es ist $-1 \leqslant \operatorname{grad}(q_\lambda) \leqslant \max(-1, \operatorname{grad}(f_\lambda) - s)$ und $\operatorname{grad}(f_0) \leqslant d$. Nimmt man an, daß $d_\nu := \operatorname{grad}(f_\nu) \leqslant d$ für $\nu = 0, \ldots, \lambda$ ist, so folgt:

$$\operatorname{grad}(q_\lambda) \leqslant d - s, \text{ also } \operatorname{grad}(f_{\lambda+1}) = \operatorname{grad}\left(f_\lambda - r_\lambda - g g_s^{-1} q_\lambda\right) \leqslant$$

$$\leqslant \max(\operatorname{grad}(f_\lambda), \operatorname{grad}(r_\lambda), \operatorname{grad}(q_\lambda) + s) \leqslant \max(d, s-1, (d-s)+s) \leqslant d.$$

Daher ist $\operatorname{grad}(q_\lambda) \leqslant d - s$ für jedes λ, und mithin $\operatorname{grad}(q) \leqslant d - s$.

Andererseits ergibt sich aus der Darstellung $f = q \cdot g + r$:

$$\operatorname{grad}(f) \leqslant \max(\operatorname{grad}(q) + s, s - 1) = \operatorname{grad}(q) + s, \text{ also } d - s \leqslant \operatorname{grad}(q).$$

Insgesamt erhält man: $\operatorname{grad}(q) = \max(-1, d - s)$. ◆

Satz 2.2: Ist B eine Banachalgebra, $f \in B$ und $\|1 - f\| < 1$, so ist f eine Einheit in B, und es gilt:

$$\|f^{-1}\| \leqslant \frac{1}{1 - \|1 - f\|}.$$

Beweis: Sei $g := \sum_{\lambda=0}^{\infty} (1-f)^\lambda$, $\varepsilon := \|1 - f\|$.

Dann ist $0 \leqslant \varepsilon < 1$ und $\sum_{\lambda=0}^{\infty} \varepsilon^\lambda$ eine Majorante von g. Also konvergiert die Reihe $\sum_{\lambda=0}^{\infty} (1-f)^\lambda$, g ist ein Element von B.

Außerdem ist $f \cdot g = (1 - (1 - f)) \cdot g = \sum_{\lambda=0}^{\infty} (1-f)^\lambda - \sum_{\lambda=0}^{\infty} (1-f)^{\lambda+1} = (1-f)^0 = 1$ und

$$\|g\| \leqslant \sum_{\lambda=0}^{\infty} \varepsilon^\lambda = \frac{1}{1 - \varepsilon}.$$ ◆

Def. 2.1: Sei $s \in \mathbb{N}_0$. Ein Element $g = \sum_{\lambda=0}^{\infty} g_\lambda z_1^\lambda \in B$ erfüllt die Weierstraß-Bedingung ("W-Bedingung") an der Stelle s, wenn gilt:

a) g_s ist eine Einheit in B'.

b) $\|z_1^s - g g_s^{-1}\| < \frac{1}{2} t_1^s$.

Satz 2.3 (Weierstraßscher Vorbereitungssatz): Erfüllt $g \in B$ die W-Bedingung an der Stelle s, so gibt es genau ein normiertes Polynom $\omega \in B'[z_1]$ mit $\operatorname{grad}(\omega) = s$ und eine Einheit $e \in B$, so daß gilt: $g = e \cdot \omega$.

Beweis: Wir wenden die Weierstraßsche Formel auf $f = z_1^s$ an: Es gibt eindeutig bestimmte Elemente $q \in B$ und $r \in B'[z_1]$ mit $z_1^s = q \cdot g + r$ und $\mathrm{grad}(r) < s$ (wir nehmen ein $\varepsilon < \frac{1}{2}$, das die Bedingungen von Satz 2.1 noch erfüllt). Dann ist aber $z_1^s - gg_s^{-1} = \left(q - g_s^{-1}\right)g + r$ eine Zerlegung von $z_1^s - gg_s^{-1}$ im Sinne von Satz 2.1, man kann also insbesondere die Abschätzung (1) anwenden:

$\|qg_s - 1\| = \|\left(q - g_s^{-1}\right) \cdot g_s\| \leq t_1^{-s}\|z_1^s - gg_s^{-1}\|\frac{1}{1-\varepsilon} < \frac{\varepsilon}{1-\varepsilon} < 1$. Das bedeutet, daß $q \cdot g_s$ und mithin q eine Einheit in B ist.

Sei $e := q^{-1}$ und $\omega := z_1^s - r$. Dann ist ω ein normiertes Polynom mit $\mathrm{grad}(\omega) = s$, und es gilt: $e \cdot \omega = q^{-1}\left(z_1^s - r\right) = g$.

Ist $g = e_1\left(z_1^s - r_1\right) = e_2\left(z_2^s - r_2\right)$, so ist

$$g \cdot e_1^{-1} + r_1 = z_1^s = g \cdot e_2^{-1} + r_2 ,$$

andererseits sind aber in der Zerlegung $z_1^s = q \cdot g + r$ die Elemente q und r eindeutig bestimmt. Also muß $e_1 = e_2$ und $r_1 = r_2$ sein. ♦

Zusatz: Ist g ein Polynom in z_1, so ist auch e ein Polynom in z_1.

Beweis: Wendet man die Abschätzung (2) auf die Zerlegung $z_1^s - gg_s^{-1} = \left(q - g_s^{-1}\right) \cdot g + r$ an, so erhält man:

$$\|r\| \leq \|z_1^s - gg_s^{-1}\| \cdot \frac{1}{1-\varepsilon} < t_1^s \cdot \frac{\varepsilon}{1-\varepsilon} < t_1^s .$$

Wegen $\omega_s = 1$ gilt also $\|z_1^s - \omega\omega_s^{-1}\| = \|z_1^s - \omega\| = \|r\| < t_1^s$, d.h., ω erfüllt die Bedingungen von Satz 2.1.

Da $g = e \cdot \omega$ eine Zerlegung im Sinne der Weierstraßschen Formel ist, folgt die Behauptung aus dem Zusatz zu dieser Formel. ♦

Bemerkungen: Der Weierstraßsche Vorbereitungssatz dient der "Vorbereitung der Untersuchung der Nullstellen von holomorphen Funktionen":

Eine in einem Polyzylinder holomorphe Funktion wird durch eine konvergente Potenzreihe g dargestellt. Gibt es eine Zerlegung $g = e \cdot \omega$ mit einer Einheit e und einem "Pseudopolynom" $\omega = z_1^s + A_1(\mathfrak{z}')z_1^{s-1} + \ldots + A_s(\mathfrak{z}')$, so haben g und ω die gleiche Nullstellenmenge. Die Untersuchung von ω ist aber einfacher als die von g.

§ 3. Konvergente Potenzreihen

Def. 3.1: $g \in \mathbb{C}\{\mathfrak{z}\}$ heißt z_1-allgemein, falls $g(z_1, 0, \ldots, 0)$ nicht identisch verschwindet.

Ist $g = \sum_{\lambda=0}^{\infty} g_\lambda z_1^\lambda$ z_1-allgemein, so versteht man unter $\mathrm{Ord}(g)$ diejenige Zahl $s \in \mathbb{N}_0$, für die gilt:

$$g_0(0) = \ldots = g_{s-1}(0) = 0 \text{ und } g_s(0) \neq 0 .$$

Man sagt dann auch, g ist z_1-allgemein von der Ordnung s.

Satz 3.1: Für $g_1, g_2 \in \mathbb{C}\{\mathfrak{z}\}$ gilt:

(1) $g_1 \cdot g_2$ ist genau dann z_1-allgemein, wenn g_1 und g_2 z_1-allgemein sind.

(2) $\mathrm{Ord}(g_1 \cdot g_2) = \mathrm{Ord}(g_1) + \mathrm{Ord}(g_2)$.

Beweis: Es ist $(g_s \cdot g_2)(z_1,0) = g_1(z_1,0) \cdot g_2(z_1,0)$. (1) gilt, da $\mathbb{C}\{z_1\}$ ein Integritätsring ist, (2) erhält man durch Ausmultiplizieren. ◆

Satz 3.2: Sei $g \in \mathbb{C}\{\mathfrak{z}\}$ konvergent und z_1-allgemein von der Ordnung s. Dann gibt es zu jedem $\varepsilon > 0$ und jedem $\mathfrak{t}_0 \in \mathbb{R}_+^n$ ein $\mathfrak{t} \leq \mathfrak{t}_0$, so daß gilt:

g liegt in $B_\mathfrak{t}$, g_s ist Einheit in $B'_\mathfrak{t}$, und es ist $\|z_1^s - g g_s^{-1}\|_\mathfrak{t} \leq \varepsilon \cdot t_1^s$.

Beweis: Sei $g = \sum_{\lambda=0}^{\infty} g_\lambda z_1^\lambda$ die Entwicklung von g nach z_1. Dann ist $g_\lambda(0) = 0$ für $\lambda = 0,1,\ldots,s-1$ und $g_s(0) \neq 0$.

1) Da g konvergent ist, gibt es ein $\mathfrak{t}_1 = \left(t_1^{(1)},\ldots,t_n^{(1)}\right) \in \mathbb{R}_+^n$ mit $\|g\|_{\mathfrak{t}_1} = \sum_{\lambda=0}^{\infty} \|g_\lambda\|_{\mathfrak{t}_1} \times$ $\times\, t_1^{(1)^\lambda} < \infty$, also $g_\lambda \in B'_{\mathfrak{t}_1}$. Insbesondere ist dann $\dfrac{g_s(\mathfrak{z}')}{g_s(0)} - 1 =: f(\mathfrak{z}') \in B'_{\mathfrak{t}_1}$, und da $f(0) = 0$ ist, gibt es ein $\mathfrak{t}_2 \leq \mathfrak{t}_1$, so daß für alle $\mathfrak{t} \leq \mathfrak{t}_2$ gilt: $\|f\|_{\mathfrak{t}'} < 1$.

$\dfrac{g_s}{g_s(0)}$ (und damit auch g_s) ist also Einheit in $B'_\mathfrak{t}$. Außerdem ist klar, daß g in $B_\mathfrak{t}$ liegt.

2) Sei $h := z_1^s - g \cdot g_s^{-1}$. Dann ist $h \in B_\mathfrak{t}$ für alle $\mathfrak{t} \leq \mathfrak{t}_2$, und wir können schreiben:

$h = \sum_{\lambda=0}^{\infty} d_\lambda z_1^\lambda$ mit $d_s = 0$, $d_\lambda = -g_\lambda g_s^{-1}$ für $\lambda \neq s$ und $d_\lambda(0) = 0$ für $\lambda = 0,1,\ldots,s-1$.

Für $\mathfrak{t} \leq \mathfrak{t}_2$ gilt:

$$\Big\| \sum_{\lambda=s+1}^{\infty} d_\lambda z_1^\lambda \Big\|_\mathfrak{t} = \Big\| z_1^{s+1} \cdot \sum_{\lambda=s+1}^{\infty} d_\lambda z_1^{\lambda-s-1} \Big\|_\mathfrak{t} =$$

$$= t_1^{s+1} \cdot \Big\| \sum_{\lambda=s+1}^{\infty} d_\lambda z_1^{\lambda-s-1} \Big\|_\mathfrak{t} \leq t_1^{s+1} \Big\| \sum_{\lambda=s+1}^{\infty} d_\lambda z_1^{\lambda-s-1} \Big\|_{\mathfrak{t}_2} .$$

3) Wählt man t_1 hinreichend klein, so ist $t_1 \cdot \Big\| \sum_{\lambda=s+1}^{\infty} d_\lambda z_1^{\lambda-s-1} \Big\|_{\mathfrak{t}_2} < \frac{1}{2}\varepsilon$ also $\Big\| \sum_{\lambda=s+1}^{\infty} d_\lambda z_1^\lambda \Big\|_\mathfrak{t} \leq \frac{1}{2}\varepsilon \cdot t_1^s$.

Wegen $d_\lambda(0) = 0$ für $\lambda = 0,1,\dots,s-1$ kann man t' zu t_1 so klein wählen, daß
$\sum_{\lambda=0}^{s-1} \|d_\lambda\|_{t'} t_1^\lambda < \frac{1}{2}\varepsilon \cdot t_1^s$ ist.

Für $t = (t_1, t')$ folgt dann:

$$\|h\|_t \leq \sum_{\lambda=0}^{s-1} \|d_\lambda\|_{t'} \cdot t_1^\lambda + \| \sum_{\lambda=s+1}^{\infty} d_\lambda z_1^\lambda \|_t \leq \varepsilon \cdot t_1^s. \qquad \blacklozenge$$

Bemerkung: Auf ähnliche Weise kann man zeigen: Sind $g_1,\dots,g_N \in \mathbb{C}\{\mathfrak{z}\}$ konvergente Potenzreihen und ist jeweils g_i z_1-allgemein von der Ordnung s_i, $i = 1,\dots,N$, so gibt es zu jedem $\varepsilon > 0$ beliebig kleine $t \in \mathbb{R}_+^n$, für die gilt:

$$g_i \in B_t, \ (g_i)_{s_i} \text{ Einheit in } B_t'$$

und

$$\|z_1^{s_i} - g_i (g_i)_{s_i}^{-1}\|_t \leq \varepsilon \cdot t_1^{s_i}.$$

Es stellt sich nun das Problem, was zu tun ist, wenn g nicht z_1-allgemein ist. Wir werden zeigen, daß man - wenn g nicht identisch verschwindet - stets eine sehr einfache biholomorphe Transformation finden kann, die g in eine z_1-allgemeine Potenzreihe g' überführt.

Sei $A(0)$ die Menge aller in einer (nicht festen) Umgebung von $0 \in \mathbb{C}^n$ definierten holomorphen Funktionen, $\Phi : A(0) \to H_n$ mit $\Phi(f) = (f)_0$ die Abbildung, die jeder lokalen holomorphen Funktion f ihre Taylorentwicklung im Null-Punkt zuordnet. Φ ist offensichtlich surjektiv und vertauschbar mit der Addition und Multiplikation in $A(0)$.

Sind U_1, U_2 offene Umgebungen von $0 \in \mathbb{C}^n$, $\sigma : U_1 \to U_2$ eine biholomorphe Abbildung mit $\sigma(0) = 0$, so erhält man für $f, g \in A(0)$ mit $(f)_0 = (g)_0$:

$$(f \circ \sigma)_0 = (g \circ \sigma)_0 .$$

Also ist die Abbildung $\sigma^* : H_n \to H_n$ mit $\sigma^*((f)_0) = (f \circ \sigma)_0$ wohldefiniert, und außerdem gilt:

1) $\sigma^*((f_1)_0 + (f_2)_0) = \sigma^*((f_1)_0) + \sigma^*((f_2)_0)$
2) $\sigma^*((f_1)_0 \cdot (f_2)_0) = \sigma^*((f_1)_0) \cdot \sigma^*((f_2)_0)$
3) $id^*((f)_0) = (f)_0$
4) $(\sigma \circ \rho)^*((f)_0) = (\rho^* \circ \sigma^*)((f)_0)$
5) σ^* ist bijektiv, und es ist $(\sigma^*)^{-1} = (\sigma^{-1})^*$.

σ^* ist also stets ein Ringisomorphismus. Es ist allgemein üblich, $(f)_0 \circ \sigma$ an Stelle von $\sigma^*((f)_0)$ zu schreiben.

Def. 3.2: Sei $c = (c_2, \dots, c_n) \in \mathbb{C}^{n-1}$. Dann heißt $\sigma_c : \mathbb{C}^n \to \mathbb{C}^n$ mit $\sigma_c(w_1, \dots, w_n) := (w_1, w_2 + c_2 w_1, \dots, w_n + c_n w_1)$ eine Scherung. Die Menge aller Scherungen sei mit Σ bezeichnet.

Satz 3.3: Σ ist eine abelsche Gruppe von biholomorphen Abbildungen des $\mathbb{C}^n$ auf sich.

Beweis: Als lineare Abbildungen sind die Scherungen natürlich holomorph. Aus den Gleichungen

$$\sigma_{c_1 + c_2} = \sigma_{c_1} \circ \sigma_{c_2}$$

$$\text{und } \sigma_c \circ \sigma_{-c} = \sigma_0 = \mathrm{id}_{\mathbb{C}^n}$$

folgt, daß Σ eine abelsche Gruppe ist, und daß die Scherungen sogar biholomorph sind. ♦

Satz 3.4: Sei $g \in H_n$, $g \neq 0$. Dann existiert eine Scherung $\sigma \in \Sigma$, so daß $g \circ \sigma$ z_1-allgemein ist.

Beweis: 1) Sei $g = \sum_{\nu=0}^{\infty} a_\nu \mathfrak{z}^\nu = \sum_{\lambda=0}^{\infty} p_\lambda(\mathfrak{z})$ mit $p_\lambda(\mathfrak{z}) = \sum_{|\nu|=\lambda} a_\nu \mathfrak{z}^\nu$ die Entwicklung von g nach homogenen Polynomen, $\lambda_0 := \min\{\lambda \in \mathbb{N}_0 : p_\lambda \neq 0\}$. Dann ist für jede Scherung σ $g \circ \sigma = \sum_{\lambda=\lambda_0}^{\infty} (p_\lambda \circ \sigma)$ die Entwicklung von $g \circ \sigma$ nach homogenen Polynomen.

2) Es ist $p_\lambda \circ \sigma(w_1, 0, \dots, 0) = \sum_{|\nu|=\lambda} a_\nu w_1^{\nu_1}(c_2 w_1)^{\nu_2} \dots (c_n w_1)^{\nu_n} = \sum_{|\nu|=\lambda} a_\nu c_2^{\nu_2} \dots$ $\dots c_n^{\nu_n} w_1^\lambda = \tilde{p}_\lambda(c_2, \dots, c_n) \cdot w_1^\lambda$ mit einem Polynom $\tilde{p}_\lambda$ in $(n-1)$ Veränderlichen. Da definitionsgemäß nicht alle Koeffizienten von $\tilde{p}_{\lambda_0}$ verschwinden, gibt es komplexe Zahlen $c_2^{(0)}, \dots, c_n^{(0)}$, so daß $\tilde{p}_{\lambda_0}\left(c_2^{(0)}, \dots, c_n^{(0)}\right) \neq 0$ ist.

Sei $\sigma_0 := \sigma_{\left(c_2^{(0)}, \dots, c_n^{(0)}\right)}$.

Dann ist $g \circ \sigma_0(w_1, 0, \dots, 0) = \sum_{\lambda=\lambda_0}^{\infty} (p_\lambda \circ \sigma_0)(w_1, 0, \dots, 0) = \sum_{\lambda=\lambda_0}^{\infty} \tilde{p}_\lambda\left(c_2^{(0)}, \dots, c_n^{(0)}\right) w_1^\lambda$, und es ist klar, daß $g \circ \sigma_0$ w_1-allgemein von der Ordnung λ_0 ist. ♦

Bemerkung: Man kann zeigen: Sind $g_1, \dots, g_N$ nicht-verschwindende konvergente Potenzreihen, so gibt es eine Scherung $\sigma \in \Sigma$, so daß alle $g_i \circ \sigma$ z_1-allgemein sind.

Satz 3.5 (Weierstraßsche Formel für konvergente Potenzreihen): Sei $g \in H_n$ z_1-allgemein von der Ordnung s. Dann gibt es zu jedem $f \in H_n$ genau ein $q \in H_n$ und ein $r \in H_{n-1}[z_1]$ mit $\mathrm{grad}(r) < s$, so daß $f = q \cdot g + r$ ist.

Beweis: 1) Es gibt ein $\mathfrak{t} \in \mathbb{R}_+^n$, so daß f und g in $B_\mathfrak{t}$ liegen, und g_s Einheit in $B_\mathfrak{t}$ und $\| z_1^s - g g_s^{-1} \|_\mathfrak{t} \leq \varepsilon \cdot t_1^s$ für ein ε mit $0 < \varepsilon < 1$ ist. Die Existenz von q und r folgt jetzt aus der schon bekannten Weierstraßschen Formel.

2) Es seien zwei Zerlegungen von f gegeben:

$$f = q_1 \cdot g + r_1 = q_2 \cdot g + r_2 .$$

Man kann ein $t \in \mathbb{R}_+^n$ finden, so daß f, q_1, q_2, r_1, r_2 in B_t liegen und g in B_t die W-Bedingung erfüllt. Aus der Weierstraßschen Formel für B_t folgt, daß $q_1 = q_2$ und $r_1 = r_2$ sein muß. ♦

Es gilt auch der

Zusatz: Sind f und g Polynome in z_1 mit grad(g) = s, so ist auch q ein Polynom.

Satz 3.6 (Weierstraßscher Vorbereitungssatz für konvergente Potenzreihen): Sei $g \in H_n$ z_1-allgemein von der Ordnung s. Dann gibt es eine Einheit $e \in H_n$ und ein normiertes Polynom $\omega \in H_{n-1}[z_1]$ vom Grade s mit

$$g = e \cdot \omega$$

Beweis: 1) Es gibt ein $t \in \mathbb{R}_+^n$, so daß g in B_t die W-Bedingung erfüllt. Die Existenz der Zerlegung "$g = e \cdot \omega$" folgt also bereits aus dem Weierstraßschen Vorbereitungssatz für B_t.

2) ω hat die Gestalt $\omega = z_1^s - r$, wobei $r \in H_{n-1}[z_1]$ und grad(r) < s ist. Wenn es zwei Darstellungen $g = e_1\left(z_1^s - r_1\right) = e_2\left(z_1^s - r_2\right)$ gibt, so folgt: $e_1^{-1} \cdot g + r_1 = z_1^s = e_2^{-1} \cdot g + r_2$. In diesem Fall besagt aber die Weierstraßsche Formel, daß $e_1^{-1} = e_2^{-1}$ und $r_1 = r_2$ ist, also $e_1 = e_2$ und $\omega_1 = \omega_2$ $\left(\text{für } \omega_\lambda := z_1^s - r_\lambda\right)$. ♦

Zusatz: Ist g ein Polynom in z_1, so ist auch e ein Polynom in z_1.

Satz 3.7: $f \in H_n$ ist genau dann eine Einheit, wenn $f(0) \neq 0$ ist.

Beweis: 1) Ist $f \in H_n$ eine Einheit, so gibt es ein $g \in H_n$ mit $f \cdot g = 1$, also insbesondere $f(0) \cdot g(0) = 1$, also $f(0) \neq 0$.

2) Ist $f \in H_n$ und $f(0) \neq 0$, so liegt $g := \frac{f}{f(0)} - 1$ in H_n, und es ist $g(0) = 0$. Also gibt es ein $t \in \mathbb{R}_+^n$, so daß $\|g\|_t < 1$ ist, und das bedeutet, daß $\frac{f}{f(0)}$ eine Einheit in B_t ist. Dann ist aber auch f eine Einheit in H_n. ♦

Bemerkung: Verschwindet die Funktion $g \in A(0)$ nicht identisch in der Nähe von 0, so gibt es eine Scherung σ, so daß $(g \circ \sigma)_0$ z_1-allgemein ist. Nach dem Weierstraßschen Vorbereitungssatz kann man dann eine Zerlegung $(g \circ \sigma)_0 = e \cdot \omega$ mit $e(0) \neq 0$ und $\omega = z_1^s + A_1(\mathfrak{z}')z_1^{s-1} + \dots + A_s(\mathfrak{z}') \in H_{n-1}[z_1]$ finden. g hat in 0 genau dann eine Nullstelle, wenn $\omega(0) = 0$ ist, und das ist genau dann der Fall, wenn $A_s(0) = 0$ ist. A_s liegt aber in H_{n-1}. Der Weierstraßsche Vorbereitungssatz dient also dazu, Nullstellen von holomorphen Funktionen induktiv zu untersuchen.

§ 4. Primfaktorzerlegung

Im folgenden sei I stets ein beliebiger Integritätsbereich und $I^* := I - \{0\}$.

Wir wiederholen einige Tatsachen aus der elementaren Zahlentheorie (vgl. etwa v.d. Waerden, Bd. 1).

Def. 4.1: Seien $a \in I^*$, $b \in I$. Man sagt, a teilt b (in Zeichen: $a|b$), wenn es ein $c \in I$ gibt, so daß $b = a \cdot c$ ist.

Def. 4.2: 1) Sei $a \in I^*$ keine Einheit. a heißt unzerlegbar, wenn aus $a = a_1 \cdot a_2$ mit $a_1, a_2 \in I^*$ folgt: a_1 ist Einheit oder a_2 ist Einheit.

2) Sei $a \in I^*$ keine Einheit. a heißt prim, wenn aus $a | a_1 \cdot a_2$ folgt: $a | a_1$ oder $a | a_2$.

Es gilt stets: Wenn a prim ist, so ist a auch unzerlegbar. Die Umkehrung ist nicht immer richtig, wohl aber in einigen wichtigen Fällen wie etwa im Ring der ganzen Zahlen.

Def. 4.3: I heißt faktoriell (oder ein ZPE-Ring), wenn sich jede Nichteinheit $a \in I^*$ als Produkt endlich vieler Primelemente schreiben läßt. Diese Zerlegung ist dann eindeutig bis auf Reihenfolge und Multiplikation mit Einheiten bestimmt.

In faktoriellen Ringen ist jedes unzerlegbare Element prim.

Satz 4.1: Ist k ein Körper, so ist der Polynomring $k[X]$ faktoriell.

Beweis: In $k[X]$ gilt der euklidische Algorithmus, daher ist $k[X]$ ein "Hauptidealring". Jeder Hauptidealring ist aber faktoriell. (Näheres findet man bei v.d. Waerden.). ♦

Def. 4.4: 1) Sei I ein Integritätsbereich. Dann bezeichnet man mit $Q(I)$ den Quotientenkörper von I:

$$Q(I) := \left\{ \frac{a}{b} : a, b \in I,\ b \neq 0 \right\}.$$

2) Ist $I[X]$ der Polynomring über I, so bezeichnen wir mit $I^0[X]$ die Menge der normierten Polynome von $I[X]$.

Bemerkung: $I^0[X]$ ist zwar abgeschlossen bez. der Multiplikation, aber nicht bez. der Addition. Also ist $I^0[X]$ kein Ring. Man kann jedoch Primfaktorzerlegungen in $I^0[X]$ betrachten.

Satz 4.2: Sei I faktoriell, $Q := Q(I)$ der Quotientenkörper. Ferner seien $\omega_1, \omega_2 \in Q^0[X]$, $\omega \in I^0[X]$, und es gelte $\omega = \omega_1 \cdot \omega_2$. Dann liegen ω_1, ω_2 bereits in $I^0[X]$.

Beweis: Für $\lambda = 1,2$ ist $\omega_\lambda = X^{s_\lambda} + A_{\lambda,1} X^{s_\lambda - 1} + \ldots + A_{\lambda,s}$ mit $A_{\lambda,\mu} \in Q$. Also gibt es $d_\lambda \in I$, so daß $d_\lambda \cdot \omega_\lambda \in I[X]$.

Durch Kürzen kann man erreichen, daß die Koeffizienten von $d_\lambda \cdot \omega_\lambda$ keinen gemeinsamen Teiler haben.

Nun sei $d := d_1 \cdot d_2$.

Wir nehmen an, es gebe ein Primelement p, das d teilt. Es folgt: $p \nmid d_\lambda \cdot \omega_\lambda$ für $\lambda = 1,2$.

Sei nun μ_λ minimal mit der Eigenschaft, daß $p \nmid d_\lambda A_{\lambda,\mu_\lambda}$. Es ist $(d_1\omega_1)\cdot(d_2\omega_2) =$
$= \ldots + X^{\mu_1+\mu_2} \cdot [(d_1 \cdot A_{1,\mu_1}) \cdot (d_2 A_{2,\mu_2}) + \text{durch p teilbare Glieder}] + \ldots$

Also ist der Koeffizient bei $X^{\mu_1+\mu_2}$ insgesamt nicht durch p teilbar, und das heißt, $(d_1 \cdot \omega_1)(d_2 \cdot \omega_2)$ ist nicht durch p teilbar, was offensichtlich ein Widerspruch dazu ist, daß $(d_1 \cdot \omega_1)(d_2 \cdot \omega_2) = d \cdot \omega$ mit $\omega \in I^0[X]$ und $p|d$ ist.

Also besitzt d keine Primteiler, d.h. $d = d_1 \cdot d_2$ ist eine Einheit. Damit sind auch d_λ, $\lambda = 1,2$, Einheiten in I. Daraus folgt:

$\omega_\lambda = d_\lambda^{-1} \cdot d_\lambda \cdot \omega_\lambda \in I[X]$, und somit $\omega_\lambda \in I^0[X]$. ♦

Satz 4.3 (Gaußsches Lemma): Ist I faktoriell, so ist auch $I^0[X]$ faktoriell, d.h. jedes Element von $I^0[X]$ ist Produkt von endlich vielen Primelementen aus $I^0[X]$.

(Es spielt nur die multiplikative Struktur eine Rolle, deshalb kann man den Begriff "faktoriell" auf $I^0[X]$ anwenden.)

Beweis: 1) Sei $\omega \in I^0[X] \subset Q[X]$. Dann ist $\omega = \omega_1 \cdot \omega_2 \cdots \omega_l$ mit $\omega_\lambda \in Q[X]$ prim (Satz 4.1). Es sei a_λ jeweils der Koeffizient des Gliedes höchsten Grades von ω_λ. Dann ist offensichtlich $1 = a_1 \cdots a_l$, also

$$\omega = \frac{\omega}{a_1 \cdots a_l} = \left(\frac{\omega_1}{a_1}\right) \cdots \left(\frac{\omega_l}{a_l}\right).$$

Ohne Einschränkung der Allgemeinheit können wir daher annehmen, daß die ω_λ normiert sind.

2) Durch vollständige Induktion über l folgt aus Satz 4.2, daß alle ω_λ in $I^0[X]$ liegen.

Zu zeigen bleibt noch, daß die ω_λ auch prim in $I^0[X]$ sind. Es gelte $\omega_\lambda | \omega' \cdot \omega''$ mit $\omega', \omega'' \in I^0[X]$.

Dann gilt diese Beziehung auch in $Q[X]$, und dort folgt: $\omega_\lambda | \omega'$ oder $\omega_\lambda | \omega''$. Es gelte etwa: $\omega_\lambda | \omega'$.

Das heißt: $\omega' = \omega_\lambda \cdot \omega'_\lambda$ mit $\omega'_\lambda \in Q[X]$ und daher aus $Q^0[X]$. Aus Satz 4.2 folgt wieder: $\omega'_\lambda \in I^0[X]$. Also ist ω_λ in $I^0[X]$ prim. ♦

Wir wollen die bisherigen Ergebnisse jetzt auf den Spezialfall $I = H_n$ anwenden.

Def. 4.5: Sei $f \in H_n$, $f = \sum_{\lambda=0}^{\infty} p_\lambda$ die Entwicklung von f nach homogenen Polynomen. Dann definiert man als Ordnung von f die Zahl $\operatorname{ord}(f) := \min\{\lambda \in \mathbb{N}_0 : p_\lambda \neq 0\}$, $\operatorname{ord}(0) := \infty$.

Es gilt:

1) $\mathrm{ord}(f) \geqslant 0$.
2) $\mathrm{ord}(f_1 \cdot f_2) = \mathrm{ord}(f_1) + \mathrm{ord}(f_2)$.
3) $\mathrm{ord}(f_1 + f_2) \geqslant \min(\mathrm{ord}(f_1), \mathrm{ord}(f_2))$.
4) f ist genau dann Einheit, wenn $\mathrm{ord}(f) = 0$ ist.

Satz 4.4: H_n ist faktoriell.

Beweis: 1) Wir führen Induktion nach n. Für $n = 0$ ist $H_n = \mathbb{C}$ ein Körper, und die Aussage ist trivial. Die Behauptung sei jetzt bereits für $n-1$ bewiesen.

Ist $f \in H_n$ keine Einheit, $f = f_1 \cdot f_2$ eine echte Zerlegung, so ist $\mathrm{ord}(f) = \mathrm{ord}(f_1) + \mathrm{ord}(f_2)$, die Ordnungen der Faktoren sind also echt kleiner. Infolgedessen kann man f in endlich viele unzerlegbare Faktoren zerlegen: $f = f_1 \dots f_l$.

2) Sei nun f unzerlegbar, f_1, f_2 beliebig und $\neq 0$, und es gelte $f | f_1 \cdot f_2$. Durch Anwendung einer Scherung σ kann man erreichen, daß $f_1 \circ \sigma$, $f_2 \circ \sigma$ und $f \circ \sigma$ z_1-allgemein sind. Daraus folgt: Es gibt Zerlegungen im Sinne von Satz 3.7: $f \circ \sigma = e \cdot \omega$ und $f_\nu \circ \sigma = e_\nu \cdot \omega_\nu$, $\nu = 1,2$. Mit $f | f_1 \cdot f_2$ gilt auch: $(f \circ \sigma) | (f_1 \circ \sigma) \cdot (f_2 \circ \sigma)$, also $\omega | \omega_1 \cdot \omega_2$ in H_n. Es gibt ein $q \in H_n$ mit $q \cdot \omega = \omega_1 \cdot \omega_2$. Nach der Weierstraßschen Formel (Satz 3.6) ist q eindeutig bestimmt, und aus dem Zusatz folgt sogar: $q \in H_{n-1}^0[z_1]$.
Da f unzerlegbar ist, ist auch $f \circ \sigma$ und daher ω unzerlegbar $\left(\text{in } H_{n-1}^0[z_1]\right)$. Nach Induktionsvoraussetzung ist H_{n-1} faktoriell, nach dem Gaußschen Lemma auch $H_{n-1}^0[z_1]$. Damit ist ω prim in $H_{n-1}^0[z_1]$. Es gelte etwa: $\omega | \omega_1$. Das ergibt: $f \circ \sigma | f_1 \circ \sigma$, also $f | f_1$ in H_n. Jedes unzerlegbare Element in H_n ist prim. ♦

§ 5. Weitere Folgerungen (Henselsche Ringe, Noethersche Ringe)

A) Henselsche Ringe

Sei R eine kommutative $\mathbb{C}$-Algebra mit 1, in der die Menge $\mathfrak{m}$ aller Nicht-Einheiten ein Ideal ist. $\pi : R \to R/\mathfrak{m}$ und $\iota : \mathbb{C} \hookrightarrow R$ seien die kanonischen Abbildungen.

Behauptung: 1) $\mathfrak{m}$ ist das einzige maximale Ideal von R.
2) $R/\mathfrak{m}$ ist ein Körper.
3) $\pi \circ \iota : \mathbb{C} \to R/\mathfrak{m}$ ist ein injektiver Ringhomomorphismus.

Beweis: 1) Sei $\mathfrak{a} \subset R$ ein beliebiges maximales Ideal. Enthält $\mathfrak{a}$ eine Einheit, so ist $\mathfrak{a} = R$, und das kann nicht sein. Also gilt: $\mathfrak{a} \subset \mathfrak{m}$, d.h. $\mathfrak{a} = \mathfrak{m}$.

2) Ist $\pi(a) \neq 0$, so ist $a \notin \mathfrak{m}$, also eine Einheit in R. Es gibt ein $a' \in R$ mit $aa' = 1$, und dann ist $\pi(a) \cdot \pi(a') = \pi(a \cdot a') = \pi(1) = 1 \in R/\mathfrak{m}$.

3) Es ist klar, daß $\pi \circ \iota$ ein Ringhomomorphismus ist. Ist $\pi \circ \iota(c) = 0$, so muß $\iota(c) = c \cdot 1$ in $\mathfrak{m}$ liegen, und das ist nur dann möglich, wenn $c = 0$ ist. Also ist $\pi \circ \iota$ injektiv. ◆

Def. 5.1: Sei R eine kommutative $\mathbb{C}$-Algebra mit 1. R heißt eine $\mathbb{C}$-Stellenalgebra, falls gilt:

1) Die Menge $\mathfrak{m}$ aller Nicht-Einheiten von R ist ein Ideal in R.
2) Der kanonische Ring-Monomorphismus $\pi \circ \iota : \mathbb{C} \to R/\mathfrak{m}$ ist surjektiv.

Satz 5.1: H_n ist eine $\mathbb{C}$-Stellenalgebra.

Beweis: 1) $\mathfrak{m} = \{f \in H_n : f(0) = 0\}$ ist offenbar ein Ideal in H_n.

2) Für $f \in H_n$ gilt: $f = \iota(f(0)) + (f - \iota(f(0)))$ mit $f - \iota(f(0)) \in \mathfrak{m}$, also $\pi(f) = \pi \circ \iota(f(0))$. Daher ist $\pi \circ \iota$ surjektiv. Darüber hinaus erhält man: $(\pi \circ \iota)^{-1} \circ \pi(f) = f(0)$. ◆

Sei R eine $\mathbb{C}$-Stellenalgebra mit dem maximalen Ideal $\mathfrak{m}$ und den kanonischen Abbildungen $\pi : R \to R/\mathfrak{m}$, $\iota : \mathbb{C} \hookrightarrow R$. Es gibt dann eine Abbildung $\rho : R[X] \to \mathbb{C}[X]$ mit $\rho\left(\sum_{\nu=0}^{n} r_\nu X^\nu\right) = \sum_{\nu=0}^{n} (\pi \circ \iota)^{-1} \circ \pi(r_\nu) X^\nu$, die offensichtlich surjektiv ist.

Def. 5.2: Sei R eine $\mathbb{C}$-Stellenalgebra, $\rho : R[X] \to \mathbb{C}[X]$ die oben angegebene Abbildung. R heißt henselsch, falls gilt: Ist $f \in R[X]$ ein normiertes Polynom und $\rho(f) = g_1 \cdot g_2$ eine Zerlegung von $\rho(f)$ in zwei teilerfremde normierte Polynome $g_1, g_2 \in \mathbb{C}[X]$, so gibt es normierte Polynome $f_1, f_2 \in R[X]$ mit $\rho(f_1) = g_1$, $\rho(f_2) = g_2$ und $f = f_1 \cdot f_2$.

Satz 5.2: H_n ist ein Henselscher Ring.

Dieser Satz folgt sofort aus dem Henselschen Lemma:

Satz 5.3 (Henselsches Lemma): $\omega(u, \mathfrak{z}) \in H_n^0[u]$ habe die Zerlegung $\omega(u,0) = \prod_{\lambda=1}^{l} (u - c_\lambda)^{s_\lambda}$ in Linearfaktoren (mit $c_\nu \neq c_\mu$ für $\nu \neq \mu$ und $s_1 + \ldots + s_l =: s = \text{grad}(\omega)$). Dann gibt es eindeutig bestimmte Polynome $\omega_1, \ldots, \omega_l \in H_n^0[u]$ mit $\text{grad}(\omega_\lambda) = s_\lambda$ und $\omega_\lambda(u,0) = (u - c_\lambda)^{s_\lambda}$ für $\lambda = 1, \ldots, l$, so daß $\omega = \omega_1 \ldots \omega_l$ ist.

Beweis: Wir führen vollständige Induktion nach l: Der Fall $l = 1$ ist trivial, wir setzen voraus, der Satz sei für $l-1$ bereits bewiesen.

1) Zunächst sei angenommen, daß $\omega(0,0) = 0$ ist. Ohne Beschränkung der Allgemeinheit kann man dann voraussetzen, daß $c_1 = 0$ ist, also $\omega(u,0) = u^{s_1} \cdot h(u)$ mit $\text{grad}(h) = s - s_1$ und $h(0) \neq 0$. Das bedeutet, daß ω u-allgemein von der Ordnung s_1 ist, und man kann den Weierstraßschen Vorbereitungssatz anwenden:

Es gibt eine Einheit $e \in H_{n+1}$ und ein Polynom $\omega_1 \in H_n^0[u]$ mit $\text{grad}(\omega_1) = s_1$, so daß $\omega = e \cdot \omega_1$ ist. Aus dem Zusatz folgt sogar, daß e in $H_n^0[u]$ liegt. Da $\omega(0,0) = 0$ und

$e(0,0) \neq 0$ ist, muß $\omega_1(0,0) = 0$ sein, und das bedeutet, daß $\omega_1(u,0) = u^{s_1}$ ist, also $e(u,0) = h(u) = \prod_{\lambda=2}^{l}(u - c_\lambda)^{s_\lambda}$. Nach Induktionsannahme gibt es nun Elemente $\omega_2, \dots, \omega_l \in H_n^0[u]$ mit $\mathrm{grad}(\omega_\lambda) = s_\lambda$, $\omega_\lambda(u,0) = (u - c_\lambda)^{s_\lambda}$ und $e = \omega_2 \dots \omega_l$. $\omega = \omega_1 \omega_2 \dots \omega_l$ ist die gewünschte Zerlegung.

2) Ist $\omega(0,0) \neq 0$, so setze man etwa $\omega'(u,\mathfrak{z}) := \omega(u + c_1, \mathfrak{z})$. Wie in 1) findet man dann eine Zerlegung $\omega' = \omega_1' \dots \omega_l'$, und mit $\omega_\lambda(u,\mathfrak{z}) := \omega_\lambda'(u - c_1, \mathfrak{z})$ erhält man auch in diesem Fall eine Zerlegung $\omega = \omega_1 \dots \omega_l$ im Sinne des Satzes.

Auch die Eindeutigkeit der Zerlegung beweist man durch vollständige Induktion nach l. Im Fall 1) ergibt sich der Induktionsschritt unmittelbar aus dem Weierstraßschen Vorbereitungssatz, den Fall 2) führt man auf den Fall 1) zurück. ♦

B) Noethersche Ringe

Def. 5.3: Sei R ein kommutativer Ring mit 1. Ein R-Modul M heißt endlich, wenn es ein $q \in \mathbb{N}$ und einen R-Modul-Epimorphismus $\varphi : R^q \to M$ gibt. Das ist äquivalent dazu, daß es Elemente $e_1, \dots, e_q \in M$ gibt, so daß sich jedes Element $x \in M$ in der Form $x = \sum_{\nu=1}^{q} r_\nu e_\nu$ mit $r_\nu \in R$ schreiben läßt.

Def. 5.4: Sei R ein kommutativer Ring mit 1. R heißt noethersch, falls jedes Ideal $\mathfrak{J} \subset R$ endlich erzeugt ist. Ein R-Modul M heißt noethersch, falls jeder Untermodul $M' \subset M$ ein endlicher R-Modul ist.

Satz 5.4: Ist R ein noetherscher Ring und $q \in \mathbb{N}$, so ist R^q ein noetherscher R-Modul.

Beweis: Wir führen Induktion nach q.
Der Fall $q = 1$ ist trivial, der Satz sei nun für $q - 1$ schon bewiesen. $M \subset R^q$ sei ein R-Untermodul. Dann ist $\mathfrak{J} := \{r_1 \in R$: Es gibt $r_2, \dots, r_q \in R$ mit $(r_1, r_2, \dots, r_q) \in M\}$ ein Ideal in R, und als solches endlich erzeugt, etwa von Elementen $r_1^{(\lambda)}$, $\lambda = 1, \dots, l$. Zu jedem $r_1^{(\lambda)}$ gibt es Elemente $r_2^{(\lambda)}, \dots, r_q^{(\lambda)} \in R$, so daß $r_\lambda := \left(r_1^{(\lambda)}, r_2^{(\lambda)}, \dots, r_q^{(\lambda)}\right)$ in M liegt, für $\lambda = 1, \dots, l$. $M' := M \cap (\{0\} \times R^{q-1})$ kann mit einem R-Untermodul von R^{q-1} identifiziert werden, ist also nach Induktionsvoraussetzung endlich.
$r_\lambda = \left(0, r_2^{(\lambda)}, \dots, r_q^{(\lambda)}\right)$, $\lambda = l+1, \dots, p$, seien Erzeugende von M'.

Ist $r \in M$, so kann man schreiben: $r = (r_1, r')$ mit $r_1 \in \mathfrak{J}$, also $r_1 = \sum_{\lambda=1}^{l} a_\lambda r_1^{(\lambda)}$, $a_\lambda \in R$.
Dann ist aber $r - \sum_{\lambda=1}^{l} a_\lambda r_\lambda = \left(0, r' - \sum_{\lambda=1}^{l} a_\lambda \left(r_2^{(\lambda)}, \dots, r_q^{(\lambda)}\right)\right) \in M'$, d.h. es gibt Elemente

$a_{l+1},\dots,a_p \in R$, so daß $r - \sum_{\lambda=1}^{l} a_\lambda r_\lambda = \sum_{\lambda=l+1}^{p} a_\lambda r_\lambda$ ist, also $r = \sum_{\lambda=1}^{p} a_\lambda r_\lambda$. $\{r_1,\dots,r_p\}$ ist ein Erzeugendensystem für M. ♦

Satz 5.5 (Rückertscher Basissatz): H_n ist ein noetherscher Ring.

Beweis: Wir führen wieder vollständige Induktion nach n. Für $n = 0$ ist $H_n = \mathbb{C}$, und die Aussage ist trivial. Wir nehmen nun an, der Satz sei bereits für $n-1$ bewiesen. $\mathfrak{J} \subset H_n$ sei ein Ideal, wir können voraussetzen, daß es sich nicht gerade um das Nullideal handelt. Es gibt dann ein Element $g \neq 0$ in $\mathfrak{J}$. Nach Anwendung einer geeigneten Scherung σ ist $g' := g \circ \sigma$ z_1-allgemein von der Ordnung s. σ induziert einen Isomorphismus $\sigma^* : H_n \to H_n$ mit $\sigma^*(g) = g'$. Mit $\mathfrak{J}$ ist auch $\sigma^*(\mathfrak{J})$ ein Ideal in H_n, und wenn $\sigma^*(\mathfrak{J})$ endlich erzeugt ist, dann ist auch $\mathfrak{J} = (\sigma^*)^{-1}\sigma^*(\mathfrak{J})$ endlich erzeugt. Ohne Beschränkung der Allgemeinheit können wir daher annehmen, daß bereits g z_1-allgemein von der Ordnung s ist.

$\Phi_g : H_n \to (H_{n-1})^s$ sei der "Weierstraßhomomorphismus", der folgendermaßen definiert wird:

Zu jedem $f \in H_n$ gibt es eindeutig bestimmte Elemente $q \in H_n$ und $r = r_0 + r_1 z_1 + \dots + r_{s-1} z_1^{s-1} \in H_{n-1}[z_1]$, so daß $f = q \cdot g + r$ ist. Es sei $\Phi_g(f) := (r_0,\dots,r_{s-1})$. Φ_g ist ein H_{n-1}-Modul-Homomorphismus. Nach Induktionsvoraussetzung ist H_{n-1} noethersch, und nach Satz 5.4 bedeutet das, daß $(H_{n-1})^s$ ein noetherscher H_{n-1}-Modul ist.

$M := \Phi_g(\mathfrak{J})$ ist ein H_{n-1}-Untermodul, also endlich erzeugt. $r^{(\lambda)} = \left(r_0^{(\lambda)},\dots,r_{s-1}^{(\lambda)}\right)$, $\lambda = 1,\dots,l$, seien Erzeugende von M. Ist $f \in \mathfrak{J}$ beliebig, so ist $f = q \cdot g + \left(r_0 + r_1 z_1 + \dots + r_{s-1} z_1^{s-1}\right)$, und es gibt Elemente $a_1,\dots,a_l \in H_{n-1}$, so daß $(r_0, r_1,\dots,r_{s-1}) = \sum_{\lambda=1}^{l} a_\lambda r^{(\lambda)}$ ist.

Damit erhalten wir die Darstellung $f = q \cdot g + \sum_{\lambda=1}^{l} a_\lambda \left(r_0^{(\lambda)} + r_1^{(\lambda)} z_1 + \dots + r_{s-1}^{(\lambda)} z_1^{s-1}\right)$, d.h., $\left\{g, r_0^{(1)} + r_1^{(1)} z_1 + \dots + r_{s-1}^{(1)} z_1^{s-1},\dots, r_0^{(l)} + r_1^{(l)} z_1 + \dots + r_{s-1}^{(l)} z_1^{s-1}\right\}$ ist ein Erzeugendensystem von $\mathfrak{J}$. ♦

Bemerkung: Wir haben bisher gezeigt: H_n ist eine faktorielle, henselsche, noethersche $\mathbb{C}$-Stellenalgebra. Ist $\mathfrak{J} \subset H_n$ ein beliebiges Ideal (mit $\mathfrak{J} \neq H_n$), so bezeichnet man $A := H_n/\mathfrak{J}$ als eine analytische $\mathbb{C}$-Stellenalgebra. A ist ebenfalls noethersch und henselsch. Analytische $\mathbb{C}$-Stellenalgebren spielen eine entscheidende Rolle in der lokalen Theorie der "komplexen Räume", einer Verallgemeinerung der im folgenden Paragraphen skizzierten Theorie der "analytischen Mengen".

§ 6. Analytische Mengen

Def.6.1: Sei $B \subset \mathbb{C}^n$ ein Bereich, $M \subset B$ eine Teilmenge und $\mathfrak{z}_0 \in B$ ein Punkt. M heißt analytisch in $\mathfrak{z}_0$, wenn es eine offene Umgebung $U = U(\mathfrak{z}_0) \subset B$ und holomorphe Funktionen $f_1, \dots, f_l$ in U gibt, so daß $U \cap M = \{\mathfrak{z} \in U : f_1(\mathfrak{z}) = \dots = f_l(\mathfrak{z}) = 0\}$ ist. M heißt analytisch in B, falls M in jedem Punkt von B analytisch ist.

Bemerkung: Ist $B \subset \mathbb{C}^n$ ein Bereich und sind $f_1, \dots, f_l$ Elemente von $A(B)$, so nennen wir $N(f_1, \dots, f_l) := \{\mathfrak{z} \in B : f_1(\mathfrak{z}) = \dots = f_l(\mathfrak{z}) = 0\}$ die Nullstellenmenge der Funktionen $f_1, \dots, f_l$.

Satz 6.1: Ist $B \subset \mathbb{C}^n$ ein Bereich und $M \subset B$ eine analytische Menge in B, so ist M abgeschlossen in B.

Beweis: Zu zeigen ist, daß $B - M$ offen ist. Ist $\mathfrak{z}_0 \in B - M$, so gibt es eine offene Umgebung $U = U(\mathfrak{z}_0) \subset B$ und Funktionen $f_1, \dots, f_l \in A(U)$ mit $N(f_1, \dots, f_l) = U \cap M$, so daß etwa $f_1(\mathfrak{z}_0) \neq 0$ ist. Es gibt dann noch eine ganze Umgebung $V = V(\mathfrak{z}_0) \subset U$, so daß $f_1 | V$ nirgends verschwindet, und das bedeutet, daß V in $B - M$ enthalten ist. Also ist $\mathfrak{z}_0$ ein innerer Punkt, $B - M$ ist offen. ♦

Satz 6.2: Sei $G \subset \mathbb{C}^n$ ein Gebiet. Dann ist der Ring $A(G)$ der holomorphen Funktionen auf G ein Integritätsbereich.

Beweis: Es geht nur darum zu zeigen, daß $A(G)$ nullteilerfrei ist: Seien etwa f_1, f_2 zwei Elemente von $A(G)$ mit $f_1 \neq 0$ und $f_1 \cdot f_2 = 0$. Dann gibt es ein $\mathfrak{z}_0 \in G$ mit $f_1(\mathfrak{z}_0) \neq 0$, und darüber hinaus gibt es sogar eine offene Umgebung $V = V(\mathfrak{z}_0) \subset G$, so daß f_1 auf V nirgends verschwindet. Dann muß aber $f_2 | V = 0$ sein, und aus dem Identitätssatz folgt: $f_2 = 0$. ♦

Wir können keineswegs davon ausgehen, daß $A = A(G)$ faktoriell ist. Trotzdem wollen wir zeigen, daß $A^0[u]$ faktoriell ist. Das ist möglich auf Grund des folgenden Satzes:

Satz 6.3: Sei I ein Integritätsbereich, $Q = Q(I)$ der Quotientenkörper von I. $I^0[X]$ ist faktoriell, falls I folgende Eigenschaft erfüllt:
Für $\omega_1, \omega_2 \in Q^0[X]$ mit $\omega_1 \cdot \omega_2 \in I^0[X]$ folgt stets: $\omega_1, \omega_2 \in I^0[X]$.

Beweis: Beim Gaußschen Lemma wurde zwar vorausgesetzt, daß I faktoriell ist, im Beweis wurde jedoch nur die oben angegebene Eigenschaft von I benutzt, die für jeden faktoriellen Ring erfüllt ist. ♦

Es gilt nun zu zeigen, daß $I = A$ die in Satz 6.3 angegebene Eigenschaft hat. Der Quotientenkörper $Q := Q(A)$ ist der Körper der "meromorphen Funktionen" auf G. Die Elemente $h = \frac{f}{g}$ kann man natürlich nur in einem sehr weiten Sinne als Funktionen auffassen. Es können Polstellen auftreten, und nicht nur das! Wenn f und g unabhängig voneinander in einem Punkt verschwinden, so kann man in diesem Punkt h überhaupt keinen vernünftigen Wert mehr zuordnen. Solche "Unbestimmtheitsstellen" treten nur bei meromorphen Funktionen von mehreren Veränderlichen auf. Im folgenden interessieren wir uns nur für die algebraischen Eigenschaften von Q.

Für $\mathfrak{z} \in G$ sei $I_{\mathfrak{z}} = (H_n)_{\mathfrak{z}}$ der Ring der konvergenten Potenzreihen in $\mathfrak{z}$ und $Q_{\mathfrak{z}} = Q(I_{\mathfrak{z}})$ der Quotientenkörper von $I_{\mathfrak{z}}$. Außerdem sei $A(\mathfrak{z})$ die Menge aller Funktionen, die in einer Umgebung von $\mathfrak{z}$ definiert und holomorph sind. Für $f \in A(\mathfrak{z})$ bezeichne $(f)_{\mathfrak{z}}$ die Potenzreihenentwicklung von f im Punkt $\mathfrak{z}$. Es gibt dann für jedes $\mathfrak{z} \in G$ einen Ringhomomorphismus

$$\vartheta_{\mathfrak{z}} : Q \to Q_{\mathfrak{z}}$$

mit $\vartheta_{\mathfrak{z}}\left(\frac{f}{g}\right) = \frac{(f)_{\mathfrak{z}}}{(g)_{\mathfrak{z}}}$. Nach dem Identitätssatz ist $(g)_{\mathfrak{z}} \neq 0$, und es folgt ferner, daß $\vartheta_{\mathfrak{z}}$ injektiv ist.

Ist nun $h = \frac{f}{g} \in Q$ und $(h)_{\mathfrak{z}_0} := \vartheta_{\mathfrak{z}_0}(h) = \frac{(f)_{\mathfrak{z}_0}}{(g)_{\mathfrak{z}_0}} \in I_{\mathfrak{z}_0}$, so muß $(g)_{\mathfrak{z}_0}$ eine Einheit in $I_{\mathfrak{z}_0}$, also $g(\mathfrak{z}_0) \neq 0$ sein. Dann gibt es aber eine offene Umgebung $V = V(\mathfrak{z}_0) \subset G$, so daß g auf V nirgends verschwindet, und h stellt auf V eine holomorphe Funktion dar. Ist $(h)_{\mathfrak{z}_0} \in I_{\mathfrak{z}_0}$ für jeden Punkt $\mathfrak{z}_0 \in G$, so ist h eine holomorphe Funktion auf G.

Satz 6.4: Sind ω_1, ω_2 Elemente von $Q^0[u]$ mit $\omega_1 \cdot \omega_2 \in A^0[u]$, so gilt sogar: $\omega_1, \omega_2 \in A^0[u]$.

Beweis: 1) Ist $\omega \in Q^0[u]$, so hat ω die Gestalt $\omega = u^s + A_1 u^{s-1} + \ldots + A_s$ mit $A_i \in Q$ für $i = 1, \ldots, s$.

Sei $(\omega)_{\mathfrak{z}} := u^s + (A_1)_{\mathfrak{z}} u^{s-1} + \ldots + (A_s)_{\mathfrak{z}} \in Q^0_{\mathfrak{z}}[u]$. Wenn sogar für alle $\mathfrak{z} \in G$ gilt, daß $(\omega)_{\mathfrak{z}}$ in $I^0_{\mathfrak{z}}[u]$ liegt, dann folgt nach den obigen Betrachtungen, daß $A_1, \ldots, A_s$ holomorphe Funktionen sind, d.h. es ist $\omega \in A^0[u]$.

2) Sind ω_1, ω_2 Elemente von $Q^0[u]$ mit $\omega_1 \cdot \omega_2 \in A^0[u]$, so gilt für alle $\mathfrak{z} \in G$: $(\omega_1)_{\mathfrak{z}}, (\omega_2)_{\mathfrak{z}} \in Q^0_{\mathfrak{z}}[u]$ und $(\omega_1)_{\mathfrak{z}} \cdot (\omega_2)_{\mathfrak{z}} \in I^0_{\mathfrak{z}}[u]$. Da $I_{\mathfrak{z}} = (H_n)_{\mathfrak{z}}$ faktoriell ist, folgt: $(\omega_1)_{\mathfrak{z}}, (\omega_2)_{\mathfrak{z}} \in I^0_{\mathfrak{z}}[u]$. Nach 1) bedeutet das: $\omega_1, \omega_2 \in A^0[u]$. ♦

Satz 6.5: Sei $G \subset \mathbb{C}^n$ ein Gebiet, $A = A(G)$.
Dann ist $A^0[u]$ faktoriell.

Der Beweis ergibt sich unmittelbar aus Satz 6.3 und Satz 6.4.

Def. 6.2: Sei I ein Integritätsbereich. I heißt ein euklidischer Ring, wenn es eine Abbildung $N : I \to \mathbb{N}_0$ mit folgenden Eigenschaften gibt:

1) $N(a \cdot b) = N(a) \cdot N(b)$
2) $a = 0 \Leftrightarrow N(a) = 0$
3) Für alle $a, b \in I$ mit $a \neq 0$ gibt es ein $q \in I$ mit $N(b - q \cdot a) < N(a)$.

Beispiele: a) $\mathbb{Z}$ ist ein euklidischer Ring, vermöge der Abbildung $N : \mathbb{Z} \to \mathbb{N}_0$ mit $N(a) := |a|$.

b) Ist k ein Körper, so ist $k[X]$ ein euklidischer Ring, vermöge der Abbildung $N : k[X] \to \mathbb{N}_0$ mit

$$N(f) := 2^{\mathrm{grad}(f)} \quad (\text{und } N(0) := 0).$$

Jeder euklidische Ring ist ein Hauptidealring (und damit auch ein faktorieller Ring). Sind a_1, a_2 Elemente eines euklidischen Ringes, so erhält man den größten gemeinsamen Teiler $ggT(a_1, a_2)$ als Linearkombination

$$ggT(a_1, a_2) = r_1 \cdot a_1 + r_2 \cdot a_2,$$

wobei $N(r_1 \cdot a_1 + r_2 \cdot a_2)$ minimal ist. Allerdings ist der größte gemeinsame Teiler nur bis auf Einheiten bestimmt.

Es sei nun wieder $G \subset \mathbb{C}^n$ ein Gebiet, $A = A(G)$, $Q = Q(A)$ der Körper der meromorphen Funktionen auf G. $Q[u]$ ist ein euklidischer Ring. Sind ω_1, ω_2 Elemente von $Q[u]$, so betrachte man alle Linearkombinationen $\omega = p_1\omega_1 + p_2\omega_2$ mit $p_1, p_2 \in Q[u]$ und $\omega \neq 0$. Hat ω minimalen Grad, so ist ω ein größter gemeinsamer Teiler von ω_1 und ω_2. Sei $h \in A$ das Produkt der Nenner von p_1 und p_2. Dann liegen die Polynome $h \cdot p_i$ in $A[u]$, und es ist $(h \cdot p_1)\omega_1 + (h \cdot p_2)\omega_2 = h \cdot \omega$. Da aber h eine Einheit in $Q[u]$ ist, gilt:

<u>Satz 6.6:</u> Sind ω_1, ω_2 Elemente von $Q[u]$, so gibt es einen größten gemeinsamen Teiler von ω_1 und ω_2, der sich als Linearkombination von ω_1 und ω_2 über $A[u]$ schreiben läßt.

<u>Def. 6.3:</u> Ein Element $\omega \in A^0[u]$ heißt "Pseudopolynom ohne mehrfache Faktoren", falls die Faktoren ω_i der (nach Satz 6.5 eindeutig bestimmten) Primzerlegung $\omega = \omega_1 \dots \omega_l$ paarweise verschieden sind.

<u>Def. 6.4:</u> Die Abbildung $D : A[u] \to A[u]$ sei definiert durch $D\left(\sum_{\nu=0}^{s} A_\nu(\mathfrak{z})u^\nu\right) := \sum_{\nu=1}^{s} \nu \cdot A_\nu(\mathfrak{z})u^{\nu-1}$. Ist $\omega \in A[u]$, so nennt man $D(\omega) \in A[u]$ die Ableitung von ω.

<u>Bemerkung:</u> Man verifiziert sofort die folgenden Formeln:

1) $D(\omega_1 + \omega_2) = D(\omega_1) + D(\omega_2)$.

2) $D(\omega_1 \cdot \omega_2) = \omega_1 \cdot D(\omega_2) + \omega_2 \cdot D(\omega_1)$.

3) $D(\omega_1 \dots \omega_l) = \sum_{\nu=1}^{l} \omega_1 \dots \hat{\omega}_\nu \dots \omega_l \cdot D(\omega_\nu)$. (Dabei bedeutet das Dach über ω_ν, daß dieser Term ausgelassen wird.)

Es sei nun $\omega = \omega_1 \dots \omega_l = u^s + A_1(\mathfrak{z})u^{s-1} + \dots + A_s(\mathfrak{z})$ ein Pseudopolynom ohne mehrfache Faktoren (in $A^0[u]$). Dann ist $D(\omega) = \omega_2 \dots \omega_l \cdot D(\omega_1) + \sum_{\nu=2}^{l} \omega_1 \dots \hat{\omega}_\nu \dots \omega_l \cdot D(\omega_\nu)$.

Offensichtlich kann ω_1 nur dann $D(\omega)$ teilen, wenn ω_1 ein Teiler von $D(\omega_1)$ ist. Es kann aber kein $\omega_1' \in Q[u]$ mit $\omega_1 \cdot \omega_1' = D(\omega_1)$ geben, da $\text{grad}(D(\omega_1)) < \text{grad}(\omega_1)$ ist. Also ist ω_1 kein Teiler von $D(\omega)$, und das gleiche gilt für $\omega_2, \ldots, \omega_l$. Das heißt, daß ω und $D(\omega)$ teilerfremd sind.

<u>Satz 6.7:</u> Sei $\omega \in A^0[u]$ ein Pseudopolynom ohne mehrfache Faktoren. Dann gibt es Elemente $q_1, q_2 \in A[u]$, so daß $h := q_1 \cdot \omega + q_2 \cdot D(\omega)$ in A liegt und nicht identisch verschwindet.

<u>Beweis:</u> Wir haben oben gezeigt, daß $\text{ggT}(\omega, D(\omega)) = 1$ ist. Es gibt dann Elemente $p_1, p_2 \in Q[u]$ mit $p_1 \omega + p_2 \cdot D(\omega) = 1$. Multipliziert man die Gleichung mit einem geeigneten Faktor $h \in A$ (mit $h \neq 0$), so erhält man $(p_1 \cdot h) \cdot \omega + (p_2 \cdot h) \cdot D(\omega) = h$, mit $p_1 \cdot h,\ p_2 \cdot h \in A[u]$. ♦

Genauso beweist man:

<u>Satz 6.8:</u> Sind $\omega_1, \omega_2 \in A[u]$ teilerfremd, so gibt es Elemente $q_1, q_2 \in A[u]$, so daß $q_1 \cdot \omega_1 + q_2 \cdot \omega_2$ in A liegt und nicht identisch verschwindet.

Wir müssen nun kurz auf den Begriff des symmetrischen Polynoms eingehen.

<u>Def. 6.5:</u> Ein Polynom $p \in \mathbb{Z}[X_1, \ldots, X_s]$ heißt symmetrisch, wenn für alle ν, μ gilt

$$p(X_1, \ldots, X_\nu, \ldots, X_\mu, \ldots, X_s) = p(X_1, \ldots, X_\mu, \ldots, X_\nu, \ldots, X_s).$$

Wichtigstes Beispiel sind die elementar-symmetrischen Polynome $\sigma_1, \ldots, \sigma_s$ mit

$$\begin{aligned}
\sigma_1(X_1, \ldots, X_s) &= X_1 + \ldots + X_s, \\
\sigma_2(X_1, \ldots, X_s) &= (X_1 \cdot X_2 + \ldots + X_1 \cdot X_s) + (X_2 \cdot X_3 + \ldots + X_2 \cdot X_s) + \ldots + X_{s-1} \cdot X_s \\
&\vdots \\
\sigma_s(X_1, \ldots, X_s) &= X_1 \ldots X_s
\end{aligned}$$

$$\left(\text{also allgemein } \sigma_\nu(X_1, \ldots, X_s) := \sum_{1 \leq i_1 < \ldots < i_\nu \leq s} X_{i_1} \ldots X_{i_\nu}\right).$$

In der Algebra (vgl. v.d. Waerden I) wird bewiesen:

<u>Satz 6.9:</u> Sei $p(X_1, \ldots, X_s)$ ein symmetrisches Polynom mit ganzen Koeffizienten. Dann existiert genau ein Polynom $Q(Y_1, \ldots, Y_s)$ mit ganzen Koeffizienten, so daß gilt:

$$p(X_1, \ldots, X_s) = Q(\sigma_1(X_1, \ldots, X_s), \ldots, \sigma_s(X_1, \ldots, X_s)).$$

Ein weiteres wichtiges Beispiel eines symmetrischen Polynoms ist das Quadrat der Vandermondeschen Determinante:

$$D(X_1,\dots,X_s) := \det{}^2 \begin{pmatrix} 1, X_1, X_1^2, \dots, X_1^{s-1} \\ \vdots \qquad\qquad \vdots \\ 1, X_s, X_s^2, \dots, X_s^{s-1} \end{pmatrix} = \prod_{\nu<\mu} (X_\nu - X_\mu)^2$$

Offenbar ist $D(X_1,\dots,X_s) = 0$ genau dann, wenn es ein Paar (ν,μ) mit $\nu \neq \mu$ und $X_\nu = X_\mu$ gibt.

Def. 6.6: Ist $f(X) = X^s - a_1X^{s-1} + a_2X^{s-2} + \dots + (-1)^s a_s \in \mathbf{C}[X]$ ein Polynom und $Q \in \mathbf{Z}[X_1,\dots,X_s]$ dasjenige Polynom, das die Gleichung $D(X_1,\dots,X_s) = Q(\sigma_1(X_1,\dots,X_s), \dots, \sigma_s(X_1,\dots,X_s))$ erfüllt, so heißt $\Delta(f) := Q(a_1,\dots,a_s)$ die Diskriminante von $f(X)$.

Beispiel: Sei $f(X) = X^2 - aX + b$. Für $s = 2$ erhält man:

$$D(X_1,X_2) = (X_1 - X_2)^2 = X_1^2 - 2X_1 \cdot X_2 + X_2^2,$$

$$\sigma_1(X_1,X_2) = X_1 + X_2, \ \sigma_2(X_1,X_2) = X_1 \cdot X_2.$$

Setzt man $Q(Y_1,Y_2) := Y_1^2 - 4Y_2$, so ergibt sich:

$$Q(\sigma_1(X_1,X_2),\sigma_2(X_1,X_2)) = (X_1 + X_2)^2 - 4 \cdot X_1 \cdot X_2 = D(X_1,X_2).$$

Also ist $\Delta(f) = Q(a,b) = a^2 - 4b$.
Sind c_1, c_2 die beiden Nullstellen von $f(X)$, so gilt:

$$f(X) = (X - c_1)\cdot(X - c_2) = X^2 - (c_1 + c_2)X + c_1 \cdot c_2 = X^2 - \sigma_1(c_1,c_2)X + \sigma_2(c_1,c_2),$$

also $\Delta(f) = D(c_1,c_2)$.

Das bedeutet, daß $\Delta(f)$ genau dann verschwindet, wenn $c_1 = c_2$ ist.

Satz 6.10: Sei $f(X) = \prod_{\rho=1}^{s} (X - X_\rho) \in \mathbf{C}[X]$. f besitzt genau dann mehrfache Nullstellen, wenn $\Delta(f) = 0$ ist.

Beweis: Es ist $f(X) = (X - X_1)(X - X_2)\dots(X - X_s) = X^s - (X_1 + \dots + X_s)X^{s-1} + (X_1X_2 + \dots)X^{s-2} + \dots + (-1)^s X_1 \cdot X_2 \dots X_s$, d.h.: $f(X) = X^s - a_1X^{s-1} + a_2X^{s-2} + \dots + (-1)^s a_s$ mit $a_\nu = \sigma_\nu(X_1,\dots,X_s)$ für $\nu = 1,\dots,s$.
Also ist $\Delta(f) = Q(a_1,\dots,a_s) = Q(\sigma_1(X_1,\dots,X_s),\dots,\sigma_s(X_1,\dots,X_s)) = D(X_1,\dots,X_s) = \prod_{\nu<\mu} (X_\nu - X_\mu)^2$. Das ergibt die Behauptung. ◆

Sei jetzt $\omega(u,\mathfrak{z}) = u^s - A_1(\mathfrak{z})u^{s-1} + \ldots + (-1)^s A_s(\mathfrak{z})$ ein Pseudopolynom über G. Durch $\Delta_\omega(\mathfrak{z}) := \Delta(\omega(u,\mathfrak{z})) = Q(A_1(\mathfrak{z}),\ldots,A_s(\mathfrak{z}))$ wird eine holomorphe Funktion auf G definiert. Offensichtlich ist genau dann $\Delta_\omega(\mathfrak{z}) \neq 0$, wenn $\omega(u,\mathfrak{z})$ s verschiedene Nullstellen hat. Es gilt aber noch mehr:

<u>Satz 6.11:</u> Sei $G \subset \mathbb{C}^n$ ein Gebiet, $\omega(u,\mathfrak{z}) \in A^0[u]$ ein Pseudopolynom. Δ_ω verschwindet genau dann nicht identisch, wenn ω keine mehrfachen Faktoren hat.

<u>Beweis:</u> 1) Sei $\omega = \omega_1^2 \cdot \tilde{\omega}$ mit $\mathrm{grad}(\omega_1) > 0$. Ist $\mathfrak{z} \in G$, so kann man $\omega_1(u,\mathfrak{z})$ in Linearfaktoren zerlegen: $\omega_1(u,\mathfrak{z}) = (u - c_1)\ldots(u - c_t)$.

Für $\omega(u,\mathfrak{z})$ erhält man dann eine Zerlegung der folgenden Gestalt: $\omega(u,\mathfrak{z}) = (u-c_1)^2 \ldots \ldots (u-c_t)^2(u-c_{t+1})\ldots(u-c_p)$. Daraus folgt: $\Delta_\omega(\mathfrak{z}) = D(c_1,\ldots,c_t,c_1,\ldots,c_t,c_{t+1},\ldots,c_p) = 0$. Da $\mathfrak{z}$ beliebig war, bedeutet das: $\Delta_\omega = 0$.

2) Sei ω ein Polynom ohne mehrfache Faktoren. Dann gibt es Elemente $q_1, q_2 \in A[u]$, so daß $h := q_1 \cdot \omega + q_2 \cdot D(\omega) \in A$ nicht identisch verschwindet. Man kann ein $\mathfrak{z}_0 \in G$ mit $h(\mathfrak{z}_0) \neq 0$ finden. Sei $a_i(u) := q_i(u,\mathfrak{z}_0) \in \mathbb{C}[u]$ für $i = 1,2$. Dann ist $a := a_1(u) \cdot \omega(u,\mathfrak{z}_0) + a_2(u) \cdot D(\omega)(u,\mathfrak{z}_0) \neq 0$ (unabhängig von u). Wäre $\omega(u,\mathfrak{z}_0) = (u - c_1)^2 \cdot \tilde{\omega}(u)$, so wäre $D(\omega)(u,\mathfrak{z}_0) = D(\omega(u,\mathfrak{z}_0)) = 2 \cdot (u - c_1) \cdot \tilde{\omega}(u) + (u - c_1)^2 \cdot D(\tilde{\omega}(u)) = (u - c_1) \cdot (2\tilde{\omega}(u) + (u-c_1) \cdot D(\tilde{\omega}(u))) = (u-c_1) \cdot \omega_1(u)$, also $a = a_1(c_1) \cdot \omega(c_1,\mathfrak{z}_0) + a_2(c_1) \cdot D(\omega)(c_1,\mathfrak{z}_0) = 0$ und das kann nicht sein. Es müssen daher alle Nullstellen $c_1,\ldots,c_s$ von $\omega(u,\mathfrak{z}_0)$ verschieden sein, und das bedeutet, daß $\Delta_\omega(\mathfrak{z}_0) = D(c_1,\ldots,c_s) \neq 0$ ist. ♦

<u>Satz 6.12:</u> Sei $G \subset \mathbb{C}^n$ ein Gebiet, $A = A(G)$, $\omega(u,\mathfrak{z}) = u^s - A_1(\mathfrak{z})u^{s-1} + \ldots + (-1)^s A_s(\mathfrak{z}) \in A^0[u]$ ein Pseudopolynom ohne mehrfache Faktoren, $M_\omega := \{(u,\mathfrak{z}) \in \mathbb{C} \times G : \omega(u,\mathfrak{z}) = 0\}$, $D_\omega := \{\mathfrak{z} \in G : \Delta_\omega(\mathfrak{z}) = 0\}$. Dann sind M_ω und D_ω analytische Mengen, und es gilt:

1) Für $\mathfrak{z}_0 \in G - D_\omega$ gibt es eine offene Umgebung $U(\mathfrak{z}_0) \subset G - D_\omega$ und holomorphe Funktionen $f_1,\ldots,f_s$ auf U mit $f_\nu(\mathfrak{z}) \neq f_\mu(\mathfrak{z})$ für $\nu \neq \mu$ und $\mathfrak{z} \in U$, so daß $\omega(u,\mathfrak{z}) = (u - f_1(\mathfrak{z}))\ldots(u - f_s(\mathfrak{z}))$ für alle $\mathfrak{z} \in U$ ist.

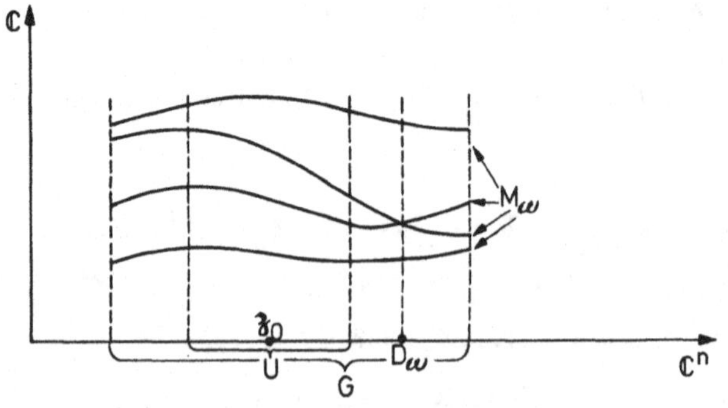

Fig.16: Illustration zu Satz 6.12.

2) Die Punkte von D_ω sind "Verzweigungspunkte", d.h., über einem Punkt $\mathfrak{z} \in D_\omega$ liegen stets weniger als s Punkte der Menge M_ω.

Beweis: Über $G - D_\omega$ hat $\omega(u, \mathfrak{z})$ stets genau s verschiedene Nullstellen, über D_ω treten mehrfache Nullstellen auf.

Sei nun $\mathfrak{z}_0 \in G - D_\omega$, $\omega(u, \mathfrak{z}_0) = (u - c_1) \dots (u - c_s)$. $\omega_{\mathfrak{z}_0}$ ist ein Polynom über dem Ring $(H_n)_{\mathfrak{z}_0}$, und nach dem Henselschen Lemma gibt es Polynome $(\omega_i)_{\mathfrak{z}_0}$, $i = 1, \dots, s$, mit folgenden Eigenschaften:

1) $(\omega_i)_{\mathfrak{z}_0}(u, \mathfrak{z}_0) = u - c_i$ für $i = 1, \dots, s$

2) $(\omega_1)_{\mathfrak{z}_0} \dots (\omega_s)_{\mathfrak{z}_0} = \omega_{\mathfrak{z}_0}$

3) $\mathrm{grad}((\omega_i)_{\mathfrak{z}_0}) = 1$ für $i = 1, \dots, s$.

Man kann insbesondere schreiben:

$(\omega_i)_{\mathfrak{z}_0} = u - r_i$ mit $r_i \in (H_n)_{\mathfrak{z}_0}$ für $i = 1, \dots, s$.

Es gibt dann eine zusammenhängende offene Umgebung $U(\mathfrak{z}_0) \subset G - D_\omega$ und holomorphe Funktionen $f_1, \dots, f_s$ über U, so daß die Potenzreihen r_i auf U gegen f_i konvergieren.

Setzt man $\tilde{\omega}(u, \mathfrak{z}) := (u - f_1(\mathfrak{z})) \dots (u - f_s(\mathfrak{z}))$, so erhält man:

$\tilde{\omega}_{\mathfrak{z}_0} = (u - (f_1)_{\mathfrak{z}_0}) \dots (u - (f_s)_{\mathfrak{z}_0}) = (u - r_1) \dots (u - r_s) = \omega_{\mathfrak{z}_0}$.

Also müssen ω und $\tilde{\omega}$ in der Nähe von $\mathfrak{z}_0$ – und nach dem Identitätssatz dann in ganz U – übereinstimmen. Damit ist $\omega(u, \mathfrak{z}) = (u - f_1(\mathfrak{z})) \dots (u - f_s(\mathfrak{z}))$ auf U, und wegen $U \subset G - D_\omega$ ist $f_\nu(\mathfrak{z}) \neq f_\mu(\mathfrak{z})$ für $\nu \neq \mu$. ◆

Wir können jetzt an die Untersuchung von analytischen Mengen herangehen, und wir beginnen dabei mit "Hyperflächen":

Sei $G \subset \mathbb{C}^n$ ein Gebiet, f eine holomorphe und nirgends identisch verschwindende Funktion auf G, $N := \{\mathfrak{z} \in G : f(\mathfrak{z}) = 0\}$. $\mathfrak{z}_0 \in N$ sei ein fest gewählter Punkt. Da eine Scherung die analytische Menge N nicht wesentlich verändert, können wir O.B.d.A. annehmen, daß $(f)_{\mathfrak{z}_0}$ z_1-allgemein ist. Nach dem Weierstraßschen Vorbereitungssatz gibt es eine Einheit $(e)_{\mathfrak{z}_0}$ und ein Pseudopolynom $(\omega)_{\mathfrak{z}_0}$, so daß $(f)_{\mathfrak{z}_0} = (e)_{\mathfrak{z}_0} \cdot (\omega)_{\mathfrak{z}_0}$ ist. Man kann eine Umgebung $U(\mathfrak{z}_0) \subset G$ finden, auf der $(e)_{\mathfrak{z}_0}$ bzw. $(\omega)_{\mathfrak{z}_0}$ gegen eine holomorphe Funktion e und ein Pseudopolynom ω konvergieren, so daß $f|U = e \cdot \omega$ ist. Wählt man U hinreichend klein, so ist $e(\mathfrak{z}) \neq 0$ für alle $\mathfrak{z} \in U$, also $\{\mathfrak{z} \in U : f(\mathfrak{z}) = 0\} = \{\mathfrak{z} \in U : \omega(z_1, \mathfrak{z}') = 0\}$.

Sei nun $\omega = \omega_1 \dots \omega_l$ die Primzerlegung von ω. Dann ist $\{\mathfrak{z} \in U : f(\mathfrak{z}) = 0\} = \bigcup_{i=1}^{l} \{\mathfrak{z} \in U : \omega_i(\mathfrak{z}) = 0\}$. Treten mehrfache Faktoren auf, so sind die entsprechenden Komponenten der analytischen Menge gleich, es genügt also, wenn man sich auf Pseudopolynome ohne mehrfache Faktoren beschränkt.

Sei $\mathfrak{z}_0 = \left(z_1^{(0)}, \mathfrak{z}_0'\right)$, G_1 eine offene Umgebung von $z_1^{(0)} \in \mathbb{C}$ und G' eine zusammenhängende offene Umgebung von $\mathfrak{z}_0' \in \mathbb{C}^{n-1}$, so daß $G_1 \times G' \subset U$ und $\{(z_1, \mathfrak{z}') \in \mathbb{C} \times G' : \omega(z_1, \mathfrak{z}') = 0\} \subset G_1 \times G'$ ist. Außerdem sei $D_\omega = \{\mathfrak{z}' \in G' : \Delta_\omega(\mathfrak{z}') = 0\}$.

$N \cap (G_1 \times G')$ stellt eine verzweigte Überlagerung über G_1 dar, die Verzweigungspunkte liegen über D_ω (vgl. Satz 6.12), über $G_1 - D_\omega$ ist die Überlagerung unverzweigt. Man kennt die analytische Menge $N \subset \mathbb{C}^n$, wenn man die analytische Menge $D_\omega \subset \mathbb{C}^{n-1}$ und

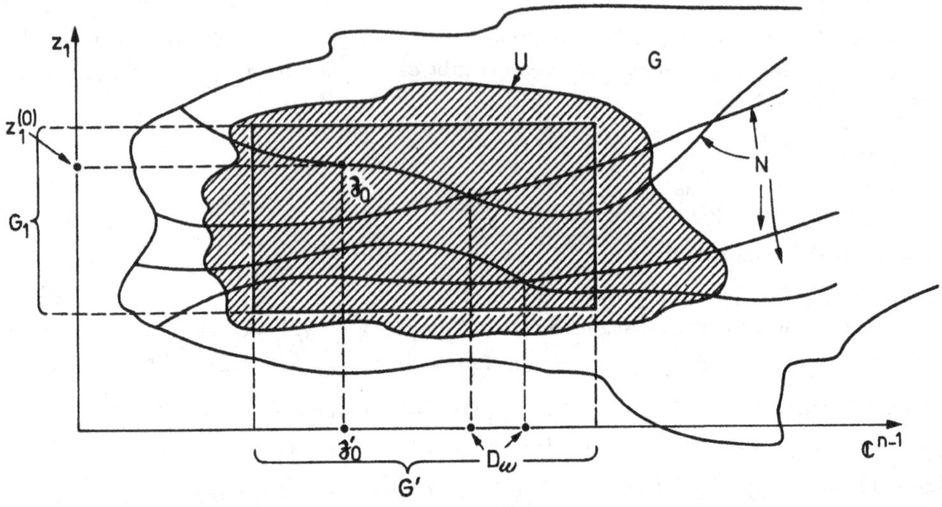

Fig. 17: Darstellung einer analytischen Menge als verzweigte Überlagerung.

das Verzweigungsverhalten von N kennt. Auf induktivem Wege erhält man so einen Überblick über den Aufbau von N. Wir wollen noch Spezialfälle betrachten:

A) <u>n=1</u>: Sei $G \subset \mathbb{C}$ ein Gebiet, $f: G \to \mathbb{C}$ eine holomorphe Funktion, die nirgends identisch verschwindet. Die lokal zu f passenden Pseudopolynome sind Polynome über $\mathbb{C}$, mit jeweils endlich vielen Nullstellen. Die analytische Menge $N = \{z \in G : f(z) = 0\}$ besteht daher aus isolierten Punkten, die sich eventuell gegen den Rand von G häufen können.

B) <u>n=2</u>: Es genügt, wenn man Pseudopolynome betrachtet.

1) Sei $G = \mathbb{C}^2$, $\omega(u,z) := u^2 - z$, $N := \{(u,z) \in G : \omega(u,z) = 0\}$. $N - \{(0,0)\}$ ist die bereits bekannte Riemannsche Fläche von $\sqrt{z}$. Als Diskriminante erhält man
$\Delta_\omega(z) = 4z$.
Offensichtlich ist $D_\omega = \{z \in \mathbb{C} : \Delta_\omega(z) = 0\} = \{0\}$. Für $z_0 \in \mathbb{C} - D_\omega$ gibt es eine Umgebung $V(z_0) \subset \mathbb{C} - D_\omega$ und über V die Zerlegung $\omega(u,z) = (u - \sqrt{z})(u + \sqrt{z})$. Das ergibt eine zweiblättrige Überlagerung über $\mathbb{C} - D_\omega$ und einen Verzweigungspunkt über $D_\omega = \{0\}$.
Sowohl N als auch $N - \{(0,0)\}$ sind zusammenhängende topologische Räume.

2) Sei $G = \mathbb{C}^2$, $\omega(u,z) := u^2 - z^2 = (u - z) \cdot (u + z)$. Dann ist $N := \{(u,z) \in \mathbb{C}^2 : \omega(u,z) = 0\} = \{(u,z) \in \mathbb{C}^2 : u = z\} \cup \{(u,z) \in \mathbb{C}^2 : u = -z\}$. Die Diskriminante ist $\Delta_\omega(z) = 4z^2$ mit der Nullstellenmenge $D_\omega = \{z \in \mathbb{C} : \Delta_\omega(z) = 0\} = \{0\}$.

In diesem Fall besteht N global aus zwei verschiedenen schlichten Blättern, die sich lediglich über dem Nullpunkt kreuzen. N ist zwar zusammenhängend, aber $N - \{(0,0)\}$ ist es nicht mehr. Man spricht in einem solchen Fall von einer "Pseudoverzweigung".

1) und 2) sind die beiden charakteristischen Fälle, die auftreten können. Den höherdimensionalen Fall führt man - wie oben beschrieben - induktiv auf die Fälle A und B zurück. Offen bleibt noch die Frage, wie man bei analytischen Mengen vorgeht, die durch mehrere Gleichungen beschrieben werden:

Gegeben sei etwa ein Gebiet $G \subset \mathbb{C}^n$ und holomorphe Funktionen f_1, f_2 auf G. f_1 und f_2 mögen beide nirgends identisch verschwinden. Sodann sei $M := \{\mathfrak{z} \in G : f_1(\mathfrak{z}) = f_2(\mathfrak{z}) = 0\}$ und $\mathfrak{z}_0 \in M$. Durch eine Scherung kann man erreichen, daß $(f_1)_{\mathfrak{z}_0}$ und $(f_2)_{\mathfrak{z}_0}$ gleichzeitig z_1-allgemein sind, und es gibt dann eine zusammenhängende Umgebung $U = U_1 \times U'$ von $\mathfrak{z}_0$ und Pseudopolynome $\omega_1, \omega_2 \in A(U')^0[z_1]$ mit

$$\omega_i(z_1, \mathfrak{z}') = z_1^{s_i} + A_1^{(i)}(\mathfrak{z}')z_1^{s_i-1} + \ldots + A_{s_i}^{(i)}(\mathfrak{z}') \quad \text{für } i = 1,2$$

und

$$M \cap U = \{(z_1, \mathfrak{z}') \in \mathbb{C} \times U' : \omega_1(z_1, \mathfrak{z}') = \omega_2(z_1, \mathfrak{z}') = 0\}.$$

Wir können voraussetzen, daß die Polynome ω_i keine mehrfachen Faktoren enthalten, i.A. sind sie aber nicht teilerfremd. Es gibt dann Polynome $\widetilde{\omega}, \omega_1', \omega_2' \in A(U')^0[z_1]$ mit $\omega_1 = \widetilde{\omega} \cdot \omega_1'$, $\omega_2 = \widetilde{\omega} \cdot \omega_2'$ und $\mathrm{ggT}(\omega_1', \omega_2') = 1$.

Daraus folgt: $$M \cap U = M_1 \cup M_2$$

$$\text{mit } M_1 = \{(z_1, \mathfrak{z}') \in U : \widetilde{\omega}(z_1, \mathfrak{z}') = 0\}$$

$$\text{und } M_2 = \{(z_1, \mathfrak{z}') \in U : \omega_1'(z_1, \mathfrak{z}') = \omega_2'(z_1, \mathfrak{z}') = 0\}.$$

M_1 ist eine "Hyperfläche", wie wir sie schon ausführlich betrachtet haben, M_2 ist durch zwei teilerfremde Pseudopolynome gegeben. Nach Satz 6.8 gibt es Polynome $q_1, q_2 \in A(u')[z_1]$, so daß $h := q_1 \cdot \omega_1' + q_2 \cdot \omega_2'$ eine nirgends identisch verschwindende holomorphe Funktion auf U' ist. Sei $M' := \{\mathfrak{z} \in U' : h(\mathfrak{z}') = 0\}$. Ist $\pi : U \to U'$ die Projektion mit $\pi(z_1, \mathfrak{z}') = \mathfrak{z}'$, so ist klar, daß $\pi(M_2)$ in M' liegt. Natürlich liegen über jedem Punkt $\mathfrak{z}' \in M'$ nur endlich viele Punkte von M_2. "M_2 liegt diskret über M'."

Mit Mitteln der Garbentheorie kann man zeigen:
$\pi(M_2)$ selbst ist eine analytische Hyperfläche in U', und es gibt eine in $\pi(M_2)$ nirgends dichte analytische Teilmenge N, so daß $M_2 - \pi^{-1}(N)$ eine glatte mehrblättrige Überlagerung von $\pi(M_2) - N$ ist.

Ähnliche Betrachtungen lassen sich bei analytischen Mengen anstellen, die durch mehrere Funktionen gegeben sind. Wir wollen an dieser Stelle nur noch ein Beispiel dafür angeben, daß man im allgemeinen analytische Mengen nicht durch globale Gleichungen geben kann.

Sei
$$Q_1 := \left\{ \mathfrak{z} = (z_1, z_2) \in \mathbb{C}^2 : |z_1| < \tfrac{1}{2}, \ |z_2| < 1 \right\},$$
$$Q_2 := \left\{ \mathfrak{z} = (z_1, z_2) \in \mathbb{C}^2 : |z_1| < 1, \ \tfrac{1}{2} < |z_2| < 1 \right\},$$
$$Q := Q_1 \cup Q_2 .$$

Außerdem sei $M := \{(z_1, z_2) \in Q_2 : z_1 = z_2\}$.

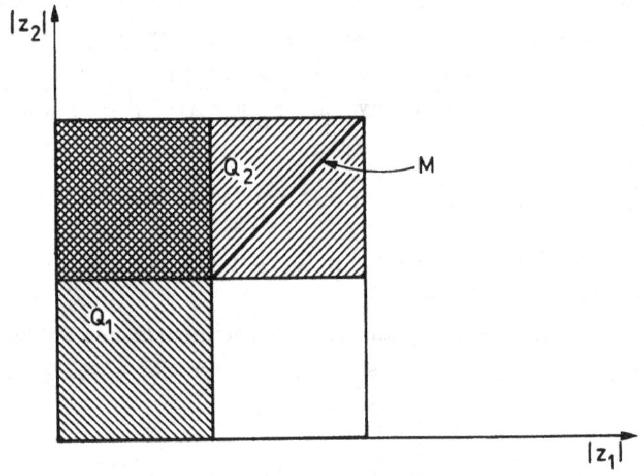

Fig. 18: Eine analytische Menge, die nicht global definiert werden kann.

1) Q_1, Q_2 sind offene Teilmengen von Q, und es ist $M \cap Q_1 = \emptyset$, $M \cap Q_2 = \{(z_1, z_2) \in Q_2 : z_1 - z_2 = 0\}$. M ist also eine analytische Teilmenge von Q.

2) Wir nehmen an, es gibt holomorphe Funktionen $f_1, \dots, f_l$ auf Q, so daß $M = \{\mathfrak{z} \in Q : f_1(\mathfrak{z}) = \dots = f_l(\mathfrak{z}) = 0\}$ ist. Dann gibt es aber holomorphe Fortsetzungen $F_1, \dots, F_l$ auf P (mit $F_i | Q = f_i$ für $i = 1, \dots, l$), und durch $F_i^*(z) := F_i(z, z)$ werden holomorphe Funktionen $F_i^* : \{z \in \mathbb{C} : |z| < 1\} \to \mathbb{C}$ definiert. Für $\frac{1}{2} < |z| < 1$ liegt (z, z) in M, und daher ist $F_i^*(z) = F_i(z, z) = f_i(z, z) = 0$. Nach dem Identitätssatz folgt daraus: $F_i^* = 0$ für $i = 1, \dots, l$. Also ist $f_i(0,0) = F_i(0,0) = F_i^*(0) = 0$ für $i = 1, \dots, l$, d.h., $(0,0)$ liegt in M. Das ist ein Widerspruch, die analytische Menge M läßt sich also nicht global beschreiben.

Mit den Mitteln der Garbentheorie läßt sich allerdings der folgende Satz beweisen:

<u>Satz 6.13:</u> Sei $G \subset \mathbb{C}^n$ ein Holomorphiegebiet, $M \subset G$ analytisch. Dann gibt es holomorphe Funktionen $f_1, \dots, f_{n+1}$ auf G, so daß $M = \{\mathfrak{z} \in G : f_1(\mathfrak{z}) = \dots = f_{n+1}(\mathfrak{z}) = 0\}$ ist.

Es folgt nun ein kurzer Überblick über weitere Ergebnisse aus der Theorie der analytischen Mengen:

Satz 6.14: Sei $G \subset \mathbb{C}^n$ ein Gebiet. Dann gilt:

1) $\emptyset$ und G sind analytische Teilmengen von G.

2) Sind $M_1, \dots, M_l$ in G analytisch, so ist auch $\bigcup_{i=1}^{l} M_i$ in G analytisch.

3) Sind $M_1, \dots, M_l$ in G analytisch, so ist auch $\bigcap_{i=1}^{l} M_i$ in G analytisch.

3') Ist $(M_\iota)_{\iota \in I}$ ein System von analytischen Mengen, so ist auch $\bigcap_{\iota \in I} M_\iota$ in G analytisch.

Beweis: 1) $\emptyset = \{\mathfrak{z} \in G : 1 = 0\}$, $G = \{\mathfrak{z} \in G : 0 = 0\}$.

2) Sei $\mathfrak{z}_0 \in M := \bigcup_{i=1}^{l} M_i$. Dann gibt es eine offene Umgebung $U(\mathfrak{z}_0) \subset G$ und holomorphe Funktionen $f_{i,j}$, $j = 1, \dots, d_i$, so daß $M_i \cap U = \{\mathfrak{z} \in U : f_{i,1}(\mathfrak{z}) = \dots = f_{i,d_i}(\mathfrak{z}) = 0\}$ ist. Sei $f_{(j_1, \dots, j_l)} := f_{1,j_1} \cdots f_{l,j_l}$. Dann ist $M \cap U = \{\mathfrak{z} \in U : f_{(j_1, \dots, j_l)}(\mathfrak{z}) = 0$ für alle Indizes $(j_1, \dots, j_l)\}$.

3) Sei $\mathfrak{z}_0 \in M' := \bigcap_{i=1}^{l} M_i$. Dann ist $U \cap M' = \{\mathfrak{z} \in U : f_{i,j}(\mathfrak{z}) = 0$ für $i = 1, \dots, l$ und $j = 1, \dots, d_i\}$.

3') ist schwieriger nachzuweisen. Der Beweis wird hier fortgelassen. ◆

Bemerkung: 1)2) und 3') sind die Eigenschaften der abgeschlossenen Mengen einer Topologie. In der Tat erklärt man auf G die sog. "Zariski-Topologie", indem man definiert: $U \subset G$ offen genau dann, wenn es eine analytische Menge M in G mit $U = G - M$ gibt.

Def. 6.7: Sei $G \subset \mathbb{C}^n$ ein Gebiet, M analytisch in G. Ein Punkt $\mathfrak{z}_0 \in M$ heißt regulärer Punkt (gewöhnlicher, glatter Punkt) von M (der Dimension $2k$), falls es eine offene Umgebung $U(\mathfrak{z}_0) \subset G$ und holomorphe Funktionen $f_1, \dots, f_{n-k}$ auf U gibt, so daß gilt:

1) $U \cap M = \{\mathfrak{z} \in U : f_1(\mathfrak{z}) = \dots = f_{n-k}(\mathfrak{z}) = 0\}$.

2) $\operatorname{rg}\left(\left(\frac{\partial f_i}{\partial z_j}(\mathfrak{z}_0)\right) \begin{matrix} i = 1, \dots, n-k \\ j = 1, \dots, n \end{matrix}\right) = n - k$.

Ein Punkt $\mathfrak{z}_0 \in M$ heißt singulär (eine Singularität von M), falls er nicht regulär ist. Mit $S(M)$ bezeichnet man die Menge der singulären Punkte von M.

Es sei - mit den Bezeichnungen von Def. 6.7 - $\mathfrak{z}_0$ ein regulärer Punkt von M. O.B.d.A. können wir voraussetzen, daß

$$\det\left(\left(\frac{\partial f_i}{\partial z_j}(\mathfrak{z}_0)\right) \begin{matrix} i = 1, \dots, n-k \\ j = 1, \dots, n-k \end{matrix}\right) \neq 0 \text{ ist.}$$

Sei nun $F : U \to \mathbf{C}^n$ definiert durch $F(z_1,\dots,z_n) := \Big(f_1(z_1,\dots,z_n),\dots,f_{n-k}(z_1,\dots,z_n),$ $z_{n-k+1} - z_{n-k+1}^{(0)},\dots,z_n - z_n^{(0)}\Big)$.

$$\text{Sei } \mathfrak{J} := \left(\begin{array}{c|c} \left(\left(\frac{\partial f_i}{\partial z_j}(\mathfrak{z}_0)\right)\begin{array}{l} i = 1,\dots,n-k \\ j = 1,\dots,n-k\end{array}\right) & * \\ \hline 0 & \begin{matrix} 1 & & \\ & \ddots & \\ & & 1 \end{matrix} \end{array}\right)$$

die Funktionalmatrix von F im Punkte $\mathfrak{z}_0$. Dann ist offensichtlich $\det \mathfrak{J} \neq 0$, und es gibt offene Umgebungen $V(\mathfrak{z}_0) \subset U$, $W(0) \subset \mathbf{C}^n$, so daß $F\,|V : V \to W$ biholomorph ist. Es ist aber $F(V \cap M) = W \cap \Big\{(w_1,\dots,w_n) \in \mathbf{C}^n : w_1 = \dots = w_{n-k} = 0\Big\}$, also ein reell-2k-dimensionales Ebenenstück:

Satz 6.15: Sei $G \subset \mathbf{C}^n$ ein Gebiet, M analytisch in G und $\mathfrak{z}_0 \in M$ ein regulärer Punkt der Dimension 2k. Dann gibt es eine offene Umgebung $V(\mathfrak{z}_0) \subset G$, so daß $M \cap V$ biholomorph äquivalent zu einem Ebenenstück der reellen Dimension 2k ist.

Satz 6.16: Sei $G \subset \mathbf{C}^n$ ein Gebiet, M analytisch in G. Dann ist die Menge $S(M)$ der singulären Punkte von M eine in M nirgends dichte analytische Teilmenge von G.

Ohne Beweis.

Def. 6.8: Eine analytische Menge M heißt reduzibel, wenn es analytische Teilmengen $M_i \subset G$, $i = 1,2$, gibt, so daß gilt:

1) $M = M_1 \cup M_2$.
2) $M_i \neq M$ für $i = 1,2$.

Ist M nicht reduzibel, so nennt man die Menge irreduzibel.

Satz 6.17: Sei $G \subset \mathbf{C}^n$ ein Gebiet, M analytisch in G. Dann gibt es ein abzählbares System (M_i) von irreduziblen analytischen Teilmengen von G, so daß gilt:

1) $\bigcup_{i \in \mathbf{N}} M_i = M$.
2) Das System $(M_i)_{i \in \mathbf{N}}$ ist lokal-finit in G.
3) Ist $M_{i_1} \neq M_{i_2}$, so ist auch $M_{i_1} \not\subset M_{i_2}$.

Man spricht von einer Zerlegung von M in irreduzible Komponenten. Diese Zerlegung ist bis auf die Reihenfolge eindeutig bestimmt.

Der Beweis ist langwierig und erfordert Mittel der Garbentheorie.

Bemerkungen: Sei M irreduzibel. Dann gilt:

1) $M - S(M)$ ist zusammenhängend. (Dies ist sogar äquivalent zur Irreduzibilität.)

2) Die Dimension $\dim_{\mathfrak{z}}(M)$ der Punkte $\mathfrak{z} \in M - S(M)$ ist unabhängig von $\mathfrak{z}$. Die so gewonnene gerade Zahl bezeichnet man mit $\dim_{\mathbb{R}}(M)$. Unter der komplexen Dimension von M versteht man dann die Zahl $\dim_{\mathbb{C}}(M) := \frac{1}{2} \dim_{\mathbb{R}}(M)$.

Ist $M = \bigcup_{i \in \mathbb{N}} M_i$ die Zerlegung einer beliebigen analytischen Menge in irreduzible Komponenten, so definiert man

$$\dim_{\mathbb{C}}(M) := \max_{i \in \mathbb{N}} \dim_{\mathbb{C}}(M_i).$$

Stets ist $\dim_{\mathbb{C}}(M) \leqslant n$. Gilt insbesondere, daß $\dim_{\mathbb{C}}(M_i) = k$ für alle $i \in \mathbb{N}$ ist, so sagt man, M ist rein von der Dimension k.

Satz 6.18: Ist M eine irreduzible analytische Menge in G und f eine holomorphe Funktion in G mit $f|M \neq 0$, so ist $\dim_{\mathbb{C}}(M \cap \{\mathfrak{z} : f(\mathfrak{z}) = 0\}) = \dim_{\mathbb{C}}(M) - 1$. Darüberhinaus gilt sogar für jede irreduzible Komponente $N \subset M \cap \{\mathfrak{z} : f(\mathfrak{z}) = 0\} : \dim_{\mathbb{C}}(N) = \dim_{\mathbb{C}}(M) - 1$.

Als Folgerung ergibt sich:

Satz 6.19: Sei $G \subset \mathbb{C}^n$ ein Gebiet, seien $f_1, \dots, f_{n-k}$ holomorphe Funktionen in G, $M := \{\mathfrak{z} \in G : f_1(\mathfrak{z}) = \dots = f_{n-k}(\mathfrak{z}) = 0\}$, $M' \subset M$ eine irreduzible Komponente. Dann ist $\dim_{\mathbb{C}}(M') \geqslant k$.

Beweis: G selbst ist eine irreduzible analytische Menge. Nach Satz 6.18 ist dann $\dim_{\mathbb{C}}(\{\mathfrak{z} \in G : f_1(\mathfrak{z}) = 0\}) \geqslant n-1$, und die Menge $M_1 = \{\mathfrak{z} \in G : f_1(\mathfrak{z}) = 0\}$ ist reindimensional. Sei $M_1 = \bigcup_{i \in \mathbb{N}} N_i^{(1)}$ die Zerlegung von M_1 in irreduzible Komponenten. Dann ist $\dim_{\mathbb{C}}\left(N_i^{(1)} \cap \{\mathfrak{z} \in G : f_2(\mathfrak{z}) = 0\}\right) \geqslant n-2$, und man erhält für jedes $i \in \mathbb{N}$ den gleichen Wert. Also ist $\dim_{\mathbb{C}}(\{\mathfrak{z} \in G : f_1(\mathfrak{z}) = f_2(\mathfrak{z}) = 0\}) = \dim_{\mathbb{C}}\left(\bigcup_{i \in \mathbb{N}} N_i^{(1)} \cap \{\mathfrak{z} \in G : f_2(\mathfrak{z}) = 0\}\right) \geqslant n-2$. Nach endlich vielen Schritten erhält man auf diese Weise das Ergebnis. ◆

Betrachten wir zum Schluß noch ein Beispiel einer analytischen Menge: Sei $f : \mathbb{C}^n \to \mathbb{C}$ definiert durch

$$f(z_1, \dots, z_n) := z_1^{s_1} + \dots + z_n^{s_n} \text{ mit } s_i \in \mathbb{N},\ s_i \geqslant 2.$$

Sei $M := \{\mathfrak{z} \in \mathbb{C}^n : f(\mathfrak{z}) = 0\}$.

Es ist $0 = f_{z_i}(z_1, \dots, z_n) = s_i \cdot z_i^{s_i - 1}$ genau dann, wenn $z_i = 0$ ist. Das bedeutet, daß höchstens der Nullpunkt als Singularität in Frage kommt. Man kann zeigen, daß

$$S(M) = \{0\} \text{ gilt},$$

und man sagt in diesem Fall: "M besitzt im Nullpunkt eine isolierte Singularität".

Offensichtlich gehört M zu der Schar $(M_t)_{t\in\mathbf{C}}$ von analytischen Mengen, die durch $M_t = \left\{(z_1,\ldots,z_n) \in \mathbf{C}^n : z_1^{s_1} + \ldots + z_n^{s_n} = t\right\}$ gegeben ist. Es ist $M = M_0$ eine analytische Menge mit einer isolierten Singularität im Nullpunkt, während alle Mengen M_t mit $t \neq 0$ regulär sind. Man nennt die Schar $(M_t)_{t\in\mathbf{C}}$ eine Deformation von M.

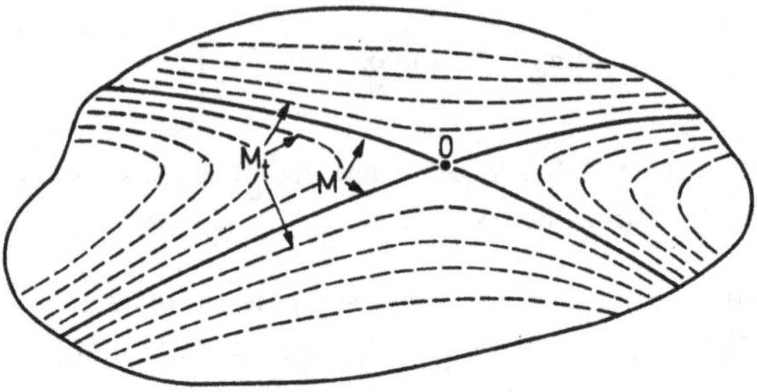

Fig. 19: Deformation einer analytischen Menge.

Entsprechende Situationen kann man auch im reell-analytischen Fall betrachten. Seien etwa a, b reelle Zahlen mit $a < 0 < b$, und sei $(M_t)_{t\in[a,b]}$ eine Schar von reell-analytischen Mengen, die singularitätenfrei für $t \neq 0$ sind und die im Nullpunkt eine Singularität besitzen. Es kann dann vorkommen, daß bei $t = 0$ die topologische Struktur "springt", d.h.:

Alle Mengen M_{t_1}, M_{t_2} mit $t_1, t_2 < 0$ sind homöomorph,

alle Mengen M_{t_1}, M_{t_2} mit $t_1, t_2 > 0$ sind homöomorph,

aber für $t_1 < 0$ und $t_2 > 0$ sind M_{t_1} und M_{t_2} nicht homöomorph.

R. Thom hat diese Theorie neuerdings auf Entwicklungsvorgänge etwa in der Biologie angewandt. Man könnte das "Springen" der Struktur eine Revolution nennen. Thom spricht dagegen von einer Katastrophe!

IV. Garbentheorie

Ist $\mathfrak{z}_0 \in \mathbb{C}^n$ ein Punkt, so versteht man unter $\mathfrak{O}_{\mathfrak{z}_0} = (H_n)_{\mathfrak{z}_0}$ die $\mathbb{C}$-Algebra der konvergenten Potenzreihen in $\mathfrak{z}_0$. Ein beliebiges Element von $\mathfrak{O}_{\mathfrak{z}_0}$ hat die Gestalt $f_{\mathfrak{z}_0} = \sum_{\nu=0}^{\infty} a_\nu (\mathfrak{z} - \mathfrak{z}_0)^\nu$.

Zu jedem Punkt $\mathfrak{z} \in \mathbb{C}^n$ gehört also eine $\mathbb{C}$-Algebra $\mathfrak{O}_\mathfrak{z}$; die disjunkte Vereinigung $\mathfrak{O} := \dot{\bigcup}_{\mathfrak{z} \in \mathbb{C}^n} \mathfrak{O}_\mathfrak{z}$ aller dieser Algebren ist eine Menge über dem $\mathbb{C}^n$, versehen mit einer natürlichen Projektion $\pi : \mathfrak{O} \to \mathbb{C}^n$, die eine Potenzreihe $f_\mathfrak{z}$ jeweils auf den Entwicklungspunkt $\mathfrak{z}$ abbildet. Es gibt eine natürliche Topologie auf $\mathfrak{O}$, die π zu einer stetigen Abbildung macht und auf jedem "Halm" $\mathfrak{O}_\mathfrak{z}$ die diskrete Topologie induziert:

Ist $f_{\mathfrak{z}_0} \in \mathfrak{O}$, so gibt es eine offene Umgebung $U(\mathfrak{z}_0) \subset \mathbb{C}^n$ und eine holomorphe Funktion f auf U, so daß die Reihe $f_{\mathfrak{z}_0}$ in U gleichmäßig gegen f konvergiert. Die Funktion f läßt sich aber wiederum in jedem Punkt $\mathfrak{z} \in U$ in eine konvergente Potenzreihe $f_\mathfrak{z}$ entwickeln. f induziert daher eine Abbildung $s : U \to \mathfrak{O}$ mit folgenden Eigenschaften:

1) $\pi \circ s = \mathrm{id}_U$

2) $s(\mathfrak{z}_0) = f_{\mathfrak{z}_0} \in s(U) \subset \mathfrak{O}$

Alle so konstruierten Mengen $s(U)$ bilden in $\mathfrak{O}$ ein System von Umgebungen von $f_{\mathfrak{z}_0}$. Versieht man $\mathfrak{O}$ mit der dadurch induzierten Topologie, so nennt man den topologischen Raum $\mathfrak{O}$ die Garbe der konvergenten Potenzreihen. Die $\mathbb{C}$-Algebren $\mathfrak{O}_\mathfrak{z} = \pi^{-1}(\mathfrak{z})$ nennt man die Halme der Garbe. Man kann zeigen, daß π lokal topologisch und daß die algebraischen Operationen in $\mathfrak{O}$ stetig sind.

§ 1. Garben von Mengen

Def. 1.1: Sei $B \subset \mathbb{C}^n$ ein Bereich, $\mathfrak{S}$ ein topologischer Raum und $\pi : \mathfrak{S} \to B$ eine lokal-topologische Abbildung. Dann heißt $\mathfrak{S} = (\mathfrak{S}, \pi)$ eine Garbe von Mengen über B. Ist $\mathfrak{z} \in B$, so nennt man $\mathfrak{S}_\mathfrak{z} := \pi^{-1}(\mathfrak{z})$ den Halm von $\mathfrak{S}$ über $\mathfrak{z}$.

Bemerkung: Genauso könnte man Garben über beliebigen topologischen Räumen definieren. Wenn klar ist, wie die Abbildung π definiert ist, werden wir auch $\mathfrak{S}$ an Stelle von $\mathfrak{S}$ schreiben.

Def. 1.2: Sei $(\mathcal{S},\pi)$ eine Garbe über B, $\mathcal{S}^* \subset \mathcal{S}$ offen und $\pi^* := \pi|\mathcal{S}^*$. Dann heißt $(\mathcal{S}^*,\pi^*)$ eine Untergarbe von $\mathcal{S}$.

Bemerkung: Jede Untergarbe $(\mathcal{S}^*,\pi^*)$ einer Garbe $(\mathcal{S},\pi)$ ist ebenfalls eine Garbe. Dazu ist nur zu zeigen, daß $\pi^*: \mathcal{S}^* \to B$ lokal topologisch ist:

Zu jedem Element $\sigma \in \mathcal{S}^*$ gibt es offene Umgebungen $U(\sigma) \subset \mathcal{S}$ und $V(\pi(\sigma)) \subset B$, so daß $\pi|U : U \to V$ topologisch ist. Dann ist aber $U^* := U \cap \mathcal{S}^*$ eine offene Umgebung von σ in $\mathcal{S}^*$, $V^* := \pi(U^*)$ eine offene Umgebung von $\pi(\sigma)$ in B und $\pi^*|U^* = \pi|U^*: U^* \to V^*$ eine topologische Abbildung. ♦

Ist $W \subset B$ offen, $\mathcal{S}|W := \pi^{-1}(W)$, so ist $(\mathcal{S}|W, \pi|(\mathcal{S}|W))$ ebenfalls eine Garbe, die "Einschränkung von $\mathcal{S}$ auf W".

Def. 1.3: Sei $(\mathcal{S},\pi)$ eine Garbe über B, $W \subset B$ offen und $s : W \to \mathcal{S}$ eine stetige Abbildung mit $\pi \circ s = \mathrm{id}_W$. Dann heißt s eine Schnittfläche (oder ein Schnitt) über W in $\mathcal{S}$. Mit $\Gamma(W,\mathcal{S})$ bezeichnet man die Menge aller Schnitte über W in $\mathcal{S}$.

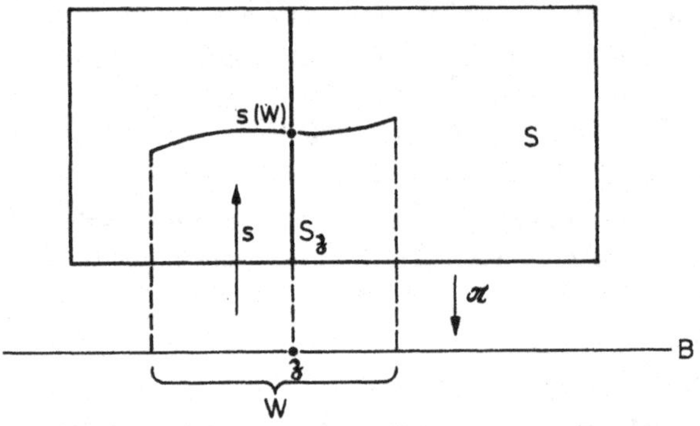

Fig. 20: Zur Definition von Garben und Schnittflächen.

Satz 1.1: Sei $(\mathcal{S},\pi)$ eine Garbe über B, $W \subset B$ offen und $s \in \Gamma(W,\mathcal{S})$. Dann ist $\pi : s(W) \to W$ topologisch und $s = (\pi|s(W))^{-1}$.

Beweis: Definitionsgemäß ist $\pi \circ s = \mathrm{id}_W$. Für $\mathfrak{z} \in W$ gilt:

$$s \circ (\pi|s(W))(s(\mathfrak{z})) = s \circ \pi \circ s(\mathfrak{z}) = s(\mathfrak{z}).$$

Also ist auch $s \circ (\pi|s(W)) = \mathrm{id}_{s(W)}$. ♦

Bemerkung: Die Gleichung $s = (\pi|s(W))^{-1}$ bleibt bestehen, auch wenn man s nicht als stetig voraussetzt.

Satz 1.2: Sei $(\mathcal{S},\pi)$ eine Garbe über B, $W \subset B$ offen und $s : W \to \mathcal{S}$ eine Abbildung mit $\pi \circ s = \mathrm{id}_W$. Dann gilt: $s \in \Gamma(W,\mathcal{S})$ genau dann, wenn $s(W)$ offen in $\mathcal{S}$ ist.

Beweis: 1) Sei s stetig, $\sigma_0 \in s(W)$ und $\mathfrak{z}_0 := \pi(\sigma_0)$. Dann ist $s(\mathfrak{z}_0) = \sigma_0$, und es gibt offene Umgebungen $V(\mathfrak{z}_0) \subset W$ und $U(\sigma_0) \subset \mathcal{S}$, so daß $\pi|U : U \to V \cap W$ topologisch ist. Außerdem gibt es eine offene Umgebung $V'(\mathfrak{z}_0) \subset V$ mit $s(V') \subset U$, also $(\pi|U) \circ (s|V') = (\pi \circ s)|V' = \mathrm{id}_{V'}$. Dann ist aber $(\pi|U)^{-1}(V') = s(V') \subset s(W)$ eine offene Umgebung von σ_0, d.h., σ_0 ist innerer Punkt von $s(W)$.

2) Sei $s(W)$ offen, $\mathfrak{z}_0 \in W$ und $\sigma_0 := s(\mathfrak{z}_0)$. Dann gibt es offene Umgebungen $V(\mathfrak{z}_0) \subset W$, $U(\sigma_0) \subset s(W)$, so daß $\pi|U : U \to V$ topologisch ist. Es ist $s = (\pi|s(W))^{-1}$, also auch $s|V = (\pi|U)^{-1}$, und diese Abbildung ist stetig in $\mathfrak{z}_0$. ♦

Satz 1.3: Sei $(\mathcal{S}, \pi)$ eine Garbe über B, $\sigma \in \mathcal{S}$. Dann gibt es eine offene Menge $V \subset B$ und eine Schnittfläche $s \in \Gamma(V, \mathcal{S})$ mit $\sigma \in s(V)$.

Beweis: Sei $\mathfrak{z} := \pi(\sigma)$. Offene Umgebungen $U(\sigma) \subset \mathcal{S}$ und $V(\mathfrak{z}) \subset B$ seien so gewählt, daß $\pi|U : U \to V$ topologisch ist. Dann erfüllen V und $s := (\pi|U)^{-1}$ die Bedingungen. ♦

Satz 1.4: Sei $(\mathcal{S}, \pi)$ eine Garbe über B, $W \subset B$ offen. Gibt es zu zwei Schnittflächen $s_1, s_2 \in \Gamma(W, \mathcal{S})$ einen Punkt $\mathfrak{z} \in W$ mit $s_1(\mathfrak{z}) = s_2(\mathfrak{z})$, so gibt es sogar eine offene Umgebung $V(\mathfrak{z}) \subset W$ mit $s_1|V = s_2|V$.

Beweis: Sei $\sigma := s_1(\mathfrak{z}) = s_2(\mathfrak{z})$. Dann ist $U := s_1(W) \cap s_2(W)$ eine offene Umgebung von σ und $\pi|U : U \to V := \pi(U) \subset W$ eine topologische Abbildung von U auf die damit offene Menge V. Daher ist $s_1|V = (\pi|U)^{-1} = s_2|V$. ♦

Def. 1.4: $(\mathcal{S}_1, \pi_1)$, $(\mathcal{S}_2, \pi_2)$ seien Garben über B.

1) Eine Abbildung $\varphi : \mathcal{S}_1 \to \mathcal{S}_2$ heißt halmtreu, falls $\pi_2 \circ \varphi = \pi_1$ ist (also $\varphi((\mathcal{S}_1)_{\mathfrak{z}}) \subset (\mathcal{S}_2)_{\mathfrak{z}}$ für alle $\mathfrak{z} \in B$).

2) Unter einem Garbenmorphismus versteht man eine stetige halmtreue Abbildung $\varphi : \mathcal{S}_1 \to \mathcal{S}_2$.

3) Unter einem Garbenisomorphismus versteht man eine topologische halmtreue Abbildung $\varphi : \mathcal{S}_1 \to \mathcal{S}_2$. Die Garben $\mathcal{S}_1, \mathcal{S}_2$ heißen isomorph, wenn es zwischen ihnen einen Garbenisomorphismus gibt.

Satz 1.5: $(\mathcal{S}_1, \pi_1)$, $(\mathcal{S}_2, \pi_2)$ seien Garben über B, $\varphi : \mathcal{S}_1 \to \mathcal{S}_2$ sei eine halmtreue Abbildung. Dann sind die folgenden Aussagen äquivalent:

1) φ ist ein Garbenmorphismus.

2) Für jede offene Menge $W \subset B$ und jede Schnittfläche $s \in \Gamma(W, \mathcal{S}_1)$ gilt: $\varphi \circ s \in \Gamma(W, \mathcal{S}_2)$.

3) Zu jedem Element $\sigma \in \mathcal{S}_1$ gibt es eine offene Menge $W \subset B$ und eine Schnittfläche $s \in \Gamma(W, \mathcal{S}_1)$ mit $\sigma \in s(W)$ und $\varphi \circ s \in \Gamma(W, \mathcal{S}_2)$.

Beweis: a) Ist φ stetig, $W \subset B$ offen und $s \in \Gamma(W, \mathcal{S}_1)$, so ist auch $\varphi \circ s$ stetig. Außerdem gilt:

$\pi_2 \circ (\varphi \circ s) = (\pi_2 \circ \varphi) \circ s = \pi_1 \circ s = id_W$. Also liegt $\varphi \circ s$ in $\Gamma(W, \mathcal{S}_2)$.

b) Ist $\sigma \in \mathcal{S}_1$, so existiert eine offene Menge $W \subset B$ und ein $s \in \Gamma(W, \mathcal{S}_1)$ mit $\sigma \in s(W)$. Ist außerdem die Bedingung 2) erfüllt, so liegt $\varphi \circ s$ in $\Gamma(W, \mathcal{S}_2)$.

c) Ist zu vorgegebenem $\sigma \in \mathcal{S}_1$ gemäß Bedingung 3) ein $W \subset B$ und ein $s \in \Gamma(W, \mathcal{S}_1)$ mit $\sigma \in s(W)$ und $\varphi \circ s \in \Gamma(W, \mathcal{S}_2)$ gewählt, so ist $s : W \to s(W)$ topologisch, also $\varphi | s(W) = (\varphi \circ s) \circ s^{-1} : s(W) \to \mathcal{S}_2$ stetig, also φ stetig in σ. ♦

Bemerkung: Ein Garbenmorphismus $\varphi : \mathcal{S}_1 \to \mathcal{S}_2$ definiert für jede offene Teilmenge $W \subset B$ eine Abbildung $\varphi_* : \Gamma(W, \mathcal{S}_1) \to \Gamma(W, \mathcal{S}_2)$, mit $\varphi_*(s) := \varphi \circ s$.

Def. 1.5: Sei $B \subset \mathbb{C}^n$ ein Bereich. Zu jeder offenen Menge $W \subset B$ sei eine Menge M_W gegeben, und zu jedem Paar (V, W) von offenen Teilmengen von B mit $V \subset W$ sei eine Abbildung $r_V^W : M_W \to M_V$ gegeben, so daß gilt:

1) $r_W^W = id_{M_W}$ für jede offene Menge $W \subset B$.

2) Ist $U \subset V \subset W$, so ist $r_U^V \circ r_V^W = r_U^W$.

Dann heißt das System $\{M_W, r_V^W\}$ ein Garbendatum (von Mengen), und die Abbildungen r_V^W nennt man Restriktionsabbildungen.

Jeder Garbe $(\mathcal{S}, \pi)$ über B ist auf natürliche Weise ein Garbendatum zugeordnet:

Sind V, W offene Teilmengen von B, so setze man $M_W := \Gamma(W, \mathcal{S})$ und $r_V^W(s) := s|V$ für $s \in M_W$.

Offensichtlich ist $\{\Gamma(W, \mathcal{S}), r_V^W\}$ ein Garbendatum; man nennt es das kanonische Garbendatum zur Garbe $\mathcal{S}$.

Umgekehrt läßt sich aus jedem Garbendatum eine Garbe konstruieren:

Sei das System $\{M_W, r_V^W\}$ gegeben, $\mathfrak{z} \in B$ fest gewählt. Auf der Menge $\{(W,s) : W$ offene Umgebung von $\mathfrak{z}$, $s \in M_W\}$ wird folgende Äquivalenzrelation eingeführt: $(W_1, s_1) \underset{\mathfrak{z}}{\sim} (W_2, s_2)$ genau dann, wenn es eine offene Umgebung V von $\mathfrak{z}$ mit $V \subset W_1 \cap W_2$ und $r_V^{W_1}(s_1) = r_V^{W_2}(s_2)$ gibt. Die Äquivalenzklasse, in der (W, s) liegt, sei mit $(W,s)_{\mathfrak{z}}$ bezeichnet, $\mathcal{S}_{\mathfrak{z}}$ sei die Menge aller Klassen $(W,s)_{\mathfrak{z}}$. Schließlich sei $\mathcal{S} := \bigcup_{\mathfrak{z} \in B} \mathcal{S}_{\mathfrak{z}}$ und $\pi : \mathcal{S} \to B$ die kanonische Projektion. $\mathcal{S}$ soll nun so mit einer Topologie versehen werden, daß π lokal-topologisch wird:

Ist $W \subset B$ offen und $s \in M_W$, so definiere man $rs : W \to \mathcal{S}$ durch $rs(\mathfrak{z}) := (W,s)_{\mathfrak{z}}$.

Sei $\mathfrak{B} := \{rs(W) : W \subset B$ offen, $s \in M_W\} \cup \{\mathcal{S}\}$. Sind $W_1, W_2 \subset B$ offene Mengen, $s_1 \in M_{W_1}$, $s_2 \in M_{W_2}$, so setze man $W := \{\mathfrak{z} \in W_1 \cap W_2 : rs_1(\mathfrak{z}) = rs_2(\mathfrak{z})\}$.

a) W ist offen:

Ist $\mathfrak{z}_0 \in W$, so ist $(W_1, s_1)_{\mathfrak{z}_0} = (W_2, s_2)_{\mathfrak{z}_0}$, es gibt also eine offene Umgebung $V(\mathfrak{z}_0) \subset W_1 \cap W_2$ mit $r_V^{W_1}(s_1) = r_V^{W_2}(s_2)$. Für jedes $\mathfrak{z} \in V$ ist dann aber auch

$(W_1, s_1)_\mathfrak{z} = (W_2, s_2)_\mathfrak{z}$, also $rs_1(\mathfrak{z}) = rs_2(\mathfrak{z})$. Damit liegt V in W, und $\mathfrak{z}_0$ ist innerer Punkt von W.

b) Sei $s := r_W^{W_1}(s_1) \in M_W$. Dann ist $rs_1(W_1) \cap rs_2(W_2) = rs(W)$:

Ein Element $\sigma \in \mathfrak{S}$ liegt nämlich genau dann in $rs_1(W_1) \cap rs_2(W_2)$, wenn es ein $\mathfrak{z} \in W_1 \cap W_2$ mit $rs_1(\mathfrak{z}) = \sigma = rs_2(\mathfrak{z})$ gibt, also ein $\mathfrak{z} \in W$ mit $rs_1(\mathfrak{z}) = \sigma$, und das ist genau dann der Fall, wenn $\sigma = (W_1, s_1)_\mathfrak{z} = (W, s)_\mathfrak{z} \in rs(W)$ ist.

Mit je zwei Mengen $rs_1(W_1), rs_2(W_2) \in \mathfrak{B}$ liegt auch ihr Durchschnitt $rs_1(W_1) \cap rs_2(W_2)$ in $\mathfrak{B}$. Daher ist $\mathfrak{B}$ Basis für eine Topologie auf $\mathfrak{S}$, deren offene Mengen beliebige Vereinigungen von Elementen von $\mathfrak{B}$ sind. Es bleibt zu zeigen, daß π lokal-topologisch ist.

a) Sei $\sigma \in \mathfrak{S}$, $\mathfrak{z} = \pi(\sigma)$. Dann gibt es eine offene Menge $W \subset B$ mit $\mathfrak{z} \in W$ und ein $s \in M_W$ mit $\sigma = (W, s)_\mathfrak{z} = rs(\mathfrak{z})$. Wir setzen $U := rs(W)$. U ist eine offene Umgebung von σ in $\mathfrak{S}$, und es gilt: $\pi \circ rs = id_W$, $rs \circ (\pi | U) = id_U$.

Also ist $\pi | U : U \to W$ bijektiv, $(\pi | U)^{-1} = rs$.

b) Jede offene Menge $U' \subset U$ ist von der Gestalt $U' = \bigcup_{\iota \in I} rs_\iota(W_\iota)$, wobei jeweils W_ι offen in W und $s_\iota \in M_{W_\iota}$ ist. Also ist $\pi(U') = \bigcup_{\iota \in I} W_\iota$ offen in W. $\pi | U$ bildet demnach offene Mengen auf offene Mengen ab, das bedeutet, daß rs stetig ist.

c) Ist $W' \subset W$ offen, so ist $(W, s) \underset{\mathfrak{z}}{\sim} \left(W', r_{W'}^W s\right)$ für jedes $\mathfrak{z} \in W'$, also $rs | W' = r\left(r_{W'}^W s\right)$. Daher ist $rs(W') = r\left(r_{W'}^W s\right)(W')$, und das ist eine offene Menge. Auch rs bildet offene Mengen auf offene Mengen ab, und das bedeutet, daß $\pi | U$ stetig ist.

Wir haben jetzt folgenden Satz bewiesen:

<u>Satz 1.6:</u> Auf dem oben angegebenen Wege (Bildung des induktiven Limes) definiert jedes Garbendatum $\left\{M_W, r_V^W\right\}$ eine Garbe $\mathfrak{S}$ über B. Jedem Element $s \in M_W$ ist eine Schnittfläche $rs \in \Gamma(W, \mathfrak{S})$ zugeordnet. Ist $\mathfrak{z} \in B$ und $\sigma \in \mathfrak{S}_\mathfrak{z}$, so gibt es eine offene Umgebung $W(\mathfrak{z}) \subset B$ und ein $s \in M_W$, so daß $\sigma = rs(\mathfrak{z})$ ist.

<u>Satz 1.7:</u> Ist $\mathfrak{S}$ eine Garbe über B, so definiert das kanonische Garbendatum $\left\{\Gamma(W, \mathfrak{S}), r_V^W\right\}$ bis auf kanonische Isomorphie die Garbe $\mathfrak{S}$.

<u>Beweis:</u> Sei $(\hat{\mathfrak{S}}, \hat{\pi})$ die durch das kanonische Garbendatum definierte Garbe.

a) Ist $(W_1, s_1) \underset{\mathfrak{z}}{\sim} (W_2, s_2)$, so ist $s_1(\mathfrak{z}) = s_2(\mathfrak{z})$, und es gilt auch die Umkehrung. Also definiert $\varphi : (W, s)_\mathfrak{z} \mapsto s(\mathfrak{z})$ eine injektive Abbildung $\varphi : \hat{\mathfrak{S}} \to \mathfrak{S}$, die außerdem halmtreu ist. Ist $\sigma \in \mathfrak{S}_\mathfrak{z}$, so gibt es eine Umgebung $W(\mathfrak{z})$ und ein $s \in \Gamma(W, \mathfrak{S})$ mit $s(\mathfrak{z}) = \sigma$. $rs(\mathfrak{z}) = (W, s)_\mathfrak{z}$ liegt dann in $\hat{\mathfrak{S}}_\mathfrak{z}$, und es ist $\varphi(rs(\mathfrak{z})) = \sigma$. Daher ist φ auch surjektiv.

b) Ist $\sigma \in \hat{\mathfrak{S}}_\mathfrak{z}$, so gibt es eine offene Menge $W \subset B$ und ein $s \in \Gamma(W, \mathfrak{S})$ mit $\sigma = (W, s)_\mathfrak{z} = rs(\mathfrak{z})$. Dann gilt: $rs \in \Gamma(W, \hat{\mathfrak{S}})$, $\sigma \in rs(W)$ und $\varphi \circ (rs) = s \in \Gamma(W, \mathfrak{S})$. Also ist φ stetig in σ.

c) Ist $W \subset B$ offen und $s \in \Gamma(W, \mathcal{S})$, so ist $\varphi^{-1}(s) = rs \in \Gamma(W, \hat{\mathcal{S}})$. Also ist auch φ^{-1} stetig. ♦

Satz 1.8: Jeder Garbenmorphismus ist eine offene Abbildung.

Beweis: Sei $\varphi : \mathcal{S}_1 \to \mathcal{S}_2$ ein Garbenmorphismus. Da $\mathcal{S}_1$ kanonisch isomorph zu der durch das kanonische Datum $\{\Gamma(W, \mathcal{S}_1), r_V^W\}$ definierten Garbe $\hat{\mathcal{S}}_1$ ist, bilden die Mengen $s(W)$ mit $s \in \Gamma(W, \mathcal{S}_1)$ eine Basis der Topologie von $\mathcal{S}_1$. Liegt s in $\Gamma(W, \mathcal{S}_1)$, so liegt $\varphi \circ s$ in $\Gamma(W, \mathcal{S}_2)$, und daher ist $\varphi(s(W)) = (\varphi \circ s)(W)$ offen in $\mathcal{S}_2$. Daraus folgt die Behauptung. ♦

Def. 1.6: $(\mathcal{S}_1, \pi_1), \dots, (\mathcal{S}_l, \pi_l)$ seien Garben über B. Für offene Mengen $W \subset B$ sei $M_W := \Gamma(W, \mathcal{S}_1) \times \dots \times \Gamma(W, \mathcal{S}_l)$, für $s = (s_1, \dots, s_l) \in M_W$ und offene Teilmengen $V \subset W$ sei $r_V^W s := (s_1 | V, \dots, s_l | V) \in M_V$.
Dann ist $\left\{M_W, r_V^W\right\}$ ein Garbendatum, und die dadurch definierte Garbe $\mathcal{S} = \mathcal{S}_1 \oplus \dots \oplus \mathcal{S}_l$ nennt man die Whitney-Summe der Garben $\mathcal{S}_1, \dots, \mathcal{S}_l$.

Satz 1.9: $(\mathcal{S}_1, \pi_1), \dots, (\mathcal{S}_l, \pi_l)$ seien Garben über B, $\mathcal{S} = \mathcal{S}_1 \oplus \dots \oplus \mathcal{S}_l$ ihre Whitney-Summe.
Dann wird für jedes $\mathfrak{z} \in B$ durch $(W, (s_1, \dots, s_l))_{\mathfrak{z}} \mapsto (s_1(\mathfrak{z}), \dots, s_l(\mathfrak{z}))$ eine Bijektion $\varphi : \mathcal{S}_{\mathfrak{z}} \to (\mathcal{S}_1)_{\mathfrak{z}} \times \dots \times (\mathcal{S}_l)_{\mathfrak{z}}$ definiert.

Beweis: a) Sei $s_\lambda = \left(s_1^{(\lambda)}, \dots, s_l^{(\lambda)}\right) \in \Gamma(W_\lambda, \mathcal{S})$ für $\lambda = 1,2$, $\mathfrak{z} \in W_1 \cap W_2$.

Genau dann ist $(W_1, s_1) \underset{\mathfrak{z}}{\sim} (W_2, s_2)$, wenn es eine Umgebung $V(\mathfrak{z}) \subset W_1 \cap W_2$ gibt, so daß

$$\left(s_1^{(1)} | V, \dots, s_l^{(1)} | V\right) = \left(s_1^{(2)} | V, \dots, s_l^{(2)} | V\right) \text{ ist.}$$

Das ist aber gleichbedeutend damit, daß $s_i^{(1)}(\mathfrak{z}) = s_i^{(2)}(\mathfrak{z})$ für $i = 1, \dots, l$ ist. Also wird durch $(W, (s_1, \dots, s_l))_{\mathfrak{z}} \mapsto (s_1(\mathfrak{z}), \dots, s_l(\mathfrak{z}))$ eine injektive Abbildung definiert.
b) Ist $\sigma = (\sigma_1, \dots, \sigma_l) \in (\mathcal{S}_1)_{\mathfrak{z}} \times \dots \times (\mathcal{S}_l)_{\mathfrak{z}}$ und etwa $\sigma_i = s_i^*(\mathfrak{z})$ mit $s_i^* \in \Gamma(W_i, \mathcal{S}_i)$, so ist $W := \bigcap_{i=1}^{l} W_i$ eine offene Umgebung von $\mathfrak{z}$ und $s_i := s_i^* | W \in \Gamma(W, \mathcal{S}_i)$. Folglich liegt $s := (s_1, \dots, s_l)$ in M_W, und rs ist eine Schnittfläche in der Garbe $\mathcal{S}$ mit $rs(\mathfrak{z}) = (W, s)_{\mathfrak{z}} \mapsto s(\mathfrak{z}) = \sigma$. Die oben definierte Abbildung ist also auch surjektiv. ♦

Wir identifizieren künftig $(\mathcal{S}_1 \oplus \dots \oplus \mathcal{S}_l)_{\mathfrak{z}}$ mit $(\mathcal{S}_1)_{\mathfrak{z}} \times \dots \times (\mathcal{S}_l)_{\mathfrak{z}}$.

Satz 1.10: $(\mathcal{S}_1, \pi_1), \dots, (\mathcal{S}_l, \pi_l)$ seien Garben über B. Dann sind die kanonischen Projektionen $p_i : \mathcal{S}_1 \oplus \dots \oplus \mathcal{S}_l \to \mathcal{S}_i$ (mit $p_i(\sigma_1, \dots, \sigma_l) := \sigma_i$) Garbenmorphismen.

Beweis: Die Abbildungen p_i sind halmtreu, nach Definition. Ist $\sigma \in (\mathcal{S}_1 \oplus \ldots \oplus \mathcal{S}_l)_\mathfrak{z} = (\mathcal{S}_1)_\mathfrak{z} \times \ldots \times (\mathcal{S}_l)_\mathfrak{z}$, so gibt es Schnittflächen s_i in $\mathcal{S}_i$ mit $s_i(\mathfrak{z}) = p_i(\sigma)$ und $rs(\mathfrak{z}) = \sigma$ für $s := (s_1, \ldots, s_l)$. Also ist $p_i \circ rs = s_i$ stetig, p_i ein Garbenmorphismus. ♦

Ist $s_i \in \Gamma(W, \mathcal{S}_i)$ für $i = 1, \ldots, l$, so sei die Abbildung $s_1 \oplus \ldots \oplus s_l : W \to \mathcal{S}_1 \oplus \ldots \oplus \mathcal{S}_l$ definiert durch $(s_1 \oplus \ldots \oplus s_l)(\mathfrak{z}) := (s_1(\mathfrak{z}), \ldots, s_l(\mathfrak{z}))$.
Offensichtlich liegt $(s_1, \ldots, s_l)$ in M_W, und es ist $r(s_1, \ldots, s_l)(\mathfrak{z}) = (W, (s_1, \ldots, s_l))_\mathfrak{z} = (s_1(\mathfrak{z}), \ldots, s_l(\mathfrak{z})) = (s_1 \oplus \ldots \oplus s_l)(\mathfrak{z})$, also $s_1 \oplus \ldots \oplus s_l = r(s_1, \ldots, s_l) \in \Gamma(W, \mathcal{S}_1 \oplus \ldots \oplus \mathcal{S}_l)$. Man kann daher die Mengen $\Gamma(W, \mathcal{S}_1 \oplus \ldots \oplus \mathcal{S}_l)$ und $\Gamma(W, \mathcal{S}_1) \times \ldots \times \Gamma(W, \mathcal{S}_l)$ identifizieren.

Wenn globale Schnitte $s_i \in \Gamma(B, \mathcal{S}_i)$ für $i = 1, \ldots, l$ gegeben sind, so kann man zugehörige Injektionen $j_i = j_i(s_1, \ldots, \hat{s}_i, \ldots, s_l) : \mathcal{S}_i \to \mathcal{S}_1 \oplus \ldots \oplus \mathcal{S}_l$ definieren, indem man setzt:

$$j_i(\sigma) := (s_1(\mathfrak{z}), \ldots, s_{i-1}(\mathfrak{z}), \sigma, s_{i+1}(\mathfrak{z}), \ldots, s_l(\mathfrak{z})), \text{ für } \sigma \in (\mathcal{S}_i)_\mathfrak{z}.$$

Offensichtlich ist j_i halmtreu, und für $s \in \Gamma(W, \mathcal{S}_i)$ liegt $j_i \circ s = (s_1|W, \ldots, s_{i-1}|W, s, s_{i+1}|W, \ldots, s_l|W)$ in $\Gamma(W, \mathcal{S}_1) \times \ldots \times \Gamma(W, \mathcal{S}_l) = \Gamma(W, \mathcal{S}_1 \oplus \ldots \oplus \mathcal{S}_l)$, d.h. j_i ist stetig. Für $i = 1, \ldots, l$ gilt: $p_i \circ j_i = \mathrm{id}_{\mathcal{S}_i}$.

§ 2. Garben mit algebraischen Strukturen

Sei $B \subset \mathbb{C}^n$ ein Bereich.

Def. 2.1: Eine Garbe $(\mathcal{S}, \pi)$ über B heißt eine Garbe von $\mathbb{C}$-Algebren, wenn gilt:

1) Jeder Halm $\mathcal{S}_\mathfrak{z}$ ist eine kommutative $\mathbb{C}$-Algebra mit 1.

2) $\mathcal{S} \oplus \mathcal{S} \xrightarrow{+} \mathcal{S}$ (mit $(\sigma_1, \sigma_2) \mapsto \sigma_1 + \sigma_2$) ist stetig.

3) $\mathcal{S} \oplus \mathcal{S} \xrightarrow{\cdot} \mathcal{S}$ (mit $(\sigma_1, \sigma_2) \mapsto \sigma_1 \cdot \sigma_2$) ist stetig.

4) Für jedes $c \in \mathbb{C}$ ist $\mathcal{S} \xrightarrow{c\cdot} \mathcal{S}$ (mit $\sigma \mapsto c \cdot \sigma$) stetig.

5) Die Abbildung $\mathbf{1} : \mathfrak{z} \mapsto \mathbf{1}_\mathfrak{z} \in \mathcal{S}_\mathfrak{z}$ liegt in $\Gamma(B, \mathcal{S})$.

Folgerungen: 1) $\mathbf{0} : \mathfrak{z} \mapsto \mathbf{0}_\mathfrak{z} \in \mathcal{S}_\mathfrak{z}$ liegt in $\Gamma(B, \mathcal{S})$.

2) $\mathcal{S} \xrightarrow{-} \mathcal{S}$ (mit $\sigma \mapsto -\sigma$) ist stetig.

3) Ist $W \subset B$ offen, so ist auch $\Gamma(W, \mathcal{S})$ eine $\mathbb{C}$-Algebra.

Beweis: 1) Wegen $0 \cdot \mathbf{1}_\mathfrak{z} = \mathbf{0}_\mathfrak{z}$ gilt $0 \cdot \mathbf{1} = \mathbf{0}$, und die Nullschnittfläche $\mathbf{0}$ ist deshalb stetig.

2) Daß die Abbildung $\sigma \mapsto -\sigma = (-1) \cdot \sigma$ stetig ist, folgt schon aus der Definition.

3) Addition, Multiplikation und Multiplikation mit komplexen Zahlen werden punktweise

definiert, die Axiome einer $\mathbb{C}$-Algebra sind erfüllt, da sie in jedem Halm gelten. Stetige Schnittflächen gehen in stetige Schnittflächen über. ♦

Satz 2.1: $\mathcal{S}_1, \dots, \mathcal{S}_l$, $\mathcal{S}$ seien Garben über B, gegeben durch Garbendaten $\{M_W^{(i)}, r_{iV}^W\}$, $i = 1, \dots, l$, und $\{M_W, r_V^W\}$. Zu jeder offenen Menge $W \subset B$ gebe es eine Abbildung $\varphi_W : M_W^{(1)} \times \dots \times M_W^{(l)} \to M_W$ (z.B. eine algebraische Operation) mit $r_V^W \varphi_W(s_1, \dots, s_l) = \varphi_V\left(r_{1V}^W s_1, \dots, r_{lV}^W s_l\right)$ für beliebige Elemente $s_i \in M_W^{(i)}$, $i = 1, \dots, l$, und offene Mengen $V \subset W$. Dann gibt es genau einen Garbenmorphismus $\varphi : \mathcal{S}_1 \oplus \dots \oplus \mathcal{S}_l \to \mathcal{S}$ mit $\varphi(rs_1, \dots, rs_l) = r\varphi_W(s_1, \dots, s_l)$.

Beweis: 1) Seien $W, \widetilde{W}$ offen in B, $\mathfrak{z} \in W \cap \widetilde{W}$ und $(W, s_i) \underset{\mathfrak{z}}{\sim} (\widetilde{W}, \widetilde{s}_i)$ für $i = 1, \dots, l$. Dann gibt es eine Umgebung $V(\mathfrak{z}) \subset W \cap \widetilde{W}$ mit $r_{iV}^W s_i = r_{iV}^{\widetilde{W}} \widetilde{s}_i$ für $i = 1, \dots, l$, und dann ist $r_V^W \varphi_W(s_1, \dots, s_l) = \varphi_V\left(r_{1V}^W s_1, \dots, r_{lV}^W s_l\right) = \varphi_V\left(r_{1V}^{\widetilde{W}} \widetilde{s}_1, \dots, r_{lV}^{\widetilde{W}} \widetilde{s}_l\right) = r_V^{\widetilde{W}} \varphi_{\widetilde{W}}(\widetilde{s}_1, \dots, \widetilde{s}_l)$ also $(W, \varphi_W(s_1, \dots, s_l)) \underset{\mathfrak{z}}{\sim} (\widetilde{W}, \varphi_{\widetilde{W}}(\widetilde{s}_1, \dots, \widetilde{s}_l))$.

Durch $(rs_1(\mathfrak{z}), \dots, rs_l(\mathfrak{z})) \mapsto (W, \varphi_W(s_1, \dots, s_l))_{\mathfrak{z}} = r\varphi_W(s_1, \dots, s_l)(\mathfrak{z})$ wird daher eine Abbildung $\varphi : \mathcal{S}_1 \oplus \dots \oplus \mathcal{S}_l \to \mathcal{S}$ definiert, die halmtreu ist, und die außerdem die Gleichung $\varphi(rs_1, \dots, rs_l) = r\varphi_W(s_1, \dots, s_l)$ erfüllt und dadurch eindeutig bestimmt ist.

2) Zu $\sigma = (\sigma_1, \dots, \sigma_l) \in (\mathcal{S}_1)_{\mathfrak{z}} \times \dots \times (\mathcal{S}_l)_{\mathfrak{z}}$ gibt es eine Umgebung $W(\mathfrak{z})$ und Elemente $s_i \in M_W^{(i)}$ für $i = 1, \dots, l$, so daß $\sigma_i = (W, s_i)_{\mathfrak{z}}$ ist. Dann ist $s := (rs_1, \dots, rs_l) \in \Gamma(W, \mathcal{S}_1 \oplus \dots \oplus \mathcal{S}_l)$, $\sigma \in s(W)$ und $\varphi \circ s = r\varphi_W(s_1, \dots, s_l) \in \Gamma(W, \mathcal{S})$. Also ist φ stetig. ♦

Def. 2.2: Sei $\{M_W, r_V^W\}$ ein Garbendatum mit folgenden Eigenschaften:

1) M_W ist stets eine $\mathbb{C}$-Algebra.

2) $r_V^W : M_W \to M_V$ ist stets ein Homomorphismus von $\mathbb{C}$-Algebren. Dann heißt $\{M_W, r_V^W\}$ ein Garbendatum von $\mathbb{C}$-Algebren.

Satz 2.2: Sei $\{M_W, r_V^W\}$ ein Garbendatum von $\mathbb{C}$-Algebren, $\mathcal{S}$ die dadurch definierte Garbe.
Dann ist $\mathcal{S}$ eine Garbe von $\mathbb{C}$-Algebren, und für jede offene Menge $W \subset B$ ist $r : M_W \to \Gamma(W, \mathcal{S})$ ein Homomorphismus von $\mathbb{C}$-Algebren.

Beweis: Für $W \subset B$ sei $\varphi_W : M_W \times M_W \to M_W$ definiert durch $\varphi_W(s_1, s_2) := s_1 + s_2$. Dann ist $r_V^W \varphi_W(s_1, s_2) = r_V^W(s_1 + s_2) = r_V^W s_1 + r_V^W s_2 = \varphi_V\left(r_V^W s_1, r_V^W s_2\right)$. Nach Satz 2.1 gibt es genau einen Garbenmorphismus $\varphi : \mathcal{S} \oplus \mathcal{S} \to \mathcal{S}$ mit $\varphi(rs_1, rs_2) = r\varphi_W(s_1, s_2) = r(s_1 + s_2)$.
Durch $\sigma_1 + \sigma_2 := \varphi(\sigma_1, \sigma_2)$ wird nun eine Addition $\mathcal{S} \oplus \mathcal{S} \xrightarrow{+} \mathcal{S}$ definiert, und es gilt:
$rs_1(\mathfrak{z}) + rs_2(\mathfrak{z}) = \varphi(rs_1(\mathfrak{z}), rs_2(\mathfrak{z})) = [\varphi(rs_1, rs_2)](\mathfrak{z}) = r(s_1 + s_2)(\mathfrak{z})$, also $rs_1 + rs_2 = r(s_1 + s_2)$.

Völlig analog definiert man die übrigen Rechenoperationen. Durch r übertragen sich die Gesetze auf die Halme, und es ist dann klar, daß r ein Homomorphismus von $\mathbb{C}$-Algebren ist. ◆

Def. 2.3: Sei $\mathfrak{A}$ eine Garbe von $\mathbb{C}$-Algebren über B und $\mathfrak{S}$ eine weitere Garbe über B. $\mathfrak{S}$ heißt eine Garbe von $\mathfrak{A}$-Moduln, falls gilt:

1) Für jedes $\mathfrak{z} \in B$ ist $\mathfrak{S}_{\mathfrak{z}}$ ein unitärer $\mathfrak{A}_{\mathfrak{z}}$-Modul.

2) $\mathfrak{S} \oplus \mathfrak{S} \xrightarrow{+} \mathfrak{S}$ ist stetig.

3) $\mathfrak{A} \oplus \mathfrak{S} \xrightarrow{\cdot} \mathfrak{S}$ ist stetig.

Bemerkungen: 1) Sei $\mathbf{0}_{\mathfrak{z}}$ das Nullelement in $\mathfrak{S}_{\mathfrak{z}}$. Dann definiert $\mathbf{0} : \mathfrak{z} \mapsto \mathbf{0}_{\mathfrak{z}}$ die Nullschnittfläche $\mathbf{0} \in \Gamma(B, \mathfrak{S})$.

2) Für jedes W ist $\Gamma(W, \mathfrak{S})$ ein $\Gamma(W, \mathfrak{A})$-Modul.

Def. 2.4: $\left\{M_W, r_V^W\right\}$ sei ein Garbendatum von $\mathbb{C}$-Algebren, $\left\{\widetilde{M}_W, \widetilde{r}_V^W\right\}$ ein Garbendatum von abelschen Gruppen, $\mathfrak{A}$ bzw. $\mathfrak{S}$ seien die zugehörigen Garben. Für jede offene Menge $W \subset B$ sei $\widetilde{M}_W$ ein (unitärer) M_W-Modul, und für $s \in M_W$, $\widetilde{s} \in \widetilde{M}_W$ gelte stets: $\widetilde{r}_V^W(s \cdot \widetilde{s}) = r_V^W(s) \cdot \widetilde{r}_V^W(\widetilde{s})$. Dann heißt $\left(\left\{M_W, r_V^W\right\}, \left\{\widetilde{M}_W, \widetilde{r}_V^W\right\}\right)$ ein Garbendatum von Moduln.

Analog zu Satz 2.2 zeigt man, daß jedes Garbendatum von Moduln eine Garbe von $\mathfrak{A}$-Moduln definiert. $r : \widetilde{M}_W \to \Gamma(W, \mathfrak{S})$ ist ein Homomorphismus von abelschen Gruppen mit $r(s \cdot \widetilde{s}) = rs \cdot r\widetilde{s}$.

1. Beispiel: Sei M_W die Menge der holomorphen Funktionen in W, und $r_V^W : M_W \to M_V$ sei definiert durch $r_V^W(f) := f|V$.

Offenbar ist $\left\{M_W, r_V^W\right\}$ ein Garbendatum von $\mathbb{C}$-Algebren. Die dadurch definierte Garbe $\mathfrak{O}$ ist eine Garbe von $\mathbb{C}$-Algebren, und man nennt sie die Garbe der Keime von holomorphen Funktionen auf B.

Ein Element $(W, f)_{\mathfrak{z}}$ aus dem Halm $\mathfrak{O}_{\mathfrak{z}}$ ist eine Äquivalenzklasse von Paaren (W_ι, f_ι), wobei W_ι stets eine offene Umgebung von $\mathfrak{z}$ und f_ι eine holomorphe Funktion auf W_ι ist. Die Paare (W_1, f_1) und (W_2, f_2) sind äquivalent, wenn es eine Umgebung $V(\mathfrak{z}) \subset W_1 \cap W_2$ mit $f_1|V = f_2|V$ gibt, und das ist genau dann der Fall, wenn f_1 und f_2 in $\mathfrak{z}$ die gleiche Potenzreihenentwicklung besitzen. Man kann daher den Halm $\mathfrak{O}_{\mathfrak{z}}$ mit der $\mathbb{C}$-Stellenalgebra der konvergenten Potenzreihen identifizieren, so daß sich hier keine neue Bedeutung des schon früher eingeführten Begriffes $\mathfrak{O}_{\mathfrak{z}}$ ergibt. Insbesondere stimmen dann die Potenzreihe $f_{\mathfrak{z}}$ und die Äquivalenzklasse $(W, f)_{\mathfrak{z}}$ überein.

Für jede offene Menge $W \subset B$ ist $r : M_W \to \Gamma(W, \mathfrak{O})$ ein Homomorphismus von $\mathbb{C}$-Algebren, und es gilt: $r(f|V) = rf|V$.

Behauptung: r ist bijektiv.

Beweis: 1) Ist $rf = \mathbf{0}$, so gilt für jedes $\mathfrak{z} \in W$: $rf(\mathfrak{z}) = \mathbf{0}_{\mathfrak{z}}$, also $(W,f)_{\mathfrak{z}} = \mathbf{0}_{\mathfrak{z}}$, d.h. es gibt eine Umgebung $V(\mathfrak{z}) \subset W$ mit $f|V = 0$, insbesondere gilt $f(\mathfrak{z}) = 0$. Also ist $f = 0$.

2) Ist $s \in \Gamma(W, \mathcal{O})$, so gibt es zu jedem $\mathfrak{z} \in W$ eine Umgebung $U(\mathfrak{z}) \subset W$ und eine holomorphe Funktion f in U mit $(U,f)_{\mathfrak{z}} = s(\mathfrak{z})$, und dann gibt es eine Umgebung $V(\mathfrak{z}) \subset U$ mit $rf|V = s|V$.

Sei nun $(U_\iota)_{\iota \in I}$ eine offene Überdeckung von W, so daß auf jedem U_ι eine holomorphe Funktion f_ι mit $rf_\iota = s|U_\iota$ definiert ist. Dann wird durch $f|U_\iota := f_\iota$ eine holomorphe Funktion f über W gegeben, für die gilt:

$$rf|U_\iota = r(f|U_\iota) = rf_\iota = s|U_\iota .$$

Also ist $f \in M_W$ und $rf = s$. ♦

Es gilt somit der folgende Satz:

Satz 2.3: $r : M_W \to \Gamma(W, \mathcal{O})$ ist ein Isomorphismus von $\mathbb{C}$-Algebren.

Wir werden künftig die holomorphen Funktionen auf W mit den Elementen von $\Gamma(W, \mathcal{O})$ gleichsetzen.

2. Beispiel: Sei $M_W = \mathbb{C}$ und $r_V^W = \mathrm{id}_{\mathbb{C}}$ für alle V, W.

Dann ist $\left\{M_W, r_V^W\right\}$ ein Garbendatum von $\mathbb{C}$-Algebren, speziell sogar von Körpern. Sei $\mathcal{C}$ die zugehörige Garbe.

Es ist $(W_1, c_1) \underset{\mathfrak{z}}{\sim} (W_2, c_2)$ genau dann, wenn $c_1 = c_2$ ist, d.h. es ist $\mathcal{C}_{\mathfrak{z}} = \mathbb{C}$ für alle $\mathfrak{z} \in B$.

Ist $s \in \Gamma(W, A)$ und $\mathfrak{z} \in W$, so liegt $c := s(\mathfrak{z})$ in $\mathcal{C}_{\mathfrak{z}} = \mathbb{C} = M_W$, und es ist $rc(\mathfrak{z}) = c = s(\mathfrak{z})$. Es gibt dann eine Umgebung $V(\mathfrak{z}) \subset W$ mit $s|V = rc|V$, d.h. $s(\mathfrak{z}) = c$ für $\mathfrak{z} \in V$. Man kann s als eine lokal-konstante komplexe Funktion auffassen.

Man bezeichnet $\mathcal{C}$ als die konstante Garbe der komplexen Zahlen. Offensichtlich ist $\mathcal{C}$ eine Untergarbe von $\mathcal{O}$.

Def. 2.5: Unter einer analytischen Garbe über B versteht man eine Garbe $\mathcal{S}$ von $\mathcal{O}$-Moduln über B.

Beispiele: 1) $\mathcal{O}$ ist eine analytische Garbe.

2) Sei $\mathcal{S}$ eine analytische Garbe, $\mathcal{S}^* \subset \mathcal{S}$ eine Untergarbe. Wenn $\mathcal{S}^*_{\mathfrak{z}} \subset \mathcal{S}_{\mathfrak{z}}$ für jedes $\mathfrak{z} \in B$ ein $\mathcal{O}_{\mathfrak{z}}$-Untermodul ist, dann ist $\mathcal{S}^*$ ebenfalls eine analytische Garbe:
Ist etwa $(s_1, s_2) \in \Gamma(W, \mathcal{S}^* \oplus \mathcal{S}^*) \subset \Gamma(W, \mathcal{S} \oplus \mathcal{S})$, so liegt $s_1 + s_2$ in $\Gamma(W, \mathcal{S})$, dann aber auch in $\Gamma(W, \mathcal{S}^*)$. Also ist die Addition stetig. Entsprechend verfährt man bei der Multiplikation mit Skalaren. Man sollte noch bemerken: Wenn $\mathcal{S}^* \subset \mathcal{S}$ eine analytische Untergarbe ist, dann ist stets $\Gamma(W, \mathcal{S}^*) \subset \Gamma(W, \mathcal{S})$ ein $\Gamma(W, \mathcal{O})$-Untermodul.

3) Ist $\mathcal{J} \subset \mathfrak{O}$ eine analytische Untergarbe, so ist $\mathcal{J}_{\mathfrak{z}} \subset \mathfrak{O}_{\mathfrak{z}}$ stets ein Ideal. Man nennt $\mathcal{J}$ daher auch eine Idealgarbe.

Def. 2.6: Sei $\mathcal{J} \subset \mathfrak{O}$ eine Idealgarbe über B. Dann nennt man $N(\mathcal{J}) := \{\mathfrak{z} \in B : \mathfrak{O}_{\mathfrak{z}} \neq \mathcal{J}_{\mathfrak{z}}\}$ die Nullstellenmenge von $\mathcal{J}$.

Ist $f_{\mathfrak{z}} \in \mathfrak{O}_{\mathfrak{z}}$, so bezeichne f stets eine holomorphe Funktion, gegen die $f_{\mathfrak{z}}$ in der Nähe von $\mathfrak{z}$ konvergiert.

Satz 2.4: Sei $\mathcal{J} \subset \mathfrak{O}$ eine Idealgarbe über B. Dann gilt:
$N(\mathcal{J}) = \{\mathfrak{z} \in B : \text{Für alle } f_{\mathfrak{z}} \in \mathcal{J}_{\mathfrak{z}} \text{ ist } f(\mathfrak{z}) = 0\}$

Beweis: 1) Sei $\mathfrak{z} \in N(\mathcal{J})$, $f_{\mathfrak{z}} \in \mathcal{J}_{\mathfrak{z}}$, aber $f(\mathfrak{z}) \neq 0$. Dann ist $\frac{1}{f}$ auf einer Umgebung $W(\mathfrak{z})$ holomorph, und es gilt: $\mathbf{1}_{\mathfrak{z}} = r1(\mathfrak{z}) = r\left(\frac{1}{f}\right) r(f)(\mathfrak{z}) \in \mathcal{J}_{\mathfrak{z}}$, also $\mathcal{J}_{\mathfrak{z}} = \mathfrak{O}_{\mathfrak{z}}$. Das ist ein Widerspruch, es muß $f(\mathfrak{z}) = 0$ sein.

2) Ist $\mathfrak{z} \notin N(\mathcal{J})$, so ist $\mathcal{J}_{\mathfrak{z}} = \mathfrak{O}_{\mathfrak{z}}$, also $\mathbf{1}_{\mathfrak{z}} \in \mathcal{J}_{\mathfrak{z}}$, andererseits ist aber $1(\mathfrak{z}) \neq 0$. ♦

4) Sei $O := \dot{\bigcup}_{\mathfrak{z} \in B} \{0_{\mathfrak{z}}\}$, $\pi : O \to B$ die kanonische bijektive Abbildung. Versieht man O mit der Topologie von B, so ist π eine topologische Abbildung. O wird auf diese Weise zu einer analytischen Garbe, der "Nullgarbe".

Satz 2.5: $\mathcal{S}_1, \ldots, \mathcal{S}_l$ seien analytische Garben über B. Dann ist auch $\mathcal{S} := \mathcal{S}_1 \oplus \ldots \oplus \mathcal{S}_l$ analytisch.

Beweis: Offensichtlich ist stets $\mathcal{S}_{\mathfrak{z}} = (\mathcal{S}_1)_{\mathfrak{z}} \times \ldots \times (\mathcal{S}_l)_{\mathfrak{z}}$ ein $\mathfrak{O}_{\mathfrak{z}}$-Modul. Zu zeigen bleibt, daß die Operationen stetig sind. Wir führen das nur für die Addition durch:
Sei $(s, \tilde{s}) \in \Gamma(W, \mathcal{S} \oplus \mathcal{S}) = \Gamma(W, \mathcal{S}) \times \Gamma(W, \mathcal{S})$, $(s_i, \tilde{s}_i) := (p_i \circ s, p_i \circ \tilde{s}) \in \Gamma(W, \mathcal{S}_i) \times \Gamma(W, \mathcal{S}_i) = \Gamma(W, \mathcal{S}_i \oplus \mathcal{S}_i)$ für $i = 1, \ldots, l$. Dann ist $s_i + \tilde{s}_i \in \Gamma(W, \mathcal{S}_i)$ für $i = 1, \ldots, l$, also $s + \tilde{s} = (s_1 + \tilde{s}_1, \ldots, s_l + \tilde{s}_l) \in \Gamma(W, \mathcal{S}_1) \times \ldots \times \Gamma(W, \mathcal{S}_l) = \Gamma(W, \mathcal{S})$. ♦

Def. 2.7: Für $q \in \mathbb{N}$ sei $q\mathfrak{O} := \underbrace{\mathfrak{O} \oplus \ldots \oplus \mathfrak{O}}_{q\text{-mal}}$

(In der Literatur ist dafür meist die Bezeichnung $\mathfrak{O}^q$ üblich.)

$q\mathfrak{O}$ ist stets eine analytische Garbe.

Zum Schluß dieses Paragraphen sollen Quotientengarben behandelt werden:

Sei $\mathcal{S}$ eine analytische Garbe über B, $\mathcal{S}^* \subset \mathcal{S}$ eine analytische Untergarbe.

Für offene Mengen $W \subset B$ sei $N_W := \Gamma(W, \mathfrak{O})$ und $M_W := \Gamma(W, \mathcal{S})/\Gamma(W, \mathcal{S}^*)$, aufgefaßt als N_W-Modul.

Es gibt eine kanonische Restklassenabbildung $q : \Gamma(W, S) \to M_W$. Für $s \in \Gamma(W, S)$ sei $\langle s \rangle := q(s)$. Man kann dann (für $V \subset W \subset B$) definieren:

$$r_V^W(\langle s\rangle) := \langle s|V\rangle \text{ für } \langle s\rangle \in M_W .$$

Offensichtlich ist r_V^W wohldefiniert: $\langle s_1\rangle = \langle s_2\rangle$ gilt genau dann, wenn $s_1 - s_2$ in $\Gamma(W, \mathcal{S}^*)$ liegt. Dann ist aber $(s_1 - s_2)|V \in \Gamma(V, \mathcal{S}^*)$, also $\langle s_1|V\rangle = \langle s_2|V\rangle$.

$\{M_W, r_V^W\}$ ist somit ein Garbendatum von abelschen Gruppen, und für $\langle s\rangle \in M_W$, $f \in N_W$ gilt stets:

$$r_V^W(f\cdot\langle s\rangle) = r_V^W(\langle f\cdot s\rangle) = \langle (f\cdot s)|V\rangle = \langle (f|V)\cdot(s|V)\rangle = (f|V)\cdot\langle s|V\rangle = (f|V)\cdot r_V^W(\langle s\rangle) .$$

$(\{N_W, r_V^W\}, \{M_W, r_V^W\})$ ist ein Garbendatum von Moduln, die zugehörige Garbe $\mathfrak{Q}$ ist eine analytische Garbe. Man schreibt $\mathfrak{Q} = \mathcal{S}/\mathcal{S}^*$ und nennt $\mathfrak{Q}$ die Quotientengarbe von $\mathcal{S}$ nach $\mathcal{S}^*$.

<u>Satz 2.6:</u> Sei $\mathcal{S}$ eine analytische Garbe über B, $\mathcal{S}^* \subset \mathcal{S}$ eine analytische Untergarbe, $\mathfrak{Q} = \mathcal{S}/\mathcal{S}^*$ die Quotientengarbe. Dann wird für jedes $\mathfrak{z} \in B$ durch $(W, \langle s\rangle)_{\mathfrak{z}} \mapsto \overline{s(\mathfrak{z})}$ ein Isomorphismus $\psi: \mathfrak{Q}_{\mathfrak{z}} \to \mathcal{S}_{\mathfrak{z}}/\mathcal{S}^*_{\mathfrak{z}}$ (von $\mathcal{O}_{\mathfrak{z}}$-Moduln) definiert.

(Dabei bezeichne $\overline{\sigma}$ die Restklasse von $\sigma \in \mathcal{S}_{\mathfrak{z}}$ in $\mathcal{S}_{\mathfrak{z}}/\mathcal{S}^*_{\mathfrak{z}}$.)

<u>Beweis:</u> 1) $(W_1, \langle s_1\rangle) \underset{\mathfrak{z}}{\sim} (W_2, \langle s_2\rangle)$ gilt genau dann, wenn es eine Umgebung $V(\mathfrak{z}) \subset W_1 \cap W_2$ gibt, so daß $\langle s_1|V\rangle = r_V^{W_1}(\langle s_1\rangle) = r_V^{W_2}(\langle s_2\rangle) = \langle s_2|V\rangle$ ist, und das ist genau dann der Fall, wenn $(s_1 - s_2)|V$ in $\Gamma(V, \mathcal{S}^*)$ liegt. Wegen der Stetigkeit von $s_1 - s_2$ ist das aber gleichbedeutend damit, daß $s_1(\mathfrak{z}) - s_2(\mathfrak{z}) \in \mathcal{S}^*_{\mathfrak{z}}$, also $\overline{s_1(\mathfrak{z})} = \overline{s_2(\mathfrak{z})}$ ist. ψ ist damit wohldefiniert und injektiv.

2) Wegen $(W, \langle s_1\rangle)_{\mathfrak{z}} + (W, \langle s_2\rangle)_{\mathfrak{z}} = (W, \langle s_1 + s_2\rangle)_{\mathfrak{z}}$ ist $\psi(\sigma_1 + \sigma_2) = \psi(\sigma_1) + \psi(\sigma_2)$. Außerdem ist $\psi(f_{\mathfrak{z}} \cdot (W, \langle s\rangle)_{\mathfrak{z}}) = \psi((W, \langle f\cdot s\rangle)_{\mathfrak{z}}) = \overline{(f\cdot s)(\mathfrak{z})} = f_{\mathfrak{z}} \cdot \overline{s(\mathfrak{z})} = f_{\mathfrak{z}} \cdot \psi((W, \langle s\rangle)_{\mathfrak{z}})$. ψ ist also ein $\mathcal{O}_{\mathfrak{z}}$-Modul-Homomorphismus.

3) Ist $\overline{\sigma} \in \mathcal{S}_{\mathfrak{z}}/\mathcal{S}^*_{\mathfrak{z}}$, so gibt es eine Umgebung $W(\mathfrak{z}) \subset B$ und ein $s \in \Gamma(W, \mathcal{S})$ mit $s(\mathfrak{z}) = \sigma$. Dann liegt aber $(W, \langle s\rangle)_{\mathfrak{z}}$ in $\mathfrak{Q}_{\mathfrak{z}}$, und es ist $\psi((W, \langle s\rangle)_{\mathfrak{z}}) = \overline{s(\mathfrak{z})} = \overline{\sigma}$. Also ist ψ auch surjektiv. ◆

Man kann künftig $\mathfrak{Q}_{\mathfrak{z}}$ mit $\mathcal{S}_{\mathfrak{z}}/\mathcal{S}^*_{\mathfrak{z}}$ identifizieren.

<u>Bemerkung:</u> Ist $s \in \Gamma(W, \mathcal{S})$, so liegt $r\langle s\rangle$ in $\Gamma(W, \mathfrak{Q})$. Definiert man $\overline{s}: W \to \mathfrak{Q}$ durch $\overline{s}(\mathfrak{z}) := \overline{s(\mathfrak{z})}$, so gilt: $\psi \circ r\langle s\rangle = \overline{s}$. Man kann daher $r\langle s\rangle$ und $\overline{s}$ vermöge ψ identifizieren.

§ 3. Analytische Garbenmorphismen

<u>Def. 3.1:</u> $\mathcal{S}_1, \mathcal{S}_2$ seien analytische Garben über B, $\varphi: \mathcal{S}_1 \to \mathcal{S}_2$ ein Garbenmorphismus. φ heißt ein analytischer Garbenmorphismus (oder ein Garbenhomomorphismus), falls für jedes $\mathfrak{z} \in B$ gilt: $\varphi: (\mathcal{S}_1)_{\mathfrak{z}} \to (\mathcal{S}_2)_{\mathfrak{z}}$ ist ein $\mathcal{O}_{\mathfrak{z}}$-Modulhomomorphismus.

Beispiele: 1) $\mathcal{S}$ sei eine analytische Garbe über B, $\mathcal{S}^* \subset \mathcal{S}$ eine analytische Untergarbe. $q: \mathcal{S} \to \mathcal{S}/\mathcal{S}^*$ sei die kanonische Restklassenabbildung mit $q(\sigma) = \overline{\sigma}$. Dann ist $q: \mathcal{S}_{\mathfrak{z}} \to \mathcal{S}_{\mathfrak{z}}/\mathcal{S}^*_{\mathfrak{z}}$ stets ein $\mathcal{O}_{\mathfrak{z}}$-Modulhomomorphismus, und für $s \in \Gamma(W, \mathcal{S})$ ist $q \circ s = \overline{s} = r\langle s \rangle \in \Gamma(W, \mathcal{S}/\mathcal{S}^*)$. Also ist q ein surjektiver Garbenhomomorphismus (ein "Garbenepimorphismus").

2) Ist $\mathcal{S}$ eine analytische Garbe, so gibt es nur einen Garbenmorphismus $\mathcal{S} \to O$, und der ist offensichtlich ein Garbenepimorphismus.

3) Umgekehrt kann es zwar mehrere Garbenmorphismen $O \to \mathcal{S}$ geben, aber nur einen analytischen Garbenmorphismus (der $\mathbf{0}_{\mathfrak{z}}$ auf $\mathbf{0}_{\mathfrak{z}}$ abbildet). Dieser Homomorphismus ist injektiv, man spricht daher auch von einem Garbenmonomorphismus.

4) Ist $\mathcal{S}^* \subset \mathcal{S}$ eine analytische Untergarbe, so ist die kanonische Injektion $\iota = \mathrm{id}_{\mathcal{S}} | \mathcal{S}^*: \mathcal{S}^* \hookrightarrow \mathcal{S}$ ein Garbenmonomorphismus.

Bemerkung: 2) ist ein Spezialfall von 1), mit $\mathcal{S}^* = \mathcal{S}$,
3) ist ein Spezialfall von 4), mit $\mathcal{S}^* = O$.

5) Sind $\mathcal{S}_1, \dots, \mathcal{S}_l$ analytische Garben, so sind die kanonischen Projektionen $p_i: \mathcal{S}_1 \oplus \dots \oplus \mathcal{S}_l \to \mathcal{S}_i$ Garbenepimorphismen.

6) Ist $\mathbf{0}_i$ der Nullschnitt in $\mathcal{S}_i$, so sind die kanonischen Injektionen $j_i = j_i(\mathbf{0}_1, \dots, \hat{\mathbf{0}}_i, \dots, \mathbf{0}_l): \mathcal{S}_i \hookrightarrow \mathcal{S}_1 \oplus \dots \oplus \mathcal{S}_l$ Garbenmonomorphismen.

7) $j_i: \mathcal{O} \hookrightarrow q\mathcal{O}$ seien die kanonischen Injektionen. Ist $\mathbf{1} \in \Gamma(B, \mathcal{O})$ der "Einsschnitt", so definiert man die Einheitsschnittflächen in $q\mathcal{O}$ folgendermaßen:

$$e_i := j_i \circ \mathbf{1} = (\mathbf{0}, \dots, \mathbf{1}, \dots, \mathbf{0}).$$

Sei nun ein analytischer Garbenmorphismus $\varphi: q\mathcal{O} \to \mathcal{S}$ gegeben, und $s_i := \varphi \circ e_i \in \Gamma(B, \mathcal{S})$. Dann gilt für $(a_1, \dots, a_q) \in q\mathcal{O}_{\mathfrak{z}}$:

$$\varphi(a_1, \dots, a_q) = \varphi\left(\sum_{i=1}^{q} a_i e_i(\mathfrak{z})\right) = \sum_{i=1}^{q} a_i s_i(\mathfrak{z}).$$

Die Schnitte $s_1, \dots, s_q$ bestimmen also den Homomorphismus vollständig, und umgekehrt kann man durch $s_1, \dots, s_q$ über die obige Gleichung einen analytischen Garbenmorphismus $\varphi = \varphi_{(s_1, \dots, s_q)}$ definieren.

8) Sind $\varphi: \mathcal{S}_1 \to \mathcal{S}_2$ und $\psi: \mathcal{S}_2 \to \mathcal{S}_3$ analytische Garbenmorphismen, so ist natürlich auch $\psi \circ \varphi: \mathcal{S}_1 \to \mathcal{S}_3$ ein analytischer Garbenmorphismus.

Def. 3.2: Sei $\varphi: \mathcal{S}_1 \to \mathcal{S}_2$ ein analytischer Garbenmorphismus. Dann definiert man:

$\mathrm{Im}\,\varphi := \varphi(\mathcal{S}_1) \subset \mathcal{S}_2$

$\mathrm{Ker}\,\varphi := \varphi^{-1}(O) \subset \mathcal{S}_1$

Satz 3.1: Ist $\varphi : \mathfrak{S}_1 \to \mathfrak{S}_2$ ein analytischer Garbenmorphismus, so sind Im φ und Ker φ analytische Garben.

Beweis: 1) Da jeder Garbenmorphismus eine offene Abbildung ist, ist Im $\varphi = \varphi(\mathfrak{S}_1)$ offen in $\mathfrak{S}_2$, also eine Untergarbe. Wegen $(\text{Im } \varphi)_\mathfrak{z} = \varphi((\mathfrak{S}_1)_\mathfrak{z})$ ist Im φ analytisch.

2) Da φ stetig und $O \subset \mathfrak{S}_2$ offen ist, ist Ker $\varphi = \varphi^{-1}(O) \subset \mathfrak{S}_1$ offen, also eine Untergarbe. Wegen $(\text{Ker } \varphi)_\mathfrak{z} = \{\sigma \in (\mathfrak{S}_1)_\mathfrak{z} : \varphi(\sigma) = 0_\mathfrak{z} \in (\mathfrak{S}_2)_\mathfrak{z}\} = \text{Ker}(\varphi | (\mathfrak{S}_1)_\mathfrak{z})$ ist Ker φ analytisch. ♦

Def. 3.3: $\mathfrak{S}_1, \mathfrak{S}_2$ seien analytische Garben über B. Eine Abbildung $\varphi : \mathfrak{S}_1 \to \mathfrak{S}_2$ heißt ein analytischer Garbenisomorphismus, falls gilt:

1) φ ist halmtreu
2) φ ist topologisch
3) $\varphi | (\mathfrak{S}_1)_\mathfrak{z} : (\mathfrak{S}_1)_\mathfrak{z} \to (\mathfrak{S}_2)_\mathfrak{z}$ ist für jedes $\mathfrak{z} \in B$ ein $\mathcal{O}_\mathfrak{z}$-Modul-Isomorphismus.

Gibt es einen analytischen Garbenisomorphismus $\varphi : \mathfrak{S}_1 \to \mathfrak{S}_2$, so schreibt man: $\mathfrak{S}_1 \simeq \mathfrak{S}_2$.

Bemerkung: Eine Abbildung $\varphi : \mathfrak{S}_1 \to \mathfrak{S}_2$ ist schon dann ein analytischer Garbenisomorphismus, wenn φ ein bijektiver Garbenhomomorphismus ist.

φ ist nämlich halmtreu und stetig, und für jedes $\mathfrak{z} \in B$ ist $\varphi | (\mathfrak{S}_1)_\mathfrak{z} : (\mathfrak{S}_1)_\mathfrak{z} \to (\mathfrak{S}_2)_\mathfrak{z}$ ein $\mathcal{O}_\mathfrak{z}$-Modul-Isomorphismus. Da jeder Garbenmorphismus offen ist, folgt nun, daß auch φ^{-1} stetig, φ also topologisch ist.

Satz 3.2: Ist $\varphi : \mathfrak{S}_1 \to \mathfrak{S}_2$ ein analytischer Garbenmorphismus, so ist $\mathfrak{S}_1/\text{Ker}\,\varphi \simeq \text{Im}\,\varphi$.

Beweis: Durch $\overline{\varphi}(\overline{\sigma}) := \varphi(\sigma)$ wird eine halmtreue bijektive Abbildung $\overline{\varphi} : \mathfrak{S}_1/\text{Ker}\,\varphi \to \text{Im}\,\varphi$ definiert, die in jedem Halm einen $\mathcal{O}_\mathfrak{z}$-Modulisomorphismus induziert. Ist $\overline{\sigma} \in (\mathfrak{S}_1/\text{Ker}\,\varphi)_\mathfrak{z}$, so gibt es eine Umgebung $W(\mathfrak{z})$ und ein $s \in \Gamma(W, \mathfrak{S}_1)$ mit $\overline{s}(\mathfrak{z}) = \overline{\sigma}$ und $\overline{\varphi} \circ \overline{s} = \varphi \circ s \in \Gamma(W, \text{Im}\,\varphi)$. Also ist auch $\overline{\varphi}$ stetig. Nach der obigen Bemerkung ist damit $\overline{\varphi}$ ein Garbenisomorphismus. ♦

Bemerkung: Ist $\varphi : \mathfrak{S}_1 \to \mathfrak{S}_2$ ein analytischer Garbenmorphismus und sind $q : \mathfrak{S}_1 \to \mathfrak{S}_1/\text{Ker}\,\varphi$ und $\iota : \text{Im}\,\varphi \hookrightarrow \mathfrak{S}_2$ die kanonischen Abbildungen, so hat man die "kanonische Zerlegung von φ":

$$\varphi = \iota \circ \overline{\varphi} \circ q : \mathfrak{S}_1 \twoheadrightarrow \mathfrak{S}_1/\text{Ker}\,\varphi \simeq \text{Im}\,\varphi \hookrightarrow \mathfrak{S}_2$$

Def. 3.4: $\mathfrak{S}_1, \ldots, \mathfrak{S}_l$ seien analytische Garben über B, $\varphi_i : \mathfrak{S}_i \to \mathfrak{S}_{i+1}$ seien analytische Garbenmorphismen für $i = 1, \ldots, l-1$. Dann nennt man die Folge

$$\mathfrak{S}_1 \xrightarrow{\varphi_1} \mathfrak{S}_2 \xrightarrow{\varphi_2} \mathfrak{S}_3 \to \ldots \to \mathfrak{S}_{l-1} \xrightarrow{\varphi_{l-1}} \mathfrak{S}_l$$

eine analytische Garbensequenz.

Die Sequenz heißt exakt an der Stelle $\mathcal{S}_i$, falls $\operatorname{Im} \varphi_{i-1} = \operatorname{Ker} \varphi_i$ ist. Die Sequenz heißt exakt, wenn sie an jeder Stelle exakt ist.

Bemerkungen: Der Garbenhomomorphismus, der halmweise jedes Element auf die Null abbildet, werde mit 0 bezeichnet.

1) $\operatorname{Im} \varphi_{i-1} = \operatorname{Ker} \varphi_i$ bedeutet:

a) $\varphi_i \circ \varphi_{i-1} = 0$

b) Ist $\varphi_i(\sigma) = \mathbf{0}$, so gibt es ein $\hat{\sigma}$ mit $\varphi_{i-1}(\hat{\sigma}) = \sigma$.

2) $0 \to \mathcal{S}' \xrightarrow{\varphi} \mathcal{S}$ ist genau dann exakt, wenn φ injektiv ist.

3) $\mathcal{S} \xrightarrow{\psi} \mathcal{S}'' \to 0$ ist genau dann exakt, wenn ψ surjektiv ist.

4) Ist $\varphi : \mathcal{S}_1 \to \mathcal{S}_2$ ein analytischer Garbenmorphismus, so hat man eine kanonische exakte Sequenz:

$$0 \to \operatorname{Ker} \varphi \to \mathcal{S}_1 \to \operatorname{Im} \varphi \to 0$$

Ist φ injektiv, so ist $\operatorname{Ker} \varphi = 0$ und $\mathcal{S}_1 \simeq \operatorname{Im} \varphi$; ist φ surjektiv, so ist $\mathcal{S}_1/\operatorname{Ker} \varphi \simeq \mathcal{S}_2$.

Def. 3.5: $(\mathcal{S}_1, \pi_1)$, $(\mathcal{S}_2, \pi_2)$ seien analytische Garben über B. Dann versteht man unter $\operatorname{Hom}_{\mathcal{O}}(\mathcal{S}_1, \mathcal{S}_2)$ die Menge aller analytischen Garbenmorphismen $\varphi : \mathcal{S}_1 \to \mathcal{S}_2$. Definiert man $(\varphi_1 + \varphi_2)(\sigma) := \varphi_1(\sigma) + \varphi_2(\sigma)$ und $(f \cdot \varphi)(\sigma) := f_{\pi_1(\sigma)} \cdot \varphi(\sigma)$ für $\varphi, \varphi_1, \varphi_2 \in \mathcal{S}_1$ und $f \in \Gamma(B, \mathcal{O})$, so wird $\operatorname{Hom}_{\mathcal{O}}(\mathcal{S}_1, \mathcal{S}_2)$ zu einem $\Gamma(B, \mathcal{O})$-Modul.

(Es sind $(\varphi_1 + \varphi_2) \circ s = \varphi_1 \circ s + \varphi_2 \circ s$ und $(f \cdot \varphi) \circ s = f \cdot (\varphi \circ s)$ wieder Schnittflächen, $\varphi_1 + \varphi_2$ und $f \cdot \varphi$ mithin stetig.)

§ 4. Kohärente Garben

Sei $B \subset \mathbb{C}^n$ stets ein Bereich.

Def. 4.1: Eine analytische Garbe $\mathcal{S}$ über B heißt endlich erzeugt, falls es zu jedem Punkt $\mathfrak{z} \in B$ eine offene Umgebung $W(\mathfrak{z}) \subset B$, eine natürliche Zahl q und einen Garbenepimorphismus $\varphi : q\mathcal{O}|W \twoheadrightarrow \mathcal{S}|W$ gibt.

Seien e_i die Einheitsschnittflächen in $q\mathcal{O}$, $s_i := \varphi \circ (e_i|W)$ ihre Bilder bez. φ. Ist nun $\sigma \in \mathcal{S}_{\mathfrak{z}}$, so kommt σ von einem Element $(a_1, \ldots, a_q) \in q\mathcal{O}$, d.h. $\sigma = \varphi(a_1, \ldots, a_q) = \sum_{i=1}^{q} a_i s_i(\mathfrak{z})$. Die Schnitte $s_1, \ldots, s_q$ erzeugen also simultan über ganz W den $\mathcal{O}_{\mathfrak{z}}$-Modul $\mathcal{S}_{\mathfrak{z}}$.

Def. 4.2: Ist $\mathcal{S}$ analytisch über B, so nennt man die Menge $\operatorname{Tr}(\mathcal{S}) := \{\mathfrak{z} \in B : \mathcal{S}_{\mathfrak{z}} \neq \mathbf{0}_{\mathfrak{z}}\}$ den Träger von $\mathcal{S}$.

Satz 4.1: Ist $\mathcal{S}$ endlich erzeugt, so ist $\mathrm{Tr}(\mathcal{S})$ abgeschlossen in B.

Beweis: Zu zeigen ist, daß $B - \mathrm{Tr}(\mathcal{S})$ offen im $\mathbb{C}^n$ ist. Sei $\mathfrak{z}_0 \in B - \mathrm{Tr}(\mathcal{S})$ beliebig gewählt, $W(\mathfrak{z}_0) \subset B$ eine offene Umgebung, über der ein Garbenepimorphismus $\varphi : q\mathcal{O} \twoheadrightarrow \mathcal{S}|W$ existiert. $s_1, \dots, s_q$ seien die Bilder der Einheitsschnittflächen über W. Dann ist $s_1(\mathfrak{z}_0) = \dots = s_q(\mathfrak{z}_0) = \mathbf{0}_{\mathfrak{z}_0} = \mathbf{0}(\mathfrak{z}_0) \in \mathcal{S}_{\mathfrak{z}_0}$. Es gibt daher eine Umgebung $V(\mathfrak{z}_0) \subset W$ mit $s_1|V = \dots = s_q|V = \mathbf{0}|V$, also $\mathcal{S}|V = 0$, $V \subset B - \mathrm{Tr}(\mathcal{S})$. ♦

Beispiele: 1) $q\mathcal{O}$ ist endlich erzeugt, denn $\mathrm{id} : q\mathcal{O} \to q\mathcal{O}$ ist ein Garbenepimorphismus.

2) Sei $\varepsilon : \mathcal{S}_1 \to \mathcal{S}_2$ ein Garbenepimorphismus, $\mathcal{S}_1$ endlich erzeugt. Dann ist trivialerweise auch $\mathcal{S}_2$ endlich erzeugt.

3) Sei $\mathcal{S}^* \subset \mathcal{S}$ eine analytische Untergarbe, $\mathcal{S}$ endlich erzeugt. Wendet man 2) auf die Restklassenabbildung $q : \mathcal{S} \to \mathcal{S}/\mathcal{S}^*$ an, so folgt, daß auch $\mathcal{S}/\mathcal{S}^*$ endlich erzeugt ist.

4) Sei $A \subset B$ analytisch in B. Die Idealgarbe $\mathcal{J}(A)$ wird folgendermaßen definiert:

Es sei $\mathcal{J}_{\mathfrak{z}_0} := \{\sigma \in \mathcal{O}_{\mathfrak{z}_0} :$ Es gibt ein $U(\mathfrak{z}_0) \subset B$ und ein holomorphes f in U mit $f|U \cap A = 0$ und $rf(\mathfrak{z}_0) = \sigma\}$, für $\mathfrak{z}_0 \in B$, $\mathcal{J}(A) := \dot{\bigcup}_{\mathfrak{z} \in B} \mathcal{J}_{\mathfrak{z}}$.

a) $\mathcal{J}(A)$ ist eine Teilmenge von $\mathcal{O}$, und für $\sigma \in \mathcal{J}_{\mathfrak{z}}$ gibt es eine Umgebung $U(\mathfrak{z}) \subset B$ und ein f, so daß $rf(\mathfrak{z}) = \sigma$ ist. Dann liegt aber die in $\mathcal{O}$ offene Menge $rf(U)$ in $\mathcal{J}$, und sie enthält das Element σ. Also ist σ innerer Punkt, $\mathcal{J}$ ist offen in $\mathcal{O}$.

b) Daß jeder Halm $\mathcal{J}_{\mathfrak{z}}$ ein Ideal im Ring $\mathcal{O}_{\mathfrak{z}}$ ist, folgt sofort aus der Definition. Damit ist $\mathcal{J} \subset \mathcal{O}$ eine analytische Untergarbe, eine Idealgarbe.

Nach 3) ist die Quotientengarbe $\mathcal{X} = \mathcal{O}/\mathcal{J}$ (eine Garbe von $\mathbb{C}$-Algebren!) endlich erzeugt. Wir zeigen, daß $\mathrm{Tr}(\mathcal{X}) = A$ ist:
Für $\mathfrak{z}_0 \in B - A$ ist $\mathcal{J}_{\mathfrak{z}_0} = \mathcal{O}_{\mathfrak{z}_0}$, also $\mathcal{X}_{\mathfrak{z}_0} = \mathbf{0}_{\mathfrak{z}_0}$, für $\mathfrak{z}_0 \in A$ ist $\mathcal{J}_{\mathfrak{z}_0} \neq \mathcal{O}_{\mathfrak{z}_0}$, sonst wäre $\mathbf{1}_{\mathfrak{z}_0} \in \mathcal{J}_{\mathfrak{z}_0}$, und es gäbe eine holomorphe Funktion f auf einer Umgebung $U(\mathfrak{z}_0)$ mit $f|U \cap A = 0$ und $rf(\mathfrak{z}_0) = \mathbf{1}_{\mathfrak{z}_0} = r1(\mathfrak{z}_0)$. Dann stimmen rf und $r1$ aber auf einer Umgebung $V(\mathfrak{z}_0) \subset U$ überein, und da r in diesem Falle bijektiv ist, folgt: $f|V = 1|V$, insbesondere $0 = f(\mathfrak{z}_0) = 1$. ♦

Bemerkung: Es gilt offensichtlich:

$$N(\mathcal{J}(A)) = \mathrm{Tr}(\mathcal{O}/\mathcal{J}(A)) = A$$

Für eine beliebige Idealgarbe $\mathcal{I} \subset \mathcal{O}$ ist dagegen i.a. die Gleichung $\mathcal{J}(N(\mathcal{I})) = \mathcal{I}$ falsch.

5) Sei B zusammenhängend, $B' \subset B$ offen, $B' \neq \emptyset$ und $B' \neq B$. Durch $\mathcal{S}|B' := \mathcal{O}|B'$ und $\mathcal{S}|(B - B') = 0$ wird die offene Teilmenge $\mathcal{S} = \pi^{-1}(B') \cup \mathbf{0}(B)$ von $\mathcal{O}$ definiert, also eine Untergarbe. Da $\mathcal{S}_{\mathfrak{z}} \subset \mathcal{O}_{\mathfrak{z}}$ stets ein Ideal ist, ist $\mathcal{S}$ eine Idealgarbe, aber $\mathrm{Tr}(\mathcal{S}) = B'$ ist nicht abgeschlossen in B. Daraus folgt, daß $\mathcal{S}$ nicht endlich erzeugt ist.

Def.4.3: Sei $\mathcal{S}$ eine analytische Garbe über B. $\mathcal{S}$ heißt kohärent, wenn gilt:

1) $\mathcal{S}$ ist endlich (d.h. endlich erzeugt)

2) $\mathcal{S}$ ist relationsendlich (d.h.: Ist $U \subset B$ offen und $\varphi : q\mathcal{O}|U \to \mathcal{S}|U$ ein analytischer Garbenmorphismus, so ist Ker φ endlich erzeugt).

$s_i \in \Gamma(U, \mathcal{S})$ seien die Bilder der Einheitsschnittflächen $e_i \in \Gamma(U, q\mathcal{O})$ bez. $\varphi : q\mathcal{O}|U \to \mathcal{S}|U$. Ein Element $(a_1, \ldots, a_q) \in q\mathcal{O}_{\mathfrak{z}}$ wird genau dann auf $\mathcal{O}_{\mathfrak{z}}$ abgebildet, wenn die "Relation" $\sum\limits_{i=1}^{q} a_i s_i(\mathfrak{z}) = 0$ besteht. Man nennt Ker φ auch die Relationengarbe von $s_1, \ldots, s_q$.

Man zeigt:

1) **Kohärenzsatz von Oka:** $\mathcal{O}$ ist kohärent.

2) **Kohärenzsatz von Cartan:** Die Idealgarbe $\mathcal{J}(A)$ einer analytischen Menge ist kohärent.

Diese beiden Ergebnisse sind sehr tiefliegend und können hier nicht bewiesen werden.

3) O ist kohärent.

Das ist trivial.

4) Ist $\mathcal{S}$ kohärent, $\mathcal{S}^* \subset \mathcal{S}$ eine endlich erzeugte analytische Untergarbe, so ist auch $\mathcal{S}^*$ kohärent.

Beweis: Sei $W \subset B$ offen, $\varphi : q\mathcal{O}|W \to \mathcal{S}^*|W$ ein analytischer Garbenmorphismus, $\iota : \mathcal{S}^*|W \hookrightarrow \mathcal{S}|W$ die kanonische Injektion. Dann ist auch $\iota \circ \varphi : q\mathcal{O}|W \to \mathcal{S}|W$ ein analytischer Garbenmorphismus, und Ker φ = Ker $(\iota \circ \varphi)$ ist endlich erzeugt. $\blacklozenge$

Satz 4.2 (Existenz der Liftung): Sei $\varphi : \mathcal{S} \twoheadrightarrow \mathcal{S}^*$ ein Garbenepimorphismus, $\varepsilon^* : q\mathcal{O} \to \mathcal{S}^*$ ein beliebiger Garbenhomomorphismus. Dann gibt es zu jedem $\mathfrak{z}_0 \in B$ eine Umgebung $U(\mathfrak{z}_0) \subset B$ und einen (nicht kanonischen) Garbenhomomorphismus $\varepsilon : q\mathcal{O}|U \to \mathcal{S}|U$, so daß $\varphi \circ \varepsilon = \varepsilon^*$ (jedes ε mit diesen Eigenschaften nennt man eine Liftung von ε^*).

Beweis: Sei $s_i^* := \varepsilon^* \circ e_i \in \Gamma(B, \mathcal{S}^*)$ für $i = 1, \ldots, q$. Für $\mathfrak{z}_0 \in B$ gibt es dann Elemente $\sigma_i \in \mathcal{S}_{\mathfrak{z}_0}$ mit $\varphi(\sigma_i) = s_i^*(\mathfrak{z}_0)$. Man kann eine Umgebung $W(\mathfrak{z}_0) \subset B$ und Schnittflächen $s_i \in \Gamma(W, \mathcal{S})$ mit $s_i(\mathfrak{z}_0) = \sigma_i$, also $\varphi \circ s_i(\mathfrak{z}_0) = s_i^*(\mathfrak{z}_0)$ finden. Auf einer Umgebung $U(\mathfrak{z}_0) \subset W$ stimmen $\varphi \circ s_i$ und s_i^* überein. $\varepsilon := \varphi_{(s_1, \ldots, s_q)} : q\mathcal{O}|U \to \mathcal{S}|U$ ist ein analytischer Garbenmorphismus mit $\varepsilon(a_1, \ldots, a_q) = \sum\limits_{i=1}^{q} a_i s_i(\mathfrak{z})$ für $(a_1, \ldots, a_q) \in q\mathcal{O}_{\mathfrak{z}}$, also $\varphi \circ \varepsilon(a_1, \ldots, a_q) = \sum\limits_{i=1}^{q} a_i s_i^*(\mathfrak{z}) = \varepsilon^*(a_1, \ldots, a_q)$. $\blacklozenge$

Satz 4.3: Sei $O \to \mathcal{S}^* \xrightarrow{j} \mathcal{S} \xrightarrow{p} \mathcal{S}^{**} \to O$ eine exakte Sequenz von analytischen Garben über B.
Sind $\mathcal{S}^*, \mathcal{S}^{**}$ kohärent, so ist auch $\mathcal{S}$ kohärent.

Beweis: 1) $\mathcal{S}$ ist endlich erzeugt:

Da $\mathcal{S}^*$ und $\mathcal{S}^{**}$ endlich erzeugt sind, gibt es zu jedem $\mathfrak{z}_0 \in B$ eine Umgebung $W(\mathfrak{z}_0) \subset B$ und Garbenepimorphismen $\varepsilon^*: q^*\mathcal{O} \twoheadrightarrow \mathcal{S}^*$, $\varepsilon^{**}: q^{**}\mathcal{O} \twoheadrightarrow \mathcal{S}^{**}$ über W. Da $p: \mathcal{S} \to \mathcal{S}^{**}$ surjektiv ist, gibt es (o.B.d.A. ebenfalls über W) eine Liftung von ε^{**}:

$$\varepsilon: q^{**}\mathcal{O} \to \mathcal{S} \text{ mit } p \circ \varepsilon = \varepsilon^{**}$$

Sind $pr_1: q^*\mathcal{O} \oplus q^{**}\mathcal{O} \twoheadrightarrow q^*\mathcal{O}$ und $pr_2: q^*\mathcal{O} \oplus q^{**}\mathcal{O} \twoheadrightarrow q^{**}\mathcal{O}$ die kanonischen Projektionen, so ist

$$\psi: (q^* + q^{**})\mathcal{O} \to \mathcal{S}$$

$$\text{mit } \psi(\sigma) := j \circ \varepsilon^* \circ pr_1(\sigma) + \varepsilon \circ pr_2(\sigma)$$

ein analytischer Garbenmorphismus. Zu zeigen bleibt, daß ψ surjektiv ist:

Sei $\sigma \in \mathcal{S}_{\mathfrak{z}}$, $\mathfrak{z} \in W$. Dann gibt es ein $\sigma_1 \in q^{**}\mathcal{O}_{\mathfrak{z}}$ mit $\varepsilon^{**}(\sigma_1) = p(\sigma)$. Offensichtlich liegt $\sigma - \varepsilon(\sigma_1)$ in $\operatorname{Ker} p = \operatorname{Im} j$, es gibt also ein $\sigma_2 \in \mathcal{S}^*_{\mathfrak{z}}$ mit $j(\sigma_2) = \sigma - \varepsilon(\sigma_1)$. Ferner kann man ein $\sigma_3 \in q^*\mathcal{O}_{\mathfrak{z}}$ mit $\varepsilon^*(\sigma_3) = \sigma_2$ finden. Nun ist $\psi(\sigma_3, \sigma_1) = j \circ \varepsilon^*(\sigma_3) + \varepsilon(\sigma_1) = j(\sigma_2) + \varepsilon(\sigma_1) = \sigma$.

2) $\mathcal{S}$ ist relationsendlich:

Sei $W \subset B$ offen, $\varphi: q\mathcal{O}|W \to \mathcal{S}|W$ ein analytischer Garbenmorphismus und $\mathfrak{z}_0 \in W$ ein beliebiger Punkt. Da $\mathcal{S}^{**}$ relationsendlich ist, gibt es eine Umgebung $V(\mathfrak{z}_0) \subset W$ und über V einen Garbenepimorphismus $\psi_1: r\mathcal{O}|V \twoheadrightarrow \operatorname{Ker}(p \circ \varphi)|V$. Das ergibt folgende exakte Sequenz:

$$r\mathcal{O}|V \xrightarrow{\psi_1} q\mathcal{O}|V \xrightarrow{p \circ \varphi} \mathcal{S}^{**}$$

Wegen $\operatorname{Ker} p = \operatorname{Im} j \simeq \mathcal{S}^*$ kann man $\varphi \circ \psi_1 : r\mathcal{O} \to \operatorname{Ker} p$ auffassen als Abbildung $\varphi \circ \psi_1 : r\mathcal{O} \to \mathcal{S}^*$, und da $\mathcal{S}^*$ relationsendlich ist, gibt es eine Umgebung $U(\mathfrak{z}_0) \subset V$ und einen Garbenepimorphismus $\psi_2 : s\mathcal{O}|U \twoheadrightarrow \operatorname{Ker}(\varphi \circ \psi_1)|U$. Das ergibt folgende exakte Sequenz:

$$s\mathcal{O}|U \xrightarrow{\psi_2} r\mathcal{O}|U \xrightarrow{\varphi \circ \psi_1} \mathcal{S}$$

Als Folgerung erhält man (über U):

a) $\varphi \circ (\psi_1 \circ \psi_2) = (\varphi \circ \psi_1) \circ \psi_2 = 0$

b) Ist $\sigma \in q\mathcal{O}$ und $\varphi(\sigma) = 0$, so ist auch $p \circ \varphi(\sigma) = 0$, und es gibt ein $\sigma_1 \in r\mathcal{O}$ mit $\psi_1(\sigma_1) = \sigma$. Dann ist $\varphi \circ \psi_1(\sigma_1) = 0$, und es gibt ein $\sigma_2 \in s\mathcal{O}$ mit $\psi_2(\sigma_2) = \sigma_1$. Es ist $\psi_1 \circ \psi_2(\sigma_2) = \sigma$.

a) und b) bedeutet, daß folgende Sequenz exakt ist:

$$s\mathcal{O}|U \xrightarrow{\psi_1 \circ \psi_2} q\mathcal{O}|U \xrightarrow{\varphi} \mathcal{S}|U$$

Also ist $\operatorname{Ker} \varphi$ endlich erzeugt. ◆

Satz 4.4: Sei $\mathcal{S}^* \xrightarrow{j} \mathcal{S} \xrightarrow{p} \mathcal{S}^{**} \to 0$ eine exakte Sequenz von analytischen Garben über B. Sind $\mathcal{S}^*, \mathcal{S}$ kohärent, so ist auch $\mathcal{S}^{**}$ kohärent.

Beweis: 1) Da p surjektiv ist, folgt sofort, daß $\mathcal{S}^{**}$ endlich erzeugt ist.

2) Sei $\varepsilon^{**}: q^{**}\mathcal{O} \to \mathcal{S}^{**}$ ein beliebiger Garbenhomomorphismus auf einer offenen Menge $W \subset B$, $\varepsilon : q^{**}\mathcal{O} \to \mathcal{S}$ eine Liftung (mit $p \circ \varepsilon = \varepsilon^{**}$).

Da $\mathcal{S}^*$ endlich erzeugt ist, kann man zu jedem Punkt $\mathfrak{z}_0 \in W$ eine Umgebung $V(\mathfrak{z}_0) \subset W$ und einen Garbenepimorphismus $\varepsilon^*: q^*\mathcal{O} \twoheadrightarrow \mathcal{S}^*$ auf V finden. Auf V sei nun ein Garbenmorphismus $\psi : q^*\mathcal{O} \oplus q^{**}\mathcal{O} \to \mathcal{S}$ definiert durch

$$\psi(\sigma_1, \sigma_2) := j \circ \varepsilon^*(\sigma_1) + \varepsilon(\sigma_2).$$

Da $\mathcal{S}$ kohärent ist, gibt es auf einer Umgebung $U(\mathfrak{z}_0) \subset V$ eine exakte Sequenz $q\mathcal{O} \xrightarrow{\varphi} q^*\mathcal{O} \oplus q^{**}\mathcal{O} \xrightarrow{\psi} \mathcal{S}$. $\alpha : q\mathcal{O} \to q^{**}\mathcal{O}$ sei durch $\alpha := pr_2 \circ \varphi$ definiert. Der Satz ist bewiesen, wenn die Exaktheit folgender Sequenz nachgewiesen ist: $q\mathcal{O} \xrightarrow{\alpha} q^{**}\mathcal{O} \xrightarrow{\varepsilon^{**}} \mathcal{S}^{**}$. Für $\mathfrak{z} \in U$ und $\sigma \in q^{**}\mathcal{O}_{\mathfrak{z}}$ sind aber folgende Aussagen äquivalent:

(1) $\sigma \in \mathrm{Ker}(\varepsilon^{**})$

(2) $\varepsilon(\sigma) \in \mathrm{Ker}\, p = \mathrm{Im}\, j$

(3) Es gibt ein $\sigma_1 \in q^*\mathcal{O}_{\mathfrak{z}}$ mit $j \circ \varepsilon^*(\sigma_1) = \varepsilon(\sigma)$

(4) $\psi(-\sigma_1, \sigma) = 0$ für ein $\sigma_1 \in q^*\mathcal{O}_{\mathfrak{z}}$

(5) Es gibt ein $\sigma_2 \in q\mathcal{O}_{\mathfrak{z}}$ mit $\varphi(\sigma_2) = (-\sigma_1, \sigma)$

(6) $\sigma = pr_2 \circ \varphi(\sigma_2) = \alpha(\sigma_2) \in \mathrm{Im}\, \alpha$. ♦

Satz 4.5: Sei $0 \to \mathcal{S}^* \xrightarrow{j} \mathcal{S} \xrightarrow{p} \mathcal{S}^{**}$ eine exakte Sequenz von analytischen Garben über B. Sind $\mathcal{S}, \mathcal{S}^{**}$ kohärent, so ist auch $\mathcal{S}^*$ kohärent.

Beweis: Man kann $\mathcal{S}^*$ als analytische Untergarbe von $\mathcal{S}$ auffassen. Es genügt daher zu zeigen, daß $\mathcal{S}^*$ endlich erzeugt ist: Sei $\mathfrak{z}_0 \in B$ beliebig vorgegeben. Da $\mathcal{S}$ und $\mathcal{S}^{**}$ kohärent sind, gibt es eine Umgebung $W(\mathfrak{z}_0) \subset B$, über W einen Garbenepimorphismus $\varepsilon : q\mathcal{O} \to \mathcal{S}$ und einen Garbenepimorphismus $\varphi : q^*\mathcal{O} \to q\mathcal{O}$, so daß folgende Sequenz exakt ist:

$$q^*\mathcal{O} \xrightarrow{\varphi} q\mathcal{O} \xrightarrow{p \circ \varepsilon} \mathcal{S}^{**}$$

Dann ist $\varepsilon \circ \varphi(q^*\mathcal{O}) = \varepsilon(\mathrm{Im}\, \varphi) = \varepsilon(\mathrm{Ker}(p \circ \varepsilon)) = \mathrm{Ker}\, p = \mathrm{Im}\, j$, also $\varepsilon \circ \varphi(q^*\mathcal{O}) \simeq \mathcal{S}^*$. Damit ist $\mathcal{S}^*$ endlich erzeugt. ♦

Satz 4.6: 1) Ist $\mathcal{S}$ eine kohärente Garbe über B und $\mathcal{S}^* \subset \mathcal{S}$ eine kohärente analytische Untergarbe, so ist auch $\mathcal{S}/\mathcal{S}^*$ kohärent.

2) Sind $\mathcal{S}_1, \ldots, \mathcal{S}_l$ kohärente analytische Garben über B, so ist auch $\mathcal{S}_1 \oplus \ldots \oplus \mathcal{S}_l$ kohärent.

Beweis: 1) Es gibt eine kanonische exakte Sequenz $0 \to \mathcal{S}^* \to \mathcal{S} \to \mathcal{S}/\mathcal{S}^* \to 0$. Die Behauptung folgt also aus Satz 4.4.

2) Für $l = 2$ kann man Satz 4.3 auf die exakte Sequenz $0 \to \mathcal{S}_1 \xrightarrow{j_1} \mathcal{S}_1 \oplus \mathcal{S}_2 \xrightarrow{p_2} \mathcal{S}_2 \to 0$ anwenden. Aus der Isomorphie $\mathcal{S}_1 \oplus \ldots \oplus \mathcal{S}_l \simeq (\mathcal{S}_1 \oplus \ldots \oplus \mathcal{S}_{l-1}) \oplus \mathcal{S}_l$ folgt dann durch Induktion die Behauptung. ♦

Satz 4.7: $\varphi : \mathcal{S}_1 \to \mathcal{S}_2$ sei ein Homomorphismus von kohärenten Garben über B. Dann sind $\mathrm{Ker}\,\varphi$ und $\mathrm{Im}\,\varphi$ ebenfalls kohärent.

Beweis: Die Sequenz $0 \to \mathrm{Ker}\,\varphi \to \mathcal{S}_1 \to \mathcal{S}_2$ ist exakt, also ist $\mathrm{Ker}\,\varphi$ kohärent. Wegen $\mathrm{Im}\,\varphi \simeq \mathcal{S}_1/\mathrm{Ker}\,\varphi$ folgt die Kohärenz von $\mathrm{Im}\,\varphi$ aus Satz 4.6. ♦

Satz 4.8 (Serresches Fünferlemma): Sei $\mathcal{S}' \xrightarrow{j_1} \mathcal{S}'' \xrightarrow{j_2} \mathcal{S} \xrightarrow{p_1} \mathcal{S}^* \xrightarrow{p_2} \mathcal{S}^{**}$ eine exakte Garbensequenz. Sind $\mathcal{S}', \mathcal{S}'', \mathcal{S}^*$ und $\mathcal{S}^{**}$ kohärent, so ist auch $\mathcal{S}$ kohärent.

Beweis: Die Sequenz $0 \to \mathcal{S}''/\mathrm{Im}\, j_1 \to \mathcal{S} \to \mathrm{Ker}\, p_2 \to 0$ ist exakt, und die Garben $\mathcal{S}''/\mathrm{Im}\, j_1$ und $\mathrm{Ker}\, p_2$ sind kohärent. Damit folgt die Behauptung aus Satz 4.3. ♦

Bemerkung: Man kann aus dem Serreschen Fünferlemma die anderen Sätze herleiten: Ist z.B. die Sequenz $0 \to \mathcal{S}^* \to \mathcal{S} \to \mathcal{S}^{**}$ exakt, so auch die Sequenz $0 \to 0 \to \mathcal{S}^* \to \mathcal{S} \to \mathcal{S}^{**}$. Sind $\mathcal{S}$ und $\mathcal{S}^{**}$ kohärent, so folgt jetzt die Kohärenz von $\mathcal{S}^*$ auch aus dem Fünferlemma.

Beispiel: Sei $A \subset B$ eine analytische Menge, $\mathcal{J}(A)$ ihre Idealgarbe und $\mathcal{H}(A) = \mathcal{O}/\mathcal{J}(A)$. Da $\mathcal{J}(A)$ kohärent ist, ist auch die Garbe $\mathcal{H}(A)$ kohärent.

Wählt man etwa $A = \{0\} \subset \mathbb{C}^n$, so ist

$$\mathcal{J}(A)_0 = \{f_0 : f(0) = 0\} = \text{maximales Ideal in } \mathcal{O}_0,$$

$$\mathcal{J}(A)_z = \mathcal{O}_z \text{ für } z \neq 0,$$

$$\text{also } \mathcal{H}(A)_z = \begin{cases} \mathbb{C} & \text{für } z = 0 \\ 0 & \text{sonst.} \end{cases}$$

Wir bemerken zum Schluß, das sich die allgemeinen Sätze und Konstruktionen aus diesem Kapitel wörtlich übertragen, wenn man als Grundraum nicht nur einen Bereich im $\mathbb{C}^n$, sondern einen beliebigen topologischen Raum zuläßt.

Ergänzend definieren wir: Sei X ein topologischer Raum, $\mathcal{R}$ eine Garbe von $\mathbb{C}$-Algebren über X. Eine Garbe $\mathcal{S}$ von $\mathcal{R}$-Moduln über X heißt kohärent, wenn sie eine endliche und relationsendliche Garbe von $\mathcal{R}$-Moduln ist.

Insbesondere ist dann $\mathcal{R}$ selbst kohärent, falls für jede offene Menge $U \subset X$ und jeden $\mathcal{R}$-Homomorphismus $\varphi : q\mathcal{R}|U \to \mathcal{R}|U$ die Garbe $\mathrm{Ker}\,\varphi$ endlich über $\mathcal{R}$ ist.

Satz 4.9: Sei $\mathfrak{R}$ eine kohärente Garbe von $\mathbb{C}$-Algebren über X, $\mathfrak{J} \subset \mathfrak{R}$ eine kohärente Idealgarbe. Dann ist $\mathfrak{R}/\mathfrak{J}$ als Garbe von $\mathbb{C}$-Algebren kohärent.

Beweis: Wir wissen bereits, daß $\mathfrak{R}/\mathfrak{J}$ als Garbe von $\mathfrak{R}$-Moduln kohärent ist. Sei nun $\pi : \mathfrak{R} \to \mathfrak{R}/\mathfrak{J}$ die Restklassenabbildung, $U \subset X$ offen, $\varphi : q(\mathfrak{R}/\mathfrak{J})|U \to (\mathfrak{R}/\mathfrak{J})|U$ ein vorgegebener $(\mathfrak{R}/\mathfrak{J})$-Homomorphismus.

π induziert einen $\mathfrak{R}$-Homomorphismus $\pi_q : q\mathfrak{R} \to q(\mathfrak{R}/\mathfrak{J})$, und wir setzen $\psi := \varphi \circ \pi_q : q\mathfrak{R}|U \to (\mathfrak{R}/\mathfrak{J})|U$.
ψ ist ein $\mathfrak{R}$-Homomorphismus, und es gibt deshalb zu jedem $\mathfrak{z}_0 \in U$ eine offene Umgebung $V(\mathfrak{z}_0) \subset U$ und Schnitte $s_1, \ldots, s_p \in \Gamma(V, \operatorname{Ker} \psi)$, die $\operatorname{Ker} \psi$ über V erzeugen. Für die Schnitte $\tilde{s}_i := \pi_q(s_i) \in \Gamma(V, q(\mathfrak{R}/\mathfrak{J}))$ gilt:

$$\varphi(\tilde{s}_i) = \varphi \circ \pi_q(s_i) = \psi(s_i) = 0, \text{ mithin } \tilde{s}_i \in \Gamma(V, \operatorname{Ker} \varphi).$$

Man rechnet leicht nach, daß $\tilde{s}_1, \ldots, \tilde{s}_p$ die Garbe $\operatorname{Ker} \varphi$ über V als $(\mathfrak{R}/\mathfrak{J})$-Modul erzeugen. ♦

Folgerung: Ist $B \subset \mathbb{C}^n$ ein Bereich, $A \subset B$ eine analytische Teilmenge, so ist $\mathfrak{A}(A)$, und damit auch $\mathfrak{A}(A)|A$ eine kohärente Garbe von $\mathbb{C}$-Algebren.

V. Komplexe Mannigfaltigkeiten

§ 1. Komplex-beringte Räume

Sei R eine $\mathbb{C}$-Stellenalgebra mit dem maximalen Ideal $\mathfrak{m}$ (vgl. Def. 5.1 in Kap. III), $\pi : R \to R/\mathfrak{m} \simeq \mathbb{C}$ sei die kanonische Projektion. Ist $f \in R$, so versteht man unter dem Wert von f die komplexe Zahl $[f] := \pi(f)$.

Beispiel: Sei f eine holomorphe Funktion auf dem Bereich B, $\mathfrak{z}_0 \in B$ ein Punkt. Dann ist $f_{\mathfrak{z}_0} = (W, f)_{\mathfrak{z}_0}$ ein Element der $\mathbb{C}$-Stellenalgebra $\mathfrak{O}_{\mathfrak{z}_0}$, und es ist $rf \in \Gamma(B, \mathfrak{O})$ mit $rf(\mathfrak{z}_0) = f_{\mathfrak{z}_0}$.

Auf B führen wir die komplexwertige Funktion $[rf]$ ein durch

$$[rf](\mathfrak{z}_0) := [rf(\mathfrak{z}_0)] .$$

Dann ist $[rf](\mathfrak{z}_0) = [f_{\mathfrak{z}_0}] = \pi(f_{\mathfrak{z}_0}) = f(\mathfrak{z}_0)$, also $[rf] = f$.

Die Umkehrung des Isomorphismus $r : M_W \to \Gamma(W, \mathfrak{O})$ ist somit gegeben durch $r^{-1}(s) := [s]$.

Def. 1.1: Ein Paar $(X, \mathcal{H})$ heißt ein komplex-geringter Raum, falls gilt:

1) X ist ein topologischer Raum
2) $\mathcal{H}$ ist eine Garbe von $\mathbb{C}$-Stellenalgebren über X

Ist $W \subset X$ eine offene Menge, so soll die Menge aller komplexwertigen Funktionen über W mit $\mathfrak{F}(W, \mathbb{C})$ bezeichnet werden.

Ist $f \in \Gamma(W, \mathcal{H})$, so wird durch $[f](x) := [f(x)] \in \mathcal{H}_x/\mathfrak{m}_x \simeq \mathbb{C}$ ein Element $[f] \in \mathfrak{F}(W, \mathbb{C})$ definiert. Die durch $f \mapsto [f]$ gegebene Zuordnung $\Gamma(W, \mathcal{H}) \to \mathfrak{F}(W, \mathbb{C})$ ist ein Homomorphismus von $\mathbb{C}$-Algebren, i.a. aber weder surjektiv noch injektiv.

Bemerkung: Ist $(X, \mathcal{H})$ ein komplex-geringter Raum und $W \subset X$ offen, so ist natürlich auch $(W, \mathcal{H}|W)$ ein komplex-geringter Raum.

Def. 1.2: $(X_1, \mathcal{H}_1)$, $(X_2, \mathcal{H}_2)$ seien komplex-geringte Räume. Unter einem Isomorphismus zwischen $(X_1, \mathcal{H}_1)$ und $(X_2, \mathcal{H}_2)$ versteht man ein Paar $\varphi = (\widetilde{\varphi}, \varphi_*)$ mit folgenden Eigenschaften:

1) $\widetilde{\varphi} : X_1 \to X_2$ ist eine topologische Abbildung.

2) $\varphi_* : \mathcal{H}_1 \to \mathcal{H}_2$ ist eine topologische Abbildung.

3) φ_* ist "halmtreu bez. $\widetilde{\varphi}$", d.h., das folgende Diagramm ist kommutativ:

$$\begin{array}{ccc} \mathcal{H}_1 & \xrightarrow{\varphi_*} & \mathcal{H}_2 \\ {\scriptstyle \pi_1}\downarrow & & \downarrow{\scriptstyle \pi_2} \\ X_1 & \xrightarrow{\widetilde{\varphi}} & X_2 \end{array}$$

4) Für jedes $x \in X_1$ ist $\varphi_* | (\mathcal{H}_1)_x : (\mathcal{H}_1)_x \to (\mathcal{H}_2)_{\widetilde{\varphi}(x)}$ ein Homomorphismus von $\mathbb{C}$-Algebren.

Gibt es einen Isomorphismus φ zwischen $(X_1, \mathcal{H}_1)$ und $(X_2, \mathcal{H}_2)$, so schreibt man kurz: $(X_1, \mathcal{H}_1) \simeq (X_2, \mathcal{H}_2)$.

Satz 1.1: Sei $\varphi = (\widetilde{\varphi}, \varphi_*) : (X_1, \mathcal{H}_1) \to (X_2, \mathcal{H}_2)$ ein Isomorphismus von komplex-geringten Räumen. Dann wird für jede offene Menge $V \subset X_2$ durch $\hat{\varphi}(s) := \varphi_*^{-1} \circ s \circ \widetilde{\varphi}$ ein $\mathbb{C}$-Algebra-Isomorphismus

$$\hat{\varphi} : \Gamma(V, \mathcal{H}_2) \to \Gamma\left(\widetilde{\varphi}^{-1}(V), \mathcal{H}_1\right)$$

definiert.

Beweis: $\hat{\varphi}(s) : \widetilde{\varphi}^{-1}(V) \to \mathcal{H}_1$ ist offensichtlich stetig, und es ist $\pi_1 \circ (\varphi_*^{-1} \circ s \circ \widetilde{\varphi}) = (\pi_1 \circ \varphi_*^{-1}) \circ (s \circ \widetilde{\varphi}) = (\widetilde{\varphi}^{-1} \circ \pi_2) \circ (s \circ \widetilde{\varphi}) = \widetilde{\varphi}^{-1} \circ (\pi_2 \circ s) \circ \widetilde{\varphi} = \mathrm{id}_{\widetilde{\varphi}^{-1}(V)}$. Daß $\hat{\varphi}$ ein Homomorphismus von $\mathbb{C}$-Algebren ist, ist klar. Eine Umkehrung ist durch $\hat{\varphi}^{-1}(t) = \varphi_* \circ t \circ \widetilde{\varphi}^{-1}$ gegeben. ♦

Hilfssatz 1: Ist R eine $\mathbb{C}$-Stellenalgebra mit dem maximalen Ideal $\mathfrak{m}$, so gilt: Genau dann ist $a \in \mathfrak{m}$, wenn $a - c \cdot 1 \notin \mathfrak{m}$ für alle $c \in \mathbb{C} - \{0\}$ ist.

Beweis: 1) Sei $a \in \mathfrak{m}$, $a - c \cdot 1 \in \mathfrak{m}$. Dann ist auch $c \cdot 1 = a - (a - c \cdot 1) \in \mathfrak{m}$, d.h., c kann nicht in $\mathbb{C} - \{0\}$ liegen.

2) Für alle $c \in \mathbb{C} - \{0\}$ sei $a - c \cdot 1 \notin \mathfrak{m}$. Wir setzen $c := \pi(a)$. Dann ist $\pi(a - c \cdot 1) = 0$, also $a - c \cdot 1 \in \mathfrak{m}$, mithin $c = 0$ und $a \in \mathfrak{m}$. ♦

Hilfssatz 2: $\rho : (R_1, \mathfrak{m}_1) \to (R_2, \mathfrak{m}_2)$ sei ein $\mathbb{C}$-Algebrahomomorphismus zwischen $\mathbb{C}$-Stellenalgebren. Dann ist $\rho(\mathfrak{m}_1) \subset \mathfrak{m}_2$. Ist ρ insbesondere ein Isomorphismus, so ist $\rho(\mathfrak{m}_1) = \mathfrak{m}_2$.

Beweis: 1) Ist $\sigma \in \mathfrak{m}_1$, so ist $\sigma - c \cdot 1 \notin \mathfrak{m}_1$ für alle $c \in \mathbb{C} - \{0\}$. Es gibt also zu jedem $c \in \mathbb{C} - \{0\}$ ein σ_c mit $\sigma_c \cdot (\sigma - c \cdot 1) = 1$, und dann ist $\rho(\sigma_c) \cdot (\rho(\sigma) - c \cdot 1) = 1$, also $\rho(\sigma) - c \cdot 1 \notin \mathfrak{m}_2$. Das bedeutet, daß $\rho(\sigma)$ in $\mathfrak{m}_2$ liegt.

2) Ist ρ sogar ein Isomorphismus, so gilt auch: $\rho^{-1}(\mathfrak{m}_2) \subset \mathfrak{m}_1$, also $\mathfrak{m}_2 = \rho\rho^{-1}(\mathfrak{m}_2) \subset$ $\subset \rho(\mathfrak{m}_1) \subset \mathfrak{m}_2$, also $\rho(\mathfrak{m}_1) = \mathfrak{m}_2$. ◆

<u>Satz 1.2:</u> Sei $\varphi = (\tilde{\varphi}, \varphi_*) : (X_1, \mathcal{H}_1) \to (X_2, \mathcal{H}_2)$ ein Isomorphismus von komplex-geringten Räumen. Für eine offene Menge $V \subset X_2$ sei $\varphi^* : \mathfrak{J}(V, \mathbb{C}) \to \mathfrak{J}(\tilde{\varphi}^{-1}(V), \mathbb{C})$ definiert durch $\varphi^*(f) := f \circ \tilde{\varphi}$. Dann gilt für jedes $s \in \Gamma(V, \mathcal{H}_2)$ $[\hat{\varphi}(s)] = \varphi^*([s])$ (also $[\varphi_*^{-1} \circ s \circ \tilde{\varphi}] = [s] \circ \tilde{\varphi}$).

<u>Beweis:</u> Sei $V \subset X_2$ offen, $y \in V$, $x := \tilde{\varphi}^{-1}(y)$ und $s \in \Gamma(V, \mathcal{H}_2)$. Dann ist $s(y) = ([s](y)) \cdot 1 + \sigma^*$ mit $\sigma^* \in (\mathfrak{m}_2)_y$, also $\varphi_*^{-1}(s(y)) = ([s](y)) \cdot 1 + \varphi_*^{-1}(\sigma^*)$, mit $\varphi_*^{-1}(\sigma^*) \in (\mathfrak{m}_1)_x$.

Daraus folgt: $[\varphi_*^{-1} \circ s \circ \tilde{\varphi}](x) = [\varphi_*^{-1}(s(y))] = [s](y) = [s] \circ \tilde{\varphi}(x)$. ◆

Man erhält somit folgendes kommutatives Diagramm:

$$\begin{array}{ccccc}
t \in \Gamma(\tilde{\varphi}^{-1}(V), \mathcal{H}_1) & \xleftarrow{\hat{\varphi}} & \Gamma(V, \mathcal{H}_2) \ni s \\
\downarrow & & \downarrow \\
[t] \in \mathfrak{J}(\tilde{\varphi}^{-1}(V), \mathbb{C}) & \xleftarrow{\varphi^*} & \mathfrak{J}(V, \mathbb{C}) \ni [s]
\end{array}$$

Da $\hat{\varphi}$ und φ^* Isomorphismen sind, gilt:
$t \mapsto [t]$ ist genau dann injektiv, wenn $s \mapsto [s]$ injektiv ist.

Wir definieren:

<u>Def. 1.3:</u> Unter einem (reduzierten) komplexen Raum versteht man einen komplex-geringten Raum $(X, \mathcal{H})$ mit folgenden Eigenschaften:

1) X ist ein Hausdorff-Raum.

2) Zu jedem Punkt $x_0 \in X$ gibt es eine offene Umgebung $U(x_0) \subset X$ und eine analytische Menge A, so daß $(U, \mathcal{H}|U) \simeq (A, \mathcal{H}(A))$ ist.

(A liegt in einem Bereich $B \subset \mathbb{C}^n$, und es ist $\mathcal{H}(A) := (\mathcal{O}/\mathcal{J}(A))|A$, wobei $\mathcal{J}(A)$ die Idealgarbe von A ist. $\mathcal{H}(A)$ ist eine kohärente Garbe von $\mathbb{C}$-Stellenalgebren, und damit ist auch $\mathcal{H}$ kohärent.)

Ein reduzierter komplexer Raum sieht also lokal wie eine analytische Menge aus. Besitzt diese analytische Menge keine Singularitäten, so nennt man den komplexen Raum auch eine komplexe Mannigfaltigkeit:

<u>Def. 1.4:</u> Unter einer komplexen Mannigfaltigkeit versteht man einen komplex-geringten Raum $(X, \mathcal{H})$ mit folgenden Eigenschaften:

1) X ist ein Hausdorff-Raum

2) Zu jedem Punkt $x_0 \in X$ gibt es eine offene Umgebung $U(x_0) \subset X$ und einen Bereich $B \subset \mathbb{C}^n$, so daß $(U, \mathcal{H}|U) \simeq (B, \mathcal{O})$ ist.

<u>Satz 1.3:</u> Sei $(X, \mathcal{H})$ eine komplexe Mannigfaltigkeit, $W \subset X$ eine offene Teilmenge. Dann ist die durch $f \mapsto [f]$ gegebene Abbildung $\Gamma(W, \mathcal{H}) \to \mathfrak{J}(W, \mathbb{C})$ injektiv, und für jedes $f \in \Gamma(W, \mathcal{H})$ ist $[f]$ stetig.

<u>Beweis:</u> Es gibt eine offene Überdeckung $(U_\iota)_{\iota \in I}$ von W und ein System $(B_\iota)_{\iota \in I}$ von Bereichen, so daß $(U_\iota, \mathcal{H}|U_\iota) \simeq (B_\iota, \mathcal{O}|B_\iota)$ ist. Für $f \in \Gamma(W, \mathcal{H})$ gilt:

$$[f|U_\iota] = [f]|U_\iota .$$

Es genügt daher, die Behauptung für jede Menge U_ι einzeln zu beweisen. Die Injektivität der Abbildung $\Gamma(U_\iota, \mathcal{H}) \to \mathfrak{J}(U_\iota, \mathbb{C})$ folgt aber sofort aus Satz 1.2 und der Gleichung $r^{-1}(s) = [s]$.

Ist $f \in \Gamma(U_\iota, \mathcal{H})$, so liegt $\varphi_* \circ f \circ \tilde{\varphi}^{-1} = \hat{\varphi}^{-1}(f)$ in $\Gamma(B_\iota, \mathcal{O})$, $[\hat{\varphi}^{-1}(f)]$ ist also stetig. Daher ist $[f] = [\hat{\varphi}\hat{\varphi}^{-1}(f)] = [\hat{\varphi}^{-1}(f)] \circ \tilde{\varphi}$ ebenfalls stetig. ♦

<u>Def. 1.5:</u> Sei $(X, \mathcal{H})$ eine komplexe Mannigfaltigkeit, $W \subset X$ offen. Unter einer holomorphen Funktion über W versteht man ein Element der Menge $[\Gamma(W, \mathcal{H})] = \{[f] \in \mathfrak{J}(W, \mathbb{C}) : f \in \Gamma(W, \mathcal{H})\}$.

<u>Bemerkungen:</u> 1) Die Abbildung $f \mapsto [f]$ definiert einen Isomorphismus von $\Gamma(W, \mathcal{H})$ auf die Menge der holomorphen Funktionen über W.

2) Jede holomorphe Funktion ist stetig.

3) Ist $U \subset X$ offen, $B \subset \mathbb{C}^n$ ein Bereich und $\varphi : (U, \mathcal{H}) \to (B, \mathcal{O})$ ein Isomorphismus, so ist für jede offene Teilmenge $V \subset U$ eine Funktion $f \in \mathfrak{J}(V, \mathbb{C})$ genau dann holomorph, wenn $f \circ \tilde{\varphi}^{-1}$ holomorph ist.

4) Ist $U \subset X$ offen, $B \subset \mathbb{C}^n$ ein Bereich und $\varphi : (U, \mathcal{H}) \to (B, \mathcal{O})$ ein Isomorphismus, so nennt man das Paar $(U, \tilde{\varphi})$ ein komplexes Koordinatensystem für X. Sind $(U_1, \tilde{\varphi}_1)$,

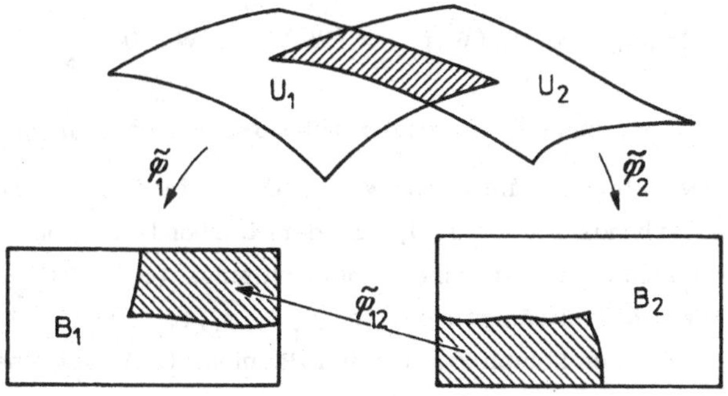

Fig. 21: Zur Verträglichkeit komplexer Koordinatensysteme.

$(U_2, \tilde{\varphi}_2)$ zwei komplexe Koordinatensysteme mit $U_1 \cap U_2 \neq \emptyset$, so ist $\tilde{\varphi}_{12} := \tilde{\varphi}_1 \circ \tilde{\varphi}_2^{-1} : \tilde{\varphi}_2(U_1 \cap U_2) \to \tilde{\varphi}_1(U_1 \cap U_2)$ ein Homöomorphismus zwischen Bereichen im $\mathbb{C}^n$.

Ist f holomorph auf $\tilde{\varphi}_1(U_1 \cap U_2)$, so ist $f \circ \tilde{\varphi}_1$ auf $U_1 \cap U_2$ holomorph (nach 3)), also auch $f \circ \tilde{\varphi}_{12} = (f \circ \tilde{\varphi}_1) \circ \tilde{\varphi}_2^{-1}$ auf $\tilde{\varphi}_2(U_1 \cap U_2)$. Das bedeutet aber, daß $\tilde{\varphi}_{12}$ eine holomorphe Abbildung ist (vgl. Satz 7.1, Kap.I).

Zum Schluß dieses Paragraphen wollen wir zeigen, daß man auch umgekehrt mit Hilfe eines geeigneten Systems von komplexen Koordinaten eine komplexe Mannigfaltigkeit definieren kann:

Sei X ein Hausdorff-Raum, $(U_\iota)_{\iota \in I}$ eine offene Überdeckung von X. Zu jedem U_ι sei ein Homöomorphismus $\tilde{\varphi}_\iota$ von U_ι auf einen Bereich $B_\iota \subset \mathbb{C}^n$ gegeben, so daß die Koordinatentransformationen $\tilde{\varphi}_{\iota_1} \circ \tilde{\varphi}_{\iota_2}^{-1} : \tilde{\varphi}_{\iota_2}(U_{\iota_1} \cap U_{\iota_2}) \to \tilde{\varphi}_{\iota_1}(U_{\iota_1} \cap U_{\iota_2})$ stets holomorph sind.

Man nennt dann das System $\{(U_\iota, \tilde{\varphi}_\iota) : \iota \in I\}$ einen komplexen Atlas für X.

Sei nun $W \subset X$ offen, $f \in \mathfrak{F}(W, \mathbb{C})$ und $x_0 \in W$. f heißt holomorph in x_0, wenn es ein $\iota_0 \in I$ und eine Umgebung $U(x_0) \subset W \cap U_{\iota_0}$ gibt, so daß $f \circ \tilde{\varphi}_{\iota_0}^{-1}$ in $\tilde{\varphi}_{\iota_0}(U) \subset B_{\iota_0}$ holomorph ist.
f heißt holomorph in W, wenn f in jedem Punkt $x \in W$ holomorph ist.

Da oben geeignete Verträglichkeitsbedingungen für die Koordinatensysteme gefordert wurden, gilt:

Ist f holomorph in x_0, so ist $f \circ \tilde{\varphi}_\iota^{-1}$ holomorph in $\tilde{\varphi}_\iota(x_0)$ für jedes ι mit $x_0 \in U_\iota$.

Sei M_W die Menge der holomorphen Funktionen auf W, $r_V^W : M_W \to M_V$ die gewöhnliche Beschränkungsabbildung. Dann ist $\{M_W, r_V^W\}$ ein Garbendatum. Die zugehörige Garbe $\mathcal{H}$ nennt man die Garbe der Keime von holomorphen Funktionen über X.

Ist $x_0 \in U_\iota \cap W$ und $f \in M_W$, so ist $(W, f)_{x_0} = (W \cap U_\iota, f|W \cap U_\iota)_{x_0}$.

Das System der $M_{W \cap U_\iota}$, zusammen mit den zugehörigen Beschränkungsabbildungen, bildet aber ein Garbendatum für die Garbe $\mathcal{H}|U_\iota$. Durch $f \mapsto f \circ \tilde{\varphi}_\iota^{-1}$ wird ein Isomorphismus zwischen dem Garbendatum von $\mathcal{H}|U_\iota$ und dem Garbendatum von $\mathcal{O}|B_\iota$ gestiftet, und dieser Isomorphismus induziert einen Isomorphismus $(\varphi_\iota)_* : \mathcal{H}|U_\iota \to \mathcal{O}|B_\iota$. $\mathcal{H}$ ist deshalb eine Garbe von $\mathbb{C}$-Stellenalgebren, und $\varphi_\iota := (\tilde{\varphi}_\iota, (\varphi_\iota)_*) : (U_\iota, \mathcal{H}) \to (B_\iota, \mathcal{O})$ ist ein Isomorphismus zwischen komplex-geringten Räumen. $(X, \mathcal{H})$ ist eine komplexe Mannigfaltigkeit.

§ 2. Funktionentheorie auf komplexen Mannigfaltigkeiten

Sei $(X,\mathcal{H})$ eine komplexe Mannigfaltigkeit, $x_0 \in X$. Dann gibt es eine Umgebung $U(x_0) \subset X$ und einen Homöomorphismus φ von U auf einen Bereich $B \subset \mathbb{C}^n$. Die natürliche Zahl n ist dabei unabhängig von der speziellen Wahl von φ, und man definiert: $\dim_{x_0}(X) := n$.

Künftig soll stets vorausgesetzt werden, daß $\dim_x(X) = n = \text{const.}$ auf ganz X ist. Man nennt $(X,\mathcal{H})$ dann auch eine n-dimensionale komplexe Mannigfaltigkeit.

Satz 2.1: Sei $(X,\mathcal{H})$ eine n-dimensionale komplexe Mannigfaltigkeit, $W \subset X$ offen. Dann ist auch $(W,\mathcal{H}|W)$ eine n-dimensionale komplexe Mannigfaltigkeit.

Beweis: Es ist klar, daß W ein Hausdorff-Raum und $\mathcal{H}|W$ eine Garbe von $\mathbb{C}$-Stellenalgebren ist. Zu jedem Punkt $x_0 \in W$ gibt es eine Umgebung $U(x_0) \subset X$ und einen Isomorphismus $\varphi : (U,\mathcal{H}|U) \to (B,\mathcal{O})$. Dann ist $W \cap U$ eine Umgebung von x_0 in W und $(W \cap U,\mathcal{H}|W \cap U) \simeq (\tilde{\varphi}(W \cap U),\mathcal{O})$. ♦

Def. 2.1: Eine komplexe Mannigfaltigkeit $(X,\mathcal{H})$ heißt zusammenhängend, wenn der zugrundeliegende topologische Raum X zusammenhängend ist, wenn es also keine Zerlegung $X = X_1 \cup X_2$ in zwei disjunkte nichtleere offene Teilmengen gibt.

Satz 2.2 (Identitätssatz): Seien $(X,\mathcal{H})$ eine zusammenhängende komplexe Mannigfaltigkeit, f_1, f_2 holomorphe Funktionen auf X und $V \subset X$ eine nichtleere offene Teilmenge mit $f_1|V = f_2|V$. Dann ist $f_1 = f_2$.

Beweis: Sei $W_1 := \{x \in X : rf_1(x) = rf_2(x)\}$, $W_2 := X - W_1$. W_1 ist nicht leer, da V in W_1 enthalten ist, und W_1 ist offen, da zwei Schnittflächen stets auf einer offenen Menge übereinstimmen. Sei $x_0 \in W_2$ ein beliebiger Punkt. Dann gibt es in X eine Umgebung $U(x_0)$ und einen Isomorphismus $(U,\mathcal{H}) \simeq (B,\mathcal{O})$, wobei B ein Gebiet im $\mathbb{C}^n$ bezeichnet. Ist x_0 kein innerer Punkt von W_2, so ist $U \cap W_1 \neq \emptyset$ eine offene Menge und $rf_1|U \cap W_1 = rf_2|U \cap W_1$. Aus dem Identitätssatz im $\mathbb{C}^n$ folgt nun, daß rf_1 und rf_2 auf U übereinstimmen, und das bedeutet insbesondere, daß x_0 in W_1 liegt. Das ist ein Widerspruch, jeder Punkt von W_2 ist ein innerer Punkt von W_2, W_2 ist offen. Da X zusammenhängend ist, folgt, daß $W_1 = X$ ist, also $f_1 = f_2$. ♦

Satz 2.3 (Maximumprinzip): Sei $(X,\mathcal{H})$ eine zusammenhängende komplexe Mannigfaltigkeit, f holomorph auf X. $x_0 \in X$ ein Punkt.
Hat $|f|$ in x_0 ein lokales Maximum, so ist f konstant.

Beweis: Es gibt eine Umgebung $U(x_0) \subset X$ und einen Isomorphismus $\varphi: (U,\mathcal{H}) \xrightarrow{\sim} (B,\mathcal{O})$. O.B.d.A. kann man voraussetzen, daß $\tilde{\varphi}(x_0) = 0$ und B ein Polyzylinder um den Nullpunkt ist.
Für $\mathfrak{z} \in B$ und $\mathfrak{z} \neq 0$ sei $E_{\mathfrak{z}} := \{t\mathfrak{z} : t \in \mathbb{C}\}$.

Dann ist $E_\mathfrak{z} \cap B$ eine Kreisscheibe in der komplexen t-Ebene, und $\left|\left(f \circ \tilde{\varphi}^{-1} | E_\mathfrak{z} \cap B\right)\right|$ hat im Nullpunkt ein lokales Maximum. Nach dem aus der eindimensionalen komplexen Analysis bekannten Maximumprinzip bedeutet das, daß $f \circ \tilde{\varphi}^{-1} | E_\mathfrak{z} \cap B$ konstant ist. Insbesondere ist $f(\tilde{\varphi}^{-1}(\mathfrak{z})) = f(x_0)$. Da $\mathfrak{z} \in B$ beliebig gewählt ist, folgt, daß $f|U$ konstant ist, und nach dem eben bewiesenen Identitätssatz kann das nur gelten, wenn f konstant ist. ♦

Satz 2.4: Sei $(X, \mathcal{H})$ eine zusammenhängende kompakte komplexe Mannigfaltigkeit. Dann ist jede auf X holomorphe Funktion konstant.

Beweis: Ist f holomorph auf X, so ist $|f|$ stetig auf X, nimmt also auf der kompakten Mannigfaltigkeit X ein Maximum an. Aus dem Maximumprinzip folgt dann, daß f konstant ist. ♦

Beispiel: Versieht man die Riemannsche Zahlenkugel $X := \mathbb{C} \cup \{\infty\}$ auf die übliche Weise mit einer Topologie, so erhält man einen Hausdorffraum.

$\varphi : X - \{\infty\} \to \mathbb{C}$ mit $\varphi(x) := x$ und $\psi : X - \{0\} \to \mathbb{C}$ mit $\psi(x) := \frac{1}{x}$ sind topologische Abbildungen, und die Transformationen $\varphi \circ \psi^{-1} : \mathbb{C} - \{0\} \to \mathbb{C} - \{0\}$ und $\psi \circ \varphi^{-1} : \mathbb{C} - \{0\} \to \mathbb{C} - \{0\}$ sind holomorph.

Daher ist $\{(X - \{\infty\}, \varphi), (X - \{0\}, \psi)\}$ eine Überdeckung von X durch miteinander verträgliche komplexe Koordinaten, die auf X eine Strukturgarbe $\mathcal{H}$ induziert. X ist eine 1-dimensionale komplexe Mannigfaltigkeit.

1) X ist kompakt:

Sei $E_1 := \{z \in X - \{\infty\} : |z| \leqslant 1\}$,

$E_2 := \{z \in X : |z| \geqslant 1\}$.

Dann ist E_1 kompakt und $(\psi | E_2) : E_2 \to E_1$ ein Homöomorphismus. Also ist auch E_2 kompakt. Aus $X = E_1 \cup E_2$ folgt die Behauptung.

2) X ist zusammenhängend, denn die Mengen E_1, E_2 sind zusammenhängend, und es ist $E_1 \cap E_2 \neq \emptyset$.

Aus Satz 2.4 folgt jetzt, daß jede auf der ganzen Riemannschen Zahlenkugel holomorphe Funktion konstant ist.

Def.2.2: Unter einer abstrakten Riemannschen Fläche versteht man eine zusammenhängende eindimensionale komplexe Mannigfaltigkeit.

Die Riemannsche Zahlenkugel ist z.B. eine abstrakte Riemannsche Fläche. Im nächsten Paragraphen werden wir sog. "konkrete Riemannsche Flächen" kennenlernen.

Hinweis: Sofern keine Mißverständnisse zu befürchten sind, werden wir künftig komplexe Mannigfaltigkeiten einfach mit X bezeichnen.

Def. 2.3: X_1, X_2 seien komplexe Mannigfaltigkeiten. Eine stetige Abbildung $\varphi : X_1 \to X_2$ heißt holomorph, wenn für jede offene Menge $U \subset X_2$ gilt:

Ist g holomorph über U, so ist $g \circ \varphi$ holomorph über $\varphi^{-1}(U)$.

Wenn φ sogar topologisch ist und φ und φ^{-1} holomorph sind, dann nennt man φ biholomorph.

Bemerkungen: 1) $id_X : X \to X$ ist stets biholomorph.

2) Sind $\varphi : X_1 \to X_2$ und $\psi : X_2 \to X_3$ holomorphe Abbildungen, so ist auch $\psi \circ \varphi : X_1 \to X_3$ holomorph.

3) $f : X \to \mathbb{C}$ sei eine stetige Abbildung. f ist genau dann holomorph (im Sinne von Def. 2.3), wenn f eine holomorphe Funktion ist.

Beweis: a) Ist f eine holomorphe Abbildung, so ist $f = id_{\mathbb{C}} \circ f$ eine holomorphe Funktion über $f^{-1}(\mathbb{C}) = X$.

b) Sei f eine holomorphe Funktion, $U \subset \mathbb{C}$ offen und g holomorph über U. Dann gibt es zu jedem Punkt $x_0 \in f^{-1}(U) \subset X$ eine Umgebung $V(x_0) \subset X$ und einen Isomorphismus $\varphi : (V, \mathcal{H}) \to (B, \mathfrak{G})$. Da definitionsgemäß $f \circ \tilde{\varphi}^{-1}$ holomorph über B ist, ist $(g \circ f) \circ \tilde{\varphi}^{-1} = g \circ (f \circ \tilde{\varphi}^{-1})$ holomorph über B, und das heißt, daß $g \circ f$ holomorph in x_0 ist. ♦

Satz 2.5: Eine Abbildung $\psi : X_1 \to X_2$ ist genau dann biholomorph, wenn es einen Isomorphismus $\varphi : (X_1, \mathcal{H}_1) \to (X_2, \mathcal{H}_2)$ mit $\tilde{\varphi} = \psi$ gibt.

Beweis: 1) Ist $\psi : X_1 \to X_2$ eine biholomorphe Abbildung, so transportieren ψ und ψ^{-1} holomorphe Funktionen und induzieren daher einen Isomorphismus zwischen den kanonischen Garbendaten. Für den zugehörigen Isomorphismus $\varphi : (X_1, \mathcal{H}_1) \to (X_2, \mathcal{H}_2)$ gilt natürlich: $\tilde{\varphi} = \psi$.

2) Ist $\varphi = (\tilde{\varphi}, \varphi_*) : (X_1, \mathcal{H}_1) \to (X_2, \mathcal{H}_2)$ ein Isomorphismus, so ist $\tilde{\varphi}$ eine topologische Abbildung. Ist $U \subset X_2$ offen und g holomorph über U, so gibt es ein $s \in \Gamma(U, \mathcal{H}_2)$ mit $g = [s]$ und dann ist $g \circ \tilde{\varphi} = [s] \circ \tilde{\varphi} = [\varphi_*^{-1} \circ s \circ \tilde{\varphi}]$ mit $\varphi_*^{-1} \circ s \circ \tilde{\varphi} \in \Gamma\left(\tilde{\varphi}^{-1}(U), \mathcal{H}_2\right)$, also $g \circ \tilde{\varphi}$ holomorph über $\tilde{\varphi}^{-1}(U)$. Damit ist nachgewiesen, daß $\tilde{\varphi}$ holomorph ist. Analog zeigt man, daß $\tilde{\varphi}^{-1}$ holomorph ist. ♦

Def. 2.4: Sei X eine komplexe Mannigfaltigkeit. Eine Teilmenge $A \subset X$ heißt analytisch, wenn es zu jedem $x_0 \in X$ eine offene Umgebung $U(x_0) \subset X$ und holomorphe Funktionen $f_1, \ldots, f_l$ über U gibt, so daß $U \cap A = \{x \in U : f_1(x) = \ldots = f_l(x) = 0\}$ ist.

Satz 2.6: Es sei X eine zusammenhängende komplexe Mannigfaltigkeit und $M \neq X$ eine analytische Teilmenge von X. Dann ist $\mathring{M} = \emptyset$.

Beweis: Wäre $\mathring{M} \neq \emptyset$, so könnte man einen Punkt $x_0 \in \partial\mathring{M}$ finden, so daß für jede offene Umgebung $U(x_0) \subset X$ die Menge $U \cap \mathring{M}$ offen und nicht leer ist. Man könnte U zusammenhängend und darüber hinaus so wählen, daß es holomorphe Funktionen $f_1, \dots, f_d$ auf U mit $U \cap M = \{x \in U : f_1(x) = \dots = f_d(x) = 0\}$ gibt. Dann wäre auch $f_i | U \cap \mathring{M} = 0$ für $i = 1, \dots, d$. Nach dem Identitätssatz folgte daraus: $f_i | U = 0$ für $i = 1, \dots, d$, also $U \subset \mathring{M}$. Das wäre ein Widerspruch. ♦

Def.2.5: Eine komplexe Mannigfaltigkeit X heißt holomorph-ausbreitbar, wenn es zu jedem $x_0 \in X$ holomorphe Funktionen $f_1, \dots, f_l$ auf X gibt, so daß x_0 in der Menge $\{x \in X : f_1(x) = \dots = f_l(x) = 0\}$ isoliert liegt.

Bemerkung: Man kann zeigen, daß stets $l \geqslant \dim X$ ist.

Beispiel: Sei (X, ψ) ein Gebiet über dem $\mathbb{C}^n$. Dann gibt es zu jedem $x_0 \in X$ offene Umgebungen $U(x_0) \subset X$ und $V(\psi(x_0)) \subset \mathbb{C}^n$, so daß $\psi | U : U \to V$ topologisch ist. (U, ψ) ist also ein komplexes Koordinatensystem, und da als Koordinatentransformation stets die Identität auftritt, wird X auf diesem Wege zu einer komplexen Mannigfaltigkeit. Die Abbildung $\psi : X \to \mathbb{C}^n$ ist holomorph (im Sinne von Def.2.3).

Eine stetige Abbildung $\psi : X \to Y$ zwischen topologischen Räumen heißt diskret, wenn für jedes $y \in Y$ gilt: $\psi^{-1}(y) = \emptyset$ oder eine diskrete Menge in X.

ψ ist nun eine solche diskrete Abbildung:

Beweis: Sei $x_0 \in X$, $\mathfrak{z}_0 := \psi(x_0)$ und $x_1 \in \psi^{-1}(\mathfrak{z}_0)$. Dann gibt es eine Umgebung $U(x_1) \subset X$ und eine Umgebung $V(\mathfrak{z}_0) \subset \mathbb{C}^n$, so daß $\psi | U : U \to V$ topologisch ist. Das kann aber nur sein, wenn $\psi^{-1}(\mathfrak{z}_0) \cap U = \{x_1\}$ ist. Also ist die Faser $\psi^{-1}(\mathfrak{z}_0)$ eine diskrete Menge. ♦

Hieraus folgt: Jedes Gebiet über dem $\mathbb{C}^n$ ist holomorph ausbreitbar.

Beweis: Sei $g_i(z_1, \dots, z_n) := z_i - z_i^0$ und $f_i := g_i \circ \psi : X \to \mathbb{C}$, für $i = 1, \dots, n$. $f_1, \dots, f_n$ sind holomorphe Funktionen auf X, und x_0 liegt in $\{x \in X : f_1(x) = \dots = f_n(x) = 0\} = \psi^{-1}(\mathfrak{z}_0$ isoliert. ♦

Insbesondere ist also jedes Gebiet $G \subset \mathbb{C}^n$ holomorph-ausbreitbar.

Man kann das obige Ergebnis folgendermaßen verallgemeinern:

Satz 2.7: Eine n-dimensionale komplexe Mannigfaltigkeit X ist genau dann holomor ausbreitbar, wenn es eine holomorphe diskrete Abbildung $\psi : X \to \mathbb{C}^n$ gibt.

(Die eine Richtung ist klar, zur anderen vergleiche: H. Grauert: "Charakterisierung de holomorph-vollständigen Räume", Math. Ann. 129, 233-259 (1955).)

Def.2.6: Sei X eine komplexe Mannigfaltigkeit.

1) Ist $K \subset X$ eine beliebige Teilmenge, so heißt $\hat{K} := \{x \in X : |f(x)| \leqslant \sup |f(K)|$ für jede holomorphe Funktion f auf X$\}$ die holomorph-konvexe Hülle von K.

2) X heißt holomorph-konvex, falls gilt:
Ist $K \subset X$ kompakt, so ist auch $\hat{K} \subset X$ kompakt.

Def. 2.7: X heißt eine Steinsche Mannigfaltigkeit, wenn gilt:

1) X holomorph-ausbreitbar
2) X holomorph-konvex.

Satz 2.8: Für ein Gebiet (X, ψ) über dem $\mathbb{C}^n$ sind folgende Aussagen äquivalent:

1) X ist eine Steinsche Mannigfaltigkeit.
2) X ist holomorph-konvex.
3) X ist Holomorphiegebiet.

Die nicht-triviale Äquivalenz von 2) und 3) wurde 1953 von Oka bewiesen. Satz 2.8 führt dazu, die Steinschen Mannigfaltigkeiten als Verallgemeinerung der Holomorphiegebiete zu betrachten.

Beispiel: Ist X eine kompakte komplexe Mannigfaltigkeit und $\dim X > 0$, so ist X holomorph-konvex, aber nicht Steinsch.

Beweis: Ist $K \subset X$ kompakt, so ist $\hat{K} \subset X$ stets abgeschlossen. Ist X kompakt, so folgt auch, daß $\hat{K}$ kompakt ist. Also ist X holomorph-konvex.

Da X kompakt ist, gibt es eine Zerlegung von X in endlich-viele Zusammenhangskomponenten, die natürlich auch alle kompakt sind: $X = X_1 \cup \ldots \cup X_l$. Ist $x_0 \in X_i$, f holomorph auf X und $f(x_0) = 0$, so verschwindet f nach Satz 2.4 identisch auf X_i. Also umfaßt jede Menge der Form $\{x \in X : f_1(x) = \ldots = f_m(x) = 0\}$ mit dem Punkt x_0 auch die offene Teilmenge $X_i \subset X$, x_0 ist also kein isolierter Punkt und X kann nicht holomorph-ausbreitbar sein. ♦

§ 3. Beispiele komplexer Mannigfaltigkeiten

A) Konkrete Riemannsche Flächen:

Def. 3.1: Unter einer (konkreten) Riemannschen Fläche über $\mathbb{C}$ versteht man ein Paar (X, φ) mit folgenden Eigenschaften:

1) X ist ein Hausdorffscher Raum.

2) $\varphi : X \to \mathbb{C}$ ist eine stetige Abbildung.

3) Zu jedem $x_0 \in X$ gibt es eine offene Umgebung $U(x_0) \subset X$, eine offene zusammenhängende Menge $V \subset \mathbb{C}$ und eine topologische Abbildung $\psi : V \to U$, so daß gilt:

a) $\varphi \circ \psi : V \to \mathbb{C}$ ist holomorph.
b) $(\varphi \circ \psi)'$ verschwindet auf keiner offenen Teilmenge von V.

Man nennt die Abbildung ψ auch eine lokale Uniformisierende für die Riemannsche Fläche (X,φ).

Satz 3.1: Sei (X,φ) eine Riemannsche Fläche über $\mathbb{C}$. Dann trägt X in kanonischer Weise die Struktur einer eindimensionalen komplexen Mannigfaltigkeit, und $\varphi : X \to \mathbb{C}$ ist eine holomorphe Abbildung.

Beweis: 1) Sei $x_0 \in X$, $z_0 := \varphi(x_0) \in \mathbb{C}$. Dann gibt es eine Umgebung $U(x_0) \subset X$ und eine zusammenhängende Umgebung $V(z_0) \subset \mathbb{C}$, sowie eine topologische Abbildung $\psi : V \to U$ mit der angegebenen Eigenschaft. (U, ψ^{-1}) ist also ein komplexes Koordinatensystem für X in x_0.

Es seien nun zwei solche Koordinatensysteme $\left(U_1, \psi_1^{-1}\right)$, $\left(U_2, \psi_2^{-1}\right)$ gegeben. Dann ist $\psi := \psi_1^{-1} \circ \psi_2 : \psi_2^{-1}(U_1 \cap U_2) \to \psi_1^{-1}(U_1 \cap U_2)$ eine topologische Abbildung. Setzt man $f_\lambda(t) := \varphi \circ \psi_\lambda(t)$ für $t \in V_\lambda$, $\lambda = 1,2$, so gilt: f_λ ist eine holomorphe Funktion auf V_λ, deren Ableitung auf keiner offenen Teilmenge von V_λ verschwindet. Sei $t_0 \in \psi_1^{-1}(U_1 \cap U_2)$ so gewählt, daß $f_1'(t_0) \neq 0$ ist. Es gibt dann eine Umgebung $U(t_0) \subset \psi_1^{-1}(U_1 \cap U_2)$ und eine offene Menge $W \subset \mathbb{C}$, so daß $f_1|U : U \to W$ biholomorph ist. Sei $g_1 := (f_1|U)^{-1} = (\varphi \circ \psi_1|U)^{-1} : W \to U$. Die Abbildung $\psi_1|U : U \to V := \psi_1(U) \subset U_1 \cap U_2$ ist topologisch, also auch $\varphi|V = g_1^{-1} \circ (\psi_1|U)^{-1} = ((\psi_1|U) \circ g_1)^{-1} : V \to W$.

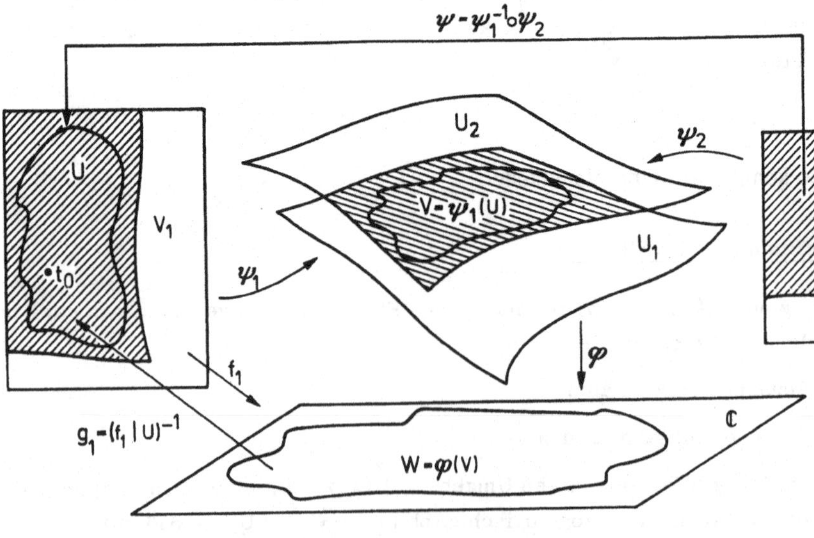

Fig. 22: Zum Beweis von Satz 3.1.

Es folgt jetzt:

$\psi|\psi^{-1}(U) = \psi_1^{-1} \circ \psi_2|\psi_2^{-1}(V) = \psi_1^{-1} \circ (\varphi|V)^{-1} \circ (\varphi|V) \circ \psi_2|\psi_2^{-1}(V) = \psi_1^{-1} \circ \psi_1 \circ g_1 \circ \varphi \circ \psi_2|\psi_2^{-1}(V) =$
$= g_1 \circ (\varphi \circ \psi_2)|\psi_2^{-1}(V) = g_1 \circ f_2|\psi_2^{-1}(V)$, und das ist eine holomorphe Funktion. Nach dem Identitätssatz ist $D := \{t \in V_1 : f_1'(t) = 0\}$ eine diskrete Menge, also auch $D' := \psi^{-1}\left(\psi_1^{-1}(U_1 \cap U_2) \cap D\right)$. Ist $s_0 \in \varphi_2^{-1}(U_1 \cap U_2) - D' = \psi^{-1}\left(\psi_1^{-1}(U_1 \cap U_2) - D\right)$, so ist $t_0 := \psi(s_0) \in \psi_1^{-1}(U_1 \cap U_2) - D$, also $f_1'(t_0) \neq 0$. Wie eben gezeigt wurde, gibt es dann eine Umgebung $U(t_0)$, so daß $\psi|\psi^{-1}(U)$ holomorph ist. Insbesondere ist ψ holomorph in $s_0 = \psi^{-1}(t_0)$.

Eine stetige Abbildung, die außerhalb einer diskreten Menge holomorph ist, muß aber nach dem Riemannschen Hebbarkeitssatz überall holomorph sein.

Damit ist bewiesen, daß die Koordinatentransformationen holomorph sind. X ist eine komplexe Mannigfaltigkeit.

2) Sei $B \subset \mathbb{C}$ offen, g holomorph auf B.
Dann ist $W := \varphi^{-1}(B)$ offen in X und $g \circ (\varphi|W) : W \to \mathbb{C}$ stetig. Ist (U, ψ^{-1}) ein Koordinatensystem, so ist $f := \varphi \circ \psi : \psi^{-1}(U) \to \mathbb{C}$ holomorph, also auch $(g \circ \varphi) \circ \psi = g \circ f$, und das heißt, daß $g \circ \varphi$ holomorph auf W ist. ♦

Sei nun (X, φ) eine Riemannsche Fläche, $\psi : V \to U$ eine lokale Uniformisierende und $f := \varphi \circ \psi$. Nach Voraussetzung ist die Menge $D := \{t \in V : f'(t) = 0\}$ diskret in V. Sei $t_0 \in V$ und $x_0 := \psi(t_0) \in U$.

<u>1. Fall:</u> $f'(t_0) \neq 0$.
Es gibt dann Umgebungen $V_1(t_0) \subset V$ und $W(f(t_0)) \subset \mathbb{C}$, so daß $f|V_1 : V_1 \to W$ biholomorph ist.
$U_1 := \psi(V_1)$ ist offen in U, und $\psi_1 := \psi \circ (f|V_1)^{-1} : W \to U_1$ ist topologisch. Außerdem ist $\varphi \circ \psi_1 = id_W$. Es gibt also eine lokale Uniformisierende $\psi_1 : W \to U_1$ mit $x_0 \in U_1$ und $\varphi \circ \psi_1 = id_W$. U_1 liegt dann vermöge φ in Form eines Blattes über W.

Wenn eine solche Situation vorliegt, sagt man, X ist an der Stelle x_0 unverzweigt. Offensichtlich ist X außerhalb einer diskreten Menge unverzweigt.

<u>2. Fall:</u> $f'(t_0) = 0$.
Sei $z_0 := f(t_0)$. Dann hat f in t_0 eine z_0-Stelle der Ordnung $k \geq 2$, und auf V gilt:
$f(t) = z_0 + (t - t_0)^k \cdot h(t)$, mit einer holomorphen Funktion h und $h(t_0) \neq 0$.

Es gibt eine Umgebung $V_1(t_0) \subset V$ und eine holomorphe Funktion g auf V_1 mit $g^k = h$, insbesondere $g(t_0) \neq 0$. Sei $\tau : V_1 \to \mathbb{C}$ definiert durch $\tau(t) := (t - t_0) \cdot g(t)$. Dann ist $\tau'(t_0) = g(t_0) \neq 0$, es gibt also eine Umgebung $V_2(t_0) \subset V_1$ und eine offene Menge $W_2 \subset \mathbb{C}$, so daß $\tau|V_2 : V_2 \to W_2$ biholomorph ist.

Offensichtlich ist $\psi \circ (\tau|V_2)^{-1}: W_2 \to U_2 := \psi(V_2) \subset X$ topologisch und $\varphi \circ \left(\psi \circ (\tau|V_2)^{-1}\right) = f \circ (\tau|V_2)^{-1}$ holomorph, und $\left(f \circ (\tau|V_2)^{-1}\right)'$ verschwindet höchstens auf einer diskreten Menge. Außerdem ist $f \circ (\tau|V_2)^{-1}(s) = f \circ (\tau|V_2)^{-1}(\tau(t)) = f(t) = z_0 + ((t-t_0) \cdot g(t))^k = z_0 + \tau(t)^k = z_0 + s^k$.

Es gibt also eine lokale Uniformisierende $\psi_2: W_2 \to U_2$ mit $x_0 \in U_2$ und $\varphi \circ \psi_2(t) = \varphi(x_0) + t^k$.

Da Koordinatentransformationen eine nicht-verschwindende Ableitung besitzen, ändert sich die Nullstellenordnung k beim Kartenwechsel nicht, d.h., k hängt nur vom Punkt x_0 ab. Man sagt, daß x_0 eine Verzweigungsstelle der Ordnung $k-1$ ist. ψ_2 mit $\varphi \circ \psi_2(t) = \varphi(x_0) + t^k$ nennt man die ausgezeichnete Uniformisierende.

X stellt dann lokal eine über $\varphi(x_0)$ verzweigte k-fache Überlagerung dar, und zwar in dem Sinne, daß über $\varphi(x_0)$ genau der eine Punkt x_0 von X liegt, während über jedem Punkt $z \neq \varphi(x_0)$ einer gewissen Umgebung von $\varphi(x_0)$ genau k Punkte von X liegen.

<u>Beispiel:</u> Sei $X := \{(w,z) \in \mathbf{C}^2 : w^2 = z^3\}$. Mit der vom $\mathbf{C}^2$ induzierten Topologie wird X ein Hausdorffscher Raum, und die Abbildung $\varphi : X \to \mathbf{C}$ mit $\varphi(w,z) := z$ ist stetig.

Um zu zeigen, daß X eine Riemannsche Fläche über $\mathbf{C}$ ist, muß man lokale Uniformisierende angeben:
$\psi : \mathbf{C} \to X$ sei definiert durch $\psi(t) := (t^3, t^2)$.

a) ψ ist injektiv:
Ist $\psi(t_1) = \psi(t_2)$, so ist $t_1^2 = t_2^2$ und $t_1^3 = t_2^3$. Aus $\psi(t) = 0$ folgt: $t = 0$. Ist $t_1 \neq 0$, so ist auch $t_2 \neq 0$, und es gilt $t_1 = t_2$, wie man durch Division zeigt.

b) ψ ist surjektiv:
Ist $0 \neq (w,z) \in X$, so ist $z \neq 0$, und es gibt komplexe Zahlen t_1, t_2 mit $\{t_1, t_2\} = \{t : t^2 = z\}$. Dann ist $t_1 = -t_2$ und $w^2 = z^3 = \left(t_1^3\right)^2 = \left(t_2^3\right)^2$, also $w \in \left\{t_1^3, t_2^3\right\}$, also $\psi(t_1) = (w,z)$ oder $\psi(t_2) = (w,z)$.

c) $\psi : \mathbf{C} \to X$ ist topologisch:
Die Stetigkeit von ψ ist klar. Wegen der Stetigkeit der Wurzeln ist ψ^{-1} auch stetig.

Damit ist durch ψ eine globale Uniformisierende für X gegeben. ($\varphi \circ \psi(t) = t^2$ ist holomorph, und die Ableitung verschwindet nirgends identisch.)

$\tau : X \to \mathbf{C}$ sei definiert durch $\tau := \psi^{-1}$. Wegen $\tau \circ \psi = \mathrm{id}_{\mathbf{C}}$ ist τ eine holomorphe Funktion auf X. τ läßt sich nicht holomorph in den $\mathbf{C}^2$ hinein fortsetzen:

Ist etwa $g(w,z) = \sum_{\nu,\mu} a_{\nu\mu} w^\nu z^\mu$ eine holomorphe Funktion auf dem $\mathbf{C}^2$ (bzw. auf einer Umgebung von $0 \in \mathbf{C}^2$), so ist

$$(g|X)(w,z) = g(\psi(t)) = \sum_{\nu,\mu} a_{\nu\mu} t^{3\nu+2\mu} = a_{00} + a_{01}t^2 + a_{10}t^3 + a_{02}t^4 + a_{11}t^5 + a_{20}t^6 + \dots .$$

Wäre $\hat{\tau}$ eine holomorphe Fortsetzung von τ, so müßte gelten: $t = \tau \circ \psi(t) = (\hat{\tau}|X)(\psi(t))$. Das kann aber nicht sein.

B) Komplexe Untermannigfaltigkeiten

Sei X eine komplexe Mannigfaltigkeit, (U,φ) ein Koordinatensystem auf X.

Ist $x_0 \in U$ und f holomorph in einer Umgebung $V(x_0) \subset U$, so definiert man die partiellen Ableitungen von f in x_0 bez. φ:

$$(D_\nu f)_\varphi (x_0) := \frac{\partial (f \circ \varphi^{-1})}{\partial z_\nu} (\varphi(x_0)) .$$

Es sei nun ein weiteres Koordinatensystem (U',φ') mit $V \subset U \cap U'$ gegeben. Dann hat die Funktionalmatrix $\mathfrak{M}_{(\varphi' \circ \varphi^{-1})}(\varphi(x_0)) = \left((a_{\nu\mu}) \begin{smallmatrix} \nu = 1,\dots,n \\ \mu = 1,\dots,n \end{smallmatrix}\right)$ eine nicht verschwindende Determinante, und es gilt:

$$(D_\nu f)_\varphi (x_0) = \sum_{\mu=1}^{n} a_{\nu\mu} \cdot (D_\mu f)_{\varphi'} (x_0) .$$

Daraus folgt:

Sind $f_1,\dots,f_d$ holomorphe Funktionen auf V, so ist $\operatorname{rg}_{x_0}(f_1,\dots,f_d) :=$ $= \operatorname{rg}\left(((D_\nu f_\mu)_\varphi (x_0)) \begin{smallmatrix} \mu = 1,\dots,d \\ \nu = 1,\dots,n \end{smallmatrix}\right)$ eine von φ unabhängige natürliche Zahl.

<u>Def. 3.2:</u> Sei X eine n-dimensionale komplexe Mannigfaltigkeit, $A \subset X$ analytisch. A heißt singularitätenfrei von der Codimension d, wenn es zu jedem Punkt $x_0 \in A$ eine Umgebung $U(x_0) \subset X$ und holomorphe Funktionen $f_1,\dots,f_d$ auf U gibt, so daß gilt:
1) $A \cap U = \{x \in U : f_1(x) = \dots = f_d(x) = 0\}$
2) $\operatorname{rg}_x(f_1,\dots,f_d) = d$ für alle $x \in U$.

<u>Satz 3.2:</u> Eine analytische Menge $A \subset X$ ist genau dann singularitätenfrei von der Codimension d, wenn es zu jedem Punkt $x_0 \in A$ eine Umgebung $U(x_0) \subset X$ und einen Isomorphismus $\varphi = (\tilde{\varphi}, \varphi_*) : (U, \mathcal{H}) \to (B, \mathcal{O})$ gibt, so daß $\tilde{\varphi}(U \cap A) = \{(w_1,\dots,w_n) \in B : w_1 = \dots = w_d = 0\}$ ist.

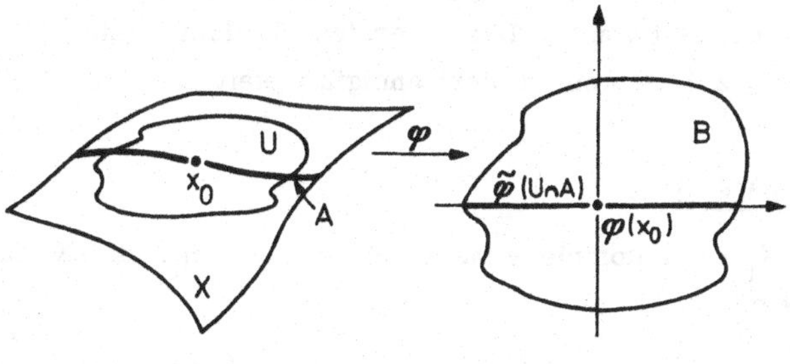

Fig. 23: Illustration zu Satz 3.2.

Beweis: Sei $x_0 \in A$ vorgegeben, $U(x_0) \subset X$ eine Umgebung und $\varphi : (U, \mathcal{H}) \to (\hat{B}, \mathcal{O})$ ein Isomorphismus.

$A \cap U$ ist genau dann singularitätenfrei von der Codimension d, wenn $\tilde{\varphi}(A \cap U)$ in $\hat{B}$ eine reguläre analytische Menge der komplexen Dimension n-d ist. Das ist aber gleichbedeutend damit, daß es zu jedem $\mathfrak{z} \in \tilde{\varphi}(A \cap U)$ eine Umgebung $V(\mathfrak{z}) \subset \hat{B}$ und einen Isomorphismus $\psi : (V, \mathcal{O}) \to (B, \mathcal{O})$ gibt, so daß $\tilde{\psi}(\tilde{\varphi}(A \cap U) \cap V) = \{\mathfrak{w} \in B : w_1 = \ldots = w_d = 0\}$ ist (vgl. dazu Satz 6.15 in Kap. III).

$\varphi_1 := \psi \circ \varphi : (\tilde{\varphi}^{-1}(V(\tilde{\varphi}(x_0))), \mathcal{H}) \to (B, \mathcal{O})$ leistet das Verlangte. ♦

Satz 3.3: Sei $A \subset X$ eine singularitätenfreie analytische Menge der Codimension d. Dann induziert X in kanonischer Weise auf A die Struktur einer (n-d)-dimensionalen Mannigfaltigkeit, und die natürliche Einbettung $j_A : A \hookrightarrow X$ ist holomorph.

Beweis: Mit der von X induzierten Relativtopologie ist A offensichtlich ein Hausdorffscher Raum.

Eine auf einer offenen Menge $W \subset A$ definierte Funktion f soll holomorph genannt werden, wenn es zu jedem $x \in W$ eine offene Umgebung $U(x) \subset X$ und eine holomorphe Funktion $\hat{f}$ auf U gibt, so daß $U \cap A \subset W$ und $\hat{f}|U \cap A = f|U \cap A$ ist. Falls X ein Bereich im $\mathbb{C}^n$ und A ein (n-d)-dimensionales Ebenenstück ist, so stimmt der neue Holomorphiebegriff mit dem auf A bereits natürlich gegebenen Holomorphiebegriff überein.

Die Menge der holomorphen Funktionen definiert ein Garbendatum auf A.

Ist $x_0 \in A$, so gibt es eine Umgebung $U(x_0) \subset X$ und einen Isomorphismus $\varphi : (U, \mathcal{H}) \to (B, \mathcal{O})$, so daß $\tilde{\varphi}(U \cap A) = \{\mathfrak{w} \in B : w_1 = \ldots = w_d = 0\} = B \cap (\{0\} \times \mathbb{C}^{n-d})$ ist.

Das Garbendatum der holomorphen Funktionen auf $U \cap A$ wird durch φ isomorph auf das Datum der lokal holomorph fortsetzbaren Funktionen auf $B \cap (\{0\} \times \mathbb{C}^{n-d}) = B'$ abgebildet, und das wiederum stimmt überein mit dem Garbendatum der holomorphen Funktionen auf dem Bereich $B' \subset \mathbb{C}^{n-d}$. Für die Garbe $\mathcal{H}'$ der Keime von holomorphen Funktionen auf A gilt also: $(U \cap A, \mathcal{H}') \simeq (B', \mathcal{O})$. Damit ist A eine komplexe Mannigfaltigkeit.

Ist $U \subset X$ offen und f holomorph auf U, so ist definitionsgemäß auch $f \circ j_A = f|A \cap U$ holomorph, und das bedeutet, daß $j_A : A \hookrightarrow X$ eine holomorphe Abbildung ist. ♦

Bemerkung: Eine singularitätenfreie analytische Menge $A \subset X$ nennt man auch eine komplexe Untermannigfaltigkeit von X. Das im ersten Abschnitt behandelte Beispiel $X = \{(w, z) \in \mathbb{C}^2 : w^2 = z^3\}$ ist keine Untermannigfaltigkeit des $\mathbb{C}^2$.

C) Kartesische Produkte:

Satz 3.4: $X_1, \ldots, X_l$ seien komplexe Mannigfaltigkeiten, $n_i := \dim X_i$ für $i = 1, \ldots, l$ und $n := n_1 + \ldots + n_l$.

Dann gibt es auf $X := X_1 \times \ldots \times X_l$ eine Struktur einer n-dimensionalen Mannigfaltigkeit, so daß alle Projektionen $p_i : X \to X_i$ holomorph sind.

Beweis: Eine Basis der Topologie von X wird durch die Mengen $W = W_1 \times \ldots \times W_l$, $W_i \subset X_i$ offen, gegeben. X wird auf diese Weise ein Hausdorffraum.

Ist $x_0 = (x_1, \ldots, x_l) \in X$, so gibt es Umgebungen $U_i(x_i) \subset X_i$ und Isomorphismen $\varphi_i : (U_i, \mathcal{H}_i) \to (B_i, \mathcal{O}_i)$. Sei $U := U_1 \times \ldots \times U_l$, $\widetilde{\varphi}_1 \times \ldots \times \widetilde{\varphi}_l : U \to B := B_1 \times \ldots \times B_l$ sei definiert durch $(\widetilde{\varphi}_1 \times \ldots \times \widetilde{\varphi}_l)(x_1', \ldots, x_l') := (\widetilde{\varphi}_1(x_1'), \ldots, \widetilde{\varphi}_l(x_l'))$. Dann ist $(U, (\widetilde{\varphi}_1 \times \ldots \times \widetilde{\varphi}_l))$ ein komplexes Koordinatensystem um x_0. Ist $(V, (\widetilde{\psi}_1 \times \ldots \times \widetilde{\psi}_l))$ ein weiteres Koordinatensystem, so ist die Übergangsabbildung $(\widetilde{\varphi}_1 \times \ldots \times \widetilde{\varphi}_l) \circ \circ (\widetilde{\psi}_1 \times \ldots \times \widetilde{\psi}_l)^{-1} = \left(\widetilde{\varphi}_1 \circ \widetilde{\psi}_1^{-1} \times \ldots \times \widetilde{\varphi}_l \circ \widetilde{\psi}_l^{-1}\right)$ holomorph. Also ist X eine n-dimensionale komplexe Mannigfaltigkeit.

Sei etwa $W \subset X_1$ offen, g holomorph auf W. Dann ist $V := p_1^{-1}(W) = W \times X_2 \times \ldots \times X_l$. Sei $x_0 \in V$ und $(U_1 \times \ldots \times U_l, \widetilde{\varphi}_1 \times \ldots \times \widetilde{\varphi}_l)$ ein Koordinatensystem für X in x_0.

Dann gilt:

$(g \circ p_1) \circ (\widetilde{\varphi}_1 \times \ldots \times \widetilde{\varphi}_l)^{-1}(z_1, \ldots, z_l) = g \circ \widetilde{\varphi}_1^{-1}(z_1) = \left(g \circ \widetilde{\varphi}_1^{-1}\right) \circ pr_1(z_1, \ldots, z_n)$, und $\left(g \circ \widetilde{\varphi}_1^{-1}\right) \circ pr_1 : B_1 \times \ldots \times B_l \to \mathbb{C}$ ist holomorph. Also ist auch $g \circ p_1 : X \to \mathbb{C}$ holomorph, d.h., p_1 ist eine holomorphe Abbildung. Analog verläuft der Beweis für $p_2, \ldots, p_l$. ♦

Satz 3.5: Sei X eine n-dimensionale komplexe Mannigfaltigkeit. Dann ist die Diagonale $D := \{(x,x) : x \in X\} \subset X \times X$ eine singularitätenfreie analytische Teilmenge der Codimension n.

Beweis: 1) Da X ein Hausdorff-Raum ist, ist die Diagonale $D \subset X \times X$ abgeschlossen. Also ist D in jedem Punkt $(x,y) \in X \times X - D$ analytisch.

2) Sei $(x_0, x_0) \in D$. Dann gibt es eine Umgebung $U(x_0) \subset X$ und einen Isomorphismus $\varphi : (U, \mathcal{H}) \simeq (B, \mathcal{O})$, und $\hat{U} := U \times U$ ist eine Umgebung von (x_0, x_0) in $X \times X$, die biholomorph äquivalent zu $B \times B$ ist. Es gibt also Koordinaten $z_1, \ldots, z_n, w_1, \ldots, w_n$ (mit $z_\nu := pr_\nu \circ \widetilde{\varphi}$, $w_\nu := pr_{n+\nu} \circ \widetilde{\varphi}$) in $\hat{U}$, so daß gilt:

$D \cap \hat{U} = \{(x,x) \in X \times X : (z_i - w_i)(x,x) = 0 \text{ für } i = 1, \ldots, n\}$.

Außerdem ist

$$\begin{aligned} &rg_{(x,x)}(z_1 - w_1, \ldots, z_n - w_n) = \\ &= rg\left(((D_\nu(z_i - w_i))_{\widetilde{\varphi}}(x,x))_{\substack{i=1,\ldots,n \\ \nu=1,\ldots,2n}}\right) \\ &= rg\begin{pmatrix} 1 & & 0 & \vdots & -1 & & 0 \\ & \ddots & & \vdots & & \ddots & \\ 0 & & 1 & \vdots & 0 & & -1 \end{pmatrix} = n \end{aligned}$$

Das war zu beweisen. ♦

Satz 3.6: Sei X eine komplexe Mannigfaltigkeit, $D \subset X \times X$ die Diagonale. Dann ist die Diagonalbildung $d: X \to D$ mit $d(x) := (x,x)$ biholomorph.

Beweis: d ist bijektiv, und die Umkehrabbildung $d^{-1} = p_1|D$ ist holomorph. Es bleibt zu zeigen, daß d holomorph ist:
Sei $W \subset D$ offen, g holomorph auf W, $(x_0, x_0) \in W$. Dann gibt es eine Umgebung $U(x_0) \subset X$ und eine holomorphe Funktion $\hat{g}$ auf $U \times U$, so daß $(U \times U) \cap D \subset W$ und $\hat{g}|(U \times U) \cap D = g|(U \times U) \cap D$ ist.

O.B.d.A. kann man annehmen, daß es einen Isomorphismus $\varphi: (U, \mathcal{H}) \to (B, \mathfrak{O})$ gibt. Die Abbildung $d^*: B \to B \times B$ mit $d^*(\mathfrak{z}) := (\mathfrak{z}, \mathfrak{z})$ ist natürlich holomorph, und es gilt:
$(g \circ d) \circ \tilde{\varphi}^{-1}(\mathfrak{z}) = \hat{g} \circ d \circ \tilde{\varphi}^{-1}(\mathfrak{z}) = \hat{g} \circ (\tilde{\varphi} \times \tilde{\varphi})^{-1} \circ d^*(\mathfrak{z})$.
Also ist $(g \circ d) \circ \tilde{\varphi}^{-1}$ und damit auch $g \circ d$ holomorph. ♦

D) Der komplex-projektive Raum:

Auf $\mathbb{C}^{n+1} - \{0\}$ werde folgende Relation erklärt:
$\mathfrak{z}_1 \sim \mathfrak{z}_2$ genau dann, wenn es ein $t \in \mathbb{C} - \{0\}$ mit $\mathfrak{z}_2 = t \cdot \mathfrak{z}_1$ gibt.
Ganz offensichtlich ist "$\sim$" eine Äquivalenzrelation, und man bezeichnet mit $G(\mathfrak{z}_0) = \{\mathfrak{z} = t\,\mathfrak{z}_0 : t \in \mathbb{C} - \{0\}\}$ die Äquivalenzklasse von $\mathfrak{z}_0$. $G(\mathfrak{z}_0)$ ist nichts anderes als die im Nullpunkt gelochte komplexe Gerade durch 0 und $\mathfrak{z}_0$.

Def. 3.3: Die Menge $\mathbb{P}^n := \{G(\mathfrak{z}) : \mathfrak{z} \in \mathbb{C}^{n+1} - \{0\}\}$ nennt man den n-dimensionalen komplex-projektiven Raum, die Abbildung $\pi: \mathbb{C}^{n+1} - \{0\} \to \mathbb{P}^n$ mit $\pi(\mathfrak{z}) := G(\mathfrak{z})$ bezeichnet man als die natürliche Projektion.

π ist eine surjektive Abbildung, und man versieht $\mathbb{P}^n$ mit der feinsten Topologie, für die π stetig wird. Eine Menge $U \subset \mathbb{P}^n$ ist also genau dann offen, wenn $\pi^{-1}(U) \subset \mathbb{C}^{n+1} - \{0\}$ offen ist.

Sei $W_i := \left\{\mathfrak{z} = (z_1, \dots, z_{n+1}) \in \mathbb{C}^{n+1} : z_i = 1\right\}$, für $i = 1, \dots, n+1$. Dann ist W_i eine affine Hyperebene im $\mathbb{C}^{n+1} - \{0\}$, insbesondere eine n-dimensionale komplexe Untermannigfaltigkeit. Es sei außerdem $W_i^* := \left\{\mathfrak{z} = (z_1, \dots, z_{n+1}) \in \mathbb{C}^{n+1} : z_i \neq 0\right\}$.
Durch $\alpha_i(z_1, \dots, z_{n+1}) := \frac{1}{z_i}(z_1, \dots, \hat{z}_i, \dots, z_{n+1})$ wird eine holomorphe Abbildung $\alpha_i: W_i^* \to \mathbb{C}^n$ definiert. Darüber hinaus ist $\alpha_i|W_i: W_i \to \mathbb{C}^n$ biholomorph, mit $(\alpha_i|W_i)^{-1}(z_1, \dots, z_n) = (z_1, \dots, z_{i-1}, 1, z_i, \dots, z_n)$. Ist $W \subset W_i$ offen, so gilt für $\mathfrak{z} \in W_i^*$: $\mathfrak{z} \in \alpha_i^{-1}(\alpha_i(W))$ genau dann, wenn es ein $\mathfrak{z}' \in W$ mit $\alpha_i(\mathfrak{z}) = \alpha_i(\mathfrak{z}')$, also mit $\frac{1}{z_i}\mathfrak{z} = \mathfrak{z}'$ gibt, und das ist genau dann der Fall, wenn $\mathfrak{z} \in \pi^{-1}\pi(W)$ ist.
Also ist $\pi^{-1}\pi(W) = \alpha_i^{-1}\alpha_i(W)$ offen, und das bedeutet:
1) Das System der Mengen $U_i := \pi(W_i)$ bildet eine offene Überdeckung von $\mathbb{P}^n$.
2) $\pi|W_i: W_i \to U_i$ ist eine offene Abbildung.

Ist $\pi(\mathfrak{z}) = \pi(\mathfrak{z}')$ für $\mathfrak{z}, \mathfrak{z}' \in W_i$, so gibt es ein $t \in \mathbb{C}$ mit $\mathfrak{z}' = t \cdot \mathfrak{z}$, also $1 = z_i' = tz_i = t$, also $\mathfrak{z} = \mathfrak{z}'$. Damit ist $\pi | W_i : W_i \to U_i$ eineindeutig, und nach den obigen Betrachtungen sogar topologisch.

$\varphi_i := \alpha_i \circ (\pi | W_i)^{-1} : U_i \to \mathbb{C}^n$ ist daher für jedes i ein komplexes Koordinatensystem für den $\mathbb{P}^n$. Außerdem ist $(\pi | W_i)^{-1} \circ \pi(z_1, \ldots, z_{n+1}) = (\pi | W_i)^{-1} \circ \pi \left(\frac{1}{z_i}(z_1, \ldots, z_{n+1}) \right) =$
$= \frac{1}{z_i}(z_1, \ldots, z_{n+1}) = (\alpha_i | W_i)^{-1} \left(\frac{1}{z_i}(z_1, \ldots, \hat{z}_i, \ldots, z_{n+1}) \right) = (\alpha_i | W_i)^{-1} \circ \alpha_i(z_1, \ldots, z_{n+1})$, und deshalb haben die Koordinatentransformationen $\varphi_j \circ \varphi_i^{-1} : \varphi_i(U_i \cap U_j) \to \varphi_j(U_i \cap U_j)$ die Gestalt $\varphi_j \circ \varphi_i^{-1}(z_1, \ldots, z_n) = \alpha_j \circ (\pi | W_j)^{-1} \circ \pi \circ (\alpha_i | W_i)^{-1}(z_1, \ldots, z_n) =$
$= \alpha_j(z_1, \ldots, z_{i-1}, 1, z_i, \ldots, z_n) = \frac{1}{z_j}(z_1, \ldots, \hat{z}_j, \ldots, z_{i-1}, 1, z_i, \ldots, z_n)$, und das ist eine holomorphe Abbildung.

Es bleibt noch zu zeigen, daß $\mathbb{P}^n$ ein Hausdorffraum ist: Seien $x_1, x_2 \in \mathbb{P}^n$, $x_1 \neq x_2$.

1) Wenn beide Punkte in derselben Koordinatenumgebung U_i liegen, dann kann man trivialerweise disjunkte Umgebungen finden.

2) x_1, x_2 seien nicht Elemente der gleichen Koordinatenumgebung. Dann gilt für beliebige Punkte $\mathfrak{z}_i \in \pi^{-1}(x_i)$:

$$z_j^{(1)} \cdot z_j^{(2)} = 0 \text{ für } j = 1, \ldots, n+1 .$$

O.B.d.A. kann man daher annehmen, daß gilt:

$$\mathfrak{z}_1 = \left(1, z_2^{(1)}, \ldots, z_s^{(1)}, 0, \ldots, 0\right), \text{ mit } z_j^{(1)} \neq 0 \text{ für } j = 2, \ldots, s .$$

$$\mathfrak{z}_2 = \left(0, \ldots, 0, z_{s+1}^{(2)}, \ldots, z_n^{(2)}, 1\right) .$$

Sei $V_1 := \pi\left(\left\{(1, w_2, \ldots, w_{n+1}) \in \mathbb{C}^{n+1} : |w_{n+1}| < 1\right\}\right)$,

$V_2 := \pi\left(\left\{(w_1, \ldots, w_n, 1) \in \mathbb{C}^{n+1} : |w_1| < 1\right\}\right)$.

V_1 ist eine offene Umgebung von x_1, V_2 ist eine offene Umgebung von x_2, und es gilt: $V_1 \cap V_2 = \emptyset$.

Satz 3.7: Der n-dimensionale komplex-projektive Raum ist eine n-dimensionale komplexe Mannigfaltigkeit, und die natürliche Projektion $\pi : \mathbb{C}^{n+1} - \{0\} \to \mathbb{P}^n$ ist holomorph.

Beweis: Es fehlt nur noch der Nachweis der Holomorphie von π: Sei $W \subset X$ offen, g holomorph in W. O.B.d.A. kann man annehmen, daß W etwa in U_1 enthalten ist. Dann ist $g \circ \varphi_1^{-1} = g \circ \pi \circ (\alpha_1 | W_1)^{-1} : \mathbb{C}^n \to \mathbb{C}$ holomorph, also auch $g \circ \pi = \left(g \circ \varphi_1^{-1}\right) \circ (\alpha_1 | W_1)$. ♦

Satz 3.8: $\mathbb{P}^n$ ist kompakt.

Beweis: Sei $S := \{\mathfrak{z} \in \mathbb{C}^{n+1} : \|\mathfrak{z}\| = 1\} = S^{2n+1}$.
Für $\mathfrak{z} \in \mathbb{C}^{n+1} - \{0\}$ liegt $\hat{\mathfrak{z}} := \frac{1}{\|\mathfrak{z}\|} \cdot \mathfrak{z}$ in S, und es ist $\pi(\mathfrak{z}) = \pi(\hat{\mathfrak{z}})$. Das bedeutet, daß $\pi|S : S \to \mathbb{P}^n$ eine surjektive stetige Abbildung ist. Da S kompakt und $\mathbb{P}^n$ separiert ist, folgt, daß auch $\mathbb{P}^n$ kompakt ist. ♦

Der 1-dimensionale komplex-projektive Raum $\mathbb{P}^1$ wird durch zwei Koordinatenumgebungen U_1, U_2 überdeckt. Dabei ist $U_1 = \pi(\{\mathfrak{z} = (1, z_2) : z_2 \in \mathbb{C}\})$, und $U_2 - U_1 = \pi(\{\mathfrak{z} = (0, z_2) : z_2 \in \mathbb{C} - \{0\}\}) = \{G(0,1)\}$ besteht aus einem einzigen Punkt.
Also ist $\mathbb{P}^1 = U_1 \cup \{G(0,1)\}$.

Satz 3.9: Sei $X = \mathbb{C} \cup \{\infty\}$ die Riemannsche Zahlenkugel. Durch $\varphi(\infty) := G(0,1)$ und $\varphi(z) := \varphi_1^{-1}(z) = \pi(1,z)$ wird eine biholomorphe Abbildung $\varphi : X \to \mathbb{P}^1$ definiert.

Beweis: Es ist klar, daß φ bijektiv ist. Auf X hat man zwei Koordinatenabbildungen $\psi_1 : X - \{\infty\} \to \mathbb{C}$, $\psi_2 : X - \{0\} \to \mathbb{C}$, es sei $X_1 := X - \{\infty\}$, $X_2 := X - \{0\}$.

Dann ist $(\varphi|X_\lambda) \circ \psi_\lambda^{-1}(z) = \begin{cases} \pi(1,z) & \text{für } \lambda = 1, \\ \pi(z,1) & \lambda = 2. \end{cases}$

Das bedeutet, daß $\varphi|X_\lambda : X_\lambda \to U_\lambda$ biholomorph für $\lambda = 1,2$ ist. Also ist φ insgesamt biholomorph. ♦

E) Der n-dimensionale komplexe Torus:

$c_1, \ldots, c_{2n} \in \mathbb{C}^n$ seien 2n reell-linear unabhängige Vektoren.

Dann ist $\Gamma := \left\{ \mathfrak{z} = \sum_{\lambda=1}^{2n} k_\lambda c_\lambda : k_\lambda \in \mathbb{Z} \text{ für } \lambda = 1, \ldots, 2n \right\}$ eine Untergruppe der additiven Gruppe des $\mathbb{C}^n$ (eine Translationsgruppe).

Zwei Punkte des $\mathbb{C}^n$ sollen äquivalent heißen, wenn sie durch eine Translation aus Γ auseinander hervorgehen, d.h.:

$$\mathfrak{z} \sim \mathfrak{z}' \text{ genau dann, wenn } \mathfrak{z} - \mathfrak{z}' \in \Gamma$$

Dies ist in der Tat eine Äquivalenzrelation, und man versieht die Menge T^n aller Äquivalenzklassen mit der feinsten Topologie, für die die kanonische Projektion $\pi_T : \mathbb{C}^n \to T^n$ stetig ist.
Den topologischen Raum T^n bezeichnet man als einen n-dimensionalen komplexen Torus. Je zwei n-dimensionale Tori sind zueinander homöomorph.

Für $\mathfrak{z}_0 \in \Gamma$ und $U \subset \mathbb{C}^n$ sei $U + \mathfrak{z}_0 := \{\mathfrak{z} + \mathfrak{z}_0 : \mathfrak{z} \in U\}$.

Ist U offen, so ist $U + \mathfrak{z}_0$ für jedes $\mathfrak{z}_0 \in \Gamma$ offen, also auch $\pi_T^{-1}\pi_T(U) = \{\mathfrak{z} \in \mathbb{C}^n : \mathfrak{z} - \mathfrak{z}' \in \Gamma$ für ein $\mathfrak{z}' \in U\} = \bigcup_{\mathfrak{z}_0 \in \Gamma} (U + \mathfrak{z}_0)$. Das bedeutet, daß π_T eine offene Abbildung ist.

Sei $\mathfrak{z}_0 \in \mathbb{C}^n$ ein beliebiger Punkt. Dann ist die Menge $F_{\mathfrak{z}_0} := \left\{ \mathfrak{z} = \mathfrak{z}_0 + \sum_{\nu=1}^{2n} r_\nu c_\nu : r_\nu \in \mathbb{R} \text{ und } -\frac{1}{2} < r_\nu < \frac{1}{2} \text{ für } \nu = 1,\dots,2n \right\}$ offen im $\mathbb{C}^n$.

Für zwei Punkte $\mathfrak{z}, \mathfrak{z}' \in F_{\mathfrak{z}_0}$ gilt: $\mathfrak{z} - \mathfrak{z}' = \sum_{\nu=1}^{2n} (r_\nu - r'_\nu) c_\nu$ mit $|r_\nu - r'_\nu| < 1$ für $\nu = 1,\dots,2n$. $\mathfrak{z}$ und $\mathfrak{z}'$ können also nur dann äquivalent sein, wenn sie gleich sind, d.h.: $\pi_T | F_{\mathfrak{z}_0} : F_{\mathfrak{z}_0} \to U_{\mathfrak{z}_0} := \pi_T(F_{\mathfrak{z}_0}) \subset T^n$ ist eineindeutig.

$\varphi_{\mathfrak{z}_0} := (\pi_T | F_{\mathfrak{z}_0})^{-1} : U_{\mathfrak{z}_0} \to F_{\mathfrak{z}_0}$ ist damit ein komplexes Koordinatensystem für den Torus, und die Menge aller $U_{\mathfrak{z}_0}$ überdeckt den ganzen Torus.

<u>Satz 3.10:</u> Der n-dimensionale komplexe Torus T^n ist eine kompakte n-dimensionale komplexe Mannigfaltigkeit, die kanonische Projektion $\pi_T : \mathbb{C}^n \to T^n$ ist holomorph.

(Da es sich erweist, daß die komplexe Struktur auf T^n von den Vektoren $c_1, \dots, c_{2n}$ abhängt, schreibt man auch:

$$T^n = T^n(c_1, \dots, c_{2n}).)$$

<u>Beweis:</u> 1) Je zwei komplexe Karten für T^n sind holomorph verträglich:

$\varphi_{\mathfrak{z}_1} \circ \varphi_{\mathfrak{z}_2}^{-1} = \varphi_{\mathfrak{z}_1} \circ \pi_T : \varphi_{\mathfrak{z}_2}(U_{\mathfrak{z}_1} \cap U_{\mathfrak{z}_2}) \to \varphi_{\mathfrak{z}_1}(U_{\mathfrak{z}_1} \cap U_{\mathfrak{z}_2})$ ist eine topologische Abbildung, mit

$$\varphi_{\mathfrak{z}_1} \circ \varphi_{\mathfrak{z}_2}^{-1}(\mathfrak{z}) = \mathfrak{z} + \sum_{\nu=1}^{2n} k_\nu(\mathfrak{z}) c_\nu$$

und $\mathbb{Z}$-wertigen Funktionen k_ν. Da $\{c_1, \dots, c_{2n}\}$ eine (reelle) Basis des $\mathbb{C}^n$ ist, müssen die k_ν stetig, also lokal-konstant sein. Dann ist $\varphi_{\mathfrak{z}_1} \circ \varphi_{\mathfrak{z}_2}^{-1}$ aber sogar holomorph.

2) T^n ist ein Hausdorffraum:

Sei $x_1 = \pi_T(\mathfrak{z}_1) \neq \pi_T(\mathfrak{z}_2) = x_2$. Dann kann man schreiben: $\mathfrak{z}_1 - \mathfrak{z}_2 = \sum_{\nu=1}^{2n} k_\nu c_\nu + \sum_{\nu=1}^{2n} r_\nu c_\nu$, mit $k_\nu \in \mathbb{Z}$ und $0 \leq r_\nu < 1$ für $\nu = 1,\dots,2n$. Außerdem können nicht alle r_ν gleichzeitig verschwinden. Es sei deshalb etwa $r_1 \neq 0$, und es sei $\varepsilon > 0$ so gewählt, daß $2\varepsilon < r_1 < 1 - 2\varepsilon$ ist.

$U := \left\{ \mathfrak{z} = \sum_{\nu=1}^{2n} \tilde{r}_\nu c_\nu : |\tilde{r}_\nu| < \varepsilon \right\}$ ist offen, und daher sind $U_1(\mathfrak{z}_1) := U + \mathfrak{z}_1$, $U_2(\mathfrak{z}_2) := U + \mathfrak{z}_2$ offene Umgebungen. Wäre $\pi_T(U_1) \cap \pi_T(U_2) \neq \emptyset$, so gäbe es Punkte $\mathfrak{z}' \in U_1$, $\mathfrak{z}'' \in U_2$ mit $\mathfrak{z}' \sim \mathfrak{z}''$. Nun muß aber gelten:

$\mathfrak{z}' = \mathfrak{z}_1 + \sum_{\nu=1}^{2n} r'_\nu c_\nu$ und $\mathfrak{z}'' = \mathfrak{z}_2 + \sum_{\nu=1}^{2n} r''_\nu c_\nu$ mit $|r'_\nu| < \varepsilon$ und $|r''_\nu| < \varepsilon$, also

$$\mathfrak{z}' - \mathfrak{z}'' = (\mathfrak{z}_1 - \mathfrak{z}_2) + \sum_{\nu=1}^{2n} (r'_\nu - r''_\nu) c_\nu = \sum_{\nu=1}^{2n} k_\nu c_\nu + \sum_{\nu=1}^{2n} (r_\nu + (r'_\nu - r''_\nu)) c_\nu .$$

Wegen $1 > r_1 + 2\varepsilon > |r_1 + (r'_1 - r''_1)| > r_1 - 2\varepsilon > 0$ kann $r_1 + (r'_1 - r''_1)$ keine ganze Zahl sein. Das ist ein Widerspruch, $\pi_T(U_1)$ und $\pi_T(U_2)$ sind disjunkt.

3) Ist $\mathfrak{z} \in \mathbb{C}^n$, so ist $\mathfrak{z}$ äquivalent zu einem Punkt $\mathfrak{z}' \in F := \left\{ \mathfrak{z} = \sum_{\nu=1}^{2n} r_\nu c_\nu : -\frac{1}{2} \leq r_\nu \leq \frac{1}{2} \right\}$.

F ist kompakt, π_T ist stetig, T^n ist ein Hausdorffraum, und es gilt: $\pi_T(F) = T^n$. Daraus folgt, daß T^n kompakt ist.

4) $\pi_T : \mathbb{C}^n \to T^n$ ist holomorph:

Ist $W \subset T^n$ offen, g holomorph in W und $\mathfrak{z}_0 \in V := \pi_T^{-1}(W)$, so ist $g \circ \pi_T | V \cap F_{\mathfrak{z}_0} =$
$= g \circ \varphi_{\mathfrak{z}_0}^{-1} | V \cap F_{\mathfrak{z}_0}$ holomorph. ♦

F) Die Hopfsche Mannigfaltigkeit

Sei $\rho > 1$ eine reelle Zahl, $\Gamma_H := \{\rho^k : k \in \mathbb{Z}\}$.
Γ_H ist eine Untergruppe der multiplikativen Gruppe der positiven reellen Zahlen.
Zwei Elemente $\mathfrak{z}_1, \mathfrak{z}_2 \in \mathbb{C}^n - \{0\}$ sollen äquivalent genannt werden, wenn es ein $\rho^k \in \Gamma_H$ mit $\mathfrak{z}_2 = \rho^k \mathfrak{z}_1$ gibt. Die Menge H aller Äquivalenzklassen werde mit der feinsten Topologie versehen, für die die kanonische Projektion $\pi_H : \mathbb{C}^n - \{0\} \to H$ stetig ist.

Komplexe Koordinatensysteme für H erhält man folgendermaßen:
Es sei $F_r := \{\mathfrak{z} \in \mathbb{C}^n - \{0\} : r < \|\mathfrak{z}\| < \rho r\}$, für beliebige reelle Zahlen $r > 0$. Dann ist $\bigcup_{r \in \mathbb{R}_+} F_r = \mathbb{C}^n - \{0\}$, und man kann zeigen, daß $\pi_H | F_r : F_r \to U_r := \pi(F_r) \subset H$ topologisch ist.
(U_r, φ_r) mit $\varphi_r := (\pi_H | F_r)^{-1}$ ist also eine komplexe Karte. In ähnlicher Weise wie in den vorher untersuchten Fällen kann man beweisen:

Satz 3.11: H ist eine kompakte n-dimensionale komplexe Mannigfaltigkeit (die sog. "Hopfsche Mannigfaltigkeit"), und $\pi_H : \mathbb{C}^n - \{0\} \to H$ ist holomorph.

Für $\mathfrak{z}_1, \mathfrak{z}_2 \in \mathbb{C}^n - \{0\}$ gilt:
Ist $\pi_H(\mathfrak{z}_1) = \pi_H(\mathfrak{z}_2)$, so gibt es ein $k \in \mathbb{Z}$ mit $\mathfrak{z}_2 = \rho^k \mathfrak{z}_1$. Dann ist aber $G(\mathfrak{z}_2) = G(\mathfrak{z}_1)$.
Durch $h(\pi_H(\mathfrak{z})) := G(\mathfrak{z})$ wird also eine Abbildung $h : H \to \mathbb{P}^n$ definiert. Man erhält folgendes kommutative Diagramm:

$$\begin{array}{ccc} \mathbb{C}^n - \{0\} & \xrightarrow{\ \pi\ } & \mathbb{P}^{n-1} \\ & {}_{\pi_H}\searrow \quad \nearrow_{h} & \\ & H & \end{array}$$

Da π_H lokal biholomorph ist, folgt, daß h holomorph ist.

G) Meromorphe Funktionen und projektiv-algebraische Mannigfaltigkeiten

Es sei X eine beliebige komplexe Mannigfaltigkeit.

Satz 3.12: Sei $U \subset X$ offen, $x_0 \in U$. g, h seien holomorphe Funktionen auf U mit $g(x_0) = h(x_0) = 0$. Sind die Keime g_{x_0}, h_{x_0} teilerfremd, so gibt es zu jeder komplexen Zahl c in beliebiger Nähe von x_0 einen Punkt x mit $h(x) \neq 0$ und $\frac{g(x)}{h(x)} = c$.

Beweis: O.B.d.A. kann man annehmen, daß U ein Polyzylinder im $\mathbb{C}^n$ und $x_0 = 0$ ist. Nach dem Weierstraßschen Vorbereitungssatz kann man ferner annehmen, daß g_{x_0}, h_{x_0} Elemente von $\mathcal{O}'_{x_0}[z_1]$ sind. Bezeichnet man mit Q'_{x_0} den Quotientenkörper von $\mathcal{O}'_{x_0}$, so folgt aus Satz 4.2 von Kap. III, daß g_{x_0}, h_{x_0} bereits in $Q'_{x_0}[z_1]$ teilerfremd sind. Nach Satz 6.6 von Kap. III gibt es einen größten gemeinsamen Teiler von g_{x_0}, h_{x_0}, der sich als Linearkombination von g_{x_0}, h_{x_0} mit Koeffizienten aus $\mathcal{O}'_{x_0}[z_1]$ schreiben läßt, und dieser größte gemeinsame Teiler muß offensichtlich eine Einheit in $Q'_{x_0}[z_1]$ sein. Das bedeutet, daß es eine Umgebung $V(0) \subset U$ und holomorphe Funktionen g_1, h_1 auf V gibt, die Polynome in z_1 sind, sowie eine nirgends verschwindende und von z_1 unabhängige holomorphe Funktion d, so daß auf V gilt:

$$d = g_1 g + h_1 h$$

Wir nehmen nun an, der Satz ist falsch für $c = 0$. Dann gibt es eine Umgebung $W(0) \subset V$, so daß für jedes $\mathfrak{z} \in W$ aus $g(\mathfrak{z}) = 0$ schon $h(\mathfrak{z}) = 0$ folgt. Da bei einem Polynom die Nullstellen stetig von den Koeffizienten abhängen und das Polynom $g(z_1, 0)$ eine Nullstelle in $z_1 = 0$ hat, gibt es für hinreichend kleines $\mathfrak{z}' \in W \cap (\{0\} \times \mathbb{C}^{n-1})$ stets ein z_1 mit $(z_1, \mathfrak{z}') \in W$ und $g(z_1, \mathfrak{z}') = 0$. Dann ist aber auch $h(z_1, \mathfrak{z}') = 0$ und mithin $d(\mathfrak{z}') = 0$. Also verschwindet d in der Nähe von $x_0 = 0$ identisch, und das ist ein Widerspruch.

Die Behauptung ist damit für $c = 0$ bewiesen, und wenn man g durch $g - c \cdot h$ und $\frac{g}{h}$ durch $\frac{g - c \cdot h}{h}$ ersetzt, erhält man den Satz für beliebiges c. ♦

Def. 3.4: Unter einer meromorphen Funktion auf X verstehen wir ein Paar (A, f) mit folgenden Eigenschaften:

1) A ist eine Teilmenge von X

2) f ist eine holomorphe Funktion auf X - A

3) Zu jedem Punkt $x_0 \in A$ gibt es eine Umgebung $U(x_0) \subset X$ und holomorphe Funktionen g, h auf U, so daß gilt:

a) $A \cap U = \{x \in U \mid h(x) = 0\}$

b) Die Keime $g_{x_0}, h_{x_0} \in \mathcal{O}_{x_0}$ sind teilerfremd.

c) Es ist $f(x) = \frac{g(x)}{h(x)}$ für jedes $x \in U - A$.

Bemerkung: Ist (A, f) eine meromorphe Funktion auf X, so folgt sofort aus der Definition, daß A leer oder eine 1-codimensionale analytische Menge ist. Man nennt A die Polstellenmenge der meromorphen Funktion (A, f).

Satz 3.13: Sei $Y \subset X$ eine offene dichte Teilmenge, f eine holomorphe Funktion auf Y. Zu jedem Punkt $x_0 \in X - Y$ gebe es eine Umgebung $U(x_0) \subset X$ und holomorphe Funktionen g, h auf U, so daß gilt:
g_{x_0} und h_{x_0} sind teilerfremd und für jedes $x \in Y$ ist $g(x) = f(x) \cdot h(x)$.

Schließlich sei A die Menge aller Punkte $x_0 \in X - Y$, für die gilt: Zu jeder reellen Zahl $r > 0$ und jeder Umgebung $V(x_0) \subset X$ gibt es ein $x \in V \cap Y$ mit $|f(x)| > r$.

Dann gibt es eine eindeutig bestimmte holomorphe Fortsetzung $\hat{f}$ von f nach $X - A$, so daß $(A, \hat{f})$ eine meromorphe Funktion ist.

Beweis: Sei $x_0 \in X - Y$. Nach Voraussetzung gibt es eine Umgebung $U(x_0) \subset X$ und holomorphe Funktionen g, h auf U, die in x_0 teilerfremd sind, so daß $g(x) = f(x) \cdot h(x)$ für $x \in U \cap Y$ ist.
Ist $h(x_0) \neq 0$, so ist $\frac{g}{h}$ in einer Umgebung von x_0 beschränkt. Also liegt x_0 nicht in A.
Ist $h(x_0) = 0$ und $g(x_0) \neq 0$, so ist klar, daß $f = \frac{g}{h}$ in der Nähe von x_0 beliebig hohe Werte annimmt. Aber auch wenn $h(x_0) = g(x_0) = 0$ ist, bleibt f in der Nähe von x_0 nicht beschränkt, nach Satz 3.12. Also liegt x_0 in A.
Damit ist $A \cap U = \{x \in U : h(x) = 0\}$.
Auf $U - A$ wird f durch $\frac{g}{h}$ holomorph fortgesetzt. Man kann diese Konstruktion in jedem Punkt von $X - Y$ durchführen. Da Y dicht in X liegt, ist wegen des Identitätssatzes die lokale Fortsetzung stets schon durch f eindeutig bestimmt, und man erhält eine globale holomorphe Fortsetzung $\hat{f}$ von f nach $X - A$. Aus der Konstruktion folgt unmittelbar, daß $(A, \hat{f})$ eine meromorphe Funktion ist. ♦

Satz 3.13 kann man heranziehen, um Summe und Produkt von meromorphen Funktionen zu definieren:

Sind (A, f), (A', f') meromorphe Funktionen auf X, so ist $Y := X - (A \cup A')$ offen und dicht in X, und in jedem Punkt von $A \cup A'$ kann man $f + f'$ und $f \cdot f'$ als gekürzten Bruch zweier holomorpher Funktionen schreiben. Es gibt analytische Mengen $A_1, A_2 \subset X$ und meromorphe Funktionen (A_1, f_1) bzw. (A_2, f_2) auf X mit $A_1, A_2 \subset A \cup A'$ und $f_1 | Y = f + f'$, $f_2 | Y = f \cdot f'$.
Man setzt
$$(A, f) + (A', f') := (A_1, f_1)$$
$$(A, f) \cdot (A', f') := (A_2, f_2)$$

Ist X zusammenhängend, so bilden die meromorphen Funktionen auf X einen Körper. Jede holomorphe Funktion f auf X kann man auch als meromorphe Funktion $(\emptyset, f)$ auffassen.

Beispiele: 1) Sei $X = \mathbb{C} \cup \{\infty\}$ die Riemannsche Zahlenkugel, mit den kanonischen Koordinaten $\psi_1 : X_1 \to \mathbb{C}$, $\psi_2 : X_2 \to \mathbb{C}$ (vgl. Abschnitt D, Satz 3.9).

Weiter seien p und q zwei teilerfremde Polynome aus $\mathbb{C}[z]$, $N_q := \{x \in X_1 : q(x) = 0\}$. Dann ist $Y := X_1 - N_q$ eine offene dichte Teilmenge von X, und $f(x) := \frac{p(x)}{q(x)}$ definiert eine holomorphe Funktion f auf Y.

$$\text{Es sei } P := \begin{cases} \{\infty\}, & \text{falls } \operatorname{grad}(q) < \operatorname{grad}(p) \\ \emptyset, & \text{falls } \operatorname{grad}(q) \geqslant \operatorname{grad}(p) \end{cases}, \quad A := N_q \cup P.$$

Wir zeigen, daß es eine holomorphe Funktion $\hat{f}$ auf X - A mit $\hat{f}|Y = f$ gibt, so daß $(A,\hat{f})$ meromorph auf X ist. Dazu bleibt nur noch nachzuweisen, daß es eine Umgebung $U(\infty) \subset X$ und holomorphe Funktionen g,h auf U mit $\frac{g}{h}|U \cap Y = f|U \cap Y$ gibt. Hieraus folgt, da $A = \{x \in X : f \text{ ist in keiner Umgebung von } x \text{ beschränkt}\}$ ist, mit Satz 3.13 die Existenz von $\hat{f}$ mit den gewünschten Eigenschaften.

Es sei nun $U := \{x \in X_2 : p(x) \neq 0,\ q(x) \neq 0\}$, $g := \frac{1}{q}$ und $h := \frac{1}{p}$ auf $U - \{\infty\}$, sowie $g(\infty) = h(\infty) := 0$. Damit sind g,h stetige Funktionen auf U.

$\tilde{p} := g \circ \psi_2^{-1}$, $\tilde{q} := h \circ \psi_2^{-1}$ sind stetig auf $\psi_2(U)$ und holomorph außerhalb des Nullpunktes. Nach dem Riemannschen Hebbarkeitssatz sind $\tilde{p}, \tilde{q}$ dann sogar auf ganz $\psi_2(U)$ holomorph, und mithin auch g,h auf U. Außerdem stimmen $\frac{g}{h}$ und f auf $U \cap Y$ überein. Damit ist alles gezeigt.

Die meromorphe Funktion $(A,\hat{f})$ bezeichnet man auch kurz mit $\frac{p}{q}$, da die Werte wie auch die Polstellen von f durch p und q bereits eindeutig festgelegt sind.

2) Sei $X = \mathbb{C}^2$, $A := \{(z_1,z_2) \in \mathbb{C}^2 : z_2 = 0\}$. Dann ist $f(z_1,z_2) := \frac{z_1}{z_2}$ eine holomorphe Funktion auf X - A und (A,f) eine meromorphe Funktion auf X.

Für $\mathfrak{z}_0 = (z_1^{(0)}, 0) \in A$ setze man etwa $\mathfrak{z}_n := \left(z_1^{(0)} + \frac{1}{n}, \frac{1}{n^2}\right)$. Dann strebt die Punktfolge $\mathfrak{z}_n$ (außerhalb A) gegen $\mathfrak{z}_0$, und die Werte $f(\mathfrak{z}_n) = z_1^{(0)} \cdot n^2 + n$ sind (bei beliebigem $z_1^{(0)}$) unbeschränkt. An der Stelle $\mathfrak{z}_0 = 0$ tritt der im Eindimensionalen nicht mögliche Fall einer "Unbestimmtheitsstelle" auf: Zähler und Nenner verschwinden gleichzeitig. Die Funktion nimmt in beliebiger Nähe der Unbestimmtheitsstelle jeden Wert an.

3) Sei $\mathfrak{z}_0 \in \mathbb{C}^n - \{0\}$ ein fest gewählter Vektor, $G = G(\mathfrak{z}_0)$.

Ist $\mathfrak{z} \in G$, so ist auch $\rho^k \mathfrak{z} \in G$. Man kann daher auch G nach Γ_H dividieren. $T = G/\Gamma_H$ ist ein 1-dimensionaler komplexer Torus und zugleich eine Untermannigfaltigkeit von H.

Ist f eine meromorphe Funktion auf H, so ist auch $f \circ \pi_H$ meromorph auf $\mathbb{C}^n - \{0\}$. Für $n \geqslant 2$ gibt es nun einen Kontinuitätssatz für meromorphe Funktionen, der im vorliegenden Fall aussagt, daß $f \circ \pi_H$ zu einer meromorphen Funktion $\hat{f}$ auf $\mathbb{C}^n$ fortgesetzt werden kann. Natürlich ist $\hat{f}|G$ dann ebenfalls meromorph. Wäre $\mathfrak{z}_0$ eine Polstelle von $\hat{f}|G$, so wären auch alle Punkte $\rho^k \mathfrak{z}_0 \in G$ Polstellen von $\hat{f}|G$, und diese Punkte häufen sich im Nullpunkt. Da das nicht sein kann, muß $\hat{f}|G \equiv \infty$ oder $\hat{f}|G$ holomorph sein.

Ist $\hat{f}|G$ holomorph, so ist $f|T$ holomorph, also konstant (da T kompakt ist). Die Untermannigfaltigkeiten $T \subset H$ sind gerade die Fasern der holomorphen Abbildung $h: H \to \mathbb{P}^{n-1}$. Man kann deshalb zeigen, daß es eine meromorphe Funktion g auf $\mathbb{P}^{n-1}$ mit $g \circ h = f$ gibt. Mit anderen Worten: auf der n-dimensionalen Mannigfaltigkeit H gibt es nicht "mehr" meromorphe Funktionen als auf der (n-1)-dimensionalen Mannigfaltigkeit $\mathbb{P}^{n-1}$.

Def. 3.5: Eine n-dimensionale kompakte komplexe Mannigfaltigkeit heißt projektiv-algebraisch, wenn es ein $N \in \mathbb{N}$ und eine singularitätenfreie analytische Teilmenge $A \subset \mathbb{P}^N$ der Codimension N-n gibt, so daß $X \simeq A$ ist.

Nach einem Satz von Chow ist jede projektiv-algebraische Mannigfaltigkeit bereits "algebraisch" in dem Sinne, daß man sie durch Polynom-Gleichungen beschreiben kann. Ferner gilt:

Satz 3.14: Sei X eine projektiv-algebraische Mannigfaltigkeit. Dann gibt es zu beliebigen Punkten $x_1, x_2 \in X$ mit $x_1 \neq x_2$ stets eine meromorphe Funktion f auf X, die in x_1, x_2 holomorph ist, und für die gilt: $f(x_1) \neq f(x_2)$.

Auf projektiv-algebraischen Mannigfaltigkeiten gibt es also "viele" meromorphe Funktionen. Die Hopfsche Mannigfaltigkeit ist nicht projektiv-algebraisch. Man kann das auch auf topologischem Wege einsehen:
Für einen topologischen Raum X bezeichne $H_i(X, \mathbb{R})$ die i-te Homologiegruppe von X mit Koeffizienten in $\mathbb{R}$. Ist X eine 2n-dimensionale kompakte reelle Mannigfaltigkeit, so gilt:

$$B_i(X) := \dim_{\mathbb{R}} H_i(X, \mathbb{R}) \begin{cases} < \infty & \text{für } i = 0, \dots, 2n \\ = 0 & \text{für } i > 2n \end{cases}$$

Man nennt $B_i(X)$ die i-te Bettische Zahl, und ordnet X das "Bettische Polynom" $P(X) := \sum_{i=0}^{2n} B_i(X) t^i$ zu. Für kartesische Produkte gilt die Formel:

$$P(X \times Y) = P(X) \cdot P(Y).$$

Satz 3.15: Ist X eine projektiv-algebraische Mannigfaltigkeit, so gilt für die Bettischen Zahlen:

$$B_{2i+1}(X) \in 2\mathbb{Z},$$
$$B_{2i}(X) \neq 0.$$

Der Beweis wird innerhalb der Theorie der "Kählerschen Mannigfaltigkeiten" geführt. Der Satz liefert ein notwendiges Kriterium, welches für Hopf-Mannigfaltigkeiten nicht erfüllt ist: Man kann sich leicht überlegen, daß H homöomorph zu $S^{2n-1} \times S^1$ ist. Für Sphären S^k gilt aber, daß $P(S^k) = 1 + t^k$ ist. Daraus folgt:

$$P(H) = P(S^{2n-1}) \cdot P(S^1) = (1 + t^{2n-1}) \cdot (1 + t) = 1 + t + t^{2n-1} + t^{2n}.$$

Für $n \geqslant 2$ ist also $B_0(H) = 1, B_1(H) = 1$ und $B_2(H) = 0$.

Der n-dimensionale komplexe Torus T^n erfüllt dagegen die für projektiv-algebraische Mannigfaltigkeiten notwendige Bedingung:

Es ist $T^n \simeq \underbrace{S^1 \times \ldots \times S^1}_{2n\text{-mal}}$ (topologisch), also $P(T^n) = (1 + t)^{2n} = \sum_{i=0}^{2n} \binom{2n}{i} t^i$.

Damit ist $B_i(T^n) = \binom{2n}{i}$, und die Bedingung ist erfüllt. Trotzdem ist nicht jeder Torus projektiv-algebraisch. Es kommt dabei sehr wesentlich auf die Vektoren $c_1, \ldots, c_{2n}$ an, die den Torus definieren. Man kann zeigen, daß die sog. "Periodenrelationen" (in die nur die Vektoren $c_1, \ldots, c_{2n}$ eingehen) ein hinreichendes Kriterium liefern.

§ 4. Abschlüsse des $\mathbb{C}^n$

<u>Def. 4.1:</u> X und Y seien zusammenhängende n-dimensionale komplexe Mannigfaltigkeiten. Ist Y kompakt und $X \subset Y$ offen, so nennt man Y einen Abschluß von X.

<u>Beispiel:</u> Die Koordinatenumgebung $U_1 \subset \mathbb{P}^n$ ist isomorph zum $\mathbb{C}^n$. Deshalb ist der $\mathbb{P}^n$ ein Abschluß des $\mathbb{C}^n$. Wir übernehmen nun die Bezeichnungen von § 3, D.

Durch $f(\pi(1, z_2, \ldots, z_{n+1})) := \sum_{|\nu|=0}^{p} a_{\nu_2 \ldots \nu_{n+1}} z_2^{\nu_2} \ldots z_{n+1}^{\nu_{n+1}}$ (mit $a_{\nu_2 \ldots \nu_{n+1}} \in \mathbb{C}$ und $|\nu| := \nu_2 + \ldots + \nu_{n+1}$) wird auf $U_1 = \mathbb{C}^n$ eine holomorphe Funktion f definiert.

Ist $x = \pi(1, z_2, \ldots, z_{n+1}) = \pi(w_1, \ldots, 1, \ldots, w_{n+1}) \in U_1 \cap U_i$, so gilt:

$$z_2 = \frac{w_2}{w_1}, \ldots, z_i = \frac{1}{w_1}, \ldots, z_{n+1} = \frac{w_{n+1}}{w_1}.$$

Durch $f_i(\pi(w_1, \ldots, 1, \ldots, w_{n+1})) := \sum_{|\nu|=0}^{p} a_{\nu_2 \ldots \nu_{n+1}} \left(\frac{w_2}{w_1}\right)^{\nu_2} \ldots \left(\frac{1}{w_1}\right)^{\nu_i} \ldots \left(\frac{w_{n+1}}{w_1}\right)^{\nu_{n+1}}$ wird deshalb auf U_i eine meromorphe Funktion f_i mit $f_i | U_i \cap U_1 = f | U_i \cap U_1$ gegeben. $\hat{f}$ mit $\hat{f} | U_i := f_i$ ist dann eine meromorphe Funktion auf dem $\mathbb{P}^n$ mit $\hat{f} | \mathbb{C}^n = f$.

<u>Def. 4.2:</u> Sei Y ein Abschluß des $\mathbb{C}^n$. Y heißt ein regulärer Abschluß des $\mathbb{C}^n$, wenn sich jedes auf $\mathbb{C}^n$ definierte Polynom zu einer meromorphen Funktion auf Y fortsetzt.

Offensichtlich ist der $\mathbb{P}^n$ ein regulärer Abschluß des $\mathbb{C}^n$.

Satz 4.1: Ist Y ein regulärer Abschluß des $\mathbb{C}^n$, so ist $Y - \mathbb{C}^n$ eine analytische Menge der Codimension 1.

Beweis: $z_1, \ldots, z_n$ seien die Koordinaten im $\mathbb{C}^n$. Sie lassen sich nach Voraussetzung zu meromorphen Funktionen $f_1, \ldots, f_n$ auf Y fortsetzen.

Die Polstellenmenge P_i von f_i ist eine analytische Menge der Codimension 1, also auch $P := \bigcup_{i=1}^{n} P_i$. Es genügt daher zu zeigen, daß $Y - \mathbb{C}^n = P$ ist.

Sei $\mathfrak{z}_0 \in \partial\mathbb{C}^n \subset Y$. Dann gibt es eine Folge $(\mathfrak{z}_i)$ im $\mathbb{C}^n$ mit $\lim_{i\to\infty} \mathfrak{z}_i = \mathfrak{z}_0$.

Das bedeutet, daß $\left(z_k^{(i)}\right)$ unbeschränkt für wenigstens ein $k \in \{1, \ldots, n\}$ ist. Man kann eine Teilfolge $\left(z_k^{(\nu_i)}\right)$ mit $\lim_{i\to\infty} |z_k^{(\nu_i)}| = \infty$ finden. Also strebt $f_k(\mathfrak{z}_{\nu_i})$ für $i \to \infty$ gegen Unendlich, $\mathfrak{z}_0$ ist eine Polstelle von f_k. Damit liegt $\mathfrak{z}_0$ in P, und da $\mathfrak{z}_0 \in \partial\mathbb{C}^n$ beliebig gewählt war, ist $\partial\mathbb{C}^n \subset P$.

Eine analytische Menge der Codimension 1 kann eine Mannigfaltigkeit nicht zerlegen, d.h. $Y - P$ ist zusammenhängend. Es gibt also zu jedem Punkt $\mathfrak{z}_0 \in (Y - \mathbb{C}^n) - P$ einen Weg $\varphi : [0,1] \to Y - P$ mit $\varphi(0) = 0$ und $\varphi(1) = \mathfrak{z}_0$. Da ein solcher Weg stets den Rand $\partial\mathbb{C}^n$ trifft, muß $(Y - \mathbb{C}^n) - P = \emptyset$ sein. ♦

Bemerkung: Für $n \geqslant 2$ wurde von Bieberbach eine injektive holomorphe Abbildung $\beta : \mathbb{C}^n \to \mathbb{C}^n$ konstruiert, deren Funktionaldeterminante überall $= 1$ ist, und deren Bild $U := \beta(\mathbb{C}^n)$ die Eigenschaft hat, daß es in $\mathbb{C}^n - U$ noch innere Punkte gibt.

Man kann U als offene Teilmenge des $\mathbb{P}^n$ auffassen. Dann ist der $\mathbb{P}^n$ ein Abschluß von $\mathbb{C}^n \simeq U$, aber dieser Abschluß ist nicht regulär, da $\mathbb{P}^n - U$ innere Punkte enthält.

Eine 1-codimensionale analytische Menge kann keine inneren Punkte besitzen (Satz 2.6)!

Als weiteres Beispiel soll der Osgoodsche Abschluß des $\mathbb{C}^n$ betrachtet werden:

Es sei
$$\overline{\mathbb{C}}^n := \underbrace{\mathbb{P}^1 \times \ldots \times \mathbb{P}^1}_{n\text{-mal}}$$

Jeder Faktor $\mathbb{P}^1$ ist isomorph zur Riemannschen Zahlenkugel, und man hat dort die kanonischen Koordinaten ψ_1, ψ_2. Durch $U_{\nu_1\ldots\nu_n} := U_{\nu_1} \times \ldots \times U_{\nu_n}$ und $\psi_{\nu_1\ldots\nu_n} := \psi_{\nu_1} \times \ldots \times \psi_{\nu_n} : U_{\nu_1\ldots\nu_n} \to \mathbb{C}^n$ (mit $\nu_\lambda \in \{1,2\}$) erhält man Koordinaten auf $\overline{\mathbb{C}}^n$.

$\overline{\mathbb{C}}^n$ ist kompakt und $\mathbb{C}^n \simeq U_{1\ldots1} \subset \overline{\mathbb{C}}^n$ ist eine offene Teilmenge. Also ist $\overline{\mathbb{C}}^n$ ein Abschluß des $\mathbb{C}^n$, und man kann unmittelbar einsehen, daß dieser Abschluß regulär ist.

Ist Y ein Abschluß des $\mathbb{C}^n$, so nennt man die Elemente von $Y - \mathbb{C}^n$ "unendlich-ferne Punkte". In Spezialfällen kann man die Menge der unendlich-fernen Punkte noch genauer beschreiben:

1) Sei $Y = \mathbb{P}^n$ der gewöhnliche projektive Abschluß des $\mathbb{C}^n$. Dann ist $\mathbb{C}^n \simeq U_1 =$
$= \pi\left(\left\{(1, z_2, \dots, z_{n+1}) \in \mathbb{C}^{n+1}\right\}\right) = \pi\left(\left\{(z_1, \dots, z_{n+1}) \in \mathbb{C}^{n+1} : z_1 \neq 0\right\}\right)$, also $\mathbb{P}^n - \mathbb{C}^n =$
$= \pi\left(\left\{(0, z_2, \dots, z_{n+1}) \in \mathbb{C}^{n+1} - \{0\}\right\}\right)$, und diese Menge ist isomorph zum $\mathbb{P}^{n-1}$.

2) Sei $Y = \overline{\mathbb{C}}^n$ der Osgoodsche Abschluß des $\mathbb{C}^n$. Dann ist $\mathbb{C}^n \simeq U_{1\dots 1} = U_1 \times \dots \times U_1$ und $\overline{\mathbb{C}}^n - \mathbb{C}^n = \left\{(x_1, \dots, x_n) \in \mathbb{P}^1 \times \dots \times \mathbb{P}^1 : \text{Es gibt ein } i \text{ mit } x_i \notin U_1\right\} =$
$= \left\{(x_1, \dots, x_n) \in \mathbb{P}^1 \times \dots \times \mathbb{P}^1 : \text{Es gibt ein } i \text{ mit } x_i = \infty\right\} = (\{\infty\} \times \mathbb{P}^1 \times \dots \times \mathbb{P}^1) \cup$
$\cup \dots \cup (\mathbb{P}^1 \times \dots \times \mathbb{P}^1 \times \{\infty\})$.

Im ersten Fall ist die Menge der unendlich-fernen Punkte singularitätenfrei von der Codimension 1, im zweiten Fall ist sie endliche Vereinigung von singularitätenfreien analytischen Teilmengen der Codimension 1, von denen jede isomorph zu $\overline{\mathbb{C}}^{n-1}$ ist.

Für $n = 1$ gilt: $\overline{\mathbb{C}} = \mathbb{P}^1$. Man kann beweisen, daß es im 1-dimensionalen Fall nur diesen Abschluß gibt.

Für $n = 2$ gilt: $\overline{\mathbb{C}}^2 - \mathbb{C}^2 = (\{\infty\} \times \mathbb{P}^1) \cup (\mathbb{P}^1 \times \{\infty\})$,
mit $(\{\infty\} \times \mathbb{P}^1) \cap (\mathbb{P}^1 \times \{\infty\}) = \{(\infty, \infty)\}$.
Die analytische Menge $\overline{\mathbb{C}}^2 - \mathbb{C}^2$ hat im Punkt (∞, ∞) eine Singularität, wie man sich leicht anschaulich klar machen kann.

Def. 4.3: X und Y seien zusammenhängende n-dimensionale komplexe Mannigfaltigkeiten, $M \subset X$ und $N \subset Y$ seien echte abgeschlossene Teilmengen, $\pi : X - M \to Y - N$ sei eine biholomorphe Abbildung.
Dann heißt (X, M, π, N, Y) eine Modifikation.

Zum Beispiel ist $\left(\mathbb{P}^n, \mathbb{P}^{n-1}, \mathrm{id}_{\mathbb{C}^n}, \overline{\mathbb{C}}^n - \mathbb{C}^n, \overline{\mathbb{C}}^n\right)$ eine Modifikation. Man kann also Modifikationen dazu verwenden, Übergänge zwischen verschiedenen Abschlüssen des $\mathbb{C}^n$ zu beschreiben.

Def. 4.4: Sei $\varphi : X \to Y$ eine holomorphe Abbildung zwischen zusammenhängenden komplexen Mannigfaltigkeiten, $\dim X = n$ und $\dim Y = m$. Dann heißt
$E(\varphi) := \left\{x \in X : \dim_x(\varphi^{-1}(\varphi(x))) > n-m\right\}$ die Entartungsmenge von φ.

Ist $\dim X = \dim Y$, so ist, wie sich zeigen läßt, $E(\varphi) = \{x \in X : x \text{ ist nicht isolierter Punkt von } \varphi^{-1}(\varphi(x))\}$. Von Remmert wurden die beiden folgenden Sätze bewiesen:

Satz 4.2: Ist $\varphi : X \to Y$ eine holomorphe Abbildung zwischen zusammenhängenden komplexen Mannigfaltigkeiten, so ist $E(\varphi)$ eine analytische Teilmenge von X.

Satz 4.3 (Projektionssatz): Ist $\varphi: X \to Y$ eine eigentliche holomorphe Abbildung zwischen komplexen Mannigfaltigkeiten und $M \subset X$ eine analytische Teilmenge, so ist auch $\varphi(M) \subset Y$ analytisch.

Def. 4.5: Eine Modifikation (X, M, π, N, Y) heißt eigentlich, wenn sich π zu einer eigentlichen holomorphen Abbildung $\hat{\pi}: X \to Y$ fortsetzen läßt, so daß $M = E(\hat{\pi})$ ist.

Satz 4.4: Sei (X, M, π, N, Y) eine eigentliche Modifikation, $\hat{\pi}: X \to Y$ eine Fortsetzung von π im Sinne von Def. 4.5. Dann sind M und N analytische Mengen, und es gilt: $\hat{\pi}(M) = N$.

Beweis: Nach Satz 4.2 ist $M = E(\hat{\pi})$ analytisch, nach Satz 4.3 ist $N^* := \hat{\pi}(M)$ analytisch. Es bleibt zu zeigen, daß $N = N^*$ ist:

1) Es gebe etwa ein $y_0 \in N^* - N$. Wir setzen $x_0 := \pi^{-1}(y_0) \in X - M$ und wählen ein $x_0^* \in M$ mit $\hat{\pi}(x_0^*) = y_0$. Dann kann man offene Umgebungen $U(x_0), V(x_0^*)$ und $W(y_0)$ finden, so daß gilt:

a) $U \cap V = \emptyset$

b) $W \subset Y - N$

c) $\pi(U) = W$

d) $\hat{\pi}(V) \subset W$

Daraus folgt aber: $V - M \subset X - M$ ist offen und nicht leer, $\pi(V - M) = \hat{\pi}(V - M)$ liegt in W. Also ist $V - M = \pi^{-1}\pi(V - M) \subset \pi^{-1}(W) = U$. Das ist ein Widerspruch, es ist $N^* \subset N$.

2) $Y - N$ ist offen und nicht leer, es gibt also zu jedem Punkt $y_0 \in \partial(Y - N)$ eine Folge (y_i) in $Y - N$ mit $\lim_{i \to \infty} y_i = y_0$. Die Menge $K := \{y_0, y_1, y_2, \dots\}$ ist kompakt, und da $\hat{\pi}$ eigentlich ist, ist auch $K^* := \hat{\pi}^{-1}(K)$ kompakt. K^* enthält insbesondere die eindeutig bestimmten Punkte $x_i \in X - M$ mit $\pi(x_i) = y_i$. Man kann eine Teilfolge (x_{ν_i}) von (x_i) finden, die gegen einen Punkt $x_0 \in K^*$ konvergiert. Da $\hat{\pi}$ stetig ist, muß $\hat{\pi}(x_0) = y_0$, also $x_0 \in M$ und $y_0 \in \hat{\pi}(M) = N^*$ sein. Damit ist gezeigt, daß $\partial(Y - N)$ in N^* liegt.

Wenn es einen Punkt $y_0 \in N - N^*$ gibt, so kann man - da N^* analytisch ist - y_0 durch einen ganz in $Y - N^*$ verlaufenden Weg mit einem Punkt $y_0^* \in Y - N$ verbinden. Jeder solche Weg trifft aber $\partial(Y - N)$, und damit N^*. Das ist ein Widerspruch, es ist $N \subset N^*$, mithin $N = N^*$. ◆

Der wichtigste Spezialfall ist der Hopfsche σ-Prozeß:

Satz 4.5: Sei $G \subset \mathbb{C}^n$ ein Gebiet mit $0 \in G$, $\pi: \mathbb{C}^n - \{0\} \to \mathbb{P}^{n-1}$ die natürliche Projektion. Dann ist $X := \{(\mathfrak{z}, x) \in (G - \{0\}) \times \mathbb{P}^{n-1} : x = \pi(\mathfrak{z})\} \cup (\{0\} \times \mathbb{P}^{n-1})$ eine singularitätenfreie analytische Menge der Codimension n-1 in $G \times \mathbb{P}^{n-1}$, also eine n-dimensionale komplexe Mannigfaltigkeit.

Beweis: $\varphi_i: U_i \to \mathbb{C}^{n-1}$ seien die kanonischen Koordinatensysteme des $\mathbb{P}^{n-1}$.

Ist $\mathfrak{z} = (z_1, \ldots, z_n) \in G - \{0\}$ und $x = \pi(\mathfrak{z}) \in U_1$, so ist $x = \pi\left(1, \frac{z_2}{z_1}, \ldots, \frac{z_n}{z_1}\right)$, also $w_\lambda(x) = \frac{z_{\lambda+1}}{z_1}$ für $\lambda = 1, \ldots, n-1$, wenn man die Koordinaten auf U_1 mit w_λ bezeichnet. Daraus folgt:

$$X \cap (G \times U_1) = \left\{(\mathfrak{z}, x) \in G \times U_1 : z_1 \neq 0,\ w_\lambda(x) = \frac{z_{\lambda+1}}{z_1} \text{ für } \lambda = 1, \ldots, n-1\right\} \cup (\{0\} \times U_1) =$$

$$= \{(z_1, \ldots, z_n; x) \in G \times U_1 : z_1 \cdot w_1(x) - z_2 = \ldots = z_1 \cdot w_{n-1}(x) - z_n = 0\}.$$

Für $U_2, \ldots, U_n$ erhält man eine analoge Darstellung. Also ist X eine analytische Menge in $G \times \mathbb{P}^{n-1}$.

Da offensichtlich $rg_{(\mathfrak{z},x)}(z_1 \cdot w_1 - z_2, \ldots, z_1 \cdot w_{n-1} - z_n) = n-1$ auf ganz U_1 ist und eine analoge Feststellung für $U_2, \ldots, U_n$ getroffen werden kann, ist X singularitätenfrei von der Codimension n-1. ◆

Satz 4.6: Sei $X \subset G \times \mathbb{P}^{n-1}$ die in Satz 4.5 beschriebene analytische Menge, $\varphi: X \to G$ die von der Produktprojektion $pr_1: G \times \mathbb{P}^{n-1} \to G$ induzierte holomorphe Abbildung, $\psi := \varphi|(X - (\{0\} \times \mathbb{P}^{n-1}))$. Dann ist $(X, \{0\} \times \mathbb{P}^{n-1}, \psi, \{0\}, G)$ eine eigentliche Modifikation. Sie wird der "σ-Prozeß" genannt.

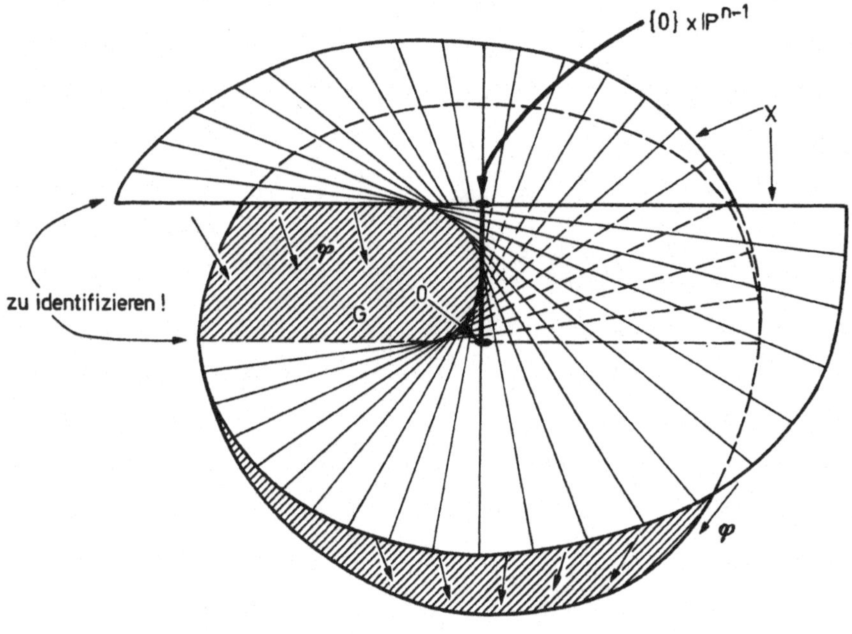

Fig. 24: Der Hopfsche σ-Prozeß.

Beweis: 1) $\psi' : G - \{0\} \to X - (\{0\} \times \mathbb{P}^{n-1})$ mit $\psi'(\mathfrak{z}) := (\mathfrak{z}, \pi(\mathfrak{z}))$ ist offensichtlich holomorph, und es gilt:

$$\psi \circ \psi'(\mathfrak{z}) = pr_1(\mathfrak{z}, \pi(\mathfrak{z})) = \mathfrak{z},$$

$$\psi' \circ \psi(\mathfrak{z}, x) = \psi' \circ \psi(\mathfrak{z}, \pi(\mathfrak{z})) = \psi'(\mathfrak{z}) = (\mathfrak{z}, \pi(\mathfrak{z})).$$

Also ist $\psi' = \psi^{-1}$, und $\psi : X - (\{0\} \times \mathbb{P}^{n-1}) \to G - \{0\}$ ist biholomorph.

2) φ ist eine holomorphe Fortsetzung von ψ, und es gilt:
$\varphi^{-1}(\mathfrak{z}) = \{(\mathfrak{z}, x) \in G \times \mathbb{P}^{n-1} : (\mathfrak{z}, x) \in X\} = \{(\mathfrak{z}, \pi(\mathfrak{z}))\}$ für $\mathfrak{z} \in G - \{0\}$, $\varphi^{-1}(0) = \{0\} \times \mathbb{P}^{n-1}$.
Also ist $E(\varphi) = \{0\} \times \mathbb{P}^{n-1} \simeq \mathbb{P}^{n-1}$.

3) Ist $K \subset G$ kompakt, so ist $K \times \mathbb{P}^{n-1}$ kompakt, und daher auch $\varphi^{-1}(K) = (K \times \mathbb{P}^{n-1}) \cap X$. Also ist φ eigentlich. ♦

Bemerkung: Anschaulich kann man den $\mathbb{P}^{n-1}$ als Menge aller Richtungen im $\mathbb{C}^n$ auffassen. Beim σ-Prozeß werden diese Richtungen in folgendem Sinne auseinandergezogen:

Nähert man sich in $G - \{0\}$ aus der Richtung $x_0 \in \mathbb{P}^{n-1}$ dem Nullpunkt - etwa auf einem Weg w - so nähert man sich auf dem hochgelifteten Weg $\psi^{-1} \circ w$ in $X - \mathbb{P}^{n-1}$ gerade dem Punkt $(0, x_0)$.

Man kann zeigen, daß der σ-Prozeß invariant gegenüber biholomorphen Abbildungen ist. Er läßt sich daher auch auf komplexen Mannigfaltigkeiten durchführen.

VI. Cohomologietheorie

§ 1. Die welke Cohomologie

In diesem Kapitel sollen die Methoden und Mittel der Garbentheorie auf die Theorie der komplexen Mannigfaltigkeiten angewandt werden. Die Verbindung wird mit Hilfe der Cohomologiegruppen hergestellt.

Es sei X stets eine n-dimensionale komplexe Mannigfaltigkeit und R ein kommutativer Ring mit 1. Ist $\mathcal{S}$ eine Garbe von R-Moduln über X und $U \subset X$ offen, so bezeichnet man mit $\hat{\Gamma}(U, \mathcal{S})$ die Menge aller Abbildungen $s : U \to \mathcal{S}$ mit $\pi \circ s = id_U$ (wobei $\pi : \mathcal{S} \to X$ die Garbenprojektion ist). Man kann von "verallgemeinerten Schnittflächen" sprechen. Offensichtlich ist $\Gamma(U, \mathcal{S})$ ein R-Untermodul von $\hat{\Gamma}(U, \mathcal{S})$.

Ist $\varphi : \mathcal{S}_1 \to \mathcal{S}_2$ ein Homomorphismus von R-Modul-Garben, so ist $\varphi_* : \hat{\Gamma}(U, \mathcal{S}_1) \to \hat{\Gamma}(U, \mathcal{S}_2)$ mit $\varphi_*(s) := \varphi \circ s$ ein Homomorphismus von R-Moduln.

<u>Satz 1.1:</u> $(\hat{\Gamma}_U : \mathcal{S} \rightsquigarrow \hat{\Gamma}(U, \mathcal{S}), \varphi \rightsquigarrow \varphi_*)$ ist ein exakter kovarianter Funktor von der Kategorie der R-Modul-Garben über X in die Kategorie der R-Moduln. Es gilt also:

1) Ist $\mathcal{S}$ eine R-Modul-Garbe, so ist $\hat{\Gamma}(U, \mathcal{S})$ ein R-Modul,

2) Ist $\varphi : \mathcal{S}_1 \to \mathcal{S}_2$ ein Homomorphismus von R-Modul-Garben, so ist $\varphi_* : \hat{\Gamma}(U, \mathcal{S}_1) \to \hat{\Gamma}(U, \mathcal{S}_2)$ ein Homomorphismus von R-Moduln.

3) a) $(id_{\mathcal{S}})_* = id_{\hat{\Gamma}(U, \mathcal{S})}$

b) $(\varphi \circ \psi)_* = \varphi_* \circ \psi_*$

4) Ist $\mathcal{S}_1 \xrightarrow{\psi} \mathcal{S}_2 \xrightarrow{\varphi} \mathcal{S}_3$ eine exakte Sequenz von R-Modul-Garben, so ist $\hat{\Gamma}(U, \mathcal{S}_1) \xrightarrow{\psi^*} \hat{\Gamma}(U, \mathcal{S}_2) \xrightarrow{\varphi^*} \hat{\Gamma}(U, \mathcal{S}_3)$ eine exakte Sequenz von R-Moduln.

Der Beweis ist völlig trivial.

Ist $U \subset X$ offen, so setze man $M_U := \hat{\Gamma}(U, \mathcal{S})$, sind $U, V \subset X$ offen mit $V \subset U$, so definiere man $r_V^U : M_U \to M_V$ durch $r_V^U(s) := s | V$.

Dann ist $\{M_U, r_V^U\}$ ein Garbendatum. Die zugehörige Garbe sei mit $W(\mathcal{S})$ bezeichnet.

Satz 1.2: 1) Die kanonische Abbildung $r : M_U \to \Gamma(U, W(\mathcal{S}))$ ist ein R-Modul-Isomorphismus.

2) Die kanonischen Injektionen $i_U : \Gamma(U, \mathcal{S}) \hookrightarrow \hat{\Gamma}(U, \mathcal{S})$ induzieren einen injektiven Garbenhomomorphismus $\varepsilon : S \to W(\mathcal{S})$ mit $\varepsilon_* | \Gamma(U, \mathcal{S}) = r \circ i_U$.

Beweis: 1) beweist man genauso wie Satz 2.3 in Kap. IV.

2) Es gilt offensichtlich für $s \in \Gamma(U, \mathcal{S})$: $i_U(s)|V = i_V(s|V)$.

Identifiziert man die von $\left\{\Gamma(U, \mathcal{S}), r_V^U\right\}$ induzierte Garbe mit der Garbe $\mathcal{S}$, so folgt aus Satz 2.1 von Kap. IV:

Es gibt genau einen Garbenmorphismus $\varepsilon : \mathcal{S} \to W(\mathcal{S})$ mit $\varepsilon_*(s) = ri_U(s)$ für $s \in \Gamma(U, \mathcal{S})$. Ist $\sigma \in \mathcal{S}_x$ und $\varepsilon(\sigma) = \mathbf{0}_x$, so gibt es eine Umgebung $U(x) \subset X$ und ein $s \in \Gamma(U, \mathcal{S})$ mit $s(x) = \sigma$. Also ist $\mathbf{0}_x = \varepsilon(\sigma) = \varepsilon \circ s(x) = \varepsilon_*(s)(x) = ri_U(s)(x)$, mit $ri_U(s) \in \Gamma(U, W(\mathcal{S}))$ Dann gibt es eine Umgebung $V(x) \subset U$ mit $ri_U(s)|V = \mathbf{0}$, also $i_U(s)|V = 0$, wegen 1), und dann ist natürlich $s|V = \mathbf{0}$, also $\sigma = s(x) = \mathbf{0}_x$. ♦

Sei $\varphi : \mathcal{S}_1 \to \mathcal{S}_2$ ein Garbenhomomorphismus. Dann gilt für offene Mengen $U, V \subset X$ mit $U \subset V$ und $s \in \hat{\Gamma}(U, \mathcal{S}_1)$: $\varphi_*(s)|V = \varphi_*(s|V)$. Nach Satz 2.1 aus Kap. IV wird daher durch φ genau ein Garbenhomomorphismus $W\varphi : W(\mathcal{S}_1) \to W(\mathcal{S}_2)$ mit $(W\varphi)_*(rs) = r(\varphi_*(s))$ induziert.

Es sei $s \in \Gamma(U, \mathcal{S}_1)$. Sind $\varepsilon_\lambda : \mathcal{S}_\lambda \hookrightarrow W(\mathcal{S}_\lambda)$ die kanonischen Injektionen (für $\lambda = 1,2$), so gilt: $(W\varphi) \circ \varepsilon_1 \circ s = (W\varphi)_*\left(ri_U^{(1)}(s)\right) = r\left(\varphi_*\left(i_U^{(1)}(s)\right)\right) = r\left(i_U^{(2)}(\varphi_* s)\right) = \varepsilon_2 \circ \varphi \circ s$.

Daraus folgt: $(W\varphi) \circ \varepsilon_1 = \varepsilon_2 \circ \varphi$.

Def. 1.1: Sei $\mathcal{S}$ eine Garbe von R-Moduln über X. $\mathcal{S}$ heißt welk, wenn für jede offene Menge $U \subset X$ gilt:

$$r_U^X : \Gamma(X, \mathcal{S}) \to \Gamma(U, \mathcal{S}) \text{ ist surjektiv.}$$

Satz 1.3: Ist $\mathcal{S}$ eine Garbe von R-Moduln über X, so ist $W(\mathcal{S})$ eine welke Garbe.

Beweis: Man kann $\Gamma(U, W(\mathcal{S}))$ mit $\hat{\Gamma}(U, \mathcal{S})$ identifizieren. Ist $s \in \hat{\Gamma}(U, \mathcal{S})$, so definiert man $s^* \in \hat{\Gamma}(X, \mathcal{S})$ durch

$$s^*(x) := \begin{cases} s(x) & \text{für } x \in U \\ 0 & \text{für } x \in X - U . \end{cases}$$

Offensichtlich ist $r_U^X s^* = s$. ♦

Satz 1.4: $(W : \mathcal{S} \rightsquigarrow W(\mathcal{S}), \varphi \rightsquigarrow W\varphi)$ ist ein exakter kovarianter Funktor von der Kategorie der R-Modul-Garben über X in sich.

Beweis: 1) Es seien $\psi : \mathcal{S}_1 \to \mathcal{S}, \varphi : \mathcal{S} \to \mathcal{S}_2$ Garbenhomomorphismen und $s \in \Gamma(U, \mathcal{S}_1)$. Dann gilt: $W(\varphi \circ \psi) \circ rs = r((\varphi \circ \psi)_* s) = r(\varphi_*(\psi_* s)) = W\varphi \circ (r(\psi_* s)) = W\varphi \circ W\psi \circ rs$.

2) $W(id_{\mathcal{S}}) \circ rs = r((id_{\mathcal{S}})_* s) = rs$, für $s \in \Gamma(U, \mathcal{S})$.

3) Sei $\mathcal{S}_1 \xrightarrow{\psi} \mathcal{S} \xrightarrow{\varphi} \mathcal{S}_2$ exakt.

a) Es ist $W\varphi \circ W\psi = W(\varphi \circ \psi) = W(0) = 0$.

b) Sei $\sigma \in W(\mathcal{S})_x$ und $W\varphi(\sigma) = \mathbf{0}_x$. Dann gibt es eine Umgebung $U(x) \subset X$ und ein $s \in \hat{\Gamma}(U, \mathcal{S})$ mit $rs(x) = \sigma$, also $W\varphi \circ rs(x) = \mathbf{0}_x$.
Es gibt daher eine Umgebung $V(x) \subset U$ mit $\mathbf{0} = W\varphi \circ rs|V = r(\varphi \circ s)|V$, also $(\varphi \circ s)|V = \mathbf{0}$. Punktweise kann man ein $s_1 \in \hat{\Gamma}(V, \mathcal{S}_1)$ mit $\psi \circ s_1 = s|V$ konstruieren. Dann ist $W\psi \circ rs_1 = r(\psi \circ s_1) = rs|V$, also $W\psi(rs_1(x)) = \sigma$. ♦

Def. 1.2: Sei $\mathcal{S}$ eine Garbe von R-Moduln. Eine Auflösung von $\mathcal{S}$ ist eine exakte Sequenz von Garben von R-Moduln:

$$0 \to \mathcal{S} \to \mathcal{S}_0 \to \mathcal{S}_1 \to \mathcal{S}_2 \to \dots$$

Sind die Garben $\mathcal{S}_0, \mathcal{S}_1, \mathcal{S}_2, \dots$ alle welk, so spricht man von einer welken Auflösung.

Jeder Garbe $\mathcal{S}$ soll nun eine kanonische welke Auflösung zugeordnet werden:

1) Die Sequenz $0 \to \mathcal{S} \xrightarrow{\varepsilon} W(\mathcal{S})$ ist exakt. Es sei $W_0(\mathcal{S}) := W(\mathcal{S})$

2) Es sei bereits eine exakte Sequenz $0 \to \mathcal{S} \to W_0(\mathcal{S}) \xrightarrow{d_0} \dots \xrightarrow{d_{l-1}} W_l(\mathcal{S})$ konstruiert, mit welken Garben $W_0(\mathcal{S}), W_1(\mathcal{S}), \dots, W_l(\mathcal{S})$. Dann gibt es eine Sequenz

$$W_l(\mathcal{S}) \xrightarrow{q} W_l(\mathcal{S})/\mathrm{Im}(d_{l-1}) \xhookrightarrow{j} W(W_l(\mathcal{S})/\mathrm{Im}(d_{l-1}))$$

Es sei $W_{l+1}(\mathcal{S}) := W(W_l(\mathcal{S})/\mathrm{Im}(d_{l-1}))$,

$d_l := j \circ q$.

Offensichtlich ist $\mathrm{Ker}(d_l) = \mathrm{Ker}(q) = \mathrm{Im}(d_{l-1})$, d.h., die verlängerte Sequenz $0 \to \mathcal{S} \to W_0(\mathcal{S}) \to \dots \to W_l(\mathcal{S}) \to W_{l+1}(\mathcal{S})$ bleibt exakt.

Damit ist durch vollständige Induktion eine exakte Sequenz $W_0(\mathcal{S}) \to W_1(\mathcal{S}) \to W_2(\mathcal{S}) \to \dots$ konstruiert. Als Abkürzung dafür schreibt man $\mathfrak{W}(\mathcal{S})$.

Die exakte Sequenz $0 \to \mathcal{S} \xrightarrow{\varepsilon} \mathfrak{W}(\mathcal{S})$ nennt man die kanonische welke Auflösung von $\mathcal{S}$.

Satz 1.5: Sei $\varphi : \mathcal{S}_1 \to \mathcal{S}_2$ ein Homomorphismus von Garben von R-Moduln über X. Dann gibt es kanonische Homomorphismen $W_i\varphi : W_i(\mathcal{S}_1) \to W_i(\mathcal{S}_2)$ mit $(W_{i+1}\varphi) \circ d_i = d_i \circ (W_i\varphi)$ für $i \in \mathbb{N}_0$ und $(W_0\varphi) \circ \varepsilon = \varepsilon \circ \varphi$.

Beweis: Wir wenden wieder vollständige Induktion an: Es sei $W_0\varphi := W\varphi$.

Ist $W_0\varphi, W_1\varphi, \dots, W_l\varphi$ bereits konstruiert, so ergibt sich folgendes kommutative Diagramm:

$$\begin{array}{ccccccc}
W_{l-1}(\mathcal{S}_1) & \xrightarrow{d_{l-1}} & W_l(\mathcal{S}_1) & \xrightarrow{q_1} & W_l(\mathcal{S}_1)/\mathrm{Im}(d_{l-1}) & \overset{j_1}{\hookrightarrow} & W_{l+1}(\mathcal{S}_1) \\
\Big\downarrow{\scriptstyle W_{l-1}\varphi} & & \Big\downarrow{\scriptstyle W_l\varphi} & & & & \\
W_{l-1}(\mathcal{S}_2) & \xrightarrow{d_{l-1}} & W_l(\mathcal{S}_2) & \xrightarrow{q_2} & W_l(\mathcal{S}_2)/\mathrm{Im}(d_{l-1}) & \overset{j_2}{\hookrightarrow} & W_{l+1}(\mathcal{S}_2)
\end{array}$$

Es kann ergänzt werden durch einen Homomorphismus

$$\psi : W_l(\mathcal{S}_1)/\mathrm{Im}(d_{l-1}) \to W_l(\mathcal{S}_2)/\mathrm{Im}(d_{l-1}) \text{ mit } \psi \circ q_1 = q_2 \circ W_l\varphi .$$

(Ist $q_1(\sigma) = \mathbf{0}$, so gibt es ein σ^* mit $d_{l-1}(\sigma^*) = \sigma$, also $W_l\varphi(\sigma) = d_{l-1} \circ (W_{l-1}\varphi)(\sigma^*)$, mithin $q_2 \circ W_l\varphi(\sigma) = \mathbf{0}$.)
Man definiert dann: $W_{l+1}\varphi := W\psi$.
Alle Diagramme bleiben kommutativ. ◆

Mit $\mathfrak{W}(\varphi)$ bezeichnet man das System der Homomorphismen $W_i\varphi$. Man kann $\mathfrak{W}(\varphi) : \mathfrak{W}(\mathcal{S}_1) \to \mathfrak{W}(\mathcal{S}_2)$ als "Homomorphismus zwischen welken Auflösungen" betrachten.

Offensichtlich gilt: $\mathfrak{W}(\mathrm{id}_{\mathcal{S}}) = \mathrm{id}_{\mathfrak{W}(\mathcal{S})}$,

$$\mathfrak{W}(\psi \circ \varphi) = \mathfrak{W}(\psi) \circ \mathfrak{W}(\varphi) .$$

($\mathfrak{W} : \mathcal{S} \rightsquigarrow \mathfrak{W}(\mathcal{S}),\ \varphi \rightsquigarrow \mathfrak{W}(\varphi)$) ist also ein kovarianter Funktor. Es soll darüber hinaus gezeigt werden, daß $\mathfrak{W}$ ein exakter Funktor ist. Dazu sind zunächst zwei Hilfssätze nötig:

Hilfssatz 1: Das folgende Diagramm von Garben von R-Moduln sei kommutativ, habe exakte Zeilen und Spalten, und außerdem sei die Abbildung φ_0 surjektiv:

$$\begin{array}{ccccc}
 & & \mathcal{S}_1 & \xrightarrow{\varphi_0} & \mathcal{S}_2 \\
 & & \Big\downarrow{\scriptstyle \psi_1} & & \Big\downarrow{\scriptstyle \psi_2} \\
\mathcal{S}_3 & \xrightarrow{\varphi_1} & \mathcal{S}_4 & \xrightarrow{\varphi_2} & \mathcal{S}_5 \\
\Big\downarrow{\scriptstyle \psi_3} & & \Big\downarrow{\scriptstyle \psi_4} & & \Big\downarrow{\scriptstyle \psi_5} \\
\mathcal{S}_6 & \xrightarrow{\varphi_3} & \mathcal{S}_7 & \xrightarrow{\varphi_4} & \mathcal{S}_8 \\
 & & \Big\downarrow{\scriptstyle \psi_6} & & \\
 & & \mathcal{S}_9 & &
\end{array}$$

Ist $\sigma \in \mathcal{S}_6$ und $\psi_6 \circ \varphi_3(\sigma) = \mathbf{0}$, so gibt es ein $\hat{\sigma} \in \mathcal{S}_3$ mit $\varphi_3(\sigma - \psi_3(\hat{\sigma})) = \mathbf{0}$.

Beweis: Sei $\sigma_1 := \varphi_3(\sigma) \in \mathcal{S}_7$.

1) Wegen $\psi_6(\sigma_1) = \mathbf{0}$ gibt es ein $\sigma_2 \in \mathcal{S}_4$ mit $\psi_4(\sigma_2) = \sigma_1$.

2) $\psi_5(\varphi_2(\sigma_2)) = \varphi_4(\psi_4(\sigma_2)) = \varphi_4(\varphi_3(\sigma)) = \mathbf{0}$, also gibt es ein $\sigma_3 \in \mathcal{S}_2$ mit $\psi_2(\sigma_3) = \varphi_2(\sigma_2)$, und es existiert ein $\sigma_4 \in \mathcal{S}_1$ mit $\varphi_0(\sigma_4) = \sigma_3$.

3) $\varphi_2 \circ \psi_1(\sigma_4) = \psi_2 \circ \varphi_0(\sigma_4) = \varphi_2(\sigma_2)$, also $\varphi_2(\sigma_2 - \psi_1(\sigma_4)) = \mathbf{0}$. Mithin gibt es ein $\sigma_5 \in \mathcal{S}_3$ mit $\varphi_1(\sigma_5) = \sigma_2 - \psi_1(\sigma_4)$.

4) Sei $\hat{\sigma} := \sigma_5$.
Es ist $\varphi_3(\sigma - \psi_3(\hat{\sigma})) = \varphi_3(\sigma) - \psi_4 \circ \varphi_1(\sigma_5) = \varphi_3(\sigma) - \psi_4(\sigma_2) = \varphi_3(\sigma) - \sigma_1 = \mathbf{0}$, basta!

<u>Hilfssatz 2:</u> In der Sequenz $\mathcal{S}_1 \xrightarrow{\varphi_1} \mathcal{S}_2 \xrightarrow{\varphi_2} \mathcal{S}_3 \xrightarrow{\varphi_3} \mathcal{S}_4 \xhookrightarrow{\varphi_4} \mathcal{S}_5$ sei φ_1 surjektiv, φ_4 injektiv und $\operatorname{Ker}\varphi_3 = \operatorname{Im}\varphi_2$.

Dann ist $\mathcal{S}_1 \xrightarrow{\varphi_2 \circ \varphi_1} \mathcal{S}_3 \xrightarrow{\varphi_4 \circ \varphi_3} \mathcal{S}_5$ exakt.

<u>Beweis:</u> Es ist $\operatorname{Im}(\varphi_2 \circ \varphi_1) = \operatorname{Im}\varphi_2 = \operatorname{Ker}\varphi_3 = \operatorname{Ker}(\varphi_4 \circ \varphi_3)$. ◆

<u>Satz 1.6:</u> $\mathfrak{W}$ ist ein exakter Funktor.

<u>Beweis:</u> 1) Sei $0 \to \mathcal{S}' \to \mathcal{S} \to \mathcal{S}'' \to 0$ exakt.
Durch vollständige Induktion zeigen wir, daß $0 \to W_l(\mathcal{S}') \to W_l(\mathcal{S}) \to W_l(\mathcal{S}'') \to 0$ exakt ist:

Für $l = 0$ ist das in Satz 1.4 schon bewiesen. Es sei also $l \geqslant 1$. Wir betrachten den Fall $l = 1$, der allgemeine Fall läßt sich völlig analog dazu behandeln.

Folgendes Diagramm ist kommutativ:

$$\begin{array}{ccccccccc}
 & & 0 & \longrightarrow & 0 & \longrightarrow & 0 & \longrightarrow & 0 \\
 & & \downarrow & & \downarrow & & \downarrow & & \downarrow \\
0 & \longrightarrow & \mathcal{S}' & \xhookrightarrow{\varphi_1'} & \mathcal{S} & \xrightarrow{\varphi_1''} & \mathcal{S}'' & \longrightarrow & 0 \\
 & & \downarrow{\scriptstyle \psi_1'} & & \downarrow{\scriptstyle \psi_1} & & \downarrow{\scriptstyle \psi_1''} & & \downarrow \\
0 & \longrightarrow & W_0(\mathcal{S}') & \xhookrightarrow{\varphi_2'} & W_0(\mathcal{S}) & \xrightarrow{\varphi_2''} & W_0(\mathcal{S}'') & \longrightarrow & 0 \\
 & & \downarrow{\scriptstyle \psi_2'} & & \downarrow{\scriptstyle \psi_2} & & \downarrow{\scriptstyle \psi_2''} & & \downarrow \\
0 & \longrightarrow & \mathfrak{D}' & \xrightarrow{\varphi_3'} & \mathfrak{D} & \xrightarrow{\varphi_3''} & \mathfrak{D}'' & \longrightarrow & 0
\end{array}$$

(mit $\mathfrak{D} := W_0(\mathcal{S})/\mathcal{S}$, $\mathfrak{D}'$ und $\mathfrak{D}''$ entsprechend)

Alle Spalten und die drei oberen Zeilen sind exakt.

a) Da φ_2'' und ψ_2'' surjektiv sind, ist auch φ_3'' surjektiv.

b) Da ψ_2' surjektiv und $\varphi_2'' \circ \varphi_2' = 0$ ist, ist auch $\varphi_3'' \circ \varphi_3' = 0$.

c) Sei $\sigma \in \mathfrak{D}$ mit $\varphi_3''(\sigma) = \mathbf{0}$. Dann gibt es ein $\sigma^* \in W_0(\mathcal{S})$ mit $\psi_2(\sigma^*) = \sigma$, also $\psi_2'' \circ \varphi_2''(\sigma^*) = \mathbf{0}$.

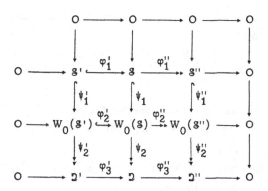

Nach Hilfssatz 1 existiert ein $\hat{\sigma} \in \mathcal{S}$ mit $\varphi_2''(\sigma^* - \psi_1(\hat{\sigma})) = 0$. Also gibt es ein $\sigma' \in W_0(\mathcal{S}')$ mit $\varphi_2'(\sigma') = \sigma^* - \psi_1(\hat{\sigma})$. Es folgt: $\psi_2'(\sigma') \in \mathfrak{D}'$ und $\varphi_3' \circ \psi_2'(\sigma') = \psi_2(\sigma^* - \psi_1(\hat{\sigma})) = \sigma$.

d) Sei $\sigma' \in \mathfrak{D}'$ mit $\varphi_3'(\sigma') = 0$. Dann gibt es ein $\sigma^* \in W_0(\mathcal{S}')$ mit $\psi_2'(\sigma^*) = \sigma'$, also $\psi_2 \circ \varphi_2'(\sigma^*) = 0$.
Nach Hilfssatz 1 existiert ein $\hat{\sigma} \in \mathcal{S}'$ mit $\varphi_2'(\sigma^* - \psi_1'(\hat{\sigma})) = 0$. Da φ_2' injektiv ist, folgt: $\sigma^* - \psi_1'(\hat{\sigma}) = 0$, mithin $0 = \psi_2'(\sigma^* - \psi_1'(\hat{\sigma})) = \psi_2'(\sigma^*) = \sigma'$.

Damit ist auch die letzte Zeile im Diagramm exakt, und aus Satz 1.4 ergibt sich jetzt die Exaktheit von $O \to W_1(\mathcal{S}') \to W_1(\mathcal{S}) \to W_1(\mathcal{S}'') \to O$.

2) Es sei jetzt $\mathcal{S}' \xrightarrow{\varphi} \mathcal{S} \xrightarrow{\psi} \mathcal{S}''$ exakt.
Dann erhält man folgende exakte Sequenzen:
$O \to \operatorname{Ker}\varphi \to \mathcal{S}' \to \mathfrak{D}' \to O$ (mit $\mathfrak{D}' := \mathcal{S}'/\operatorname{Ker}\varphi$)
$O \to \mathfrak{D}' \to \mathcal{S} \to \operatorname{Im}\psi \to O$
$O \to \operatorname{Im}\psi \to \mathcal{S}'' \to \mathfrak{D}'' \to O$ (mit $\mathfrak{D}'' := \mathcal{S}''/\operatorname{Im}\psi$)

Verwendet man 1), so erhält man eine Sequenz der Gestalt

$$W_1(\mathcal{S}') \twoheadrightarrow W_1(\mathfrak{D}') \hookrightarrow W_1(\mathcal{S}) \twoheadrightarrow W_1(\operatorname{Im}\psi) \hookrightarrow W_1(\mathcal{S}''),$$

wobei die erste Abbildung surjektiv, die letzte Abbildung injektiv und die Sequenz in der Mitte exakt ist. Nach Hilfssatz 2 folgt daraus: $W_1(\mathcal{S}') \to W_1(\mathcal{S}) \to W_1(\mathcal{S}'')$ ist exakt.

Das bedeutet aber, daß $\mathfrak{W}$ exakt ist. ◆

Def. 1.3: Unter einem Coketten-Komplex über R versteht man eine Sequenz von R-Modulhomomorphismen

$$M^\bullet: M^0 \xrightarrow{d^0} M^1 \xrightarrow{d^1} M^2 \xrightarrow{d^2} M^3 \longrightarrow \dots$$

mit $d^i \circ d^{i-1} = 0$ für $i \in \mathbb{N}$
$Z^n(M^\bullet) := \operatorname{Ker} d^n$ nennt man die n-te Gruppe der Cozyklen,
$B^n(M^\bullet) := \operatorname{Im} d^{n-1}$ nennt man die n-te Gruppe der Coränder.

Außerdem setzt man $B^0(M^\bullet) := 0$.
Dann ist offensichtlich $B^n(M^\bullet) \subset Z^n(M^\bullet)$, und $H^n(M^\bullet) := Z^n(M^\bullet)/B^n(M^\bullet)$ heißt die n-te Cohomologiegruppe des Komplexes $M^\bullet$.

Bemerkung: Offensichtlich ist $M^\bullet$ genau dann an der Stelle $n > 0$ exakt, wenn $H^n(M^\bullet) = 0$ ist. Man sagt daher, die Cohomologiegruppen messen die Abweichung des Komplexes $M^\bullet$ von der Exaktheit.

Def. 1.4: Ein ausgedehnter Cokettenkomplex ist ein Tripel $(E, \varepsilon, M^\bullet)$ mit folgenden Eigenschaften:

1) E ist ein R-Modul.

2) $M^\bullet$ ist ein Cokettenkomplex.

3) $\varepsilon : E \to M^0$ ist ein R-Modulmonomorphismus mit $\mathrm{Im}\,\varepsilon = \mathrm{Ker}\, d^0$.

Bemerkung: Ist $(E, \varepsilon, M^\bullet)$ ein ausgedehnter Komplex, so ist $E \simeq \mathrm{Im}\,\varepsilon = \mathrm{Ker}\, d^0 =$
$= Z^0(M^\bullet) \simeq H^0(M^\bullet)$.
Ist $H^l(M^\bullet) = 0$ für $l \geqslant 1$, so nennt man den Komplex azyklisch.

Satz 1.7: $(\Gamma : \mathcal{S} \rightsquigarrow \Gamma(X, \mathcal{S}), \varphi \rightsquigarrow \varphi_*)$ ist ein linksexakter Funktor, d.h.:

Ist $0 \to \mathcal{S}' \xrightarrow{\varphi} \mathcal{S} \xrightarrow{\psi} \mathcal{S}'' \to 0$ exakt, so ist auch $0 \to \Gamma(X, \mathcal{S}') \xrightarrow{\varphi_*} \Gamma(X, \mathcal{S}) \xrightarrow{\psi_*} \Gamma(X, \mathcal{S}'')$ exakt.

Beweis: Da $\hat{\Gamma}$ exakt ist (vgl. Satz 1.1), ist es klar, daß φ_* injektiv und $\psi_* \circ \varphi_* = 0$ ist.

Sei nun $s \in \Gamma(X, \mathcal{S})$ mit $0 = \psi_*(s) = \psi \circ s$.
Dann gibt es eine verallgemeinerte Schnittfläche $s' \in \hat{\Gamma}(X, \mathcal{S}')$ mit $\varphi_*(s') = s$. Zu zeigen bleibt, daß s' stetig ist:
Zu jedem Punkt $x \in X$ gibt es eine Umgebung $U(x)$ und ein $s^* \in \Gamma(U, \mathcal{S}')$ mit $(\varphi \circ s^*)(x) = s(x)$. Also existiert eine Umgebung $V(x) \subset U$ mit $\varphi \circ s^* | V = s | V$.

Aus $\varphi \circ s^* | V = \varphi \circ s' | V$ folgt - da φ injektiv ist - daß $s^* | V = s' | V$, also s' stetig in x ist. ♦

Satz 1.8: Sei $\mathcal{S}$ eine Garbe von R-Moduln über X,
$W^\bullet(\mathcal{S}) : \Gamma(X, W_0(\mathcal{S})) \to \Gamma(X, W_1(\mathcal{S})) \to \Gamma(X, W_2(\mathcal{S})) \to \dots$
Dann ist $(\Gamma(X, \mathcal{S}), \varepsilon_*, W^\bullet(\mathcal{S}))$ ein ausgedehnter Cokettenkomplex.

Beweis: Offensichtlich ist $W^\bullet(\mathcal{S})$ ein Komplex, $\varepsilon_* : \Gamma(X, \mathcal{S}) \to \Gamma(X, W_0(\mathcal{S}))$ ein R-Modulmonomorphismus, und $(d_0)_* \circ \varepsilon_* = 0$.
Wir betrachten die Abbildung $d_0 : W_0(\mathcal{S}) \xrightarrow{q} W_0(\mathcal{S})/\mathrm{Im}(\varepsilon) \xrightarrow{j} W(W_0(\mathcal{S})/\mathrm{Im}(\varepsilon)) = W_1(\mathcal{S})$.
Sei $s \in \Gamma(X, W_0(\mathcal{S}))$ und $0 = d_0 \circ s = j \circ q \circ s$. Dann ist $q \circ s = 0$, also $s(x) \in \mathrm{Im}(\varepsilon)$ für jedes $x \in X$. Wegen $\mathrm{Im}(\varepsilon) \simeq \mathcal{S}$ ist $\Gamma(X, \mathrm{Im}(\varepsilon)) \simeq \Gamma(X, \mathcal{S})$, und es gibt ein $s^* \in \Gamma(X, \mathcal{S})$ mit $\varepsilon_*(s^*) = s$. ♦

Def. 1.5: Sei $\mathcal{S}$ eine Garbe von R-Moduln über X. Dann definiert man:
$Z^l(X, \mathcal{S}) := Z^l(W^\bullet(\mathcal{S})), B^l(X, \mathcal{S}) := B^l(W^\bullet(\mathcal{S}))$.
$H^l(X, \mathcal{S}) := Z^l(X, \mathcal{S})/B^l(X, \mathcal{S}) = H^l(W^\bullet(\mathcal{S}))$ nennt man die l-te Cohomologiegruppe von X mit Werten in $\mathcal{S}$.

Bemerkung: Offensichtlich ist $H^0(X, \mathcal{S}) \simeq \Gamma(X, \mathcal{S})$.

Satz 1.9: Ist $0 \to \mathcal{S}' \xrightarrow{\varphi} \mathcal{S} \xrightarrow{\psi} \mathcal{S}'' \to 0$ eine exakte Sequenz von Garben von R-Moduln, und ist $\mathcal{S}'$ eine welke Garbe, so ist $0 \to \Gamma(X, \mathcal{S}') \xrightarrow{\varphi_*} \Gamma(X, \mathcal{S}) \xrightarrow{\psi_*} \Gamma(X, \mathcal{S}'') \to 0$ exakt.

Beweis: Es ist nur zu zeigen, daß ψ_* surjektiv ist. Sei $s'' \in \Gamma(X, \mathcal{S}'')$ vorgegeben.

1) Sind x_1, x_2 Punkte von X, so gibt es Umgebungen $U(x_1), V(x_2) \subset X$ und Schnittflächen $s \in \Gamma(U, \mathcal{S})$, $s^* \in \Gamma(V, \mathcal{S})$ mit $\psi \circ s = s''|U$ und $\psi \circ s^* = s''|V$.

Ist $U \cap V = \emptyset$, so wird auf diese Weise eine Schnittfläche über $U \cup V$ definiert, deren Bild $s''|U \cup V$ ist.

Sei $U \cap V \neq \emptyset$:

Die Sequenz $0 \to \Gamma(U \cap V, \mathcal{S}') \to \Gamma(U \cap V, \mathcal{S}) \to \Gamma(U \cap V, \mathcal{S}'')$ ist exakt, und da $\psi \circ (s - s^*)|U \cap V = 0$ ist, gibt es ein $s' \in \Gamma(U \cap V, \mathcal{S}')$ mit $\varphi \circ s' = (s - s^*)|U \cap V$.

Da $\mathcal{S}'$ welk ist, kann man s' zu einem Element $\hat{s} \in \Gamma(V, \mathcal{S}')$ fortsetzen.

$$\text{Sei } s_1(x) := \begin{cases} s(x) & \text{für } x \in U \\ (\varphi \circ \hat{s} + s^*)(x) & \text{für } x \in V. \end{cases}$$

Dann liegt s_1 in $\Gamma(U \cup V, \mathcal{S})$, und es gilt: $\psi \circ s_1 = s''|U \cup V$. Auch in diesem Fall gibt es eine Schnittfläche über $U \cup V$, deren Bild $s''|U \cup V$ ist.

2) Man betrachtet das System $\mathfrak{M}$ aller Paare $(\tilde{U}, \tilde{s})$ mit folgenden Eigenschaften:

a) $\tilde{U} \subset X$ ist offen mit $U \subset \tilde{U}$

b) $\tilde{s} \in \Gamma(\tilde{U}, \mathcal{S})$ mit $\tilde{s}|U = s$ und $\psi \circ \tilde{s} = s''|\tilde{U}$,

In $\mathfrak{M}$ betrachtet man alle Teilsysteme $(\tilde{U}_\iota, \tilde{s}_\iota)_{\iota \in I}$ mit der Eigenschaft:

Für $(\iota_1, \iota_2) \in I \times I$ ist entweder $\tilde{U}_{\iota_1} \subset \tilde{U}_{\iota_2}$ und $\tilde{s}_{\iota_2}|\tilde{U}_{\iota_1} = \tilde{s}_{\iota_2}$, oder $\tilde{U}_{\iota_2} \subset \tilde{U}_{\iota_1}$ und $\tilde{s}_{\iota_1}|\tilde{U}_{\iota_2} = \tilde{s}_{\iota_2}$. Für jedes solche System ist das Paar $(\tilde{U}, \tilde{s})$ mit $\tilde{U} := \bigcup_{\iota \in I} \tilde{U}_\iota$ und $\tilde{s}|\tilde{U}_\iota := \tilde{s}_\iota$ wieder ein Element von $\mathfrak{M}$.

Das Zornsche Lemma[1] sagt nun aus, daß es in $\mathfrak{M}$ ein "maximales Element" (U_0, s_0) gibt. Wegen 1) kann U_0 keine echte Teilmenge von X sein. Damit ist das Problem gelöst. ◆

Als Folgerung ergibt sich:

Satz 1.10: Sei $\mathcal{S}$ eine welke Garbe von R-Moduln über X, $0 \to \mathcal{S} \to \mathcal{S}_0 \to \mathcal{S}_1 \to \dots$ eine welke Auflösung von $\mathcal{S}$. Dann ist die Sequenz $0 \to \Gamma(X, \mathcal{S}) \to \Gamma(X, \mathcal{S}_0) \to \Gamma(X, \mathcal{S}_1) \to \dots$ exakt.

---

[1] Sei X eine nichtleere Menge mit einer Relation $\leq$, so daß gilt:

1) $x \leq x$ für alle $x \in X$.
2) Ist $x \leq y$ und $y \leq z$, so ist $x \leq z$, für alle $x, y, z \in X$.
3) Ist $x \leq y$ und $y \leq x$, so ist $x = y$, für alle $x, y \in X$.

Eine Kette in X ist eine Teilmenge $K \subset X$ mit der Eigenschaft, daß für je zwei Elemente $x, y \in K$ entweder $x \leq y$ oder $y \leq x$ ist.

Das Zornsche Lemma besagt nun:
Wenn es zu jeder Kette $K \subset X$ eine obere Schranke (also ein Element $s \in X$ mit $x \leq s$ für alle $x \in K$) gibt, so gibt es in X ein maximales Element (also ein Element $x_0 \in X$, so daß für $x \in X$ aus $x_0 \leq x$ stets $x_0 = x$ folgt).

Beweis: Sei $\mathcal{B}_\lambda := \operatorname{Im}(\varphi_\lambda : \mathcal{S}_{\lambda-1} \to \mathcal{S}_\lambda)$ für $\lambda = 0,1,2,\dots$ und $\mathcal{S}_{-1} := \mathcal{S}$.

1) Durch vollständige Induktion zeigt man, daß alle $\mathcal{B}_\lambda$ welk sind: Für $\mathcal{B}_0 \simeq \mathcal{S}$ ist das nach Voraussetzung der Fall, es sei also schon bewiesen, daß $\mathcal{B}_0, \mathcal{B}_1, \dots, \mathcal{B}_{l-1}$ welke Garben sind.

Aus der Exaktheit der Sequenz $0 \to \mathcal{B}_{l-1} \hookrightarrow \mathcal{S}_{l-1} \to \mathcal{B}_l \to 0$ folgt mit Satz 1.9 die Exaktheit der Sequenz $0 \to \Gamma(U, \mathcal{B}_{l-1}) \to \Gamma(U, \mathcal{S}_{l-1}) \to \Gamma(U, \mathcal{B}_l) \to 0$, für $U \subset X$ offen. Sei $s \in \Gamma(U, \mathcal{B}_l)$. Dann gibt es ein $s' \in \Gamma(U, \mathcal{S}_{l-1})$ mit $\varphi_l \circ s' = s$. Da $\mathcal{S}_{l-1}$ welk ist, gibt es ein $s^* \in \Gamma(X, \mathcal{S}_{l-1})$ mit $s^*|U = s'$. Nun ist aber $\varphi_l \circ s^* \in \Gamma(X, \mathcal{B}_l)$ und $\varphi_l \circ s^*|U = s$. Das bedeutet, daß $\mathcal{B}_l$ welk ist.

2) Folgende Sequenzen sind exakt:

$$0 \to \mathcal{B}_{l-1} \to \mathcal{S}_{l-1} \to \mathcal{B}_l \to 0$$

$$0 \to \mathcal{B}_l \to \mathcal{S}_l \to \mathcal{B}_{l+1} \to 0$$

$$0 \to \mathcal{B}_{l+1} \to \mathcal{S}_{l+1} \to \mathcal{B}_{l+2} \to 0 .$$

Nach Satz 1.9 sind die zugehörigen Sequenzen der Schnittmoduln exakt. Man kann sie zusammensetzen zu einer Sequenz, die die Bedingungen von Hilfssatz 2 erfüllt:

$$\Gamma(X, \mathcal{S}_{l-1}) \twoheadrightarrow \Gamma(X, \mathcal{B}_l) \to \Gamma(X, \mathcal{S}_l) \to \Gamma(X, \mathcal{B}_{l+1}) \hookrightarrow \Gamma(X, \mathcal{S}_{l+1}) .$$

Dann ist die Sequenz $\Gamma(X, \mathcal{S}_{l-1}) \to \Gamma(X, \mathcal{S}_l) \to \Gamma(X, \mathcal{S}_{l+1})$ exakt, und das war zu zeigen. ♦

Es hat sich somit ergeben:

Satz 1.11: Ist $\mathcal{S}$ eine welke Garbe über X, so ist der Komplex $W^\bullet(\mathcal{S})$ azyklisch, also $H^l(X, \mathcal{S}) = 0$ für $l \geq 1$.

Beispiel: $\mathcal{J}(A)$ sei die Idealgarbe der analytischen Menge $A = \{0\} \subset \mathbb{C}^n$. Dann ist $\mathcal{N}(A) = \mathcal{O}/\mathcal{J}(A)$ eine kohärente analytische Garbe über dem $\mathbb{C}^n$, insbesondere eine Garbe von $\mathbb{C}$-Moduln. Offensichtlich ist $\mathcal{N}(A)$ welk, und es gilt:
$H^0(\mathbb{C}^n, \mathcal{N}(A)) \simeq \mathbb{C}$, $H^l(\mathbb{C}^n, \mathcal{N}(A)) = 0$ für $l \geq 1$.

§ 2. Die Čechsche Cohomologie

Es sei weiterhin X eine komplexe Mannigfaltigkeit, R ein kommutativer Ring mit 1 und $\mathcal{S}$ eine Garbe von R-Moduln.

Außerdem sei $\mathfrak{U} = (U_\iota)_{\iota \in I}$ eine offene Überdeckung von X, $U_\iota \neq \emptyset$ für jedes $\iota \in I$. Man definiert:

$$U_{\iota_0 \dots \iota_l} := U_{\iota_0} \cap \dots \cap U_{\iota_l},$$
$$I_l := \{(\iota_0, \dots, \iota_l) : U_{\iota_0 \dots \iota_l} \neq \emptyset\}.$$

Ist $\mathfrak{S}_n$ die Menge der Permutationen der Menge $\{0,1,2,\dots,n-1\}$, so definiert man für $\sigma \in \mathfrak{S}_n$:

$$\operatorname{sgn}(\sigma) := \begin{cases} +1, & \text{falls man } \sigma \text{ durch eine gerade Zahl von Vertauschungen erhält} \\ -1 & \text{sonst} \end{cases}$$

Def. 2.1: Eine l-dimensionale (alternierende) Cokette über $\mathfrak{U}$ mit Werten in $\mathcal{S}$ ist eine Abbildung

$$\xi : I_l \to \bigcup_{(\iota_0, \dots, \iota_l)} \Gamma(U_{\iota_0 \dots \iota_l}, \mathcal{S})$$

mit folgenden Eigenschaften:

1) $\xi(\iota_0, \dots, \iota_l) \in \Gamma(U_{\iota_0 \dots \iota_l}, \mathcal{S})$.

2) $\xi(\iota_{\sigma(0)}, \dots, \iota_{\sigma(l)}) = \operatorname{sgn}(\sigma)\, \xi(\iota_0, \dots, \iota_l)$ für $\sigma \in \mathfrak{S}_{l+1}$.

Die Menge aller l-dimensionalen alternierenden Coketten über $\mathfrak{U}$ mit Werten in $\mathcal{S}$ bezeichnet man mit $C^l(\mathfrak{U}, \mathcal{S})$. Durch $(\xi_1 + \xi_2)(\iota_0, \dots, \iota_l) := \xi_1(\iota_0, \dots, \iota_l) + \xi_2(\iota_0, \dots, \iota_l)$ und $(r \cdot \xi)(\iota_0, \dots, \iota_l) := r \cdot \xi(\iota_0, \dots, \iota_l)$ wird $C^l(\mathfrak{U}, \mathcal{S})$ zu einem R-Modul.

Satz 2.1: $\delta^l : C^l(\mathfrak{U}, \mathcal{S}) \to C^{l+1}(\mathfrak{U}, \mathcal{S})$ mit $(\delta^l \xi)(\iota_0, \dots, \iota_l) := \sum_{\lambda=0}^{l+1} (-1)^{\lambda+1} (\xi(\iota_0, \dots, \hat{\iota}_\lambda, \dots, \iota_{l+1}) | U_{\iota_0 \dots \iota_{l+1}})$ ist ein R-Modulhomomorphismus mit $\delta^l \circ \delta^{l-1} = 0$.

Beweis: 1) Zunächst muß gezeigt werden, daß $\delta^l \xi$ alternierend ist. Dabei genügt es, wenn man sich auf eine Vertauschung beschränkt:

$$(\delta^l \xi)(\iota_0, \dots, \iota_\nu, \iota_{\nu+1}, \dots, \iota_{l+1}) =$$

$$= \sum_{\lambda \neq \nu, \nu+1} (-1)^{\lambda+1} \xi(\iota_0, \dots, \hat{\iota}_\lambda, \dots, \iota_{l+1}) + (-1)^{\nu+1} \xi(\iota_0, \dots, \hat{\iota}_\nu, \dots, \iota_{l+1}) +$$
$$+ (-1)^{\nu+2} \xi(\iota_0, \dots, \hat{\iota}_{\nu+1}, \dots, \iota_{l+1}) =$$

$$= - \sum_{\lambda \neq \nu, \nu+1} (-1)^{\lambda+1} \xi(\iota_0, \dots, \hat{\iota}_\lambda, \dots, \iota_{\nu+1}, \iota_\nu, \dots, \iota_{l+1}) +$$
$$+ (-1)^{\nu+1} \xi(\iota_0, \dots, \iota_{\nu+1}, \hat{\iota}_\nu, \dots, \iota_{l+1}) + (-1)^{\nu+2} \cdot \xi(\iota_0, \dots, \hat{\iota}_{\nu+1}, \iota_\nu, \dots, \iota_{l+1}) =$$

$$= - \delta^l \xi(\iota_0, \dots, \iota_{\nu+1}, \iota_\nu, \dots, \iota_{l+1})$$

2) Daß δ^l ein Homomorphismus ist, ist klar. Außerdem gilt:

$$(\delta^{l+1}\circ\delta^l\xi)(\iota_0,\dots,\iota_{l+2}) = \sum_{\lambda=0}^{l+2}(-1)^{\lambda+1}(\delta^l\xi)(\iota_0,\dots,\hat{\iota}_\lambda,\dots,\iota_{l+2}) =$$

$$= \sum_{\lambda=0}^{l+2}(-1)^{\lambda+1}\left[\sum_{\varkappa=0}^{\lambda-1}(-1)^{\varkappa+1}\xi(\iota_0,\dots,\hat{\iota}_\varkappa,\dots,\hat{\iota}_\lambda,\dots,\iota_{l+2}) + \right.$$

$$\left. + \sum_{\varkappa=\lambda+1}^{l+2}(-1)^{\varkappa}\xi(\iota_0,\dots,\hat{\iota}_\lambda,\dots,\hat{\iota}_\varkappa,\dots,\iota_{l+2})\right] =$$

$$= \sum_{\varkappa<\lambda}(-1)^{\lambda+\varkappa}\xi(\iota_0,\dots,\hat{\iota}_\varkappa,\dots,\hat{\iota}_\lambda,\dots,\iota_{l+2}) +$$

$$+ \sum_{\lambda<\varkappa}(-1)^{\lambda+\varkappa+1}\xi(\iota_0,\dots,\hat{\iota}_\lambda,\dots,\hat{\iota}_\varkappa,\dots,\iota_{l+2}) = 0 .$$ ◆

<u>Def. 2.2:</u> $\delta := \delta^l : C^l(\mathfrak{U},\mathcal{S}) \to C^{l+1}(\mathfrak{U},\mathcal{S})$ heißt der Corandoperator.

Mit $C^\bullet(\mathfrak{U},\mathcal{S})$ bezeichnet man den "Čech-Komplex"

$$C^0(\mathfrak{U},\mathcal{S}) \xrightarrow{\delta} C^1(\mathfrak{U},\mathcal{S}) \xrightarrow{\delta} C^2(\mathfrak{U},\mathcal{S}) \to \dots$$

$\varepsilon : \Gamma(X,\mathcal{S}) \to C^0(\mathfrak{U},\mathcal{S})$ wird definiert durch $(\varepsilon s)(\iota) := s|U_\iota$.

<u>Satz 2.2:</u> $(\Gamma(X,\mathcal{S}),\varepsilon,C^\bullet(\mathfrak{U},\mathcal{S}))$ ist ein ausgedehnter Cokettenkomplex.

<u>Beweis:</u> Offensichtlich ist ε ein R-Modulhomomorphismus. Ist $\varepsilon s = 0$, so ist $s|U_\iota = \mathbf{0}$ für jedes $\iota \in I$, also $s = \mathbf{0}$. Damit ist ε injektiv.

Sei $\xi \in C^0(\mathfrak{U},\mathcal{S})$ und $\delta\xi = 0$.

Wegen $(\delta\xi)(\iota_0,\iota_1) = (-\xi(\iota_1) + \xi(\iota_0))|U_{\iota_0\iota_1}$ ist das gleichbedeutend damit, daß $\xi(\iota_0)|U_{\iota_0\iota_1} = \xi(\iota_1)|U_{\iota_0\iota_1}$ ist. Durch $s|U_\iota := \xi(\iota)$ wird also eine Schnittfläche $s \in \Gamma(X,\mathcal{S})$ mit $\varepsilon s = \xi$ definiert. ◆

<u>Def. 2.3:</u> Unter (alternierenden) l-dimensionalen Cozyklen bzw. Corändern über $\mathfrak{U}$ mit Werten in $\mathcal{S}$ versteht man die Elemente von $Z^l(\mathfrak{U},\mathcal{S}) := Z^l(C^\bullet(\mathfrak{U},\mathcal{S}))$ bzw. $B^l(\mathfrak{U},\mathcal{S}) := B^l(C^\bullet(\mathfrak{U},\mathcal{S}))$.

$H^l(\mathfrak{U},\mathcal{S}) := Z^l(\mathfrak{U},\mathcal{S})/B^l(\mathfrak{U},\mathcal{S}) = H^l(C^\bullet(\mathfrak{U},\mathcal{S}))$ nennt man die l-te Čechsche Cohomologiegruppe von $\mathfrak{U}$ mit Werten in $\mathcal{S}$.

Insbesondere ist $H^0(\mathfrak{U},\mathcal{S}) \simeq \Gamma(X,\mathcal{S})$.

Wählt man die Überdeckung $\mathfrak{U}$ zu grob, so verschwinden alle höheren Cohomologiegruppen:

Satz 2.3: Gehört X selbst zu den Elementen der Überdeckung $\mathfrak{U}$, so ist $H^l(\mathfrak{U},\mathcal{S})=0$ für $l \geqslant 1$.

Beweis: Ist $\mathfrak{U} = (U_\iota)_{\iota\in I}$, so gibt es ein $\rho\in I$ mit $X = U_\rho$.
Sei $\xi\in Z^l(\mathfrak{U},\mathcal{S})$, $l\geqslant 1$.
Durch $\eta(\iota_0,\dots,\iota_{l-1}) := \xi(\rho,\iota_0,\dots,\iota_{l-1})$ wird ein Element $\eta\in C^{l-1}(\mathfrak{U},\mathcal{S})$ definiert.

Wegen $\delta\xi = 0$ ist $0 = \delta\xi(\rho,\iota_0,\dots,\iota_l) = -\xi(\iota_0,\dots,\iota_l)+\sum_{\lambda=0}^{l}(-1)^\lambda\xi(\rho,\iota_0,\dots,\hat{\iota}_\lambda,\dots,\iota_l)$,

also $\delta(-\eta)(\iota_0,\dots,\iota_l) = -\sum_{\lambda=0}^{l}(-1)^{\lambda+1}\eta(\iota_0,\dots,\hat{\iota}_\lambda,\dots,\iota_l) = \sum_{\lambda=0}^{l}(-1)^\lambda\xi(\rho,\iota_0,\dots,\hat{\iota}_\lambda,\dots,\iota_l) =$

$=\xi(\iota_0,\dots,\iota_l)$. Das bedeutet, daß $\delta(-\eta) = \xi$, also $\xi\in B^l(\mathfrak{U},\mathcal{S})$ ist. ◆

Satz 2.4: Sei $\mathfrak{U}$ eine beliebige Überdeckung von X, $\mathcal{S}$ eine welke Garbe. Dann ist $H^l(\mathfrak{U},\mathcal{S}) = 0$ für $l\geqslant 1$.

Beweis: Wir führen vollständige Induktion nach l:

Sei $\xi\in Z^l(\mathfrak{U},\mathcal{S})$, $l\geqslant 1$.
Ist $U\subset X$ offen, so definiert man $U\cap\mathfrak{U} := \{U\cap U_\iota \neq \emptyset : U_\iota\in\mathfrak{U}\}$ und $(\xi|U)(\iota_0,\dots,\iota_l) :=$
$=\xi(\iota_0,\dots,\iota_l)|U\cap U_{\iota_0\dots\iota_l}$. Mit dieser Bezeichnungsweise gilt: $\xi|U\in Z^l(U\cap\mathfrak{U},\mathcal{S})$.

Ist $x_0\in X$ beliebig, so gibt es ein $\iota_0\in I$ und eine offene Umgebung $U(x_0)\subset U_{\iota_0}$. Dann ist aber $U\in U\cap\mathfrak{U}$, also $H^l(U\cap\mathfrak{U},\mathcal{S}) = 0$ für $l\geqslant 1$, und es gibt ein $\eta\in C^{l-1}(U\cap\mathfrak{U},\mathcal{S})$ mit $\delta\eta = \xi|U$.

Ist $V\subset X$ eine offene Menge, zu der es ein $\eta'\in C^{l-1}(V\cap\mathfrak{U},\mathcal{S})$ mit $\delta\eta' = \xi|V$ gibt, so setze man $s := (\eta-\eta')|U\cap V\in Z^{l-1}(U\cap V\cap\mathfrak{U},\mathcal{S})$.

Ist $l = 1$, so liegt s in $\Gamma(U\cap V,\mathcal{S})$, und da $\mathcal{S}$ welk ist, kann man s zu einem $\hat{s}\in\Gamma(V,\mathcal{S})$ fortsetzen.

Dann sei $s^*(x) := \begin{cases}\eta(x) & \text{für } x\in U\\ \eta'(x)+\hat{s}(x) & \text{für } x\in V.\end{cases}$

Offensichtlich ist $s^*\in\Gamma(U\cup V,\mathcal{S})$ und $\delta s^* = \xi|U\cup V$ (wegen $\delta\hat{s} = 0$).

Ist $l > 1$, so gibt es nach Induktionsvoraussetzung ein $\gamma\in C^{l-2}(U\cap V\cap\mathfrak{U},\mathcal{S})$ mit $\delta\gamma = s$. Da $\mathcal{S}$ welk ist, läßt sich $\gamma(\iota_0,\dots,\iota_{l-2})\in\Gamma(U\cap V\cap U_{\iota_0\dots\iota_{l-2}},\mathcal{S})$ zu einem Element $\hat{\gamma}(\iota_0,\dots,\iota_{l-2})\in\Gamma(V\cap U_{\iota_0\dots\iota_{l-2}},\mathcal{S})$ fortsetzen.

Sei $\eta^*(\iota_0,\dots,\iota_{l-1})(x) := \begin{cases} \eta(\iota_0,\dots,\iota_{l-1})(x) & \text{für } x \in U \cap U_{\iota_0\dots\iota_{l-1}} \\ (\eta' + \delta\hat{\gamma})(\iota_0,\dots,\iota_{l-1})(x) & \text{für } x \in V \cap U_{\iota_0\dots\iota_{l-1}} \end{cases}$

Dann ist $\eta^* \in C^{l-1}((U \cup V) \cap \mathfrak{U}, \mathcal{S})$ und $\delta\eta^* = \xi | U \cup V$.

Nach dem Zornschen Lemma muß es ein "maximales Element" (U_0, s_0) für $l = 1$ bzw. (U_0, η_0) für $l > 1$ mit $s_0 \in \Gamma(U_0, \mathcal{S})$ und $\delta s_0 = \xi | U_0$ bzw. $\eta_0 \in C^l(\mathfrak{U}, \mathcal{S})$ und $\delta\eta_0 = \xi | U_0$ geben. Das ist aber nur dann maximal, wenn $U_0 = X$, also $\xi \in B^l(\mathfrak{U}, \mathcal{S})$ ist. ♦

Bemerkung: Sei $\mathfrak{U}$ irgendeine Überdeckung von X, $\mathcal{S}$ eine Garbe von R-Moduln, $\xi \in C^1(\mathfrak{U}, \mathcal{S})$.

Es ist nützlich, sich folgende Kriterien zu merken:

1) $\xi \in Z^1(\mathfrak{U}, \mathcal{S})$ genau dann, wenn $\xi(\iota_0, \iota_2) = \xi(\iota_0, \iota_1) + \xi(\iota_1, \iota_2)$ auf $U_{\iota_0\iota_1\iota_2}$ ist.

2) $\xi \in B^1(\mathfrak{U}, \mathcal{S})$ genau dann, wenn für alle ι ein $\rho(\iota) \in \Gamma(U_\iota, \mathcal{S})$ mit $\xi(\iota_0, \iota_1) = \rho(\iota_0) - \rho(\iota_1)$ auf $U_{\iota_0\iota_1}$ existiert.

Die erste Bedingung nennt man auch die "Verträglichkeitsbedingung".

Def. 2.4: Ein System $(U_\iota, f_\iota)_{\iota \in I}$ heißt eine Cousin-I-Verteilung auf X, wenn gilt:

1) $\mathfrak{U} := (U_\iota)_{\iota \in I}$ ist eine offene Überdeckung von X.
2) f_ι ist meromorph auf U_ι.
3) $f_{\iota_0} - f_{\iota_1}$ ist holomorph auf $U_{\iota_0\iota_1}$ für alle ι_0, ι_1.

Unter einer Lösung dieser Cousin-I-Verteilung versteht man eine meromorphe Funktion f auf X, so daß $f_\iota - f$ holomorph in U_ι ist.

Satz 2.5: Sei $(U_\iota, f_\iota)_{\iota \in I}$ eine Cousin-I-Verteilung auf X, $\mathcal{H}$ die Strukturgarbe von X, $\mathfrak{U} := (U_\iota)_{\iota \in I}$. Dann gilt:

1) $\gamma(\iota_0, \iota_1) := (f_{\iota_0} - f_{\iota_1}) | U_{\iota_0\iota_1}$ definiert ein Element $\gamma \in Z^1(\mathfrak{U}, \mathcal{H})$.
2) $(U_\iota, f_\iota)_{\iota \in I}$ ist genau dann lösbar, wenn γ in $B^1(\mathfrak{U}, \mathcal{H})$ liegt.

Beweis: 1) Offensichtlich ist $\gamma(\iota_0, \iota_1) + \gamma(\iota_1, \iota_2) = (f_{\iota_0} - f_{\iota_1}) + (f_{\iota_1} - f_{\iota_2}) = f_{\iota_0} - f_{\iota_2} = \gamma(\iota_0, \iota_2)$ auf $U_{\iota_0\iota_1\iota_2}$.

2) a) Sei $(U_\iota, f_\iota)_{\iota \in I}$ lösbar. Dann gibt es eine meromorphe Funktion f auf X, so daß $(f_\iota - f) | U_\iota$ holomorph ist. Sei $\rho(\iota) := (f_\iota - f) | U_\iota \in \Gamma(U_\iota, \mathcal{H})$. ρ liegt in $C^0(\mathfrak{U}, \mathcal{H})$, und es gilt: $\rho(\iota_0) - \rho(\iota_1) = (f_{\iota_0} - f) - (f_{\iota_1} - f) = f_{\iota_0} - f_{\iota_1} = \gamma(\iota_0, \iota_1)$ auf $U_{\iota_0\iota_1}$.

b) Wenn γ in $B^1(\mathfrak{U}, \mathcal{H})$ liegt, gibt es zu jedem $\iota \in I$ ein $\rho(\iota) \in \Gamma(U_\iota, \mathcal{H})$, so daß $\rho(\iota_0) - \rho(\iota_1) = \gamma(\iota_0, \iota_1)$ auf $U_{\iota_0\iota_1}$ ist. Dann ist $f_{\iota_0} - f_{\iota_1} = \gamma(\iota_0, \iota_1) = \rho(\iota_0) - \rho(\iota_1)$, also $f_{\iota_0} - \rho(\iota_0) = f_{\iota_1} - \rho(\iota_1)$ auf $U_{\iota_0\iota_1}$. Daher wird durch $f | U_\iota := f_\iota - \rho(\iota)$ eine meromorphe Funktion f auf X definiert, für die gilt:
$(f_\iota - f) | U_\iota = \rho(\iota) \in \Gamma(U_\iota, \mathcal{H})$. ♦

Folgerung: Ist $H^1(\mathfrak{U},\mathfrak{K}) = 0$, so ist jede Cousin-I-Verteilung zur Überdeckung $\mathfrak{U}$ lösbar.

Beispiel: Sei $X = \mathbb{C}$. Unter einer Mittag-Leffler-Verteilung auf $\mathbb{C}$ versteht man bekanntlich eine diskrete Punktfolge (z_ν), zusammen mit Hauptteilen f_ν, die in $\mathbb{C}$ eine meromorphe Funktion definieren.

Sei nun $U_0 := \mathbb{C} - \{z_\nu : \nu \in \mathbb{N}\}$, $f_0 := 0$ und U_ν eine offene Umgebung von z_ν, die keinen Punkt z_μ mit $\mu \neq \nu$ enthält. Dann ist $f_\nu | (U_\nu - \{z_\nu\})$ holomorph.

Mithin ist $\mathfrak{U} = (U_\nu)_{\nu \in \mathbb{N}}$ eine offene Überdeckung von $\mathbb{C}$ und $(f_\nu - f_\mu)|U_{\nu\mu}$ ist stets holomorph. Also ist $(U_\nu, f_\nu)_{\nu \in \mathbb{N}}$ eine Cousin-I-Verteilung. Jede Lösung dieser Cousin-I-Verteilung ist eine Lösung des Mittag-Lefflerschen Problems.

§ 3. Doppelkomplexe

Def. 3.1: Unter einem Doppelkomplex versteht man ein System (C_{ij}) von R-Moduln (mit $i,j \in \mathbb{N}_0$), zusammen mit R-Modulhomomorphismen $d' : C_{ij} \to C_{i+1,j}$ und $d'' : C_{ij} \to C_{i,j+1}$, so daß gilt:

1) $d'd' = 0$
2) $d''d'' = 0$
3) $d'd'' = -d''d'$

(das bedeutet: für $d := d' + d''$: $\bigoplus_{i+j=n} C_{ij} \to \bigoplus_{i+j=n+1} C_{ij}$ gilt $d \circ d = 0$)

Ein Doppelkomplex ist also ein (antikommutatives) Diagramm der folgenden Gestalt:

$$\begin{array}{ccccccc}
C_{00} & \xrightarrow{d''} & C_{01} & \xrightarrow{d''} & C_{02} & \xrightarrow{d''} & \cdots \\
\downarrow d' & & \downarrow d' & & \downarrow d' & & \\
C_{10} & \xrightarrow{d''} & C_{11} & \xrightarrow{d''} & C_{12} & \xrightarrow{d''} & \cdots \\
\downarrow d' & & \downarrow d' & & \downarrow d' & & \\
C_{20} & \xrightarrow{d''} & C_{21} & \xrightarrow{d''} & C_{22} & \xrightarrow{d''} & \cdots \\
\downarrow d' & & \downarrow d' & & \downarrow d' & &
\end{array}$$

Def. 3.2: $Z_{ij} := \{\xi \in C_{ij}$ mit $d'\xi = 0$ und $d''\xi = 0\}$,

$B_{0j} := d''(\{\xi \in C_{0,j-1}$ mit $d'\xi = 0\})$ für $j \geq 1$,

$B_{i0} := d'(\{\xi \in C_{i-1,0}$ mit $d''\xi = 0\})$ für $i \geq 1$,

$B_{00} := 0$ und $B_{ij} := d'd''C_{i-1,j-1}$ für $i,j \geq 1$.

Die Elemente von Z_{ij} nennt man Zyklen vom Bigrad (i,j), die Elemente von B_{ij} nennt man Ränder vom Bigrad (i,j). Offensichtlich ist B_{ij} ein R-Untermodul von Z_{ij}, für alle i,j, und man definiert die Homologiegruppe des Doppelkomplexes vom Bigrad (i,j) durch $H_{ij} := Z_{ij}/B_{ij}$. Mit $q_{ij}: Z_{ij} \to H_{ij}$ sei die kanonische Restklassenabbildung bezeichnet.

Satz 3.1: $(M, \varepsilon_1, A^\bullet)$, $(M, \varepsilon_2, B^\bullet)$ seien zwei ausgedehnte Cokettenkomplexe. Es gebe einen Doppelkomplex $(C_{\nu\mu}, d', d'')$ und Homomorphismen $d_j': A^j \to C_{0j}$ und $d_i'': B^i \to C_{i0}$, so daß gilt:

1) $d_0'' \circ \varepsilon_2 = d_0' \circ \varepsilon_1$, $d'' \circ d_j' = d_{j+1}' \circ d$ und $d' \circ d_i'' = d_{i+1}'' \circ d$, wobei d die Operation in $A^\bullet$ und $B^\bullet$ bezeichnet.

2) $\left(A^j, d_j', C_{\bullet j}\right)$ und $\left(B^i, d_i'', C_{i\bullet}\right)$ sind ausgedehnte Cokettenkomplexe.

Dann gilt: $H^j(A^\bullet) \simeq H_{0j}$ und $H^i(B^\bullet) \simeq H_{i0}$.

Beweis: 1) Es ist $Z_{0j} = \left\{\xi \in C_{0j} : d'\xi = 0 \text{ und } d''\xi = 0\right\} =$

$= \left\{\xi \in C_{0j}: \text{Es gibt ein } \eta \in A^j \text{ mit } d_j'\eta = \xi,\ d''\xi = 0\right\} =$

$= \left\{\xi \in C_{0j}: \text{Es gibt ein } \eta \in A^j \text{ mit } d_j'\eta = \xi \text{ und } d_{j+1}'(d\eta) = 0\right\} =$

$= \left\{\xi \in C_{0j}: \text{Es gibt ein } \eta \in A^j \text{ mit } d_j'\eta = \xi \text{ und } d\eta = 0\right\} = d_j'(Z^j(A^\bullet))$.

2) Es ist $B_{0j} = \left\{d''\xi : \xi \in C_{0,j-1} \text{ mit } d'\xi = 0\right\} =$

$= \left\{d''\xi : \text{Es gibt ein } \eta \in A^{j-1} \text{ mit } d_{j-1}'\eta = \xi\right\} = d_j'(B^j(A^\bullet))$ für $j \geq 1$ und

$B_{00} = 0 = d_0'(B^0(A^\bullet))$.

3) Da d_j' stets injektiv ist, folgt: $H_{0j} = Z_{0j}/B_{0j} \simeq Z^j(A^\bullet)/B^j(A^\bullet) = H^j(A^\bullet)$. Analog zeigt man, daß $H_{i0} \simeq H^i(B^\bullet)$ ist. ◆

Beispiel: Sei X eine komplexe Mannigfaltigkeit, $\mathcal{S}$ eine Garbe von R-Moduln über X, $\mathfrak{U}$ eine offene Überdeckung von X. Ist $\mathfrak{W}(\mathcal{S}) : \mathcal{S}_0 \to \mathcal{S}_1 \to \mathcal{S}_2 \to \dots$ die kanonische welke Auflösung von $\mathcal{S}$, so sei $W^\bullet(\mathcal{S}) : \Gamma(X, \mathcal{S}_0) \xrightarrow{d} \Gamma(X, \mathcal{S}_1) \xrightarrow{d} \Gamma(X, \mathcal{S}_2) \xrightarrow{d} \dots$. $(\Gamma(X, \mathcal{S}), \varepsilon_*, W^\bullet(\mathcal{S}))$ ist ein ausgedehnter Cokettenkomplex.

Setzt man $C^\bullet(\mathfrak{U}, \mathcal{S}) : C^0(\mathfrak{U}, \mathcal{S}) \xrightarrow{\delta} C^1(\mathfrak{U}, \mathcal{S}) \xrightarrow{\delta} C^2(\mathfrak{U}, \mathcal{S}) \longrightarrow \dots$, so ist $(\Gamma(X, \mathcal{S}), \varepsilon, C^\bullet(\mathfrak{U}, \mathcal{S}))$ ebenfalls ein ausgedehnter Cokettenkomplex.

Nun sei $C_{ij} := C^i(\mathfrak{U}, \mathcal{S}_j)$, $d' := \delta_{(j)} = \delta : C^i(\mathfrak{U}, \mathcal{S}_j) \to C^{i+1}(\mathfrak{U}, \mathcal{S}_j)$,

$d'' := (-1)^i d_*: C^i(\mathfrak{U}, \mathcal{S}_j) \to C^i(\mathfrak{U}, \mathcal{S}_{j+1})$ (mit $d_*\xi(\iota_0, \dots, \iota_i) := d_*(\xi(\iota_0, \dots, \iota_i))$).

Offensichtlich ist $d'd' = 0$ und $d''d'' = 0$.

Außerdem gilt:

$$(d_*\delta\xi)(\iota_0,\dots,\iota_{i+1}) = d_*\left(\sum_{\lambda=0}^{i+1}(-1)^{\lambda+1}\,\xi(\iota_0,\dots,\hat{\iota}_\lambda,\dots,\iota_{i+1})\right) =$$

$$= \sum_{\lambda=0}^{i+1}(-1)^{\lambda+1}\,d_*\xi(\iota_0,\dots,\hat{\iota}_\lambda,\dots,\iota_{i+1}) = (\delta d_*\xi)(\iota_0,\dots,\iota_{i+1}),$$

also $d'd'' + d''d' = \delta_{(j+1)}(-1)^i d_* + (-1)^{i+1} d_*\delta_{(j)} = (-1)^i\cdot(\delta_{(j+1)}d_* - d_*\delta_{(j)}) = 0.$

Also ist (C_{ij}, d', d'') ein Doppelkomplex, den wir künftig als den kanonischen Doppelkomplex von $(X, \mathcal{S}, \mathfrak{U})$ bezeichnen wollen. Man erhält folgendes Diagramm:

$$\begin{array}{ccccccccc}
 & & 0 & & 0 & & 0 & & 0 \\
 & & \downarrow & & \downarrow & & \downarrow & & \downarrow \\
0 & \longrightarrow & \Gamma(X,\mathcal{S}) & \xrightarrow{\varepsilon_*} & \Gamma(X,\mathcal{S}_0) & \xrightarrow{d} & \Gamma(X,\mathcal{S}_1) & \xrightarrow{d} & \Gamma(X,\mathcal{S}_2) \xrightarrow{d} \\
 & & \downarrow{\scriptstyle\varepsilon} & & \downarrow{\scriptstyle\varepsilon} & & \downarrow{\scriptstyle\varepsilon} & & \downarrow{\scriptstyle\varepsilon} \\
0 & \longrightarrow & C^0(\mathfrak{U},\mathcal{S}) & \xrightarrow{\varepsilon_*} & C^0(\mathfrak{U},\mathcal{S}_0) & \xrightarrow{d''} & C^0(\mathfrak{U},\mathcal{S}_1) & \xrightarrow{d''} & C^0(\mathfrak{U},\mathcal{S}_2) \xrightarrow{d''} \\
 & & \downarrow{\scriptstyle\delta} & & \downarrow{\scriptstyle d'} & & \downarrow{\scriptstyle d'} & & \downarrow{\scriptstyle d'} \\
0 & \longrightarrow & C^1(\mathfrak{U},\mathcal{S}) & \xrightarrow{\varepsilon_*} & C^1(\mathfrak{U},\mathcal{S}_0) & \xrightarrow{d''} & C^1(\mathfrak{U},\mathcal{S}_1) & \xrightarrow{d''} & C^1(\mathfrak{U},\mathcal{S}_2) \xrightarrow{d''} \\
 & & \downarrow{\scriptstyle\delta} & & \downarrow{\scriptstyle d'} & & \downarrow{\scriptstyle d'} & & \downarrow{\scriptstyle d'} \\
0 & \longrightarrow & C^2(\mathfrak{U},\mathcal{S}) & \xrightarrow{\varepsilon_*} & C^2(\mathfrak{U},\mathcal{S}_0) & \xrightarrow{d''} & C^2(\mathfrak{U},\mathcal{S}_1) & \xrightarrow{d''} & C^2(\mathfrak{U},\mathcal{S}_2) \xrightarrow{d''} \\
 & & \downarrow{\scriptstyle\delta} & & \downarrow{\scriptstyle d'} & & \downarrow{\scriptstyle d'} & & \downarrow{\scriptstyle d'}
\end{array}$$

Da alle Voraussetzungen von Satz 3.1 erfüllt sind, gilt:

$$H^j(X,\mathcal{S}) \simeq H_{0j},\quad H^i(\mathfrak{U},\mathcal{S}) \simeq H_{i0} \quad \text{für alle } i,j.$$

Zur Berechnung der welken und Čechschen Cohomologiegruppen von X mit Koeffizienten in $\mathcal{S}$ kann man also die Homologiegruppen H_{ij} des kanonischen Doppelkomplexes betrachten. Mit Hilfe dieses Doppelkomplexes sollen nun Homomorphismen $\varphi_l: H^l(\mathfrak{U},\mathcal{S}) \to H^l(X,\mathcal{S})$ konstruiert werden:

<u>Satz 3.2:</u> (C_{ij}, d', d'') sei ein Doppelkomplex.

1) Die d'-Sequenzen seien an den Stellen (i,j), $(i-1,j)$ exakt. Dann gibt es einen Homomorphismus $\varphi_{ij}: H_{ij} \to H_{i-1,j+1}$ (für $i \geqslant 1$), mit $\varphi_{ij}\circ q_{ij}\circ d' = q_{i-1,j+1}\circ d''$.

2) Die d''-Sequenzen seien an den Stellen $(i-1,j+1)$, $(i-1,j)$ exakt. Dann gibt es einen Homomorphismus $\psi_{ij}: H_{i-1,j+1} \to H_{ij}$ (für $i \geq 1$), mit $\psi_{ij} \circ q_{i-1,j+1} \circ d'' = q_{ij} \circ d'$.

3) Sind die Voraussetzungen von 1)2) gleichzeitig erfüllt, so ist φ_{ij} ein Isomorphismus mit $\varphi_{ij}^{-1} = \psi_{ij}$.

<u>Beweis:</u> 1) Ist $\xi_{ij} \in Z_{ij}$, so ist $d'\xi_{ij} = 0$. Es gibt also ein $\eta_{i-1,j} \in C_{i-1,j}$ mit $d'\eta_{i-1,j} = \xi_{ij}$. Man definiert: $\varphi_{ij}(q_{ij}(\xi_{ij})) := q_{i-1,j+1}(d''\eta_{i-1,j})$.

a) Sei $\xi_{ij} = d'\eta = d'\eta^*$. Dann ist $d'(\eta - \eta^*) = 0$, es gibt also ein $\gamma \in C_{i-2,j}$ mit $d'\gamma = \eta - \eta^*$ (für $i \geq 2$), und es folgt: $d''\eta - d''\eta^* = d''d'\gamma \in B_{i-1,j+1}$, also: $q_{i-1,j+1}(d''\eta) = q_{i-1,j+1}(d''\eta^*)$. Ist $i = 1$, so setze man $\gamma^* := \eta - \eta^*$. Dann ist $d'\gamma^* = 0$, also $d''\gamma^* \in B_{0,j+1}$, und wiederum $q_{0,j+1}(d''\eta) = q_{0,j+1}(d''\eta^*)$. Die Definition hängt nicht von der Wahl von $\eta_{i-1,j}$ ab.

b) Sei $\xi_{ij} \in B_{ij}$. Ist $i \geq 1$ und $j \geq 1$, so ist $\xi_{ij} = d'd''\gamma$ mit $\gamma \in C_{i-1,j-1}$ und $d''(d''\gamma) = 0$. Ist $j = 0$, so ist $\xi_{ij} = d'\gamma^*$ mit $d''\gamma^* = 0$. Die Definition hängt also nur von der Cohomologieklasse von ξ_{ij} ab.

c) Es ist $d''(d''\eta_{i-1,j}) = 0$, $d'(d''\eta_{i-1,j}) = -d''(d'\eta_{i-1,j}) = d''(-\xi_{ij}) = 0$. Also liegt $d''\eta_{i-1,j}$ in $Z_{i-1,j+1}$.

Wegen a)b) und c) definiert φ_{ij} tatsächlich eine Abbildung von H_{ij} nach $H_{i-1,j+1}$. Es ist offensichtlich, daß es sich um einen Homomorphismus handelt.

2) Die Existenz von ψ_{ij} folgt genauso wie die von φ_{ij}. Existieren φ_{ij} und ψ_{ij} gleichzeitig, so gilt:

$$\varphi_{ij} \circ \psi_{ij} \circ q_{i-1,j+1} \circ d'' = \varphi_{ij} \circ q_{ij} \circ d' = q_{i-1,j+1} \circ d'',$$

$$\psi_{ij} \circ \varphi_{ij} \circ q_{ij} \circ d' = \psi_{ij} \circ q_{i-1,j+1} \circ d'' = q_{ij} \circ d'.$$

Daraus folgt: $\varphi_{ij}^{-1} = \psi_{ij}$. ♦

<u>Satz 3.3:</u> Sei X eine komplexe Mannigfaltigkeit, $\mathcal{S}$ eine Garbe von R-Moduln über X, $\mathfrak{U}$ eine offene Überdeckung von X.
Dann gibt es einen (kanonischen) R-Modulhomomorphismus

$$\varphi_l: H^l(\mathfrak{U}, \mathcal{S}) \to H^l(X, \mathcal{S}), \text{ für } l \geq 1.$$

φ_1 ist insbesondere injektiv.

<u>Beweis:</u> 1) (C_{ij}, d', d'') sei der kanonische Doppelkomplex von $(X, \mathcal{S}, \mathfrak{U})$. Dann ist $H^j(X, \mathcal{S}) \simeq H_{0j}$, $H^i(\mathfrak{U}, \mathcal{S}) \simeq H_{i0}$, und man kann definieren:

$$\varphi_l := \varphi_{1,l-1} \circ \cdots \circ \varphi_{l-1,1} \circ \varphi_{l,0}$$

(Da alle Garben $\mathcal{S}_j$, $j \geq 0$, welk sind, ist $H^i(\mathfrak{U}, \mathcal{S}_j) = 0$ für $i \geq 1$, $j \geq 0$. Also sind die d'-Sequenzen exakt!)

2) $\varphi_1 = \varphi_{10} : H_{10} \to H_{01}$ ist gegeben durch $\varphi_{10} \circ q_{10} \circ d' = q_{01} \circ d''$. Ist $0 = \varphi_{10}(q_{10} \circ d'\eta) = q_{01} \circ d''\eta$, so liegt $d''\eta$ in B_{01}, es gibt also ein $\eta^* \in C_{00}$ mit $d'\eta^* = 0$ und $d''\eta^* = d''\eta$. Dann ist $d''(\eta - \eta^*) = 0$ und $d'(\eta - \eta^*) = d'\eta$, also $d'\eta \in B_{10}$, d.h. $q_{10} \circ d'\eta = 0$. ♦

Def. 3.3: Sei $\mathcal{S}$ eine Garbe von R-Moduln über X und $\mathfrak{U} = (U_\iota)_{\iota \in I}$ eine offene Überdeckung von X. $\mathfrak{U}$ heißt eine Lerasche Überdeckung zu $\mathcal{S}$, wenn $H^l(U_{\iota_0 \dots \iota_i}, \mathcal{S}) = 0$ für $l \geq 1$ und alle $\iota_0, \dots, \iota_i$ ist.

Satz 3.4: Ist $\mathfrak{U}$ eine Lerasche Überdeckung zu $\mathcal{S}$, so ist $\varphi_l : H^l(\mathfrak{U}, \mathcal{S}) \to H^l(X, \mathcal{S})$ für jedes $l \geq 1$ ein Isomorphismus.

Beweis: Ist $H^l(U_{\iota_0 \dots \iota_i}, \mathcal{S}) = 0$, so ist nach Definition der welken Cohomologie die folgende Sequenz exakt:

$$\Gamma(U_{\iota_0 \dots \iota_i}, \mathcal{S}_{j-1}) \xrightarrow{d_*} \Gamma(U_{\iota_0 \dots \iota_i}, \mathcal{S}_j) \xrightarrow{d_*} \Gamma(U_{\iota_0 \dots \iota_i}, \mathcal{S}_{j+1})$$

Ist nun $d_* \xi = 0$, so ist $0 = (d_* \xi)(\iota_0, \dots, \iota_i) = d_*(\xi(\iota_0, \dots, \iota_i))$ für alle $(\iota_0, \dots, \iota_i)$. Es gibt also Elemente $\eta(\iota_0, \dots, \iota_i)$ mit $d^*(\eta(\iota_0, \dots, \iota_i)) = \xi(\iota_0, \dots, \iota_i)$. Es genügt, $\eta(\iota_0, \dots, \iota_i)$ für jeweils eine Anordnung der Indizes zu bestimmen, für alle anderen Anordnungen bezieht man sich auf das antisymmetrische Gesetz. Auf diese Weise wird eine Cokette η mit $d_* \eta = \xi$ bestimmt.

Die d''-Sequenzen im kanonischen Doppelkomplex sind also exakt, es folgt die Behauptung. ♦

§ 4. Die Cohomologiesequenz

Sei X eine komplexe Mannigfaltigkeit, $\mathcal{S}^*$, $\mathcal{S}$, $\mathcal{S}^{**}$ Garben von R-Moduln über X.

A) $\varphi : \mathcal{S}^* \to \mathcal{S}$ sei ein Homomorphismus.
Dann ist $\mathfrak{W}(\varphi) : \mathfrak{W}(\mathcal{S}^*) \to \mathfrak{W}(\mathcal{S})$ ein Homomorphismus zwischen den kanonischen welken Auflösungen, gegeben durch die Abbildungen $W_i \varphi : \mathcal{S}_i^* \to \mathcal{S}_i$.

Diese Abbildungen induzieren Abbildungen

$$(W_i \varphi)_* : \Gamma(X, \mathcal{S}_i^*) \to \Gamma(X, \mathcal{S}_i)$$

Satz 4.1: 1) Ist $\xi \in Z^i(X, \mathcal{S}^*)$, so ist $(W_i \varphi)_* \xi \in Z^i(X, \mathcal{S})$.
2) Ist $\xi \in B^i(X, \mathcal{S}^*)$, so ist $(W_i \varphi)_* \xi \in B^i(X, \mathcal{S})$.

Beweis: Folgendes Diagramm ist kommutativ:

$$\begin{array}{ccccc}
\Gamma(X,\mathcal{S}^*_{i-1}) & \xrightarrow{d} & \Gamma(X,\mathcal{S}^*_{i}) & \xrightarrow{d} & \Gamma(X,\mathcal{S}^*_{i+1}) \\
\downarrow{\scriptstyle (W_{i-1}\varphi)_*} & & \downarrow{\scriptstyle (W_{i}\varphi)_*} & & \downarrow{\scriptstyle (W_{i+1}\varphi)_*} \\
\Gamma(X,\mathcal{S}_{i-1}) & \xrightarrow{d} & \Gamma(X,\mathcal{S}_{i}) & \xrightarrow{d} & \Gamma(X,\mathcal{S}_{i+1})
\end{array}$$

1) Ist $d\xi = 0$, so ist $d((W_i\varphi)_*\xi) = (W_{i+1}\varphi)_*(d\xi) = 0$.

2) Ist $\xi = d\eta$, so ist $(W_i\varphi)_*\xi = (W_i\varphi)_* d\eta = d((W_{i-1}\varphi)_*\eta)$. ♦

Folgerung: $q_i^*: Z^i(X,\mathcal{S}^*) \to H^i(X,\mathcal{S}^*)$, $q_i: Z^i(X,\mathcal{S}) \to H^i(X,\mathcal{S})$ seien die kanonischen Restklassenabbildungen.
Dann wird durch $\overline{\varphi} \circ q_i^* = q_i \circ (W_i\varphi)_*$ ein Homomorphismus $\overline{\varphi}: H^i(X,\mathcal{S}^*) \to H^i(X,\mathcal{S})$ gegeben.

Satz 4.2: $(H^i: \mathcal{S} \rightsquigarrow H^i(X,\mathcal{S}),\ \varphi \rightsquigarrow \overline{\varphi})$ ist ein kovarianter Funktor, d.h. es gilt:

1) $\overline{id}_{\mathcal{S}} = id_{H^i(X,\mathcal{S})}$.

2) $\overline{\psi \circ \varphi} = \overline{\psi} \circ \overline{\varphi}$.

Der Beweis ist trivial.

B) Sei $0 \to \mathcal{S}^* \xrightarrow{\varphi} \mathcal{S} \xrightarrow{\psi} \mathcal{S}^{**} \to 0$ exakt.
Dann erhält man folgendes kommutative Diagramm mit exakten Spalten:

$$\begin{array}{ccccccccccc}
 & & 0 & & 0 & & 0 & & 0 & & \\
 & & \downarrow & & \downarrow & & \downarrow & & \downarrow & & \\
\cdots \longrightarrow & & \Gamma(X,\mathcal{S}^*_{i-1}) & \xrightarrow{d} & \Gamma(X,\mathcal{S}^*_{i}) & \xrightarrow{d} & \Gamma(X,\mathcal{S}^*_{i+1}) & \xrightarrow{d} & \Gamma(X,\mathcal{S}^*_{i+2}) & \longrightarrow & \cdots \\
 & & \downarrow{\scriptstyle (W_{i-1}\varphi)_*} & & \downarrow{\scriptstyle (W_{i}\varphi)_*} & & \downarrow{\scriptstyle (W_{i+1}\varphi)_*} & & \downarrow{\scriptstyle (W_{i+2}\varphi)_*} & & \\
\cdots \longrightarrow & & \Gamma(X,\mathcal{S}_{i-1}) & \xrightarrow{d} & \Gamma(X,\mathcal{S}_{i}) & \xrightarrow{d} & \Gamma(X,\mathcal{S}_{i+1}) & \xrightarrow{d} & \Gamma(X,\mathcal{S}_{i+2}) & \longrightarrow & \cdots \\
 & & \downarrow{\scriptstyle (W_{i-1}\psi)_*} & & \downarrow{\scriptstyle (W_{i}\psi)_*} & & \downarrow{\scriptstyle (W_{i+1}\psi)_*} & & \downarrow{\scriptstyle (W_{i+2}\psi)_*} & & \\
\cdots \longrightarrow & & \Gamma(X,\mathcal{S}^{**}_{i-1}) & \xrightarrow{d} & \Gamma(X,\mathcal{S}^{**}_{i}) & \xrightarrow{d} & \Gamma(X,\mathcal{S}^{**}_{i+1}) & \xrightarrow{d} & \Gamma(X,\mathcal{S}^{**}_{i+2}) & \longrightarrow & \cdots \\
 & & \downarrow & & \downarrow & & \downarrow & & \downarrow & & \\
 & & 0 & & 0 & & 0 & & 0 & &
\end{array}$$

Satz 4.3: 1) Ist $\xi \in Z^i(X,\mathcal{S}^{**})$, so gibt es ein $\eta_0 \in \Gamma(X,\mathcal{S}_i)$ und ein $\eta \in Z^{i+1}(X,\mathcal{S}^*)$ mit $\xi = (W_i\psi)_*\eta_0$ und $d\eta_0 = (W_{i+1}\varphi)_*\eta$.
η ist bis auf ein Element $\eta^* \in B^{i+1}(X,\mathcal{S}^*)$ bestimmt.

2) Es gibt einen (durch (1) kanonisch induzierten) Homomorphismus $\partial : H^i(X, \mathcal{S}^{**}) \to$ $\to H^{i+1}(X, \mathcal{S}^*)$ mit $\overline{\varphi} \circ \partial = 0$ und $\partial \circ \overline{\psi} = 0$.

Beweis: 1) Ist $\xi \in Z^i(X, \mathcal{S}^{**})$, so ist $d\xi = 0$, und es gibt ein $\eta_0 \in \Gamma(X, \mathcal{S}_i)$ mit $(W_i\psi)_*\eta_0 = \xi$. Offensichtlich ist dann $0 = d((W_i\psi)_*\eta_0) = (W_{i+1}\psi)_* d\eta_0$, d.h., es gibt ein $\eta \in \Gamma(X, \mathcal{S}^*_{i+1})$ mit $(W_{i+1}\varphi)_*\eta = d\eta_0$. Das Element η ist sogar ein Zyklus, wegen $0 = dd\eta_0 = d((W_{i+1}\varphi)_*\eta) = (W_{i+2}\varphi)_* d\eta$, also $d\eta = 0$. η ist durch η_0 eindeutig bestimmt. Ist $\xi = (W_i\psi)_*\eta_0' = (W_i\psi)_*\eta_0''$, so gibt es ein $\rho \in \Gamma(X, \mathcal{S}^*_i)$ mit $(W_i\varphi)_*\rho = \eta_0' - \eta_0''$, und es gilt: $d\eta_0' - d\eta_0'' = d((W_i\varphi)_*\rho) = (W_{i+1}\varphi)_* d\rho$, also $\eta' - \eta'' = d\rho$.

2) Durch $\tilde{\delta}(\xi) := q^*_{i+1}(\eta)$ wird ein Homomorphismus $\tilde{\delta} : Z^i(X, \mathcal{S}^{**}) \to H^{i+1}(X, \mathcal{S}^*)$ definiert, für den gilt:

$$\overline{\varphi} \circ \tilde{\delta} \circ (W_i\psi)_*\eta_0 = \overline{\varphi} \circ q^*_{i+1}\eta = q_{i+1} \circ (W_{i+1}\varphi)_*\eta = q_{i+1}(d\eta_0) = 0 .$$

Ist $\xi = d\xi^*$, so gibt es ein $\sigma \in \Gamma(X, \mathcal{S}_{i-1})$ mit $(W_{i-1}\psi)_*\sigma = \xi^*$, also $(W_i\psi)_* d\sigma =$ $= d((W_{i-1}\psi)_*\sigma) = \xi$. Man kann $\eta_0 = d\sigma$ wählen, und aus der Konstruktion erhält man, daß $\tilde{\delta}(\xi) = 0$ ist. Also induziert $\tilde{\delta}$ einen Homomorphismus $\partial : H^i(X, \mathcal{S}^{**}) \to H^{i+1}(X, \mathcal{S}^*)$ mit $\partial \circ q_i^{**} = \tilde{\delta}$. Insbesondere gilt:

a) q_i^{**}, $(W_i\psi)_*$ sind surjektiv, und es ist $\overline{\varphi} \circ \partial \circ q_i^{**} \circ (W_i\psi)_*(\eta_0) = \overline{\varphi} \circ \tilde{\delta} \circ (W_i\psi)_*(\eta_0) = 0$.

b) q_i ist surjektiv, $(W_i\varphi)_*$ ist injektiv, und für $\xi \in Z^i(X, \mathcal{S})$ ist $\partial \circ \overline{\psi} \circ q_i(\xi) =$ $= \tilde{\delta} \circ (W_i\psi)_*(\xi) = q^*_{i+1}(\eta)$ mit $(W_i\varphi)_*\eta = d\xi = 0$, also $\eta = 0$.

Mithin ist $\overline{\varphi} \circ \partial = 0$ und $\partial \circ \overline{\psi} = 0$. ◆

Satz 4.4: $0 \to \mathcal{S}^* \xrightarrow{\varphi} \mathcal{S} \xrightarrow{\psi} \mathcal{S}^{**} \to 0$ sei eine exakte Sequenz von Garben von R-Moduln. Dann ist auch die folgende lange Cohomologie-Sequenz exakt:

$$0 \to \Gamma(X, \mathcal{S}^*) \xrightarrow{\varphi_*} \Gamma(X, \mathcal{S}) \xrightarrow{\psi_*} \Gamma(X, \mathcal{S}^{**}) \xrightarrow{\partial} H^1(X, \mathcal{S}^*) \to \dots$$

$$\dots \to H^{i-1}(X, \mathcal{S}^{**}) \xrightarrow{\partial} H^i(X, \mathcal{S}^*) \xrightarrow{\overline{\varphi}} H^i(X, \mathcal{S}) \xrightarrow{\overline{\psi}} H^i(X, \mathcal{S}^{**}) \to \dots$$

Beweis: a) Die Sequenz $0 \to \Gamma(X, \mathcal{S}^*) \to \Gamma(X, \mathcal{S}) \to \Gamma(X, \mathcal{S}^{**})$ ist exakt, da Γ ein linksexakter Funktor ist.

b) Die Cohomologiesequenz ist exakt bei $H^i(X, \mathcal{S}^*)$, $i \geq 1$:

1) $\overline{\varphi} \circ \partial = 0$ gilt nach Satz 4.3.

2) Ist $\xi \in Z^i(X, \mathcal{S}^*)$ und $0 = \overline{\varphi} \circ q_i^*(\xi) = q_i \circ (W_i\varphi)_*\xi$, so ist $(W_i\varphi)_*\xi = d\eta$ mit $\eta \in \Gamma(X, \mathcal{S}_{i-1})$ und $d((W_{i-1}\psi)_*\eta) = (W_i\psi)_* d\eta = (W_i\psi)_*(W_i\varphi)_*\xi = 0$. $(W_{i-1}\psi)_*\eta$ liegt somit in $Z^{i-1}(X, \mathcal{S}^{**})$, und es ist $\partial \circ q^{**}_{i-1} \circ (W_{i-1}\psi)_*\eta = \tilde{\delta}(W_{i-1}\psi)_*\eta = q_i^*\xi$. Also ist auch $\operatorname{Ker}\overline{\varphi} \subset \operatorname{Im}\partial$.

c) Exaktheit bei $H^i(X, \mathcal{S})$, $i \geq 1$:

1) Wegen Satz 4.2 ist $\overline{\psi} \circ \overline{\varphi} = 0$.

2) Sei $\xi \in Z^i(X, \mathcal{S})$ und $0 = \overline{\psi} \circ q_i(\xi) = q_i^{**} \circ (W_i \psi)_* \xi$. Dann ist $(W_i \psi)_* \xi = d\xi^*$ mit $\xi^* = (W_{i-1} \psi)_* \eta \in \Gamma(X, \mathcal{S}_{i-1}^{**})$, und somit $d(\xi - d\eta) = 0$ und $(W_i \psi)_*(\xi - d\eta) = 0$. Es gibt deshalb ein $\sigma \in \Gamma(X, \mathcal{S}_i^*)$ mit $(W_i \varphi)_* \sigma = \xi - d\eta$. Offensichtlich ist auch $d\sigma = 0$, und es gilt: $\overline{\varphi} \circ q_i^*(\sigma) = q_i \circ (W_i \varphi)_* \sigma = q_i(\xi - d\eta) = q_i(\xi)$. Also ist $\operatorname{Ker} \overline{\psi} \subset \operatorname{Im} \overline{\varphi}$.

d) Exaktheit bei $H^i(X, \mathcal{S}^{**})$, $i \geq 1$:

1) $\delta \circ \overline{\psi} = 0$ gilt nach Satz 4.3.

2) Sei $d\xi = 0$ und $0 = \delta \circ q_i^{**}(\xi) = \widetilde{\delta} \xi = q_{i+1}^* \eta$, mit $\xi = (W_i \psi)_* \eta_0$ und $d\eta_0 = (W_{i+1} \varphi)_* \eta$. Dann ist $\eta = d\sigma$, und es gilt: $d(\eta_0 - (W_i \varphi)_* \sigma) = 0$, $(W_i \psi)_*(\eta_0 - (W_i \varphi)_* \sigma) = \xi$, also $\overline{\psi} \circ q_i(\eta_0 - (W_i \varphi)_* \sigma) = q_i^{**} \circ (W_i \psi)_*(\eta_0 - (W_i \varphi)_* \sigma) = q_i^{**} \xi$.
Damit ist auch $\operatorname{Ker} \delta \subset \operatorname{Im} \overline{\psi}$, und es ist alles gezeigt. ♦

D) Sei X eine n-dimensionale komplexe Mannigfaltigkeit mit Strukturgarbe $\mathcal{O}$.

Jeder offenen Menge $U \subset X$ werde die multiplikative abelsche Gruppe $M_U = \{f : f$ holomorph auf U und $f(x) \neq 0$ für $x \in U\}$ zugeordnet. M_U ist dann ein $\mathbf{Z}$-Modul (mit $n \cdot f := f^n$). Zusammen mit den gewöhnlichen Beschränkungsabbildungen $r_V^U : M_U \to M_V$ erhält man ein Garbendatum von $\mathbf{Z}$-Moduln. Die zugehörige Garbe von $\mathbf{Z}$-Moduln $\mathcal{O}^*$ nennt man die Garbe der Keime von nicht-verschwindenden holomorphen Funktionen. Die Gruppenverknüpfung in $\mathcal{O}^*$ und in den abgeleiteten Moduln schreiben wir additiv.

Ist N_U die additive abelsche Gruppe der holomorphen Funktionen, so wird durch $f \mapsto e^{2\pi i f}$ ein $\mathbf{Z}$-Modulhomomorphismus $\exp_U : N_U \to M_U$ definiert. Für $V \subset U$ gilt die Vertauschungsregel $\exp_V \circ r_V^U = r_V^U \circ \exp_U$. Das bedeutet, daß auf diese Weise ein Garbenhomomorphismus $\exp : \mathcal{O} \to \mathcal{O}^*$ definiert wird, für den gilt:

$$\exp(rf) = r(e^{2\pi i f}) .$$

Satz 4.5: $0 \to \mathbf{Z} \to \mathcal{O} \xrightarrow{\exp} \mathcal{O}^* \to 0$ ist eine exakte Sequenz von Garben von $\mathbf{Z}$-Moduln (wobei mit $\mathbf{Z}$ auch die Garbe der Keime von stetigen $\mathbf{Z}$-wertigen Funktionen bezeichnet wird).

Beweis: Stetige $\mathbf{Z}$-wertige Funktionen sind lokal-konstant, insbesondere lokal-holomorph. Deshalb kann man $\mathbf{Z}$ als Untergarbe von $\mathcal{O}$ auffassen, und es bleibt zu zeigen: $\operatorname{Ker}(\exp) = \mathbf{Z}$, $\operatorname{Im}(\exp) = \mathcal{O}^*$.

1) Sei $\sigma = (rf)(x) \in \mathcal{O}_x$, $f \in N_U$, $\exp(\sigma) = \mathbf{0}$.

Dann ist $\mathbf{0} = \exp(rf)(x) = (r(e^{2\pi i f}))(x)$. Es gibt also eine zusammenhängende Umgebung $V(x) \subset U$ mit $r(e^{2\pi i f})|V = \mathbf{0}$, d.h., $e^{2\pi i f}|V = 1$. Das bedeutet, daß es ein $n \in \mathbf{Z}$ mit $f|V = n$ gibt. Ist umgekehrt $\sigma \in \mathbf{Z}_x \subset \mathcal{O}_x$, so folgt $\exp(\sigma) = \mathbf{0}$.

2) Sei $\rho = (rf)(x) \in \mathcal{O}_x^*$, $f \in M_U$, $x \in U$.
O.B.d.A. kann man annehmen, daß U ein Bereich im $\mathbb{C}^n$ ist, so daß log(f) holomorph auf U definierbar ist. Sei $h := \frac{1}{2\pi i} \cdot \log(f)$, $\sigma := (rh)(x) \in \mathcal{O}_x$. Dann ist $\exp(\sigma) = \exp((rh)(x)) = (r(e^{2\pi i h}))(x) = (rf)(x) = \rho$. ♦

Satz 4.6: 1) Für $f \in \Gamma(X, \mathcal{O}^*)$ gilt: Es gibt ein $h \in \Gamma(X, \mathcal{O})$ mit $f = e^{2\pi i h}$ genau dann, wenn $\delta(f) = 0$ ist.
2) Ist $H^l(X, \mathcal{O}) = 0$ für $l \geqslant 1$, so ist $H^l(X, \mathcal{O}^*) \simeq H^{l+1}(X, \mathbb{Z})$ für $l \geqslant 1$.

Beweis: Anwendung der Cohomologiesequenz auf die exakte Sequenz $0 \to \mathbb{Z} \to \mathcal{O} \to \mathcal{O}^* \to 0$ ergibt die Behauptung. ♦

Def. 4.1: Ein System $(U_\iota, f_\iota)_{\iota \in I}$ heißt eine Cousin-II-Verteilung auf X, wenn gilt:

1) $\mathfrak{U} = (U_\iota)_{\iota \in I}$ ist eine offene Überdeckung von X.

2) f_ι ist holomorph auf U_ι und verschwindet nirgends identisch.

3) Auf $U_{\iota_0 \iota_1}$ gibt es eine nirgends verschwindende holomorphe Funktion $h_{\iota_0 \iota_1}$, so daß $f_{\iota_0} = h_{\iota_0 \iota_1} \cdot f_{\iota_1}$ auf $U_{\iota_0 \iota_1}$ ist.

Unter einer Lösung dieser Cousin-II-Verteilung versteht man eine holomorphe Funktion f auf X, so daß $f_\iota = h_\iota \cdot f$ mit nirgends verschwindenden holomorphen Funktionen h_ι auf U_ι ist.

Bemerkung: Die Funktionen $h_{\iota_0 \iota_1}$ sind durch die Verteilung $(U_\iota, f_\iota)_{\iota \in I}$ eindeutig bestimmt:

Ist $f_{\iota_0} = h_{\iota_0 \iota_1} \cdot f_{\iota_1} = \tilde{h}_{\iota_0 \iota_1} \cdot f_{\iota_1}$, so ist $0 = (h_{\iota_0 \iota_1} - \tilde{h}_{\iota_0 \iota_1}) \cdot f_{\iota_1}$.
Wäre $(h_{\iota_0 \iota_1} - \tilde{h}_{\iota_0 \iota_1})(x_0) \neq 0$ für ein $x_0 \in U_{\iota_0 \iota_1}$, so wäre $(h_{\iota_0 \iota_1} - \tilde{h}_{\iota_0 \iota_1})(x) \neq 0$ für $x \in V$, V offene Umgebung von x_0 in $U_{\iota_0 \iota_1}$, also $f_{\iota_1} | V = 0$. Das ist aber ein Widerspruch.

Satz 4.7: Sei $(U_\iota, f_\iota)_{\iota \in I}$ eine Cousin-II-Verteilung auf X, $\mathfrak{U} = (U_\iota)_{\iota \in I}$. Dann gilt:

1) $h(\iota_0, \iota_1) := rh_{\iota_0 \iota_1}$ definiert ein Element $h \in Z^1(\mathfrak{U}, \mathcal{O}^*)$.

2) $(U_\iota, f_\iota)_{\iota \in I}$ ist genau dann lösbar, wenn h in $B^1(\mathfrak{U}, \mathcal{O}^*)$ liegt.

Beweis: 1) a) Wegen $f_{\iota_1} = h^{-1}_{\iota_0 \iota_1} \cdot f_{\iota_0} = h_{\iota_1 \iota_0} \cdot f_{\iota_0}$ folgt: $h(\iota_1, \iota_0) = -h(\iota_0, \iota_1)$.

b) Wegen $h_{\iota_0 \iota_1} \cdot h_{\iota_1 \iota_2} \cdot f_{\iota_2} = h_{\iota_0 \iota_1} \cdot f_{\iota_1} = f_{\iota_0} = h_{\iota_0 \iota_2} \cdot f_{\iota_2}$ folgt: $h(\iota_0, \iota_1) + h(\iota_1, \iota_2) = h(\iota_0, \iota_2)$.

2) a) Sei $(U_\iota, f_\iota)_{\iota \in I}$ lösbar. Dann ist $f_\iota = h_\iota \cdot f$ mit nirgends verschwindenden Funktionen h_ι, und es gilt:
$f_{\iota_0} = h_{\iota_0 \iota_1} \cdot f_{\iota_1}$, also $h_{\iota_0} \cdot f = h_{\iota_0 \iota_1} \cdot h_{\iota_1} \cdot f$.

Sei $\rho(\iota) := h_\iota$. Dann ist $\rho(\iota_0) - \rho(\iota_1) = r\left(h_{\iota_0} \cdot h_{\iota_1}^{-1}\right) = r(h_{\iota_0 \iota_1}) = h(\iota_0, \iota_1)$, also $\delta\rho = h$.

b) Wenn h in $B^1(\mathfrak{U}, \mathcal{O}^*)$ liegt, gibt es zu jedem $\iota \in I$ ein $\rho(\iota) \in \Gamma(U_\iota, \mathcal{O}^*)$, so daß $\rho(\iota_0) - \rho(\iota_1) = h(\iota_0, \iota_1)$ auf $U_{\iota_0 \iota_1}$ ist. Dann ist $h_\iota := [\rho(\iota)]$ eine nirgends verschwindende holomorphe Funktion, und auf $U_{\iota_0 \iota_1}$ gilt: $h(\iota_0, \iota_1) = r(h_{\iota_0 \iota_1}) = r\left(h_{\iota_0} \cdot h_{\iota_1}^{-1}\right)$, also $h_{\iota_0} = h_{\iota_0 \iota_1} \cdot h_{\iota_1}$.

Genauso gilt aber $f_{\iota_0} = h_{\iota_0 \iota_1} \cdot f_{\iota_1}$. Daraus folgt: $f_{\iota_0} \cdot h_{\iota_0}^{-1} = f_{\iota_1} \cdot h_{\iota_1}^{-1}$.

Durch $f | U_\iota := f_\iota \cdot h_\iota^{-1}$ wird daher eine holomorphe Funktion f auf X definiert, mit $f_\iota = h_\iota \cdot f$. ◆

Bemerkung: Die Frage der Lösbarkeit einer Cousin-II-Verteilung ist eine Verallgemeinerung des Weierstraßschen Problems.

Folgerung: Ist $H^1(\mathfrak{U}, \mathcal{O}^*) = 0$, so ist jede Cousin-II-Verteilung zur Überdeckung $\mathfrak{U}$ lösbar.

Satz 4.8: Sei X eine n-dimensionale komplexe Mannigfaltigkeit mit Strukturgarbe $\mathcal{O}$.

1) Ist $H^1(X, \mathcal{O}) = 0$, so ist jede Cousin-I-Verteilung auf X lösbar.

2) Ist $H^1(X, \mathcal{O}^*) = 0$, so ist jede Cousin-II-Verteilung auf X lösbar.

Beweis: Die kanonischen Homomorphismen $H^1(\mathfrak{U}, \mathcal{O}) \to H^1(X, \mathcal{O})$ und $H^1(\mathfrak{U}, \mathcal{O}^*) \to H^1(X, \mathcal{O}^*)$ sind für jede Überdeckung $\mathfrak{U}$ injektiv (vgl. Satz 3.3). ◆

Def. 4.2: Sei $h \in Z^1(\mathfrak{U}, \mathcal{O}^*)$ der Cozyklus einer Cousin-II-Verteilung $(U_\iota, f_\iota)_{\iota \in I}$, $\underline{h}$ die zugehörige Cohomologieklasse in $H^1(X, \mathcal{O}^*)$, $\delta : H^1(X, \mathcal{O}^*) \to H^2(X, \mathbb{Z})$ der "Randhomomorphismus" in der langen exakten Cohomologiesequenz zu $0 \to \mathbb{Z} \to \mathcal{O} \to \mathcal{O}^* \to 0$.

Dann heißt $c(h) := \delta(\underline{h}) \in H^2(X, \mathbb{Z})$ die Chernsche Klasse von h (bzw. von $(U_\iota, f_\iota)_{\iota \in I}$).

Satz 4.9: Ist $H^l(X, \mathcal{O}) = 0$ für $l \geq 1$, so ist die Cousin-II-Verteilung $(U_\iota, f_\iota)_{\iota \in I}$ (mit dem zugehörigen Cozyklus h) genau dann lösbar, wenn $c(h) = 0$ ist (und das ist eine rein topologische Bedingung!).

Beweis: Nach Satz 4.6 ist $H^1(X, \mathcal{O}^*) \simeq H^2(X, \mathbb{Z})$, vermöge δ. h ist genau dann lösbar, wenn $\underline{h} = 0$ ist, und das ist genau dann der Fall, wenn $c(h) = \delta(\underline{h}) = 0$ ist. ◆

Beispiel: Es gibt Holomorphiegebiete von sehr einfacher Gestalt, auf denen nicht jede Cousin-II-Verteilung lösbar ist.
Sei etwa $X := \{(z,w) \in \mathbb{C}^2 : ||z| - 1| < \varepsilon,\ ||w| - 1| < \varepsilon\}$.
X ist ein Reinhardtscher Körper, und - wie man sich leicht überlegen kann - logarithmisch konvex, also ein Holomorphiegebiet.
Die "Mitte von X" $T := \{(z,w) \in \mathbb{C}^2 : |z| = 1,\ |w| = 1\} \subset X$ ist ein reeller Torus.

$g := \{(z,w) \in \mathbb{C}^2 : w = z-1\}$ ist eine komplexe Gerade, also eine reell 2-dimensionale Ebene.

Für $(z,w) \in g$ gilt:

$$|w|^2 = w \cdot \overline{w} = (z-1)(\overline{z}-1) = z\overline{z} + 1 - (z+\overline{z}) = |z|^2 + 1 - 2x \text{ (mit } z = x + iy)$$

Ist $|z| = 1$, so erhält man insbesondere: $|w|^2 = 2 - 2x$, also: $|w| = 1$ dann und nur dann, wenn $x = \frac{1}{2}$.

Sei $z_1 := \frac{1}{2}(1 + i\sqrt{3})$, $z_2 := \frac{1}{2}(1 - i\sqrt{3})$, $w_1 := z_1 - 1$, $w_2 := z_2 - 1$.
Daraus folgt:

$$T \cap g = \{(z_1, w_1), (z_2, w_2)\}$$

Die Abbildung $\Phi : g \to \mathbb{C}$ mit $\Phi(z,w) := z$ ist topologisch mit $\Phi^{-1}(z) = (z, z-1)$.

Sei $R_\varepsilon := \{z \in \mathbb{C} : 1 - \varepsilon < |z| < 1 + \varepsilon\} = \{z \in \mathbb{C} : \||z| - 1| < \varepsilon\}$, $\widetilde{R}_\varepsilon := \{z \in \mathbb{C} : z-1 \in R_\varepsilon\} =$
$= \{z \in \mathbb{C} : \||z-1| - 1| < \varepsilon\}$.

R_ε, $\widetilde{R}_\varepsilon$ sind zwei gegeneinander verschobene kongruente Kreisringe mit $R_\varepsilon \cap \widetilde{R}_\varepsilon =$
$= \Phi(g \cap X) \supset \Phi(g \cap T) = \{z_1, z_2\}$.

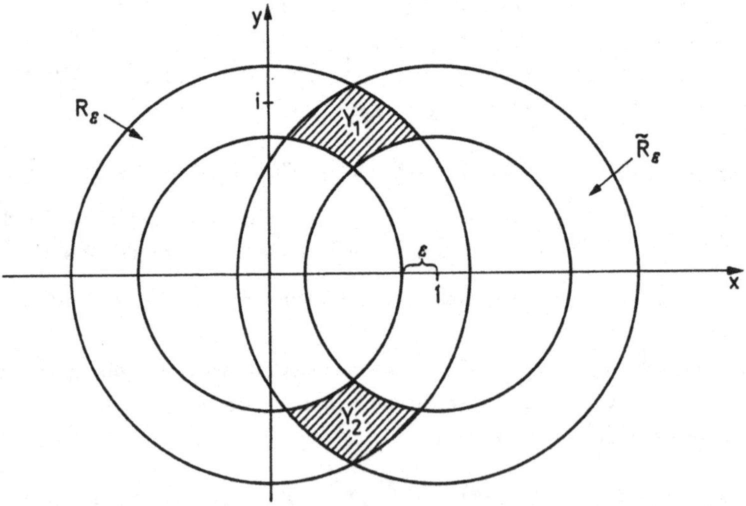

Fig. 25: Illustration zum Beispiel am Ende von §4.

Wählt man ε hinreichend klein, so zerfällt $R_\varepsilon \cap \widetilde{R}_\varepsilon$ in zwei Zusammenhangskomponenten Y_1, Y_2.

Sei $F_\lambda := \Phi^{-1}(Y_\lambda)$, für $\lambda = 1,2$.

Dann ist $g \cap X = F_1 \cup F_2$ mit $F_1 \cap F_2 = \emptyset$, und die Mengen F_λ sind analytisch in X.

Sei $U_1 := X - F_2$, $U_2 := X - F_1$, $g(z,w) := w - z + 1$, sowie $f_1 := g|U_1$, $f_2 := 1|U_2$.
In $U_{12} = X - (F_1 \cup F_2) = X - \mathfrak{g}$ hat g keine Nullstelle, und es gilt die Gleichung: $f_1|U_{12} = g \cdot f_2|U_{12}$.
Also ist $((U_1, f_1), (U_2, f_2))$ eine Cousin-II-Verteilung auf X.

Auf T kann man reelle Koordinaten einführen:

$$(z,w) = (e^{i\varphi}, e^{i\vartheta}) \mapsto (\varphi, \vartheta)$$

Es ist $g|T = e^{i\vartheta} - e^{i\varphi} + 1 = (\cos\vartheta - \cos\varphi + 1) + i(\sin\vartheta - \sin\varphi)$, und die Abbildung $\tau : U_1 \cap T \to \mathbb{R}^2$ mit $\tau(\varphi,\vartheta) := (\cos\vartheta - \cos\varphi + 1, \sin\vartheta - \sin\varphi)$ ist reellanalytisch und hat genau eine Nullstelle $(\varphi_0, \vartheta_0) \approx (z_1, z_1 - 1)$.

Als Funktionaldeterminante erhält man:

$$\det J_\tau(\varphi_0,\vartheta_0) = \det\begin{pmatrix} \sin\varphi_0 & -\sin\vartheta_0 \\ -\cos\varphi_0 & \cos\vartheta_0 \end{pmatrix} = \det\begin{pmatrix} \sin\varphi_0 & -\sin\varphi_0 \\ -\cos\varphi_0 & \cos\varphi_0 - 1 \end{pmatrix} =$$

$$= \det\begin{pmatrix} \sin\varphi_0 & 0 \\ -\cos\varphi_0 & -1 \end{pmatrix} = -\sin\varphi_0 = -\operatorname{Im} z_1 = -\frac{1}{2}\sqrt{3} \neq 0$$

Man kann daher eine Umgebung $V = V(\varphi_0,\vartheta_0) \subset U_1 \cap T$ finden, die durch τ umkehrbar analytisch auf ein Gebiet des $\mathbb{R}^2$ abgebildet wird. Sei $V^* := V - \{(\varphi_0,\vartheta_0)\}$.

Wir können τ als komplexwertige Funktion auffassen. Dann ist auf V^* die Differentialform $\omega = \frac{d\tau}{\tau}$ definiert, und es ist offensichtlich $d\omega = 0$.

Wir wählen nun eine offene Teilmenge $B \subset\subset V$, die bezüglich $\tau|V$ Urbild einer Kreisscheibe $\{z \in \mathbb{C} : |z| \leqslant s\}$ ist. Es sei $H := \partial B$.

Dann gilt:

$$\int_H \omega = \int_{|\tau| = s} \frac{d\tau}{\tau} \neq 0 .$$

Es gebe nun eine Lösung f des oben angegebenen Cousin-II-Problems. Dann ist $f|U_1 = g \cdot h$, mit einer nirgends verschwindenden holomorphen Funktion h in U_1, und $f|T$ hat nur in (φ_0,ϑ_0) eine Nullstelle.

Also ist $\tilde{\omega} := \frac{dh}{h}$ eine Differentialform auf $U_1 \cap T$, $\alpha := \frac{df}{f}$ eine Differentialform auf $T - \{(\varphi_0,\vartheta_0)\}$, und es gilt:

$$d\tilde{\omega} = 0,\ d\alpha = 0 \text{ und } \alpha|V^* = \omega + \tilde{\omega}.$$

Daraus folgt:

$$\int_H \tilde{\omega} = \int_{\partial B} \tilde{\omega} = \int_B d\tilde{\omega} = 0\,, \quad \int_H \alpha = -\int_{\partial(T-B)} \alpha = -\int_{T-B} d\alpha = 0\,,$$

aber $\int_H \alpha = \int_H \omega + \int_H \tilde{\omega} = \int_H \omega \neq 0$. Das ist ein Widerspruch, eine Lösung f kann nicht existieren.

§ 5. Hauptsätze über Steinsche Mannigfaltigkeiten

Die beiden folgenden Sätze von Cartan-Serre sind grundlegend für die Theorie der Steinschen Mannigfaltigkeiten. Auf die schwierigen Beweise müssen wir an dieser Stelle verzichten:

Satz 5.1 (Theorem A): Sei $(X, \mathcal{O})$ eine Steinsche Mannigfaltigkeit, $\mathcal{S}$ eine kohärente analytische Garbe über X. Dann gibt es zu jedem Punkt $x_0 \in X$ endlich viele globale Schnittflächen $s_1, \dots, s_k \in \Gamma(X, \mathcal{S})$, die $\mathcal{S}_{x_0}$ über $\mathcal{O}_{x_0}$ erzeugen.

Satz 5.2 (Theorem B): Sei X eine Steinsche Mannigfaltigkeit, $\mathcal{S}$ eine kohärente analytische Garbe über X.

Dann ist $H^l(X, \mathcal{S}) = 0$ für $l \geq 1$.

(Zur Definition der Steinschen Mannigfaltigkeit vgl. Kap. V, §2.)

Satz 5.3: Sei X eine Steinsche Mannigfaltigkeit, $0 \to \mathcal{S}^* \to \mathcal{S} \to \mathcal{S}^{**} \to 0$ eine exakte Sequenz von kohärenten analytischen Garben über X.

Dann ist $0 \to \Gamma(X, \mathcal{S}^*) \to \Gamma(X, \mathcal{S}) \to \Gamma(X, \mathcal{S}^{**}) \to 0$ exakt und $\Gamma(X, \mathcal{S}^{**}) \simeq \Gamma(X, \mathcal{S})/\Gamma(X, \mathcal{S}^*)$.

Beweis: Die Cohomologiesequenz ist exakt:

$$0 \to \Gamma(X, \mathcal{S}^*) \to \Gamma(X, \mathcal{S}) \to \Gamma(X, \mathcal{S}^{**}) \to H^1(X, \mathcal{S}^*) \to \dots$$

Nach Theorem B ist $H^1(X, \mathcal{S}^*) = 0$. ♦

Satz 5.4: Sei X eine komplexe Mannigfaltigkeit, $U_1, U_2 \subset X$ offene Steinsche Teilmengen. Dann ist auch $U := U_1 \cap U_2$ Steinsch.

Beweis: 1) Ist $x_0 \in U$, so gibt es holomorphe Funktionen $f_1, \dots, f_l$ auf U_1, so daß x_0 isoliert in $\{x \in U_1 : f_1(x) = \dots = f_l(x) = 0\}$ ist.

Dann sind die Funktionen $f_1 | U, \dots, f_l | U$ erst recht holomorph, und x_0 liegt auch isoliert in $\{x \in U : f_1(x) = \dots = f_l(x) = 0\}$. Also ist U holomorph ausbreitbar.

2) Sei $K \subset U$ kompakt. Dann ist K auch in U_i kompakt, und für die holomorph-konvexen Hüllen gilt: $K \subset \hat{K}_i$, $\hat{K}_i$ kompakt. Offensichtlich ist $\hat{K}$ enthalten in $\hat{K}_1 \cap \hat{K}_2$. $U - \hat{K}$ ist offen, also ist $\hat{K}_1 \cap \hat{K}_2 - \hat{K} = \hat{K}_1 \cap \hat{K}_2 \cap (U - \hat{K})$ offen in $\hat{K}_1 \cap \hat{K}_2$. Da $\hat{K}_1 \cap \hat{K}_2$ kompakt ist, folgt, daß $\hat{K}$ kompakt ist. ♦

Def. 5.1: Sei X eine komplexe Mannigfaltigkeit. Eine offene Überdeckung $\mathfrak{U} = (U_\iota)_{\iota \in I}$ von X heißt Steinsch, wenn alle Mengen U_ι Steinsch sind.

Satz 5.5 (Satz von Leray): Sei X eine komplexe Mannigfaltigkeit, $\mathfrak{S}$ eine kohärente analytische Garbe auf X, $\mathfrak{U}$ eine Steinsche Überdeckung von X.

Dann ist $\mathfrak{U}$ eine Leraysche Überdeckung zu $\mathfrak{S}$, und es gilt: $H^l(\mathfrak{U}, \mathfrak{S}) \simeq H^l(X, \mathfrak{S})$ für alle l.

Beweis: Ist $\mathfrak{U} = (U_\iota)_{\iota \in I}$ Steinsch, so sind nach Satz 4.3 alle Mengen $U_{\iota_0 \dots \iota_l}$ Steinsch, und nach Theorem B ist $H^l(U_{\iota_0 \dots \iota_l}, \mathfrak{S}) = 0$ für $l \geq 1$. Also ist $\mathfrak{U}$ eine Leraysche Überdeckung, und $\varphi_l : H^l(\mathfrak{U}, \mathfrak{S}) \to H^l(X, \mathfrak{S})$ ist ein Isomorphismus. ♦

Satz 5.6: Ist X eine komplexe Mannigfaltigkeit, so gibt es auf X beliebig feine Steinsche Überdeckungen.

Ist $\mathfrak{S}$ kohärent analytisch auf X, so gibt es zu jeder offenen Überdeckung $\mathfrak{U}$ von X eine Verfeinerung $\mathfrak{B}$, so daß $H^l(\mathfrak{B}, \mathfrak{S}) \simeq H^l(X, \mathfrak{S})$ für alle $l \geq 0$ ist.

Beweis: Sei $\mathcal{H}$ die Strukturgarbe von X.
Ist $x_0 \in X$, so gibt es eine offene Umgebung $U(x_0) \subset X$, ein Gebiet $G \subset \mathbb{C}^n$ und einen Isomorphismus $\varphi : (U, \mathcal{H}) \to (G, \mathcal{O})$. Ist $V(x_0)$ eine beliebige Umgebung, so gibt es einen Polyzylinder P mit $\tilde{\varphi}^{-1}(P) \subset\subset V \cap U$. $\tilde{\varphi}^{-1}(P)$ ist dann Steinsch. Es gibt also beliebig kleine Steinsche Umgebungen und damit beliebig kleine Steinsche Überdeckungen. ♦

Satz 5.7: Sei X eine Steinsche Mannigfaltigkeit, $\mathfrak{S}$ eine kohärente analytische Garbe über X, $\mathfrak{U}$ eine beliebige offene Überdeckung von X.

Dann ist $H^1(\mathfrak{U}, \mathfrak{S}) = 0$.

Insbesondere ist jede Cousin-I-Verteilung auf X lösbar.

Beweis: $H^1(X, \mathfrak{S}) = 0$, $\varphi_1 : H^1(\mathfrak{U}, \mathfrak{S}) \to H^1(X, \mathfrak{S})$ injektiv. ♦

Satz 5.8: Ist X Steinsch, so ist $H^l(X, \mathcal{O}^*) \simeq H^{l+1}(X, \mathbb{Z})$ für alle $l \geq 1$.

Beweis: Theorem B und Satz 4.6. ♦

Satz 5.9: Sei X Steinsch, $(U_\iota, f_\iota)_{\iota \in I}$ eine Cousin-II-Verteilung auf X, $h \in Z^1(\mathfrak{U}, \mathcal{O}^*)$ der zugehörige Cozyklus.

Dann gilt:

$$(U_\iota, f_\iota)_{\iota \in I} \text{ ist genau dann lösbar, wenn } c(h) = 0 \text{ ist.}$$

Beweis: Theorem B und Satz 4.9. ◆

Am Schluß des vorangegangenen Paragraphen wurde ein Beispiel einer Steinschen Mannigfaltigkeit gegeben, auf der nicht jedes Cousin-II-Problem lösbar ist.

Ohne Beweis seien die beiden folgenden (topologischen) Ergebnisse angegeben:

1) Ist X eine zusammenhängende nicht kompakte Riemannsche Fläche (X ist dann insbesondere Steinsch, nach einem Satz von Behnke-Stein), so ist $H^2(X, \mathbb{Z}) = 0$.

2) Ist X eine (stetig) in sich zusammenziehbare Steinsche Mannigfaltigkeit, so ist $H^2(X, \mathbb{Z}) = 0$.

Satz 5.10: Ist X eine Steinsche Mannigfaltigkeit und $H^2(X, \mathbb{Z}) = 0$, so ist jedes Cousin-II-Problem auf X lösbar.

Beweis: Unmittelbare Folgerung aus Satz 5.9. ◆

Ist also X eine nicht kompakte zusammenhängende Riemannsche Fläche oder eine beliebige zusammenziehbare Steinsche Mannigfaltigkeit, so ist jedes Cousin-II-Problem auf X lösbar.
Speziell folgt: Ist $G \subset \mathbb{C}$ ein Gebiet, so sind alle Mittag-Lefflerschen und Weierstraßschen Probleme in G lösbar.
Bislang haben wir nur Theorem B ausgenutzt. Interessante Anwendungsmöglichkeiten für Theorem A ergeben sich vor allem auf dem Gebiet der analytischen Teilmengen Steinscher Mannigfaltigkeiten.

Def. 5.2: Sei A analytische Teilmenge einer komplexen Mannigfaltigkeit X. Eine komplexwertige Funktion f auf A heißt holomorph, falls es zu jedem Punkt $x_0 \in A$ eine Umgebung $U(x_0) \subset X$ und eine holomorphe Funktion $\hat{f}$ auf U mit $\hat{f}|U \cap A = f|U \cap A$ gibt.

Für singularitätenfreie analytische Mengen (also Untermannigfaltigkeiten) ergibt sich der alte Holomorphiebegriff.

Satz 5.11: Sei $(X, \mathcal{O})$ eine Steinsche Mannigfaltigkeit, $A \subset X$ eine analytische Teilmenge und f eine holomorphe Funktion auf A. Dann gibt es eine holomorphe Funktion $\hat{f}$ auf X mit $\hat{f}|A = f$. (Globale Fortsetzbarkeit!)

Beweis: Jedem Punkt $x \in A$ sei eine Umgebung $U_x \subset X$ und eine holomorphe Funktion $\tilde{f}_x$ auf U zugeordnet, so daß $\tilde{f}_x|A \cap U_x = f|A \cap U_x$ ist.

Jedem Punkt $x \in X - A$ sei eine Umgebung $U_x \subset X$ mit $U_x \cap A = \emptyset$ und die Funktion $\tilde{f}_x := 0|U_x$ zugeordnet.

Sei $\mathfrak{U} := (U_x)_{x\in X}$, $\eta(x) := \tilde{f}_x \in \Gamma(U_x, \mathcal{O})$.

Dann ist $\eta \in C^0(\mathfrak{U}, \mathcal{O})$ und $\xi := \delta\eta \in Z^1(\mathfrak{U}, \mathcal{O})$. Außerdem gilt für alle $x_0, x_1 \in X$:

$$\xi(x_0, x_1)|A \cap U_{x_0x_1} = \tilde{f}_{x_0}|A \cap U_{x_0x_1} - \tilde{f}_{x_1}|A \cap U_{x_0x_1} = 0$$

Also ist $\xi \in Z^1(\mathfrak{U}, \mathcal{J}(A))$, wenn man mit $\mathcal{J}(A)$ die Idealgarbe von A bezeichnet. Nach Theorem B ist $H^1(X, \mathcal{J}(A)) = 0$ und damit auch $H^1(\mathfrak{U}, \mathcal{J}(A)) = 0$. Es gibt also ein $\rho \in C^0(\mathfrak{U}, \mathcal{J}(A))$ mit $\delta\rho = \xi$, d.h. $\delta(\eta - \rho) = 0$.

Durch $\hat{f}|U_x := \eta(x) - \rho(x) = \tilde{f}_x - \rho(x)$ wird deshalb eine holomorphe Funktion $\hat{f} \in \Gamma(X, \mathcal{O})$ definiert, und es gilt: $\hat{f}|A \cap U_x = \tilde{f}_x|A \cap U_x = f|A \cap U_x$, d.h. $\hat{f}|A = f$. ◆

Satz 5.12: Sei $(X, \mathcal{O})$ Steinsch, $X' \subset\subset X$ offen, $\mathcal{S}$ eine kohärente analytische Garbe über X. Dann gibt es Schnittflächen $s_1, \ldots, s_l \in \Gamma(X, \mathcal{S})$, die in jedem Punkt $x \in X'$ den Halm $\mathcal{S}_x$ über $\mathcal{O}_x$ erzeugen.

Beweis: 1) Sei $x_0 \in \overline{X}'$. Dann gibt es eine offene Umgebung $U(x_0) \subset X$ und Schnittflächen $t_1, \ldots, t_q \in \Gamma(U, \mathcal{S})$, so daß für jeden Punkt $x \in U$ der Halm $\mathcal{S}_x$ über $\mathcal{O}_x$ durch $t_1(x), \ldots, t_q(x)$ erzeugt wird. Andererseits gibt es nach Theorem A globale Schnittflächen $s_1, \ldots, s_p \in \Gamma(X, \mathcal{S})$ und Elemente $a_{ij} \in \mathcal{O}_{x_0}$, so daß $t_i(x_0) = \sum_{j=1}^{p} a_{ij} s_j(x_0)$ für $i = 1, \ldots, q$ ist.

Es gibt eine offene Umgebung $V(x_0) \subset U$ und Schnittflächen $\hat{a}_{ij} \in \Gamma(V, \mathcal{O})$ mit $\hat{a}_{ij}(x_0) = a_{ij}$ für alle i, j.

Daraus folgt: Es gibt eine offene Umgebung $W(x_0) \subset V$ mit $t_i|W = \left(\sum_{j=1}^{p} \hat{a}_{ij} s_j\right)|W$ für $i = 1, \ldots, q$, d.h., $s_1, \ldots, s_p$ erzeugen jeden Halm $\mathcal{S}_x$, $x \in W$.

2) Da $\overline{X}'$ kompakt ist, gibt es endlich viele Punkte $x_1, \ldots, x_r \in \overline{X}'$, offene Umgebungen $W_i(x_i)$ und globale Schnittflächen $s_1^{(i)}, \ldots, s_{p(i)}^{(i)}$, $i = 1, \ldots, r$, so daß gilt:

$W_1 \cup \ldots \cup W_r$ überdeckt $\overline{X}'$; $s_1^{(i)}, \ldots, s_{p(i)}^{(i)}$ erzeugen $\mathcal{S}$ auf W_i. Dann erzeugen $s_1^{(i)}, \ldots, s_{p(i)}^{(i)}$, $i = 1, \ldots, r$ die Garbe $\mathcal{S}$ auf $\overline{X}'$. ◆

Satz 5.13: Sei $(X, \mathcal{O})$ Steinsch, $X' \subset\subset X$ offen, $A \subset X$ analytisch. Dann gibt es holomorphe Funktionen $f_1, \ldots, f_l$ auf X, so daß $A \cap X' = \{x \in X' : f_1(x) = \ldots = f_l(x) = 0\}$ ist.

Beweis: Da $\mathcal{J}(A)$ eine kohärente analytische Garbe auf X ist, gibt es nach Satz 5.12 globale Schnittflächen $f_1, \ldots, f_l \in \Gamma(X, \mathcal{J}(A)) \subset \Gamma(X, \mathcal{O})$, die über X' jeden Halm von $\mathcal{J}(A)$ erzeugen. Offensichtlich ist $A \cap X' \subset \{x \in X' : [f_1(x)] = \ldots = [f_l(x)] = 0\}$, und es bleibt nur die Umkehrung zu zeigen.

(Wir erinnern daran, daß für ein Element $f \in \Gamma(X, \mathcal{O})$ die zugehörige holomorphe Funktion mit $[f]$ bezeichnet wird.)

Ist $x_0 \in X' - A$, so gibt es Elemente $a_\nu \in \mathcal{O}_{x_0}$ mit $\sum_{\nu=1}^{l} a_\nu f_\nu(x_0) = 1 \in \mathcal{O}_{x_0}$. In einer Umgebung $V(x_0) \subset X' - A$ gilt dann für die holomorphe Funktion 1 die Darstellung $1 = \sum_{\nu=1}^{l} \hat{a}_\nu [f_\nu]$, wobei die $\hat{a}_\nu$ in V holomorphe Funktionen sind. Dann können aber nicht alle $[f_\nu]$ in x_0 verschwinden.

Also ist $\{x \in X' : [f_1(x)] = \ldots = [f_l(x)] = 0\} \subset A \cap X'$. ♦

Die folgende Verschärfung von Satz 5.13 geben wir ohne Beweis an:

Satz 5.14: Sei X eine n-dimensionale Steinsche Mannigfaltigkeit, $A \subset X$ eine analytische Teilmenge. Dann gibt es holomorphe Funktionen $f_1, \ldots, f_{n+1}$ auf X, so daß $A = \{x \in X : f_1(x) = \ldots = f_{n+1}(x) = 0\}$ ist.

Der Satz besagt allerdings nicht, daß $\mathcal{J}(A)$ global endlich erzeugt ist. Das kann man auch i.a. nicht erreichen, wie Cartan an einem Beispiel gezeigt hat.

VII. Reelle Methoden

§ 1. Tangentialvektoren

Es sei X stets eine n-dimensionale komplexe Mannigfaltigkeit.

<u>Def. 1.1:</u> Sei $k \in \mathbb{N}_0$. Unter einer k-mal differenzierbaren lokalen Funktion in $x_0 \in X$ versteht man ein Paar (U, f), für das gilt:

1) U ist eine offene Umgebung von x_0 in X.

2) f ist eine in x_0 stetige reellwertige Funktion auf U.

3) Es gibt eine Umgebung $V(x_0) \subset U$ und eine biholomorphe Abbildung $\psi : V \to G \subset \mathbb{C}^n$, so daß $f \circ \psi^{-1}$ in $\psi(x_0)$ k-mal reell differenzierbar ist.

Komplexwertige lokale Funktionen lassen sich entsprechend definieren.

Die Menge aller k-mal differenzierbaren Funktionen in x_0 sei mit $\mathcal{D}^k_{x_0}$ bezeichnet. An Stelle von (U, f) schreiben wir meist nur f.

<u>Bemerkungen:</u> Da Koordinatentransformationen biholomorph, insbesondere k-mal differenzierbar für jedes k sind, ist die Definition 1.1 unabhängig von dem gewählten Koordinatensystem (V, ψ). Die Elemente von $\mathcal{D}^k_{x_0}$ kann man in naheliegender Weise addieren und mit reellen oder komplexen Skalaren multiplizieren. (Z.B. ist $(U, f) + (U', f') := (U \cap U', f + f')$.)

Ein bekannter Satz besagt:

Ist $f \in \mathcal{D}^1_{x_0}$, $g \in \mathcal{D}^0_{x_0}$ und $f(x_0) = g(x_0) = 0$, so ist $f \cdot g \in \mathcal{D}^1_{x_0}$ (vgl. [21]).

<u>Def. 1.2:</u> Ein (reeller) Tangentialvektor in x_0 ist eine Abbildung $D : \mathcal{D}^1_{x_0} \to \mathbb{R}$, für die gilt:

1) D ist $\mathbb{R}$-linear.

2) $D(1) = 0$.

3) $D(f \cdot g) = 0$, falls $f \in \mathcal{D}^1_{x_0}$ und $g \in \mathcal{D}^0_{x_0}$ mit $f(x_0) = g(x_0) = 0$ ist.

2) und 3) nennt man die "Derivationseigenschaften". Die Menge aller Tangentialvektoren in x_0 wird mit T_{x_0} bezeichnet.

Bemerkungen: T_{x_0} bildet einen reellen Vektorraum. Die (vom gewählten Koordinatensystem abhängigen) partiellen Ableitungen $\frac{\partial}{\partial x_1}, \dots, \frac{\partial}{\partial x_n}, \frac{\partial}{\partial y_1}, \dots, \frac{\partial}{\partial y_n}$ ergeben eine Basis von T_{x_0} (vgl. [21]). Also ist $\dim_{\mathbb{R}} T_{x_0} = 2n$.

Für komplexwertige lokale Funktionen $f = g + ih$ in x_0 und $D \in T_{x_0}$ setzen wir $D(f) := D(g) + i D(h)$. D bleibt dann $\mathbb{R}$-linear!

Satz 1.1: Sind $c_1, \dots, c_n$ beliebige komplexe Zahlen, so gibt es genau einen Tangentialvektor D mit $D(f) = \sum_{\nu=1}^{n} c_\nu \frac{\partial}{\partial x_\nu}(f)$ für jede in x_0 holomorphe Funktion f. Insbesondere ist ein vorgegebener Tangentialvektor D durch seine Werte auf den holomorphen Funktionen schon eindeutig bestimmt. In lokalen Koordinaten hat D die Darstellung

$$D = \sum_{\nu=1}^{n} \operatorname{Re}(D(z_\nu)) \frac{\partial}{\partial x_\nu} + \sum_{\nu=1}^{n} \operatorname{Im}(D(z_\nu)) \frac{\partial}{\partial y_\nu}$$

Beweis: Ist $c_\nu = a_\nu + i b_\nu$ für $\nu = 1, \dots, n$, so setze man

$$D := \sum_{\nu=1}^{n} a_\nu \frac{\partial}{\partial x_\nu} + \sum_{\nu=1}^{n} b_\nu \frac{\partial}{\partial y_\nu} .$$

Dann gilt für jede in x_0 holomorphe Funktion f $\left(\text{wegen } f_{y_\nu} = i f_{x_\nu}\right)$:

$$D(f) = \sum_{\nu=1}^{n} a_\nu f_{x_\nu} + \sum_{\nu=1}^{n} b_\nu f_{y_\nu} = \sum_{\nu=1}^{n} (a_\nu + i b_\nu) f_{x_\nu} = \sum_{\nu=1}^{n} c_\nu \frac{\partial}{\partial x_\nu}(f) .$$

Dabei ist $c_\nu = D(z_\nu)$ für $\nu = 1, \dots, n$. Es ist klar, daß D durch seine Werte auf den holomorphen Funktionen ebenso wie durch die Zahlen $c_1, \dots, c_n$ eindeutig festgelegt ist. ♦

Satz 1.2: Ist $c \in \mathbb{C}$ und $D \in T_{x_0}$, so gibt es genau einen Tangentialvektor $c \cdot D \in T_{x_0}$ mit $(c \cdot D)(f) = c \cdot (D(f))$ für jede in x_0 holomorphe Funktion f.

Beweis: Es gibt komplexe Zahlen $c_1, \dots, c_n$, so daß $D(f) = \sum_{\nu=1}^{n} c_\nu \frac{\partial}{\partial x_\nu}(f)$ für jede in x_0 holomorphe Funktion f ist, und nach Satz 1.1 gibt es dann genau einen Tangentialvektor D^* mit $D^*(f) = \sum_{\nu=1}^{n} (c c_\nu) \frac{\partial}{\partial x_\nu}(f) = c \cdot (D(f))$ für holomorphe f. Wir setzen $c \cdot D := D^*$. ♦

Satz 1.3: Es ist $i \cdot \frac{\partial}{\partial x_\nu} = \frac{\partial}{\partial y_\nu}$ und $i \cdot \frac{\partial}{\partial y_\nu} = -\frac{\partial}{\partial x_\nu}$ für $\nu = 1,\dots,n$. T_{x_0} ist ein n-dimensionaler komplexer Vektorraum mit der Basis $\left\{\frac{\partial}{\partial x_1},\dots,\frac{\partial}{\partial x_n}\right\}$, die neu eingeführte komplexe Struktur ist mit der auf T_{x_0} vorgegebenen reellen Struktur verträglich.

Beweis: Ist f holomorph in x_0, so ist $\left(i \cdot \frac{\partial}{\partial x_\nu}\right)(f) = i\left(\frac{\partial}{\partial x_\nu}(f)\right) = i \cdot f_{z_\nu} = \frac{\partial}{\partial y_\nu}(f)$. Die Axiome eines $\mathbb{C}$-Vektorraumes sind offensichtlich erfüllt, insbesondere gilt: $i \cdot \frac{\partial}{\partial y_\nu} = i \cdot \left(i \cdot \frac{\partial}{\partial x_\nu}\right) = (i \cdot i) \cdot \frac{\partial}{\partial x_\nu} = -\frac{\partial}{\partial x_\nu}$. $\left\{\frac{\partial}{\partial x_1},\dots,\frac{\partial}{\partial x_n}\right\}$ bildet also ein Erzeugendensystem von T_{x_0} über $\mathbb{C}$.

Ist $\sum_{\nu=1}^{n} c_\nu \cdot \frac{\partial}{\partial x_\nu} = 0$, mit $c_\nu = a_\nu + ib_\nu$ für $\nu = 1,\dots,n$, so ist $0 = \sum_{\nu=1}^{n} a_\nu \frac{\partial}{\partial x_\nu} + i \cdot \sum_{\nu=1}^{n} b_\nu \frac{\partial}{\partial x_\nu} = \sum_{\nu=1}^{n} a_\nu \frac{\partial}{\partial x_\nu} + \sum_{\nu=1}^{n} b_\nu \frac{\partial}{\partial y_\nu}$, also $a_\nu = b_\nu = 0$ für $\nu = 1,\dots,n$. Das bedeutet, daß $\left\{\frac{\partial}{\partial x_1},\dots,\frac{\partial}{\partial x_n}\right\}$ eine Basis von T_{x_0} über $\mathbb{C}$ ist. ♦

Bemerkungen: Unter einem komplexen Tangentialvektor in x_0 versteht man eine $\mathbb{C}$-lineare Abbildung $D : \mathcal{D}^1_{x_0} \to \mathbb{C}$ mit den Derivationseigenschaften 2) und 3) von Def. 1.2. Die Menge aller komplexen Tangentialvektoren in x_0 sei mit $T^c_{x_0}$ bezeichnet. Dann definiert man:

$$T'_{x_0} := \left\{D \in T^c_{x_0} : D(\bar{f}) = 0, \text{ falls } f \text{ holomorph in } x_0\right\},$$

$$T''_{x_0} := \left\{D \in T^c_{x_0} : D(f) = 0, \text{ falls } f \text{ holomorph in } x_0\right\}.$$

Die Elemente von T'_{x_0} nennt man holomorphe Tangentialvektoren, die Elemente von T''_{x_0} nennt man antiholomorphe Tangentialvektoren. Die partiellen Ableitungen $\frac{\partial}{\partial z_1},\dots,\frac{\partial}{\partial z_n}$ bzw. $\frac{\partial}{\partial \bar{z}_1},\dots,\frac{\partial}{\partial \bar{z}_n}$ bilden eine Basis von T'_{x_0} bzw. T''_{x_0}, und es ist $T^c_{x_0} = T'_{x_0} \oplus T''_{x_0}$.

Man kann nun jedem Element $D \in T_{x_0}$ komplexe Tangentialvektoren $D' \in T'_{x_0}$ und $D'' \in T''_{x_0}$ zuordnen, so daß $D = D' + D''$ ist.

Ist $D = \sum_{\nu=1}^{n} a_\nu \frac{\partial}{\partial x_\nu} + \sum_{\nu=1}^{n} b_\nu \frac{\partial}{\partial y_\nu}$, so definiert man:

$$D' := \frac{1}{2} \sum_{\nu=1}^{n} (a_\nu + ib_\nu) \frac{\partial}{\partial z_\nu}$$

$$D'' := \frac{1}{2} \sum_{\nu=1}^{n} (a_\nu - ib_\nu) \frac{\partial}{\partial \bar{z}_\nu}$$

Offensichtlich ist $D'(f) + D''(f) = D(f)$ für jedes $f \in \mathcal{D}^1_{x_0}$. Man kann daher jeden reellen Tangentialvektor $D \in T_{x_0}$ in der Form $D = \sum_{\nu=1}^{n} c_\nu \frac{\partial}{\partial z_\nu} + \sum_{\nu=1}^{n} \bar{c}_\nu \frac{\partial}{\partial \bar{z}_\nu}$ schreiben. Ist $c \in \mathbb{C}$, so gilt: $c \cdot D = \sum_{\nu=1}^{n} c c_\nu \frac{\partial}{\partial z_\nu} + \sum_{\nu=1}^{n} \bar{c}\bar{c}_\nu \frac{\partial}{\partial \bar{z}_\nu}$.

Def. 1.3: Eine r-dimensionale komplexwertige Differentialform in x_0 ist eine alternierende $\mathbb{R}$-multilineare Abbildung

$$\varphi : \underbrace{T_{x_0} \times \dots \times T_{x_0}}_{r\text{-mal}} \to \mathbb{C}$$

Die Menge aller r-dimensionalen komplexwertigen Differentialformen in x_0 wird mit $F^{(r)}_{x_0}$ bezeichnet.

Bemerkungen: 1) $F^{(r)}_{x_0}$ ist ein komplexer Vektorraum. Ein Element $\varphi \in F^{(r)}_{x_0}$ kann man auf eindeutige Weise darstellen in der Form $\varphi = \mathrm{Re}(\varphi) + i\,\mathrm{Im}(\varphi)$, wobei $\mathrm{Re}(\varphi)$ und $\mathrm{Im}(\varphi)$ reellwertige Differentialformen sind, wie sie etwa im Buch von Grauert-Lieb ([22]) behandelt werden. Daraus folgt sofort, daß $\dim_{\mathbb{R}} F^{(r)}_{x_0} = \binom{2n}{r} + \binom{2n}{r}$, also $\dim_{\mathbb{C}} F^{(r)}_{x_0} = \binom{2n}{r}$ ist.

2) Konventionsgemäß ist $F^{(0)}_{x_0} = \mathbb{C}$. Für $r = 1$ erhält man: $F^{(1)}_{x_0} = T^*_{x_0} \oplus i\,T^*_{x_0}$, mit $T^*_{x_0} := \mathrm{Hom}_{\mathbb{R}}(T_{x_0}, \mathbb{R})$. $F^{(1)}_{x_0}$ ist die "Komplexifizierung" des reellen Dualraumes zu T_{x_0}.

3) Durch $\bar{\varphi}(\xi_1, \dots, \xi_r) := \overline{\varphi(\xi_1, \dots, \xi_r)}$ wird jedem Element $\varphi \in F^{(r)}_{x_0}$ ein konjugiert-komplexes Element $\bar{\varphi} \in F^{(r)}_{x_0}$ zugeordnet.

Es gilt: a) $\bar{\bar{\varphi}} = \varphi$.

b) $\overline{(\varphi + \psi)} = \bar{\varphi} + \bar{\psi}$, $\overline{c\varphi} = \bar{c} \cdot \bar{\varphi}$.

c) φ reell genau dann, wenn $\varphi = \bar{\varphi}$.

Definiert man das Element $dz_\nu \in F^{(1)}_{x_0}$ durch $dz_\nu(\xi) := \xi(z_\nu)$, so erhält man ein weiteres Element $d\bar{z}_\nu \in F^{(1)}_{x_0}$ durch $d\bar{z}_\nu(\xi) := \overline{dz_\nu}(\xi) = \overline{dz_\nu(\xi)} = \overline{\xi(z_\nu)} = \xi(\bar{z}_\nu)$.

$\{dz_1, \dots, dz_n, d\bar{z}_1, \dots, d\bar{z}_n\}$ ist eine Basis von $F^{(1)}_{x_0}$. Allgemein ist $\bar{\varphi} = \mathrm{Re}(\varphi) - i\,\mathrm{Im}(\varphi)$ speziell gilt: $dz_\nu = dx_\nu + i\,dy_\nu$, $d\bar{z}_\nu = dx_\nu - i\,dy_\nu$.

4) Sei $\varphi \in F^{(r)}_{x_0}$, $\psi \in F^{(s)}_{x_0}$. Das äußere Produkt $\varphi \wedge \psi \in F^{(r+s)}_{x_0}$ wird wie in [22] definiert:

$$\varphi \wedge \psi(\xi_1, \dots, \xi_r, \xi_{r+1}, \dots, \xi_{r+s}) :=$$

$$= \frac{1}{r!\,s!} \sum_{\sigma \in \mathfrak{S}_{r+s}} (\operatorname{sgn} \sigma)\, \varphi(\xi_{\sigma(1)}, \dots, \xi_{\sigma(r)}) \cdot \psi(\xi_{\sigma(r+1)}, \dots, \xi_{\sigma(r+s)}).$$

Dann gilt:

a) $\varphi \wedge \psi = (-1)^{r \cdot s} \psi \wedge \varphi$ (antikommutatives Gesetz)

b) $(\varphi \wedge \psi) \wedge \omega = \varphi \wedge (\psi \wedge \omega)$ (assoziatives Gesetz)

Speziell ist $dz_\nu \wedge dz_\nu = 0 = d\overline{z}_\nu \wedge d\overline{z}_\nu$.

Mit der Multiplikation "$\wedge$" wird $F_{x_0} := \bigoplus_{r=0}^{\infty} F_{x_0}^{(r)}$ zu einem graduierten assoziativen (nicht kommutativen) Ring mit 1.

5) Für $j = 1, \ldots, n$ sei $dz_{n+j} := d\overline{z}_j$.

Dann wird $F_{x_0}^{(r)}$ von den Elementen $dz_{\nu_1} \wedge \ldots \wedge dz_{\nu_r}$ mit $1 \leq \nu_1 < \ldots < \nu_r \leq 2n$ erzeugt.

Die Anzahl dieser Elemente beträgt genau $\binom{2n}{r}$, sie bilden also eine Basis.

<u>Satz 1.4:</u> Sind $z_1, \ldots, z_n$ Koordinaten von X in der Nähe von x_0 und ist $\varphi \in F_{x_0}^{(r)}$, so gibt es eine eindeutig bestimmte Darstellung

$$\varphi = \sum_{1 \leq i_1 < \ldots < i_r \leq 2n} a_{i_1 \ldots i_r} dz_{i_1} \wedge \ldots \wedge dz_{i_r} .$$

("Normalform von φ bzgl. $z_1, \ldots, z_n$").

Speziell ist $\varphi = 0$ für $r > 2n$, also $F_{x_0}^{(r)} = 0$ für $r > 2n$.

<u>Def. 1.4:</u> $\varphi \in F_{x_0}^{(r)}$ heißt eine Form vom Typ (p, q) mit $p, q \in \mathbb{N}_0$ und $p + q = r$, falls für alle $c \in \mathbb{C}$ gilt: $\varphi(c\xi_1, \ldots, c\xi_r) = c^p \cdot \overline{c}^q \varphi(\xi_1, \ldots, \xi_r)$.

<u>Satz 1.5:</u> Ist $\varphi \in F_{x_0}^{(r)}$, $\varphi \neq 0$ und vom Typ (p, q), so sind p und q eindeutig bestimmt.

<u>Beweis:</u> Sei φ vom Typ (p, q) und vom Typ (p', q'). Da $\varphi \neq 0$ ist, gibt es Tangentialvektoren $\xi_1, \ldots, \xi_r$, so daß $\varphi(\xi_1, \ldots, \xi_r) \neq 0$ ist. Dann gilt:

$$\varphi(c\xi_1, \ldots, c\xi_r) = \begin{cases} c^p \overline{c}^q \varphi(\xi_1, \ldots, \xi_r) \\ c^{p'} \overline{c}^{q'} \varphi(\xi_1, \ldots, \xi_r) \end{cases}$$

Also ist $c^p \overline{c}^q = c^{p'} c^{q'}$ für jedes $c \in \mathbb{C}$.

Sei etwa $c = e^{i\vartheta}$ mit beliebigem $\vartheta \in \mathbb{R}$. Dann ist $e^{i\vartheta(p-q)} = e^{i\vartheta(p'-q')}$. Das kann nur dann für jedes ϑ gelten, wenn $p - q = p' - q'$ ist.

Da andererseits $p + q = p' + q' = r$ ist, folgt: $p = p'$, $q = q'$. ♦

Satz 1.6: 1) Ist φ vom Typ (p,q), so ist $\overline{\varphi}$ vom Typ (q,p).

2) Sind φ, ψ vom Typ (p,q), $c \in \mathbb{C}$, so sind $\varphi + \psi$ und $c \cdot \varphi$ vom Typ (p,q).

3) Ist φ vom Typ (p,q), ψ vom Typ (p',q'), so ist $\varphi \wedge \psi$ vom Typ $(p+p', q+q')$.

Beweis: 1) $\overline{\varphi}(c\xi_1,\dots,c\xi_r) = \overline{\varphi(c\xi_1,\dots,c\xi_r)} = \overline{c^p\overline{c}^q\varphi(\xi_1,\dots,\xi_r)} = \overline{c}^p c^q \overline{\varphi}(\xi_1,\dots,\xi_r)$.

2) trivial

3) $\varphi(c\xi_1,\dots,c\xi_r)\psi(c\xi_{r+1},\dots,c\xi_{r+s}) = c^p\overline{c}^q c^{p'}\overline{c}^{q'}\varphi(\xi_1,\dots,\xi_r)\psi(\xi_{r+1},\dots,\xi_{r+s})$.

Also ist $\varphi \wedge \psi(c\xi_1,\dots,c\xi_{r+s}) = \frac{1}{r!s!} c^{p+p'}\overline{c}^{q+q'} \sum_{\sigma\in\mathfrak{S}_{r+s}} (\operatorname{sgn}\sigma)\varphi(\xi_{\sigma(1)},\dots,\xi_{\sigma(r)}) \times$

$\times \psi(\xi_{\sigma(r+1)},\dots,\xi_{\sigma(r+s)}) = c^{p+p'}\overline{c}^{q+q'} \cdot \varphi\wedge\psi(\xi_1,\dots,\xi_{r+s})$. ♦

Satz 1.7: Ist $\varphi \in F_{x_0}^{(r)}$, so besitzt φ eine eindeutig bestimmte Darstellung $\varphi = \sum_{p+q=r} \varphi^{(p,q)}$, wobei $\varphi^{(p,q)} \in F_{x_0}^{(r)}$ Formen vom Typ (p,q) sind.

Beweis: Offensichtlich ist dz_ν vom Typ $(1,0)$, $d\overline{z}_\nu$ vom Typ $(0,1)$. Daraus folgt, daß Monome $dz_{i_1}\wedge\dots\wedge dz_{i_p}\wedge d\overline{z}_{j_1}\wedge\dots\wedge d\overline{z}_{j_q}$ (mit $1 \leq i_1 < \dots < i_p \leq n$ und $1 \leq j_1 < \dots < j_q \leq n$) Formen vom Typ (p,q) sind. $\varphi = \sum_{p+q=r} \varphi^{(p,q)}$ mit

$$\varphi^{(p,q)} := \sum_{\substack{1\leq i_1<\dots<i_p\leq n \\ 1\leq j_1<\dots<j_q\leq n}} a_{i_1\dots i_p,n+j_1,\dots,n+j_q}\, dz_{i_1}\wedge\dots\wedge dz_{i_p}\wedge d\overline{z}_{j_1}\wedge\dots\wedge d\overline{z}_{j_q}$$

ist also eine Darstellung der verlangten Art.

Sei $\varphi = \sum_{p+q=r}\varphi^{(p,q)} = \sum_{p+q=r}\tilde{\varphi}^{(p,q)}$. Dann ist $\sum_{p+q=r}\psi^{(p,q)} = 0$, für $\psi^{(p,q)} = \varphi^{(p,q)} - \tilde{\varphi}^{(p,q)}$. Es folgt:

$$0 = \sum_{p+q=r} \psi^{(p,q)}(c\xi_1,\dots,c\xi_r) = \sum_{p+q=r} c^p\overline{c}^q\,\psi^{(p,q)}(\xi_1,\dots,\xi_r)$$

Für festes $(\xi_1,\dots,\xi_r)$ erhält man eine Polynomgleichung im Polynomring $\mathbb{C}[c,\overline{c}]$. Man weiß, daß dann auch die Koeffizienten $\psi^{(p,q)}(\xi_1,\dots,\xi_r)$ für alle p,q verschwinden. Da man $\xi_1,\dots,\xi_r$ beliebig wählen kann, erhält man: $\varphi^{(p,q)} = \tilde{\varphi}^{(p,q)}$ für alle p,q. ♦

§ 2. Differentialformen auf komplexen Mannigfaltigkeiten

Def. 2.1: Sei X eine komplexe Mannigfaltigkeit. Unter einer l-Form auf X versteht man eine Abbildung

$$\varphi : X \to \dot{\bigcup_{x \in X}} F_x^{(l)}$$

mit der Eigenschaft: $\varphi(x) \in F_x^{(l)}$, für jedes $x \in X$. Sind $z_1, \ldots, z_n$ Koordinaten für X auf einer offenen Teilmenge $U \subset X$, so gilt für $x \in U$:

$$\varphi_x := \varphi(x) = \sum_{1 \leq \iota_1 < \ldots < \iota_l \leq 2n} a_{\iota_1 \ldots \iota_l}(x) dz_{\iota_1} \wedge \ldots \wedge dz_{\iota_l}.$$

$x \mapsto a_{\iota_1 \ldots \iota_l}(x)$ definiert eine komplexwertige Funktion $a_{\iota_1 \ldots \iota_l}$ auf U. Man nennt φ in $x_0 \in U$ k-mal differenzierbar, wenn alle Funktionen $a_{\iota_1 \ldots \iota_l}$ in x_0 k-mal differenzierbar sind. Diese Definition ist unabhängig von den Koordinaten. φ heißt k-mal differenzierbar (auf X), falls φ in jedem Punkt von X k-mal differenzierbar ist.

Mit $A^{(l)} = A^{(l)}(X)$ werde künftig die Menge aller beliebig oft differenzierbaren l-Formen bezeichnet, mit $A^{(p,q)}$ die Menge aller beliebig oft differenzierbaren Formen vom Typ (p,q).

Def. 2.2: Ist f eine beliebig oft differenzierbare Funktion auf X (also ein Element von $A^{(0)}$), so definiert man das Element $df \in A^{(1)}$ durch $(df)_x(\xi) := \xi(f)$ für $\xi \in T_x$. ("Totales Differential von f")

Bemerkungen: 1) Für die Basiselemente $dz_\nu, d\overline{z}_\nu$ ergibt sich keine neue Bedeutung.

2) In lokalen Koordinaten gilt: $df = \sum_{\nu=1}^{n} f_{z_\nu} dz_\nu + \sum_{\nu=1}^{n} f_{\overline{z}_\nu} d\overline{z}_\nu$.

Beweis: Wir schreiben $df = \sum_{\nu=1}^{n} a_\nu dz_\nu + \sum_{\nu=1}^{n} b_\nu d\overline{z}_\nu$. Ist $\xi \in T_{x_0}$, so ist $\xi = \sum_{\nu=1}^{n} c_\nu \frac{\partial}{\partial z_\nu} + \sum_{\nu=1}^{n} \overline{c}_\nu \frac{\partial}{\partial \overline{z}_\nu}$, und mithin $df(\xi) = \xi(f) = \sum_{\nu=1}^{n} c_\nu f_{z_\nu} + \sum_{\nu=1}^{n} \overline{c}_\nu f_{\overline{z}_\nu}$. Insbesondere ergibt sich daraus: $f_{z_\nu} = df\left(\frac{\partial}{\partial z_\nu}\right) = a_\nu$, $f_{\overline{z}_\nu} = df\left(\frac{\partial}{\partial \overline{z}_\nu}\right) = b_\nu$. ◆

Auch auf Mannigfaltigkeiten kann man die totale Ableitung $d : A^{(l)} \to A^{(l+1)}$ definieren. Sie hat folgende Eigenschaften:

1) d ist $\mathbb{C}$-linear.

2) $d(f) = df$ (im Sinne von Def. 2.2) für $f \in A^{(0)}$.

3) $d(\varphi|U) = (d\varphi)|U$.

4) Ist $\varphi \in A^{(r)}$, $\psi \in A^{(s)}$, so ist $d(\varphi \wedge \psi) = d\varphi \wedge \psi + (-1)^r \varphi \wedge d\psi$.

5) Ist $\varphi|U = \sum_{1 \leq \iota_1 < \ldots < \iota_l \leq 2n} a_{\iota_1 \ldots \iota_l} dz_{\iota_1} \wedge \ldots \wedge dz_{\iota_l}$, so ist

$$d\varphi|U = \sum_{1 \leq \iota_1 < \ldots < \iota_l \leq 2n} da_{\iota_1 \ldots \iota_l} \wedge dz_{\iota_1} \wedge \ldots \wedge dz_{\iota_l} .$$

6) $d \circ d = 0$

7) d ist ein reeller Operator, d.h., es ist $d\overline{\varphi} = \overline{d\varphi}$. Insbesondere bedeutet das, daß $d\varphi = d(\mathrm{Re}\,\varphi) + i\,d(\mathrm{Im}\,\varphi)$ ist.

Satz 2.1: Ist $\varphi \in A^{(p,q)}$, so ist $d\varphi = d'\varphi + d''\varphi$ mit $d'\varphi \in A^{(p+1,q)}$ und $d''\varphi \in A^{(p,q+1)}$.

Beweis: Es ist üblich, die Normalform von $\varphi^{(p,q)}$ auf folgende Weise abzukürzen: $\varphi^{(p,q)} = \sum_{I,J} a_{I,J} d\mathfrak{z}_I \wedge d\overline{\mathfrak{z}}_J$.

Dann ist $d\varphi^{(p,q)} = \sum_{I,J} da_{I,J} \wedge d\mathfrak{z}_I \wedge d\overline{\mathfrak{z}}_J = \sum_{I,J} \sum_{\nu=1}^{n} \frac{\partial a_{I,J}}{\partial z_\nu} dz_\nu \wedge d\mathfrak{z}_I \wedge d\overline{\mathfrak{z}}_J + \sum_{I,J} \sum_{\nu=1}^{n} \frac{\partial a_{I,J}}{\partial \overline{z}_\nu} d\overline{z}_\nu \wedge$ $\wedge d\mathfrak{z}_I \wedge d\overline{\mathfrak{z}}_J$. Offensichtlich ist das eine Zerlegung von $d\varphi^{(p,q)}$ in eine Form $d'\varphi^{(p,q)}$ vom Typ $(p+1,q)$ und eine Form $d''\varphi^{(p,q)}$ vom Typ $(p,q+1)$. ♦

Ist $\varphi = \sum_{p+q=l} \varphi^{(p,q)}$ eine beliebige l-Form, so nennt man $d'\varphi := \sum_{p+q=l} d'\varphi^{(p,q)}$ die totale Ableitung von φ nach $\mathfrak{z}$, $d''\varphi := \sum_{p+q=l} d''\varphi^{(p,q)}$ die totale Ableitung von φ nach $\overline{\mathfrak{z}}$. (In der angelsächsischen Literatur schreibt man ∂ statt d' und $\overline{\partial}$ statt d''.)

Satz 2.2: 1) d' und d'' sind $\mathbb{C}$-lineare Operatoren mit $d' + d'' = d$.

2) Es ist $d'd' = 0$, $d''d'' = 0$ und $d'd'' + d''d' = 0$.

3) d', d'' sind nicht reell. Es gilt vielmehr: $\overline{d'\varphi} = d''\overline{\varphi}$ und $\overline{d''\varphi} = d'\overline{\varphi}$.

4) Ist φ eine l-Form, ψ beliebig, so gilt:
$d'(\varphi \wedge \psi) = d'\varphi \wedge \psi + (-1)^l \varphi \wedge d'\psi$,
$d''(\varphi \wedge \psi) = d''\varphi \wedge \psi + (-1)^l \varphi \wedge d''\psi$.

Beweis: Wir brauchen alles nur für Formen von reinem Typ nachzuweisen.

1) ist trivial.

2) Es ist $0 = dd\varphi = (d' + d'') \circ (d' + d'')\varphi = d'd'\varphi + d'd''\varphi + d''d'\varphi + d''d''\varphi$.

Hat φ den Typ (p,q), so hat $d'd'\varphi$ den Typ $(p+2,q)$, $(d'd''\varphi + d''d'\varphi)$ den Typ $(p+1,q+1)$ $d''d''\varphi$ den Typ $(p,q+2)$. Da die Zerlegung in Formen von reinem Typ eindeutig ist, folgt die Behauptung.

3) Wegen $\overline{d\varphi} = d\overline{\varphi}$ folgt:

$\overline{d'\varphi} + \overline{d''\varphi} = d'\overline{\varphi} + d''\overline{\varphi}$, also $(\overline{d'\varphi} - d''\overline{\varphi}) + (\overline{d''\varphi} - d'\overline{\varphi}) = 0$. Dabei hat $\overline{d'\varphi} - d''\overline{\varphi}$ den Typ $(q,p+1)$ und $\overline{d''\varphi} - d'\overline{\varphi}$ den Typ $(q+1,p)$. Also müssen die beiden Summanden verschwinden.

4) Die beiden Formeln folgen aus Regel 4) über die totale Ableitung d, indem man wie in 2) und 3) die Typen vergleicht. ♦

Bemerkung: Eine reell-differenzierbare Funktion f ist genau dann holomorph, wenn $f_{\overline{z}_\nu} = 0$ für $\nu = 1,\dots,n$ ist, wenn also $d''f = 0$ ist.

Entsprechend folgt für $\varphi = \varphi^{(p,0)} = \sum_{1 \leq i_1 < \dots < i_p \leq n} a_{i_1 \dots i_p} dz_{i_1} \wedge \dots \wedge dz_{i_p}$:

Es ist $d''\varphi = 0$ genau dann, wenn $a_{i_1 \dots i_p}$ stets holomorph ist.

Man trifft daher folgende Definition:

Def. 2.3: $\varphi \in A^{(l)}$ heißt holomorph, falls gilt:

1) φ ist vom Typ $(p,0)$.
2) $d''\varphi = 0$.

$\varphi \in A^{(l)}$ heißt antiholomorph, falls gilt:

1) φ ist vom Typ $(0,q)$.
2) $d'\varphi = 0$.

Bemerkung: Offensichtlich ist φ genau dann antiholomorph, wenn $\overline{\varphi}$ holomorph ist.

§ 3. Cauchy - Integrale

Aus der reellen Analysis ist das Poincarésche Lemma bekannt (vgl. etwa [22]). Man kann es folgendermaßen formulieren:

Sei $B \subset \mathbb{C}^n$ ein sternförmiger Bereich (z.B. ein Polyzylinder), $\varphi \in A^{(l)}$, $l > 0$, $d\varphi | B = 0$.

Dann gibt es ein $\psi \in A^{(l-1)}$ mit $d\psi = \varphi$.

Ein ähnlicher Satz soll im folgenden Paragraphen für den d''-Operator bewiesen werden. Dazu ist es zunächst nötig, die Cauchysche Integralformel zu verallgemeinern.

Ist $B \subset\subset \mathbb{C}$ ein Bereich und f eine komplexwertige stetige und beschränkte Funktion auf B, so wird durch $Ch_f^{(B)}(w) := \frac{1}{2\pi i} \int_B \frac{f(z)}{z - w} dz \wedge d\overline{z}$ eine stetige Funktion $Ch_f^{(B)}$ auf $\mathbb{C}$ definiert:

Es sei nämlich $\Phi : [0,\infty) \times [0,2\pi) \to \mathbb{C}$ definiert durch $\Phi(r,\vartheta) := re^{i\vartheta} + w$, B^* der Bereich $\Phi^{-1}(B)$.

Dann ist $\left(\frac{f(z)}{z-w}\, dz \wedge d\bar{z}\right) \circ \Phi = \frac{f(\Phi(r,\vartheta))}{\Phi(r,\vartheta)}\, d\Phi \wedge d\bar{\Phi} = 2i \cdot f(r \cdot e^{i\vartheta} + w) \cdot e^{-i\vartheta} dr \wedge d\vartheta$ eine stetige und beschränkte Differentialform auf B^*.

Daher ist $\frac{f(z)}{z-w}\, dz \wedge d\bar{z}$ integrierbar über B, das Integral hängt stetig von w ab, und es gilt:

$$\operatorname{Ch}_f^{(B)}(w) = \pm \frac{1}{\pi} \int_{B^*} f(re^{i\vartheta} + w) e^{-i\vartheta} dr \wedge d\vartheta$$

Sind die reellen Zahlen $R, k > 0$ so gewählt, daß $|z_1 - z_2| \leq R$ für $z_1, z_2 \in B$ und $|f(z)| \leq k$ für $z \in B$ ist, so erhält man folgende Abschätzung:

$$|\operatorname{Ch}_f^{(B)}(w)| \leq \frac{k}{\pi} \int_{B^*} dr \wedge d\vartheta \leq 2kR$$

Nun sei $P \subset \mathbb{C}$ eine Kreisscheibe (also ein Polyzylinder), $T := \partial P$. Ist g holomorph auf $\overline{P}$, so gilt die Cauchysche Integralformel:

$$g(w) = \operatorname{ch}(g|T)(w) = \frac{1}{2\pi i} \int_T \frac{g(z)}{z-w}\, dz, \quad \text{für } w \in P.$$

Als Verallgemeinerung erhält man:

<u>Satz 3.1:</u> Sei g stetig differenzierbar in P, $f := g_{\bar{z}}$ beschränkt. Dann gilt für $w \in P$:

$$g(w) = \operatorname{ch}(g|T)(w) + \operatorname{Ch}_f^{(P)}(w).$$

<u>Beweis:</u> Sei $w \in P$, H_r eine kleine Kreisscheibe um w mit $H_r \subset\subset P$, sowie $T_r := \partial H_r$. Versieht man T und T_r mit der gewöhnlichen Orientierung, so folgt aus dem Satz von Stokes (vgl. [22]):

$$\operatorname{Ch}_f^{(P)}(w) = -\frac{1}{2\pi i} \int_{P-H_r} d\left(\frac{g(z)}{z-w}\, dz\right) + \frac{1}{2\pi i} \int_{H_r} \frac{f(z)}{z-w}\, dz \wedge d\bar{z} =$$

$$= -\frac{1}{2\pi i} \int_{\partial(P-H_r)} \frac{g(z)}{z-w}\, dz + \operatorname{Ch}_f^{(H_r)}(w) =$$

$$= -\frac{1}{2\pi i} \int_T \frac{g(z)}{z-w}\, dz + \frac{1}{2\pi i} \int_{T_r} \frac{g(z)}{z-w}\, dz + \operatorname{Ch}_f^{(H_r)}(w) =$$

$$= -\operatorname{ch}(g|T)(w) + \operatorname{ch}(g|T_r)(w) + \operatorname{Ch}_f^{(H_r)}(w).$$

Die Funktion $\rho(r) := ch(g|T_r)(w) + Ch_f^{(H_r)}(w)$ hat somit konstant den Wert $ch(g|T)(w) + Ch_f^{(P)}(w)$, und es genügt, den Limes für $r \to 0$ zu betrachten:

Es ist $\rho(r) = a(r) + b(r) + c(r)$, mit $a(r) := \frac{1}{2\pi i} \int_{T_r} \frac{g(w)}{z - w} dz =$
$= g(w) \cdot \frac{1}{2\pi i} \int_{T_r} \frac{dz}{z - w} = g(w)$, $b(r) := \frac{1}{2\pi i} \int_{T_r} \frac{g(z) - g(w)}{z - w} dz$ und $c(r) := Ch_f^{(H_r)}(w)$.

Da g in w stetig differenzierbar ist, gibt es Funktionen Δ', Δ'', die stetig in w sind, so daß gilt:

$$g(z) = g(w) + (z - w) \cdot \Delta'(z) + (\overline{z} - \overline{w}) \cdot \Delta''(z).$$

Wählt man r_0 und M so, daß $|\Delta'(z)|, |\Delta''(z)| < M$ für $z \in H_r$ und $r \leq r_0$ ist, so erhält man:

$\left|\frac{g(z) - g(w)}{z - w}\right| \leq |\Delta'(z)| + |\Delta''(z)| \cdot \left|\frac{\overline{z} - \overline{w}}{z - w}\right| \leq 2M$ für $z \in T_r$ und $r < r_0$, also

$|b(r)| \leq \frac{1}{2\pi} \int_{T_r} \left|\frac{g(z) - g(w)}{z - w}\right| dz \leq 2M \cdot r$, für $r < r_0$. Damit ist $|b(r) + c(r)| \leq 2Mr +$
$+ |Ch_f^{(H_r)}(w)| \leq 2r \cdot (M + 2 \cdot \sup|f(P)|)$, und dieser Ausdruck wird beliebig klein.

Daraus folgt: $\rho(r) \equiv g(w)$. ◆

Satz 3.2: Sei f stetig differenzierbar auf $\mathbb{C}$, $Tr(f) \subset\subset \mathbb{C}$, $P \subset \mathbb{C}$ eine Kreisscheibe mit $Tr(f) \subset P$.

Dann ist $g := Ch_f^{(P)}$ stetig differenzierbar auf $\mathbb{C}$, mit $g_{\overline{z}} = f$.

Beweis: Sei $P_c := \{z \in \mathbb{C} : z + c \in P\}$, $\gamma(w,c) := Ch_f^{(P)}(w + c) = \frac{1}{2\pi i} \int_P \frac{f(z)}{z - w - c} dz \wedge d\overline{z} =$
$= \frac{1}{2\pi i} \int_{P_c} \frac{f(z + c)}{z - w} dz \wedge d\overline{z}$. Wegen $Tr(f) \subset P$ ist $\gamma(w,c) = \frac{1}{2\pi i} \int_{\mathbb{C}} \frac{f(z + c)}{z - w} dz \wedge d\overline{z}$.

Nach bekannten Sätzen über parameterabhängige Integrale (vgl. [22]) ist γ stetig differenzierbar nach c und $\overline{c}$. Wegen $\gamma(0,c) = g(c)$ ist g differenzierbar. Wendet man Formeln für die Ableitung von parameterabhängigen Integralen und die Kettenregel an, so folgt:

$$g_z(c) = \frac{1}{2\pi i} \int_{\mathbb{C}} \frac{f_z(z + c)}{z} dz \wedge d\overline{z} = \frac{1}{2\pi i} \int_P \frac{f_z(z)}{z - c} dz \wedge d\overline{z} = Ch_{f_z}^{(P)}(c),$$

$$g_{\overline{z}}(c) = \frac{1}{2\pi i} \int_P \frac{f_{\overline{z}}(z)}{z - c} dz \wedge d\overline{z} = Ch_{f_{\overline{z}}}^{(P)}(c).$$

Da f auf $T := \partial P$ verschwindet, folgt außerdem aus Satz 3.1:

$g_{\overline{z}} = Ch_{f_{\overline{z}}}^{(P)} = f - ch(f|T) = f.$ ◆

Satz 3.3: Sei $B \subset\subset \mathbb{C}$ ein Bereich, f auf B stetig differenzierbar und beschränkt. Dann ist $g := Ch_f^{(B)}$ stetig differenzierbar auf B, und es gilt:

$$g_{\bar{z}} = f.$$

Beweis: Sei $w_0 \in B$ vorgegeben, H eine offene Kreisscheibe um w_0 mit $H \subset\subset B$. Man kann dann eine beliebig oft differenzierbare Funktion $\rho : \mathbb{C} \to \mathbb{R}$ finden, für die gilt:

1) $0 \leqslant \rho \leqslant 1$

2) $\rho | H = 1$

3) $Tr(\rho) \subset\subset B$.

Sodann sei $f_1 := \rho \cdot f$, $f_2 := f - f_1$.

Offensichtlich ist $f_1 + f_2 = f$ und $Ch_{f_1}^{(B)} + Ch_{f_2}^{(B)} = Ch_f^{(B)}$. Außerdem ist $f_1 | H = f | H$ und $f_2 | H = 0$.

f_1 ist sogar auf ganz $\mathbb{C}$ stetig differenzierbar, und wenn P eine Kreisscheibe mit $B \subset P$ ist, so gilt: $Ch_{f_1}^{(B)} = Ch_{f_1}^{(P)}$. Also folgt aus Satz 3.2, daß $Ch_{f_1}^{(B)}$ stetig differenzierbar in $\mathbb{C}$ und $\left(Ch_{f_1}^{(B)}\right)_{\bar{z}} = f_1$ ist.

Für $w \in H$ gilt ferner:

$$Ch_{f_2}^{(B)}(w) = \frac{1}{2\pi i} \int_B \frac{f_2(z)}{z - w} \, dz \wedge d\bar{z} = \frac{1}{2\pi i} \int_{B-H} \frac{f_2(z)}{z - w} \, dz \wedge d\bar{z},$$

der Integrand ist auf $B-H$ stetig und beschränkt, sowie holomorph in w. Nach den Sätzen über Parameterintegrale besagt das, daß $Ch_{f_2}^{(B)} | H$ stetig differenzierbar und $\left(Ch_{f_2}^{(B)} | H\right)_{\bar{w}} = 0$ ist.

Also ist $g | H$ stetig differenzierbar und $(g | H)_{\bar{z}} = f | H$. ♦

Bemerkung: Ist $\hat{B} \subset \mathbb{C}$ ein Bereich, $B^* \subset \mathbb{R}^n$ ein Bereich, $B \subset\subset \hat{B}$ offen und $f : \hat{B} \times B^* \to \mathbb{C}$ beliebig oft differenzierbar, so ergibt sich aus der Theorie der Parameterintegrale:

$Ch_f^{(B)}$ mit $Ch_f^{(B)}(w, \mathfrak{r}) := \frac{1}{2\pi i} \int_B \frac{f(z, \mathfrak{r})}{z - w} \, dz \wedge d\bar{z}$ ist beliebig oft differenzierbar in $B \times B^*$, und es gilt:

$$\left(Ch_f^{(B)}\right)_{x_\nu}(w, \mathfrak{r}) = \frac{1}{2\pi i} \int_B \frac{f_{x_\nu}(z, \mathfrak{r})}{z - w} \, dz \wedge d\bar{z}, \quad \left(Ch_f^{(B)}\right)_{\bar{w}} = f.$$

§ 4. Das Lemma von Dolbeault

Satz 4.1 (Lemma von Dolbeault): $K_\nu \subset \mathbb{C}$ seien kompakte Mengen für $\nu = 1, \ldots, n$, U_ν offene Umgebungen von K_ν, $K := K_1 \times \ldots \times K_n$, $U := U_1 \times \ldots \times U_n$.

Außerdem sei $\varphi = \varphi^{(0,q)} \in A^{(0,q)}(U)$ mit $d''\varphi = 0$, $q > 0$. Dann gibt es eine offene Menge U' mit $K \subset U' \subset U$ und ein $\psi \in A^{(0,q-1)}(U')$ mit $d''\psi = \varphi | U'$.

Hängt dabei φ noch beliebig oft differenzierbar von reellen Parametern ab, so hängt ψ ebenfalls beliebig oft differenzierbar von diesen Parametern ab.

Beweis: Vollständige Induktion über n:

1) Ist $n = 1$, so ist auch $q = 1$, und φ hat die Gestalt $\varphi = a(z, \mathfrak{r})d\bar{z}$. Sei $U' \subset\subset U$ offen mit $K \subset U'$. Dann ist $Ch_a^{(U')}$ beliebig oft differenzierbar, und es gilt:

$d''\left(Ch_a^{(U')}\right) = \left(Ch_a^{(U')}\right)_{\bar{z}} d\bar{z} = a d\bar{z} = \varphi$.

(Vgl. Satz 3.3 und Bemerkung.)

2) Der Satz sei jetzt bereits für den Fall $n-1$ bewiesen, $n > 1$.

Durch $d''_*\left(\sum_J a_J d\bar{\mathfrak{z}}_J\right) := \sum_J \sum_{\nu=2}^{n} \frac{\partial a_J}{\partial \bar{z}_\nu} d\bar{z}_\nu \wedge d\bar{\mathfrak{z}}_J$ und $\frac{\partial}{\partial \bar{z}_1}\left(\sum_J a_J d\bar{\mathfrak{z}}_J\right) := \sum_J \frac{\partial a_J}{\partial \bar{z}_1} d\bar{\mathfrak{z}}_J$ werden die Operatoren d''_* und $\frac{\partial}{\partial \bar{z}_1}$ definiert, so daß gilt: $d''\varphi = d''_*\varphi + d\bar{z}_1 \wedge \frac{\partial \varphi}{\partial \bar{z}_1}$.

Schreibt man φ in der Form $\varphi = d\bar{z}_1 \wedge \varphi_1 + \varphi_2$, wobei φ_1, φ_2 kein $d\bar{z}_1$ mehr enthalten, so ergibt sich:

$$0 = d''\varphi = d\bar{z}_1 \wedge \left(-d''_*\varphi_1 + \frac{\partial \varphi_2}{\partial \bar{z}_1}\right) + d''_*\varphi_2 .$$

Da $d''_*\varphi_2$ kein $d\bar{z}_1$ enthält, folgt: $d''_*\varphi_2 = 0$.

Man kann nun z_1 als (zusätzlichen) Parameter auffassen und die Induktionsvoraussetzung anwenden:

Sei $K_* := K_2 \times \ldots \times K_n$, $U_* := U_2 \times \ldots \times U_n$.

Es gibt eine offene Menge U'_* mit $K_* \subset U'_* \subset U_*$ und ein $\psi = \psi^{(0,q-1)}$, in dem z_1 als Parameter auftritt, so daß $d''_*\psi | U_1 \times U'_* = \varphi_2 | U_1 \times U'_*$ ist.

Auf $U' := U_1 \times U'_*$ gilt: $\varphi - d''\psi = \varphi - d''_*\psi - d\bar{z}_1 \wedge \frac{\partial \psi}{\partial \bar{z}_1} = d\bar{z}_1 \wedge \left(\varphi_1 - \frac{\partial \psi}{\partial \bar{z}_1}\right)$, wobei $\varphi_1 - \frac{\partial \psi}{\partial \bar{z}_1}$ kein $d\bar{z}_1$ enthält.

Andererseits ist $0 = d''(\varphi - d''\psi) = d\bar{z}_1 \wedge d''_*\left(\varphi_1 - \frac{\partial \psi}{\partial \bar{z}_1}\right)$, also $d''_*\left(\varphi_1 - \frac{\partial \psi}{\partial \bar{z}_1}\right) = 0$.

Nach Induktionsvoraussetzung gibt es im Falle $q \geq 2$ eine offene Menge U''_* mit $K_* \subset U''_* \subset U'_*$ und ein $\tilde{\psi} = \tilde{\psi}^{(0,q-1)}$ auf U''_*, so daß $d''_*\tilde{\psi} = \left(\varphi_1 - \frac{\partial \psi}{\partial \bar{z}_1}\right) | U''_*$ ist.

Auf $U'' := U_1 \times U''_*$ gilt daher:

$d''(d\bar{z}_1 \wedge \tilde{\psi}) = -d\bar{z}_1 \wedge d''_*\tilde{\psi} = -d\bar{z}_1 \wedge \left(\varphi_1 - \frac{\partial \psi}{\partial \bar{z}_1}\right) = d''\psi - \varphi$, also $\varphi = d''(\psi - d\bar{z}_1 \wedge \tilde{\psi})$.

Für $q = 1$ ist $\varphi_1 - \frac{\partial\psi}{\partial z_1}$ eine Funktion $a = a(z_1, z_2, \ldots, z_n)$, die in $z_2, \ldots, z_n$ holomorph ist. Wir fassen $z_2, \ldots, z_n$ als zusätzliche Parameter auf und bestimmen nach 1) einen Bereich U_1' mit $K \subset U_1' \subset\subset U_1$ und eine Funktion $f = Ch_a^{(U_1')}$ mit $d''f = a\, d\bar{z}_1 = \varphi - d''\psi$. Dann ist $\varphi = d''(f + \psi)$.
Damit ist alles gezeigt. ♦

Für Mannigfaltigkeiten X erhält man sofort folgendes Ergebnis:

Ist $\varphi \in A^{(0,q)}(U)$, $q \geqslant 1$, $U \subset X$ offen und $d''\varphi = 0$, so gibt es zu jedem $x \in U$ eine offene Umgebung $V(x) \subset U$ und ein $\psi = \psi^{(0,q-1)}$ auf V mit $d''\psi = \varphi | V$.
(Man wähle $K = \{x\}$.)

Ohne Beweis sei noch der folgende Satz angegeben, der etwas genauere Aussagen macht:

Satz 4.2 (Satz von Lieb): Sei $G \subset \mathbb{C}^n$ ein Gebiet mit glattem Rand ∂G (vgl. Def. 2.5 in Kap. II), die den Rand definierenden Funktionen φ seien beliebig oft differenzierbar, ihre Levi-Form sei überall positiv definit. (Man nennt G in einem solchen Fall strengpseudokonvex.)

$\omega = \sum_J a_J\, d\bar{\mathfrak{z}}_J$ sei eine beliebig oft differenzierbare Form vom Typ (0,q) auf G, mit $d''\omega = 0$. Außerdem gebe es eine reelle Konstante M mit

$$\|\omega\| := \max_J \sup |a_J(G)| \leqslant M .$$

Dann gibt es eine von ω unabhängige Konstante k und eine Form ψ vom Typ (0,q-1) auf G mit $d''\psi = \omega$ und $\|\psi\| \leqslant k \cdot M$.
Von Siu und Range gibt es noch eine Verallgemeinerung dieses Satzes für Gebiete mit stückweise glattem Rand (vgl.: R. M. Range, and Y.-T. Siu: Uniform estimates for the $\bar{\partial}$-equation on intersections of strictly pseudoconvex domains. Bull. of the A.M.S., vol. 78, Nr. 5 (1972), 721/22).

§ 5. Feine Garben (Sätze von Dolbeault und de Rham)

In diesem Paragraphen sei X stets eine parakompakte komplexe Mannigfaltigkeit.

Def. 5.1: Unter einer Testfunktion auf X versteht man eine beliebig oft differenzierbare Funktion $t : X \to \mathbb{R}$ mit kompaktem Träger.

Mit T sei der Ring (ohne 1) aller Testfunktionen bezeichnet. $\mathcal{T}$ sei die Garbe der Keime von Testfunktionen auf X.

Bemerkung: $\mathfrak{U} = (U_\iota)_{\iota \in I}$ sei eine offene Überdeckung von X. Da X parakompakt ist, gibt es zu $\mathfrak{U}$ eine "passende" Teilung der 1, d.h. ein System $(t_\iota)_{\iota \in I}$ von Testfunktionen mit folgenden Eigenschaften:

1) $0 \leq t_\iota \leq 1$ für jedes $\iota \in I$

2) $Tr(t_\iota) \subset U_\iota$ für jedes $\iota \in I$

3) Das System der Mengen $Tr(t_\iota)$ ist lokal endlich.

4) $\sum_{\iota \in I} t_\iota = 1$ (wegen 3 ist die Summe in jedem Punkt endlich)

Def. 5.2: $\mathcal{S}$ sei eine Garbe von T-Moduln über X. $\mathcal{S}$ heißt fein, wenn für alle $x \in X$, $\sigma \in \mathcal{S}_x$ und $t \in T$ gilt:

1) $t \cdot \sigma = 0$, falls $x \notin Tr(t)$

2) $t \cdot \sigma = \sigma$, falls $x \notin Tr(1-t)$

Bemerkungen: 1) Sind $\mathcal{S}_1, \dots, \mathcal{S}_l$ feine Garben, so ist auch $\mathcal{S}_1 \oplus \dots \oplus \mathcal{S}_l$ fein.

2) Die durch das Garbendatum $\left\{A^{p,q}(U), r_V^U\right\}$ definierte Garbe $\mathcal{A}^{p,q}$ der Keime von (beliebig oft differenzierbaren) Formen vom Typ (p,q) ist offensichtlich eine feine Garbe.

Genauso ist die Garbe $\mathcal{A}^l := \bigoplus_{p+q=l} \mathcal{A}^{p,q}$ fein, wegen 1). Dabei ist $\Gamma(U, \mathcal{A}^l) = \bigoplus_{p+q=l} \Gamma(U, \mathcal{A}^{p,q}) = \bigoplus_{p+q=l} A^{p,q}(U) = A^l(U)$, d.h., $\mathcal{A}^l$ ist die Garbe der Keime von beliebig oft differenzierbaren l-Formen.

Satz 5.1: $\mathcal{S}, \mathcal{S}'$ seien feine Garben über X, $\varphi: \mathcal{S} \to \mathcal{S}'$ ein Epimorphismus von Garben von T-Moduln. Dann ist $\varphi_*: \Gamma(X, \mathcal{S}) \to \Gamma(X, \mathcal{S}')$ surjektiv.

Beweis: 1) Sei $s' \in \Gamma(X, \mathcal{S}')$, $x \in X$.
Dann gibt es ein $\sigma \in \mathcal{S}_x$ mit $\varphi(\sigma) = s'(x)$, eine Umgebung $W(x) \subset X$ und eine Schnittfläche $s^* \in \Gamma(W, \mathcal{S})$ mit $s^*(x) = \sigma$, also $\varphi \circ s^*(x) = s'(x)$.
Man kann eine Umgebung $U_x(x) \subset W$ mit $\varphi \circ s^*|U_x = s'|U_x$ finden. Sei $s_{(x)} := s^*|U_x$.

2) $\mathfrak{U} = \{U_x : x \in X\}$ ist eine offene Überdeckung von X. $(t_{(x)})_{x \in X}$ sei eine dazu passende Teilung der Eins. Für $x \in X$ ist $t_{(x)} \cdot s_{(x)}$ ein Element von $\Gamma(X, \mathcal{S})$. Da das System der Mengen $Tr(t_{(x)})$ lokal endlich ist, gilt für festes x_0:

$t_{(x)} \cdot s_{(x)}(x_0) = 0$ für fast alle $x \in X$.

Also ist auch $s := \sum_{x \in X} t_{(x)} \cdot s_{(x)}$ ein Element von $\Gamma(X, \mathcal{S})$, und es gilt:

$$(\varphi \circ s)(x_0) = \varphi\left(\sum_{x \in X} t_{(x)} \cdot s_{(x)}(x_0)\right) = \sum_{x \in X} t_{(x)} \cdot \varphi(s_{(x)}(x_0)) = \sum_{x \in X} t_{(x)} \cdot s'(x_0) =$$

$$= \sum_{x \in E} (t_{(x)} \cdot s'(x_0)) = \left(\sum_{x \in E} t_{(x)}\right) \cdot s'(x_0) = s'(x_0),$$

wobei E eine endliche Menge und $\sum_{x \in E} t_{(x)} \equiv 1$ in der Nähe von x_0 ist.

Satz 5.2: Ist $\mathcal{S}$ fein, so ist $H^l(X,\mathcal{S}) = 0$ für $l \geq 1$.

Beweis: $0 \to \mathcal{S} \to \mathcal{S}_0 \to \mathcal{S}_1 \to \mathcal{S}_2 \to \dots$ sei die kanonische welke Auflösung von $\mathcal{S}$. Mit $\mathcal{S}$ sind auch alle $\mathcal{S}_\nu$ Garben von T-Moduln. Durch Induktion nach ν zeigt man, daß alle $\mathcal{S}_\nu$ fein sind:

$\mathcal{S}_0 = W(\mathcal{S})$ wird durch das Garbendatum $\left\{\hat{\Gamma}(U,\mathcal{S}), r_V^U\right\}$ definiert. $\hat{\Gamma}(U,\mathcal{S})$ ist ein T-Modul, mit $t \cdot s = 0$, falls $Tr(t) \cap U = \emptyset$, $t \cdot s = s$, falls $Tr(1-t) \cap U = \emptyset$. Also ist $\mathcal{S}_0$ fein.

Seien nun $\mathcal{S}_0, \dots, \mathcal{S}_l$ fein, $l \geq 0$. Die auftretenden Homomorphismen berücksichtigen die T-Modul-Struktur. Also sind die Untergarben $\mathcal{B}_i := Im(\mathcal{S}_{i-1} \to \mathcal{S}_i)$ fein, für $i = 0, \dots, l$ und $\mathcal{S}_{-1} := \mathcal{S}$, und daher ist $\mathcal{S}_{l+1} = W(\mathcal{S}_l/\mathcal{B}_l)$ fein.

Da alle Garben $\mathcal{K}_i := Ker(\mathcal{S}_i \to \mathcal{S}_{i+1})$ fein sind, erhält man Epimorphismen von feinen Garben: $\mathcal{S}_{i-1} \twoheadrightarrow \mathcal{K}_i = \mathcal{B}_i$.
Nach Satz 5.1 ist dann auch $\Gamma(X,\mathcal{S}_{i-1}) \to \Gamma(X,\mathcal{K}_i)$ surjektiv, also

$$Im(\Gamma(X,\mathcal{S}_{i-1}) \to \Gamma(X,\mathcal{S}_i)) = Ker(\Gamma(X,\mathcal{S}_i) \to \Gamma(X,\mathcal{S}_{i+1})) .$$

Das bedeutet: $H^i(X,\mathcal{S}) = 0$, für $i \geq 1$. ♦

Def. 5.3: Die Garbe der Keime von holomorphen $(p,0)$-Formen auf X wird mit Ω^p bezeichnet.
Eine holomorphe $(p,0)$-Form $\varphi = \varphi^{(p,0)}$ hat lokal eine Darstellung

$$\varphi = \sum_{1 \leq i_1 < \dots < i_p \leq n} a_{i_1 \dots i_p} dz_{i_1} \wedge \dots \wedge dz_{i_p},$$

mit holomorphen Koeffizienten $a_{i_1 \dots i_p}$.
Das bedeutet, daß die Garbe Ω^p lokal isomorph zur (freien) Garbe $\binom{n}{p} \cdot \mathcal{O}$ ist. Man nennt Ω^p daher auch eine lokalfreie Garbe. Insbesondere ist Ω^p kohärent.

Es gibt eine kanonische Injektion $\varepsilon : \Omega^p \hookrightarrow \mathcal{A}^{p,0}$, und die Ableitung $d'': A^{p,q}(U) \to A^{p,q+1}(U)$ induziert Homomorphismen von Garben von abelschen Gruppen:

$$d'': \mathcal{A}^{p,q} \to \mathcal{A}^{p,q+1}.$$

Satz 5.3: Folgende Garben-Sequenz ist exakt:

$$0 \to \Omega^p \xrightarrow{\varepsilon} \mathcal{A}^{p,0} \xrightarrow{d''} \mathcal{A}^{p,1} \xrightarrow{d''} \mathcal{A}^{p,2} \longrightarrow \dots$$

Beweis: 1) Es ist klar, daß $d'' \circ \varepsilon = 0$ und $d'' \circ d'' = 0$ ist.

2) Sei $x \in X$, U eine Koordinatenumgebung von x in X. Ein Element $\varphi \in A^{p,q}(U)$ hat die Gestalt

$$\varphi = \sum_{1 \leq i_1 < \ldots < i_p \leq n} dz_{i_1} \wedge \ldots \wedge dz_{i_p} \wedge \varphi_{i_1 \ldots i_p},$$

mit $\varphi_{i_1 \ldots i_p} \in A^{0,q}(U)$.

Also ist $d''\varphi = \sum_{1 \leq i_1 < \ldots < i_p \leq n} (-1)^p dz_{i_1} \wedge \ldots \wedge dz_{i_p} \wedge d''\varphi_{i_1 \ldots i_p}$, und $d''\varphi = 0$ bedeutet, daß $d''\varphi_{i_1 \ldots i_p} = 0$ für alle $i_1, \ldots, i_p$ ist.

Nach Dolbeault gibt es Umgebungen $U_{i_1 \ldots i_p}$ von x mit $U_{i_1 \ldots i_p} \subset U$, sowie Formen $\psi_{i_1 \ldots i_p}$ vom Typ $(0, q-1)$ auf $U_{i_1 \ldots i_p}$, so daß $d''\psi_{i_1 \ldots i_p} = \varphi_{i_1 \ldots i_p} | U_{i_1 \ldots i_p}$ ist.

Sei U' der Durchschnitt aller Mengen $U_{i_1 \ldots i_p}$, und $\psi := \sum_{1 \leq i_1 < \ldots < i_p \leq n} (-1)^p dz_{i_1} \wedge \ldots \wedge dz_{i_p} \wedge \psi_{i_1 \ldots i_p} | U'$. Dann ist $d''\psi = \varphi | U'$.

3) Sei $\sigma \in \mathfrak{A}^{p,0}$, $x \in U$, U eine Umgebung von x und $\varphi \in A^{p,0}(U)$, so daß $\sigma = r\varphi(x)$ ist. $0 = d''\sigma = r(d''\varphi)(x)$ gilt genau dann, wenn $d''\varphi = 0$ in der Nähe von x ist, wenn also φ holomorph in der Nähe von x ist. Das bedeutet: $\sigma \in \Omega^p$.

Die Sequenz ist exakt bei $\mathfrak{A}^{p,0}$.

4) Sei $q \geq 1$, $\sigma \in \mathfrak{A}_x^{p,q}$, U eine Umgebung von x und $\varphi \in A^{p,q}(U)$, so daß $\sigma = r\varphi(x)$ ist. $0 = d''\sigma = r(d''\varphi)(x)$ gilt genau dann, wenn $d''\varphi = 0$ in der Nähe von x, o.B.d.A. auf U ist.

Nach 2) ist das äquivalent damit, daß es eine Umgebung $U'(x) \subset U$ und ein $\psi \in A^{p,q-1}(U')$ mit $d''\psi = \varphi | U'$ gibt, und das ist gleichbedeutend damit, daß $\sigma = r\varphi(x) = r(d''\psi)(x) = d''(r\psi)(x)$ ist.

Also ist die Sequenz exakt bei $\mathfrak{A}^{p,q}$. ♦

Def. 5.4: Die induzierte Sequenz

$$0 \to \Gamma(X, \Omega^p) \xrightarrow{\varepsilon} \Gamma(X, \mathfrak{A}^{p,0}) \xrightarrow{d''} \Gamma(X, \mathfrak{A}^{p,1}) \to \ldots$$

nennt man die Dolbeault-Sequenz. Offensichtlich handelt es sich um einen ausgedehnten Cokettenkomplex (von $\mathbb{C}$-Vektorräumen). Die zugehörigen Cohomologiegruppen

$$H^{p,q}(X) := \operatorname{Ker}(\Gamma(X, \mathfrak{A}^{p,q}) \to \Gamma(X, \mathfrak{A}^{p,q+1})) / \operatorname{Im}(\Gamma(X, \mathfrak{A}^{p,q-1}) \to \Gamma(X, \mathfrak{A}^{p,q}))$$

nennt man die Dolbeaultschen Gruppen.

Satz 5.4 (Satz von Dolbeault):

$$H^{p,q}(X) \simeq H^q(X, \Omega^p) \quad \text{für } q \in \mathbb{N}_0$$

Beweis: $0 \to \mathcal{A}^{p,q} \to \mathcal{A}_0^q \to \mathcal{A}_1^q \to \mathcal{A}_2^q \to \dots$ seien die kanonischen welken Auflösungen der Garben $\mathcal{A}^{p,q}$. (Alle $\mathcal{A}_\nu^q$ sind fein!)

Es sei $C_{\nu\mu} := \Gamma\left(X, \mathcal{A}_\mu^\nu\right)$ für $\nu, \mu \in \mathbb{N}_0$.

$\delta' : C_{\nu\mu} \to C_{\nu+1,\mu}$ und $\delta'' : C_{\nu\mu} \to C_{\nu,\mu+1}$ seien die von der welken Auflösung $0 \to \Omega^p \to \mathcal{S}_0 \to \mathcal{S}_1 \to \dots$ und von der Dolbeaultsequenz induzierten Homomorphismen, versehen mit geeigneten Vorzeichen, so daß $(C_{\nu\mu}, \delta', \delta'')$ ein Doppelkomplex ist. Man erhält folgendes Diagramm:

$$\begin{array}{ccccccccc}
 & & 0 & & 0 & & 0 & & 0 \\
 & & \downarrow & & \downarrow & & \downarrow & & \downarrow \\
0 & \longrightarrow & \Gamma(X,\Omega^p) & \longrightarrow & \Gamma(X,\mathcal{S}_0) & \longrightarrow & \Gamma(X,\mathcal{S}_1) & \longrightarrow & \Gamma(X,\mathcal{S}_2) \longrightarrow \dots \\
 & & \downarrow & & \downarrow & & \downarrow & & \downarrow \\
0 & \longrightarrow & \Gamma(X,\mathcal{A}^{p,0}) & \longrightarrow & C_{00} & \xrightarrow{\delta''} & C_{01} & \xrightarrow{\delta''} & C_{02} \xrightarrow{\delta''} \dots \\
 & & \downarrow & & \downarrow{\scriptstyle\delta'} & & \downarrow{\scriptstyle\delta'} & & \downarrow{\scriptstyle\delta'} \\
0 & \longrightarrow & \Gamma(X,\mathcal{A}^{p,1}) & \longrightarrow & C_{10} & \xrightarrow{\delta''} & C_{11} & \xrightarrow{\delta''} & C_{12} \xrightarrow{\delta''} \dots \\
 & & \downarrow & & \downarrow{\scriptstyle\delta'} & & \downarrow{\scriptstyle\delta'} & & \downarrow{\scriptstyle\delta'} \\
0 & \longrightarrow & \Gamma(X,\mathcal{A}^{p,2}) & \longrightarrow & C_{20} & \xrightarrow{\delta''} & C_{21} & \xrightarrow{\delta''} & C_{22} \xrightarrow{\delta''} \dots \\
 & & \downarrow & & \downarrow{\scriptstyle\delta'} & & \downarrow{\scriptstyle\delta'} & & \downarrow{\scriptstyle\delta'}
\end{array}$$

Alle Voraussetzungen von Satz 3.1 aus Kap. VI sind erfüllt, also ist $H^{p,q}(X) \simeq H_{q0}$, $H^q(X, \Omega^p) \simeq H_{0q}$. Da $H^i(X, \mathcal{A}^{p,q}) = 0$ ist (für $i \geq 1$), sind die δ''-Sequenzen exakt.

Da die Sequenz $0 \to \Omega^p \to \mathcal{A}^{p,0} \to \mathcal{A}^{p,1} \to \dots$ exakt ist und da $\mathfrak{W}$ ein exakter Funktor ist, sind alle Sequenzen $0 \to \mathcal{S}_\nu \to \mathcal{A}_\nu^0 \to \mathcal{A}_\nu^1 \to \dots$ exakt.

Da es sich nur um welke Garben handelt, sind auch die δ'-Sequenzen exakt.

Also ist $H_{0q} \simeq H_{q0}$, und der Satz ist bewiesen. ◆

Satz 5.5: Sei X eine Steinsche Mannigfaltigkeit, $q \geq 1$. Ist φ eine Form vom Typ (p,q) auf X mit $d''\varphi = 0$, so gibt es auf X eine Form ψ vom Typ $(p, q-1)$,

$$\text{mit } d''\psi = \varphi .$$

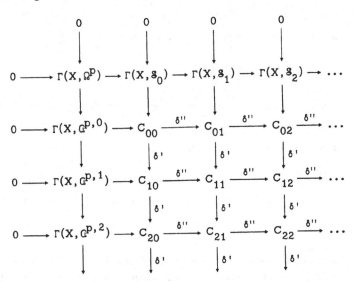

Beweis: Nach Theorem B ist $H^q(X,\Omega^p)=0$ für $q\geq 1$, also $H^{p,q}(X)=0$ für $q\geq 1$. ♦

Bemerkungen: Mit Hilfe des Poincaréschen Lemmas zeigt man, daß die Sequenz $0\to\mathbb{C}\xrightarrow{\varepsilon}\mathfrak{a}^0\xrightarrow{d}\mathfrak{a}^1\xrightarrow{d}\mathfrak{a}^2\to\dots$ exakt ist. Die zugehörigen Cohomologiegruppen $H^r(X):=$ $=\mathrm{Ker}(\Gamma(X,\mathfrak{a}^r)\to\Gamma(X,\mathfrak{a}^{r+1}))/\mathrm{Im}(\Gamma(X,\mathfrak{a}^{r-1})\to\Gamma(X,\mathfrak{a}^r))$ nennt man die de Rhamschen Gruppen. Wie oben zeigt man:

Satz 5.6: $H^r(X)\simeq H^r(X,\mathbb{C})$ für $r\geq 0$.

Wegen $\mathfrak{a}^l=\bigoplus_{p+q=l}\mathfrak{a}^{p,q}$ könnte man erwarten, daß eine Beziehung zwischen den topologischen Cohomologiegruppen $H^r(X,\mathbb{C})$ und den analytisch zu definierenden Cohomologiegruppen $H^q(X,\Omega^p)$ besteht. Das ist in der Tat der Fall:

Ist z.B. X eine kompakte Kählersche Mannigfaltigkeit (etwa eine projektiv-algebraische Mannigfaltigkeit), so gilt nach Kodaira:

$$H^r(X,\mathbb{C})\simeq\bigoplus_{p+q=r}H^q(X,\Omega^p).$$

Als Anwendung erhält man:

$B_1(X)=2p$ ist gerade, es gibt auf X p linear unabhängige Differentiale 1. Gattung, d.h. Elemente aus $\Gamma(X,\Omega^1)$.

Literaturverzeichnis

Lehrbücher

1 Abhyankar, S.S.: Local Analytic Geometry. New York: Academic Press 1964.

2 Behnke, H., Thullen, P.: Theorie der Funktionen mehrerer komplexer Veränderlichen. Ergebn. d. Math., Bd. 51, 2. erw. Auflage. Berlin - Heidelberg - New York Springer 1970.

3 Cartan, H.: Elementare Theorie der analytischen Funktionen einer oder mehrerer komplexer Veränderlichen. Hochschultaschenb., 112/112 a. Mannheim: Bibliographisches Institut 1966.

4 Fuks, B.A.: Introduction to the Theory of Analytic Functions of Several Complex Variables. Transl. of Math. Monogr., 8. Providence, Rhode Island: American Mathematical Society 1963.

5 Fuks, B.A.: Special Chapters in the Theory of Analytic Functions of several complex variables. Transl. of Math. Monogr., 14. Providence, Rhode Island: American Mathematical Society 1965.

6 Grauert, H., Remmert, R.: Analytische Stellenalgebren. Grundl. d. math. Wiss., Bd. 176. Berlin - Heidelberg - New York: Springer 1971.

7 Gunning, R.C., Rossi, H.: Analytic Functions of Several Complex Variables. Englewood Cliffs, N.J.: Prentice-Hall 1965.

8 Hörmander, L.: An Introduction to Complex Analysis in Several Variables. Princeton, N.J.: Van Nostrand 1966.

9 Vladimirov, V.S.: Les Fonctions de Plusieurs Variables Complexes (et leur application à la théorie quantique des champs). Paris: Dunod 1967.

Ältere Literatur

10 Bochner, S., Martin, W.T.: Several Complex Variables. Princeton: Princeton University Press 1948.

11 Osgood, W.F.: Lehrbuch der Funktionentheorie, 2. Bd., 1. Lieferung. Leipzig - Berlin: Teubner 1924.

Ausarbeitungen

12 Bers, L.: Introduction to Several Complex Variables. New York: Courant Institute of Mathematical Sciences 1964.

13 Cartan, H.: Séminaire Ecole Normale Supérieure 1951/52, 1953/54, 1960/61. Paris.

14 Hervé, M.: Several Complex Variables. Tata Institute of Fundamental Research Studies in Math., 1. London: Oxford University Press, 1963.

15 Malgrange, B.: Lectures on the Theory of Functions of Several Complex Variables. Bombay: Tata Institute of Fundamental Research 1958.

16 Narasimhan, R.: Introduction to the Theory of Analytic Spaces. Lecture Notes in Mathematics, Vol. 25. Berlin - Heidelberg - New York: Springer 1966.

17 Schwartz, L.: Lectures on Complex Analytic Manifolds. Bombay: Tata Institute of Fundamental Research 1955.

Weiterführende oder ergänzende Literatur

18 Colloquium über Kählersche Mannigfaltigkeiten. Göttingen: Ausarbeitung des Mathemat. Inst. 1961.

19 Ehrenpreis, L.: Fourier Analysis in Several Complex Variables. Pure and Applied Mathematics, Vol. 17. New York: Wiley-Interscience Publishers 1970.

20 Godement, R.: Toplologie algébrique et théorie des faisceaux. Paris: Hermann 1964.

21 Grauert, H., Fischer, W.: Differential- und Integralrechnung II. Heidelberger Taschenbücher, 36. Berlin - Heidelberg - New York: Springer 1968.

22 Grauert, H., Lieb, I.: Differential- und Integralrechnung III. Heidelberger Taschenbücher, Bd. 43. Berlin - Heidelberg - New York: Springer 1968.

23 Hirzebruch, F., Scheja, G.: Garben- und Cohomologietheorie. Ausarb. math. und physik. Vorl., 20. Münster, Westf.: Aschendorffsche Verlagsbuchhandlung 1957.

24 De Rham, G.: Variétés différentiables. Paris: Hermann 1960.

25 Weil, A.: Introduction à l'étude des variétés kählériennes. Paris: Hermann 1958.

Symbolverzeichnis

Sachverzeichnis